“国家自然科学基金”资助项目（No.51178318）

站城协同

轨道车站地区空间使用的分布与绩效

庄 宇 袁 铭 著

同济大学出版社

图书在版编目（CIP）数据

站城协同：轨道车站地区空间使用的分布与绩效 / 庄宇，袁铭著 . —上海：同济大学出版社，2017.11
ISBN 978-7-5608-7464-7

Ⅰ. ①站… Ⅱ. ①庄… ②袁… Ⅲ. ①轨道交通-交通规划 Ⅳ. ①U292.1

中国版本图书馆 CIP 数据核字（2017）第 267037 号

站城协同
轨道车站地区空间使用的分布与绩效
庄　宇　袁　铭　著

责任编辑　胡　毅　李　杰　　责任校对　徐春莲　　封面设计　张　微

出版发行　同济大学出版社 www.tongjipress.com.cn
（地址：上海市四平路 1239 号　邮编：200092　电话：021-65985622)
经　　销　全国各地新华书店
印　　刷　上海安兴汇东纸业有限公司
开　　本　787mm × 960mm　1/16
印　　张　23.5
字　　数　470 000
版　　次　2017 年 12 月第 1 版　　2017 年 12 月第 1 次印刷
书　　号　ISBN 978-7-5608-7464-7
定　　价　98.00 元

内容提要

本书基于国家自然科学基金项目“轨道交通站点区域人车路径与空间使用的协同效应”（No.51178318）的研究成果，从促进站城协同发展的视角，关注轨道车站地区的空间分布与使用绩效的关联影响。研究以上海为例，通过核心城区共 35 个站域的分析，提出了基于轨道交通日均客流量的站域总体开发强度模型，用于指导站区空间发展总量的控制；同时，结合功能、可达、空间和使用者四方面绩效影响因素，初步建立了轨道交通站域空间使用绩效的“评价-预测”方法模型；并以“功能、强度和分布”三大导控要素为核心，构建了轨道交通站域空间使用“分布-绩效”的基本优化框架。

全书以上海核心城区轨道交通站域为例，对空间使用的分布和绩效问题进行研究，形成了一个相对完整的研究问题框架，亦提供上海核心城区大量翔实、可靠的一手调研数据，在当前我国轨道交通大发展时期，书中所讨论的问题在国内具有一定的普遍性，部分成果对应用于其他高密度城市中心区的轨道交通站域空间使用研究和实践具有一定借鉴价值。

本书可供城市设计领域的建筑与城市规划专业学生、教师教学和科研使用，亦可供规划师、建筑师以及政府规划者、城市研究者作为轨道交通站域综合开发和城市设计项目实践的参考书籍。

序

长期以来，城市多以小汽车为中心作为交通发展的策略。自20世纪中叶以后，特别是可持续发展生态观得到全世界普遍认可后，从西方国家开始人们意识到小汽车是城市很多病症的根源，于是开始重视公共交通，特别是轨道交通的发展，相继提出紧凑城市、以公共交通为导向的发展（TOD）等城市发展理念，从而改变了城市空间发展的模式，并影响着城市空间布局与结构。轨道交通站大量人流的集散为区域提供了发展活力的源泉，以轨道交通站为中心的城市区域已成为城市的重要发展区，其无论从容量、布局，还是公共空间组织等都具有特殊性，只有认真研究才能充分发挥这个城市资源的重要作用。

轨道交通地区在城市中的地位越来越受到重视，它往往是城市人口和建设的密集区，同时也是公共设施的集聚地，如何使这个地区活力化，同时提升其生态化和人性化，则需要站城一体化的协同发展，这也正是城市设计的研究课题。轨道站域空间使用的分布和绩效研究是站城协同发展的功能分析基础，本书探索并建立了站域空间“分布-绩效”评价方法和优化途径的框架，从而为站域活力区的建设奠定了基础，作者通过对上海核心区典型站点的案例深入调查，运用积累的大量数据为基础进行实证分析和量化分析，为研究成果的科学性提供了可靠的依据。

我国当前轨道交通发展迅速，全国已有近40个城市的地铁正在运行、建设和设计中，相应将建成数千座地铁站，根据国内外的实践经验，其站区的有效建设会对城市空间发展起到很大的推动作用。然而如何设计、建设至关重要，特别是站区的行为学、生态学研究和开发机制研究，以及与空间形态发展的协同策略探索，将为城市规划和站区的城市设计提供理论基础。另外必须要提出的是地下公共空间研究对地铁站区尤其重要，国际隧道与地下空间协会曾指出，21世纪是人类走向地下空间的世纪，作为地下公共空间发展发动机的地下轨道交通站肩负的重任是不言而喻的。合理的地下公共空间建设有利于减小站区内高容量、高密度的压力，为站区创造生态化与人性化的环境提供条件，地下空间与地面空间协同发展也是站区研究的重要方面。本书将轨道站区的综合研究向前推进了一步，十分可喜。

卢济威

2017年2月

自序

城市的生长是个渐进而有序的过程，包括道路网的形成和街坊的填充，其中不乏兴衰的更替。在过去 20 多年里，中国不少大城市经历了快速的发展，不仅是城市面积的扩展，更重要的是城市公共交通的新主角——轨道交通伴随着城市的扩展也同步得到了迅速的崛起。以上海为例，从 1994 年底仅 16 km 长的地铁 1 号线开通运营，到 2015 年底运营地铁已达 617 km，15 条线路，366 座车站，这套全新的出行网络在 20 多年里逐渐但深刻地影响着这座城市的运行和市民日常生活，正如同我们在许多全球大都市里所体验的那样。

多年以来，我们的城市规划和建设都是基于街道和道路这套运动（步行和车行）系统而展开的，今天，在城市更新和发展规划的编制过程中，人们也意识到轨道系统作为城市运动系统中的新主角所施加的影响越来越重要，从而需要对原有的设计方法、决策机制乃至建设实践有所改革和创新。由于轨道交通车站的布局，不少原来繁华的地区现在变得默默无闻，也有许多街区一跃成为城市活力新热点，这些事实提示着我们在新老城区中，轨道网络和车站正全面融入城市的新陈代谢过程。未来十年，中国将有 5 万亿元人民币的总投资用于城市轨道线网和车站的建设，城市发展与轨道系统同步，尤其在车站地区规划设计和建设层面的协同发展，无疑对那些已建和即将建设轨道交通的城市具有特别重大的意义。

基于这样的初衷，我们提出了“站城协同”这一理念，并有幸获得了国家自然科学基金的大力支持，以上海中心城区为对象，对城市轨道交通车站地区的综合出行网络（轨网、车网、步网）与空间使用的分布和绩效等方面进行了关联性的研究，也对我们的规划政策和方法进行了反思和检讨，期待着以大数据开放为前景的量化分析方法能成为规划预判和理性决策的支持工具，因此，本书（系列）虽然呈现的是以上海这座特定城市为基础的研究，或许结论并不完全适用于其他城市，但我们更期待其中的方法和研究工具能引发城市规划和城市设计的研究者与实践者们交流、探讨和应用，关于“人们”日常活动与空间的密切关联性成为塑造“紧凑活力永续”城市的重要原则和深化依据。

本书是“站城协同”系列的主要研究成果之一，着重分析和梳理了轨道交通站域空间使用的“分布-绩效”问题，以及在城市设计实践中的绩效优化对策。本书在绩效评价指标与影响关系的研究基础上，初步提出了空间绩效的评估与预测方法模型，希望为站域的空间发展，特别是规划定位、建设容量、主导功能与分布等方面的决策提供支持平台，成为轨道交通车站地区城市设计工作的核心支撑。

庄宇

2016 年 12 月 1 日

前言

轨道交通对高密度大城市的可持续发展具有重要作用，但是，在当前我国轨道交通和站域的快速建设过程中，往往侧重在解决公交运能不足和拥堵等问题上，而疏于兼顾站点与周边商业办公等功能空间、公共空间、步行网络、交通换乘等的统筹发展，从而导致轨交站域的人流和空间资源未得到合理使用。因此，如何将原本单一的轨道交通与城市空间使用相互配合，激发城市获得交通优化以外的多维度效应，推进站域的整体机能运行以逐步实现“站城协同”的体系化发展目标，这是规划设计领域十分关注的课题。

“站城协同”系列丛书以国家自然科学基金项目“轨道交通站点区域人车路径与空间使用的协同效应——以上海为例”(No.51178318)为基础写作而成，它针对我国当前快速建成的轨道交通站域协同发展不足的问题，通过以下几方面研究尝试建立理性的空间规划决策方法：其一，如何建立科学的分析方法来预测多层面车行步行路径的可达性和空间潜力，为未来的多维空间发展提供评估基础；其二，如何突破传统的土地使用体系，发展三维的轨交车站地区空间使用体系的分析决策方法，特别是针对公共空间领域和功能性空间（如商业等）的需求；其三，如何在人车路径的分析模型与空间发展需求间建立协同关联，能够预测未来空间的使用效应。

本书是该系列研究的第二部分，主要针对轨交站域的空间潜力和活力有待提升的现象，以上海核心城区的轨交站域为例，在广泛收集案例的基础上重点筛选 10 个样本站域，分析高密度大城市中心区轨交站域的多样化使用者及群体行为特点，探索站域空间使用分布规律和使用绩效影响机制，最终结合分布规律和影响机制建立空间使用优化框架。研究主要从四方面展开：① 空间使用者和群体行为，主要讨论轨交站域的典型使用者和群体活动行为特征，以及支撑活动行为的空间组合模块；② 空间使用分布，按照“使用者需求–空间价值分布–空间使用分布”的逻辑论证了空间价值影响下的空间分布规律，并归纳空间分布的主要类型；③ 空间使用绩效，基于层次分析法建立绩效评价框架，主要选择活力性绩效指标，从功能、可达、空间、使用者等四方面分析绩效影响机制，并进一步建立绩效“评价–预测”方法模型；④ 空间使用优化，结合分布和绩效研究提出了空间使用的优化目标和方法等，以“功能、强度和分布”三大导控要素为核心，初步构建了轨交站域空间使用“分布–绩效”的基本优化框架，并探讨了上海核心城区轨交站域空间使用的主要问题及其优化策略。在数据时效性上，除非特殊说明，本书的实证调查数据均截至 2013 年 12 月 31 日。

庄宇　袁铭

目录

第 1 章　站城协同的背景和问题

1.1 研究背景与问题提出

1.1.1 研究背景

1. 轨道交通对高密度大城市可持续发展的作用

轨道交通（简称轨交）具有减少城市道路面积、提高空间运作效率、降低能源消费等优点，已逐渐成为高密度大城市可持续发展的必然选择，目前世界上很多高密度大城市都建成了比较成熟与完善的轨交系统，无论是纽约、旧金山、伦敦还是东京，均具有较高的轨交线网密度和人均拥有长度。轨道交通一方面在高密度大城市中扮演着重要的角色，为市民的日常出行提供了强有力的支撑，并有效降低了交通能源消耗（Cervero，1998）[①]；另一方面，伴随着城市轨道交通的迅速发展，站点与周边区域的功能空间、人车路径等体系逐渐整合，既带动了周边商业或服务业的发展，也完善了多层面的交通体系，使城市形成以轨道交通为核心的多中心发展格局，不同程度地实现着城市品质和能级的提升。总体而言，轨道交通迎合了当今高密度大城市可持续发展的趋势，是城市发展到一定阶段的必然产物和能级提升的重要条件，为其迈向更高层次的发展提供了战略可能。

2. 我国高密度大城市轨道交通的发展现状

改革开放以来，我国的城市化进程取得了长足进步，伴随高密度大城市人口快速增长和通勤距离的加长，大部分城市虽都提出了“公交优先”战略，但是相关保障措施很难到位，导致公交运行速度下降，个人交通方式也畸形发展，从而产生了很多社会问题。从 20 世纪 80 年代末开始，我国政府和一些高密度大城市已逐渐开始对轨道交通发展进行可行性论证和政策指导[②]，特别是经过最近 10 多年的发展，一些高密度大城市已经逐渐形成以地铁为主、高架轻轨为辅助的公共交通结构；目前我国也正成为全球最大的轨道交通建设市场，截至 2012 年年底，有 35 个城市在建轨道交通线路，16 个城市开通运营轨道交通线路，运营长度约 1 980 km；预计到 2020 年，我国拥有轨道交通的城市将达到 50 个，长度约达到 6 100 km。

---

① 详见：Cervero R. The transit metropolis — A global inquiry［M］. Washington D C: Island Press, 1998: 52.

② 国务院办公厅《关于加强城市快速轨道交通建设管理的通知》（2003）指出，申报发展地铁的城市应达到下述基本条件：地方财政一般预算收入在 100 亿元以上，国内生产总值达到 1 000 亿元以上，城区人口在 300 万人以上，规划线路的客流规模达到单向高峰小时 3 万人以上；《中共中央关于制定国民经济和社会发展第十一个五年规划的建议》（2005）明确写入“加快发展铁路、城市轨道交通，……”；国家发展与改革委员会《关于加强城市轨道交通规划建设管理的通知》（2015）要求线网规划应统筹人口分布、交通需求等情况，确定城市轨道交通的发展目标、发展模式、功能定位等；确定城市轨道交通线路走向、主要换乘节点、资源共享和用地控制要求，实现与城市人口分布、空间布局、土地利用相协调。

但是，我国高密度大城市的轨道交通仍需要大力发展，以上海为例，截至 2013 年底，虽已建设拥有 14 条线、329 座车站及总长 525 km 的轨道交通网络，总日均客流达到 938 万人次（不含磁浮及轨交 3 号线、4 号线共线段人流不重复计算），但上海中心城区的公共交通出行占交通出行总量的 35.4%，而这其中轨道交通的分担率约为 39%，因此轨道交通仅占中心城区出行总量的 14%①。从对内环线以内及 4 个城市副中心范围约 83 个站点的日均客流量数据统计后看出，一方面日客流量分布的峰谷差异还较大，其次 83 个车站中有 59 个车站日均客流量在 1 万～5 万人之间，约占 71%，其轨交运量仍有较大提升余地，而未来以地铁为主的轨道交通发展模式将对上海的总体出行影响更大，对站域的空间使用绩效提升也会产生深远影响②。

1.1.2 问题提出

1. 我国当前轨交站域建设的主要问题

在当前我国轨道交通及周边区域的快速建设过程中，很多项目由于规划设计时间短、建造速度快、开工数量多、投资资金受限等原因，往往侧重在解决城市公共交通运能不足和拥堵问题，重视轨道交通本身需求而忽视与周边区域的整体协同发展问题，比较突出表现在两方面：一是站点建设中疏于兼顾周边区域的步行网络、交通换乘、与公共空间和商业等功能空间的统筹发展，特别是在城市高密度中心区域，一些站点孤立于城市环境而使得站域空间使用绩效不高的现象仍在一定范围内存在；其次是伴随着轨道交通所带来的区域可达性提高，一些站域建设无视轨道交通的承受能力，呈现出狂热和无序的发展局面，大量高密度的住宅或者办公区蜂拥而建，造成通勤高峰时期轨道交通超负荷运转，反而进一步加剧了城市交通的恶化。

以上海为例，截至 2009 年 3 月在核心城区运营的 9 条线路 80 余个站点中，23 个换乘站中仅有 5 个与周边的城市广场、公园和火车站联系，3 个可在地下直接进入相邻的商业设施；65 个独立站中仅有 3 个与邻近商业设施在地下相通，仅 1 个与上盖物业（商业设施）结合，大部分缺乏以车站为依托的整体发展区域，这与上海核心城区土地的高附加值及高强度高效率的使用目标是不相称的③。从欧洲、日本、新加坡、中国香港等地区的发展经验看，轨道交

① 引自：上海市城乡建设和交通发展研究院 .2014 年上海市综合交通年度报告（摘要）[R]. 2014.

②《上海市城市快速轨道交通近期建设规划（2010—2020 年）》提出，在 2010—2020 年期间，新一轮建设项目共 13 项，包括 5 条延伸线和 8 条新建线，线路总长合计约 310 km，车站 189 座，届时上海城市轨道交通网络总规模将有望达到 877 km。

③ 详见：庄宇，张瑞雪 . 面向区域协调发展的上海中心城区地铁站域现状和反思 [J] . 城市轨道交通研究，2012（9）：17-20.

通周边作为交通可达性特征明显的地区，其功能已从简单的交通功能向兼有交往、购物等综合社会活动的功能转变，成为城市中最具有活力的地区之一（卓健，2005）①。因此，在目前我国高密度大城市轨道交通大规模投入运营及后续车站不断建设的背景下，迫切需要形成以车站为核心的多中心空间发展体系：首先促进公交和步行优先的低碳交通发展，其次将原本单一的轨道交通与周边空间发展相互配合，强化站点的催化作用以激发获得交通优化以外的多维度效应，以带来站域多层面空间发展机会和由点带面的整体竞争力。

2. 课题的直接来源及其研究问题

本书为国家自然科学基金项目“轨道交通站点区域人车路径与空间使用的协同效应——以上海为例”（No.51178318）的组成部分，此项目主要针对我国当前快速建成的城市轨道交通车站孤立于站区整体发展，缺乏与城市地下地上空间的联系，不利于集约化高效率可持续发展的问题，研究如何建立以车站为核心的站域空间使用发展体系，探索区域人车动线路径和多层面空间使用的关联，激发城市获得交通优化以外的多维度效应。课题通过以下几方面的深入研究尝试建立理性的空间规划决策方法：其一，如何建立科学的分析方法来预测多层面车行步行路径的可达性和空间潜力，为未来的多维空间发展提供评估基础；其二，如何突破传统的土地使用体系，发展三维的轨交车站地区空间使用体系的分析决策方法，特别是针对公共空间领域和功能性空间（如商业等）的需求；其三，如何在人车路径的分析模型与空间发展需求间建立协同关联，能够预测未来空间的使用效应②。

本书主要结合课题第二部分内容，选取上海核心城区与人们日常生活密切相关的各类中心型轨交站域为研究对象，在广泛收集相关案例的基础上，重点筛选 10 个站域为分析样本，探索高密度大城市中心区轨交站域的多样化使用者及群体行为特点，并研究由此显现的多层面空间使用的分布和绩效问题，最终结合分布规律和绩效影响机制建立空间使用优化框架。

1.2　研究目的与意义

1.2.1　研究目的

研究立足在我国当前高密度大城市轨道交通建设的大发展时期，针对轨交站域的空间潜力和活力有待提升的现象，选取“上

① 引自：卓健．机动性和中国城市［J］．国外城市规划，2005（3）：2.
② 引自：国家自然科学基金项目“轨道交通站点区域人车路径与空间使用的协同效应——以上海为例”（No.51178318）。

海核心城区”[①]的轨交站域为样本深入调研，并着重以其中的 10 个典型中心型站域[②]，分析使用者及群体行为特点，探索站域空间使用分布规律和使用绩效影响机制，以期为站域空间优化提供依据。研究的最终目的是希望在未来高密度大城市轨交站域的建设中，可突破传统的土地使用体系束缚，发展多层面空间使用体系的分析和优化方法，为合理评价、预测以及优化轨交站域空间使用体系提供理论基础。

1.2.2 研究意义

1. 理论意义

土地（空间）使用的分布和绩效一直是城市规划和设计领域的传统重点和热点课题，本书结合当前高密度大城市轨道交通大发展背景，以既有的土地（空间）使用理论为基础，尝试在城市设计的视角下，进一步揭示空间使用分布规律和绩效影响机制，以完善和发展高密度大城市轨交站域的空间使用理论体系，也为空间使用与人车交通等系统的“协同化”研究奠定一定基础。

2. 实践意义

1）为我国高密度大城市中心区轨交站域建设提供理论支持

在实践中如何使站点周边的空间使用实现“体系化”发展是一个关键问题，本书正是立足于这一具体问题，充分借鉴国外较为成熟的轨交站域发展理论和实践，结合当前我国实际状况提出更具针对性的空间使用优化目标、评估模型、方法和典型模式等，这些研究成果对未来我国高密度大城市中心区轨交站域的建设实践可提供一定的理论支持。

2）为上海核心城区的轨交站域建设提供案例和数据支持

上海城市空间发展规划明确要求建立以公共交通为导向的多心组团式城市发展模式；重点加强轨道交通对优化城市空间布局和促进土地综合开发的作用，提高土地开发效益和交通设施运行效率[③]。由于本书以上海核心城区作为主要实证对象，分 3 个阶段进行了实地调研，并在 83 个站点中特别选取 10 个具有重要价值和典型意义的中心型站域进行翔实的数据采集和案例分析工作，

① 上海市的空间范围包含三个层次：核心城区（Core Area of Shanghai）、中心城区（Central Shanghai）和市域范围（Map of Shanghai），中心城是指上海市政治、经济、文化中心，其范围由城市总体规划确定，《上海市城市总体规划（1999—2020）》明确指出，外环线以内地区作为中心城范围，人口控制在 800 万人，城市建设用地约 600 km^2，主要包括：静安区、黄浦区（由原黄浦区、南市区与卢湾区合并而成）、徐汇区、长宁区、虹口区、杨浦区、普陀区、闸北区以及浦东新区的原南市区、黄浦区和杨浦区的浦东部分。而本书界定的核心城区是上海内环线以内和 4 个城市副中心区域，面积约为 120 km^2。以上界定和相关数据是笔者根据《上海市控制性详细规划技术准则》等上海各相关文件整理而成。

② 详见第 2 章 2.2.2 节的轨交站域分类研究。

③ 引自：上海市人民政府 . 上海市交通发展白皮书（2013）[R]：10-11.

这些一手数据对未来上海核心城区的轨交站域建设具有较强的参考价值。

1.3 核心概念的界定

研究主要针对高密度大城市中心区轨交站域的空间使用分布和绩效问题，从分析站域使用者及群体行为入手展开相关研究，所以主要涉及的内容也围绕着“轨交站域”、“群体行为”、“空间使用”这 3 个核心概念展开，以下对它们及相关概念进行界定和辨析。

1.3.1 轨道交通、站点与站域

1. 轨道交通（Rail Transit）

国内外涉及城市轨道交通的术语很多，如 Urban Rail Transit、Mass Rail Transit、Light Rail Transit 等，不同地区对 Metro、Underground、Tube 等术语的理解也不同，在《地铁设计规范》中，城市轨道交通是指“在不同形式轨道上运行的大、中运量的城市公共交通工具，是当代城市中地铁、轻轨、单轨、自动导向、磁浮、市域快速轨道交通等轨道交通的统称”。不同类型其界定也不同，以地铁（Mass Rapid Transit，缩写为 MRT 或 Metro）为例，它主要是指“在城市中修建的快速、大运量、用电力牵引的轨道交通，位于城区的线路基本设在地下隧道内，城区以外的线路一般设在高架桥或地面上”；对于设计最大车速 80 km/h 的系统，一般旅行速度不低于 35 km/h①。

2. 轨道交通站点（Rail Transit Station）

轨道交通站点（简称轨交站点）是轨道交通系统的重要组成部分，既要满足乘降安全、疏导迅速、管理便捷等基本要求，又要提供舒适人性化的内部空间，同时更要与城市环境相协调。一般而言，站点由站厅层、站台层、出入口等附属设施、管理设备用房等四部分组成（图 1-1）。

1）*站厅层*

站厅是售票、检票、集散、连接地面出入口和站台的场所，一般可划分为付费区和非付费区，非付费区内设自动售票机、公用电话、问询处等设施，付费区内设楼梯、扶梯通往站台，两者之间的分界处一般设置票务、检票机及分隔栏杆等，换乘车站一般还会设置直接通向另一线路付费区的换乘通道。

2）*站台层*

站台是轨交站点内供乘客上下列车的平台，根据运营功能要求可选用岛式站台和侧式站台，站台宽度根据远期预测客流量、列车编组长度及站台与站厅之间楼梯（自动扶梯）布置形式等因素计算，并需要满足最小站台宽度等规范要求。

---

① 引自：GB 50157—2013：地铁设计规范［S］. 北京：中国建筑工业出版社，2013：4.

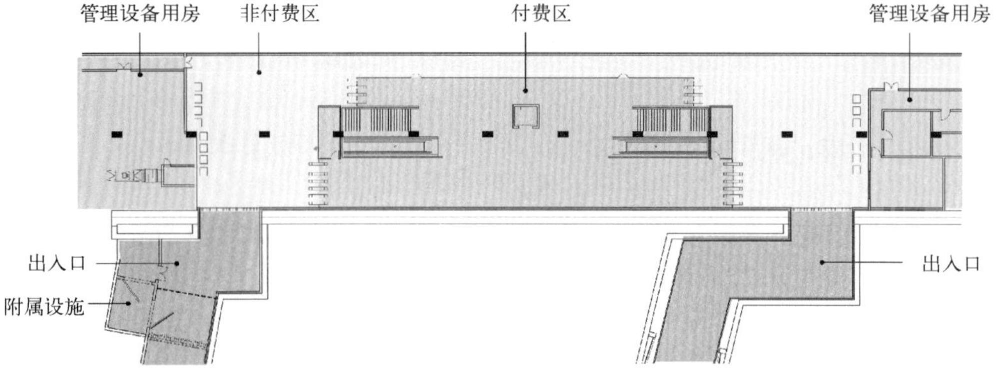

(a) 站厅层平面图

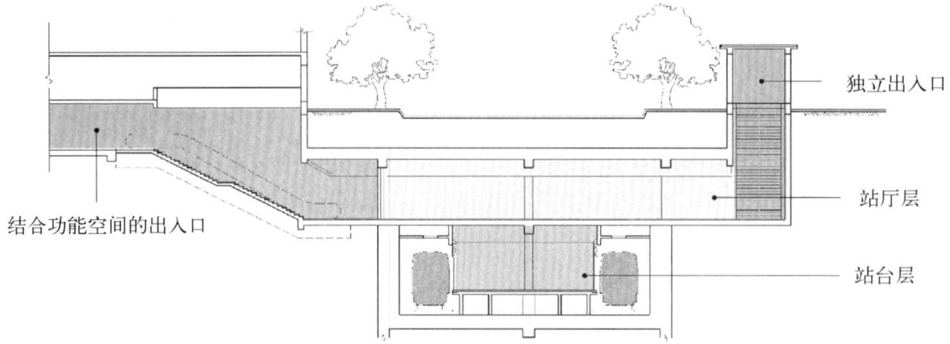

(b) 剖面图

图 1-1 典型轨交站点的示意图①

3）出入口等附属设施

由出入口、通道、楼扶梯、电梯、风亭、风道、冷却塔等组成，出入口和通道是乘客出入车站的连通空间，需要便利地吸引和疏导乘车客流；地面风亭、冷却塔是车站因通风需要而设在地面的附属构筑物，其布置既要满足通风需求又要与城市环境相协调。

4）管理设备用房

管理用房是指提供车站工作人员办公生活的空间，主要包括车站控制室、站长室、交接班室、票务室、警务室等；设备用房主要包括信号设备室、信号电源室、环控机房、变电所、消防泵房等。

① 本书中的图片或表格没有标注资料来源的，均为笔者绘制或者摄制，资料来源标注“课题组”的图片或表格，笔者参与了绘制过程中部分工作，如现场调查、资料收集、数据整理等。

3. 轨道交通站域（Rail Transit Station Area）

轨道交通站域（简称轨交站域）是指受到轨交站点影响的城市区域，目前它正逐步成为高密度大城市的一类典型空间区域。提到轨交站域人们一般首先想到“TOD”（Transit Oriented Development）概念①，学界也对“TOD”进行了相关定义②；其他与轨交站域相似的概念还包括公交社区（Transit Village）、以公共交通为支撑的发展（Transit Supportive Development）、公交友好的设计（Transit Friendly Design）等。国内对轨交站域的概念也进行了相关界定，赖志敏（2005）③认为城市轨道车站地区从宏观上是整个城市中的一个点，表现出节点的意义，从微观上是城市区域中的一个面，表现出领域的意义；王腾（2012）④认为站点地区是以城市轨道交通站为中心向外延伸一定范围的三维空间区域，它以使用者为出发点，由城轨车站在城市中带来实际影响的区域构成。本书将轨交站域界定为“受轨交站点影响而形成的以站点为核心并呈现整体性空间形态特征的多层面城市区域”。

1）内涵分析

对于概念内涵可以从以下三方面来解读。

（1）多层面城市区域

赖志敏指出轨交站域可以从节点和区域两个角度来理解，按照 Lynch 的城市意象理论，节点是观察者能够进入的具有战略意义的点，是人们往来行程的集中点，他进一步指出，车站由于汇聚了一些特定功能（如零售商业）而成为一种集中性节点；区域是相对更大的城市范围，因为具有某些共同且能够被识别的特征，观察者从心理上有

① 20 世纪 80 年代在 H. Fraker 等学者的研究中，步行口袋（Pedestrian Pocket）和都市村庄（Urban Village）理念逐步提出，成为 TOD 的前期重要探索，后来 P. Calthorpe 结合 R. Cervero 的“以公共交通为支撑的发展”（Transit Supportive Development）建议，在 1993 年首次较系统地提出 TOD 理念，并对其定义、类型、要素等进行了阐述。详见：任春洋 . 美国公共交通导向发展模式（TOD）的理论发展脉络分析［J］. 国际城市规划，2010，25（4）：92–99 以及 Calthorpe P. The next American metropolis-ecology, community and the American dream［M］. New Jersey: Princeton Architectural Press, 1993.

② Bernick, Cervero（1997）认为“TOD”是指一种布局紧凑、功能混合的社区，它以公交站点为中心，通过合理的设计，鼓励人们较少使用汽车，更多地乘坐公共交通；其空间范围是以公交站点为中心向外延伸约 1/4 英里（400 m 左右）或相当于步行 5 min 的距离，社区中心周围是公交站点及公共设施和公共空间，公交站点作为联系枢纽，而公共设施则成为区域最重要的核心，还有一个用于人们聚集、庆典以及特殊事件的“现代版的古希腊广场”。详见：Bernick M, Cervero R. Transit Villages in the 21st Century［M］. New York: McGraw-Hill, 1997. 加利福尼亚交通局（California Department of Transportation，2001）认为“TOD”是指适中或更高密度的土地利用，将居住、就业、商业混合布置于一个大型公交站点周围并适于步行的范围之内，鼓励步行交通但同时不排斥汽车交通。

③ 引自：赖志敏 . 以开发为考量的城市设计——城市轨道站域开发的城市设计控制研究［D］. 上海：同济大学，2005：84.

④ 引自：王腾 . 基于城市设计视角的城市轨道交通站地区协同发展研究［D］. 上海：同济大学，2012：19.

进入感，Lynch 特别提到一种区域，它由一个强烈的核心通过辐射形成，主题单元向外逐渐减弱，轨交站域就是这种由核心车站向外辐射的典型主题单元。在高密度大城市中心区，由于轨交站点大多位于地下或地面二层，同时具有多个活动基面，因此轨交站域是城市中典型立体化、多层面的空间区域。

（2）以轨交站点为核心

轨交站域形成和发展的前提条件是区域内具有一个或几个作为交通核心和空间核心的轨交站点，站点是城市重要的人流发生源，带来的大量乘客每天在这里发生换乘、消费、通勤、休憩等多种活动，站点结合人车路网有效地支撑并联系着周围的城市功能空间和公共空间，催化和引导着这些空间的积极有序发展，在发展过程中站点也逐渐确立了它在该区域的核心地位。

（3）整体性的空间形态特征

由于轨交站点带来了区域可达性的提高，因此在它的影响下多层面空间价值也发生改变，并导致人车交通、空间使用等诸系统的变化，逐渐形成了整体性的空间形态特征，如总体开发强度大致呈现圈层递减的结构性分布趋势。总之，在轨交站点与周边城市要素的互动影响过程中，轨交站域逐渐变成一类典型的城市区域。

2）空间范围

（1）水平层面

在对轨交站域空间范围界定的既有研究中，大部分学者倾向于用“步行半径法”，并根据不同研究目的形成了 3 种较常用的半径界定法（详见第 2 章 2.1.1 节）；本文在此基础上主要采用第二种方法，即以站点各出站口为圆心，一定半径范围的合集区域，多数文献给出的半径一般为 400～800 m，笔者结合这些研究进一步对该范围用动线观察法进行了两轮验证，以确保范围的科学性：首先通过前期调查的上海四川北路等 15 个站域，初步发现总观察样本中 70％～80％的被试者在 10 min 步行时间以内具有明确的步行目的地，即会停留在 500 m 范围内的某功能空间或公共空间活动，这其中又有 75％～85％的被试者其步行距离在 300 m 左右（图 1-2）；然后在正式调查的 10 个样本站域中再一次对动线的结束点进行分析，结果显示超时超域的结束点在工作日和周末仅各占到约 10％和 16％，详见第 3 章图 3.16、图 3.17 所示，两轮的验证结果总体表明将高密度城市中心区，特别是上海核心城区轨交站域水平范围确定为 500 m 相对合理。

因此本书对轨交站域的水平范围界定是——以轨交站点各出站口为圆心，500 m 范围为半径形成的若干圆的并集，这大致为步行 5～10 min 的辐射范围（图 1-3），并将 500 m 范围内划分为 0～100 m，100～200 m，200～300 m，300～400 m，400～500 m 等圈层；进一步聚焦的空间研究范围是以典型功能空间（如商业）和公共空间为主，不涉及这些空间以外的其余辅助空间，如紧急出入口、后勤空间、私家车库等。

（2）垂直层面

城市空间一般分为地下空间、地表空间

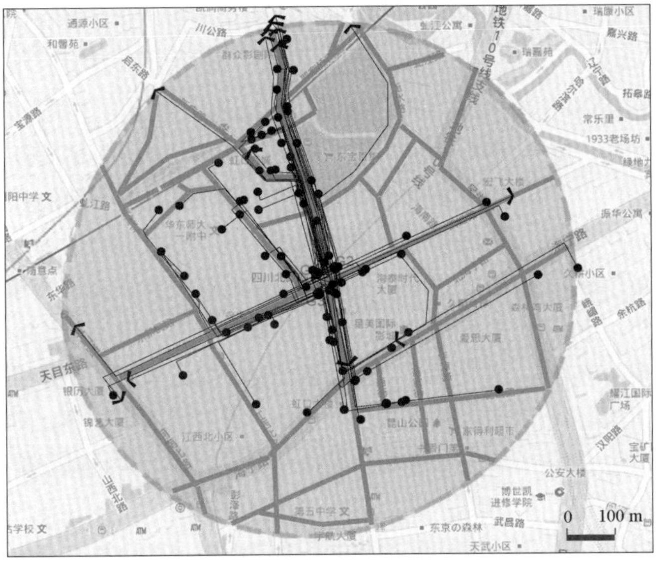

图 1-2　轨交站域水平范围的实证调查示意

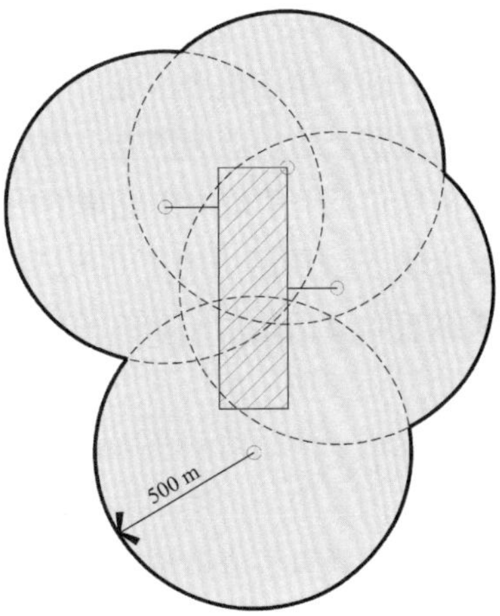

图 1-3　轨交站域水平范围示意

和地上空间，韩冬青（1999）①将其划分为9个层次，本文根据研究目的对轨交站域垂直层面的范围划分为6个部分：地下深层、地下中间层、地下浅层、近地面层、中间层、高层区（图1-4），并着重讨论从高层区至地下浅层区的空间范围。

近地面层区（0～10 m，为1～3层），多数情况下是使用者主要活动基面，在6个区域中可达性最好、公共性最强，人流量最多，也是空间总体价值最高的部分，一般适宜布置商业（尤其是中小规模零售、餐饮）等公共性较强的空间。

中间层区（10～24 m，为4～8层）：作为近地面层的向上延伸层，适于设置消费目的较强的商业，也可发展对独立性和私密

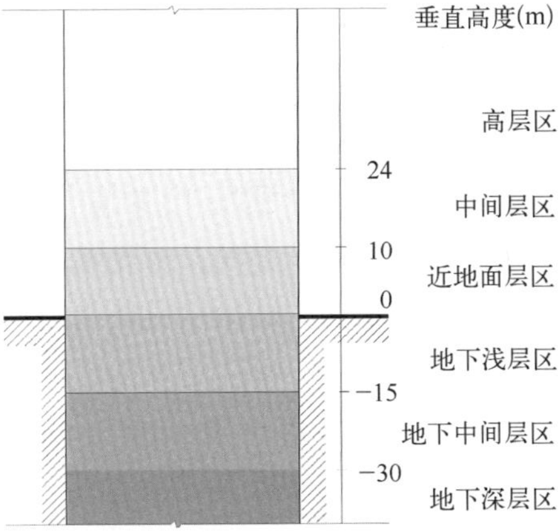

图 1-4　轨交站域垂直分区示意

性均有要求的办公功能，由于垂直运输、消防疏散等限制，一般垂直层面布局都遵循“人员密度大的功能向下布置，密度小的向上布置”原则。

① 详见：韩冬青，冯金龙．城市建筑一体化设计［M］．南京：东南大学出版社，1999：29.

高层区（24 m 以上，约 9 层以上）：对私密或景观等要求较高的功能，如酒店、办公一般布置在这个区域，由于高层空间的景观优势，当功能为酒店、办公空间时，其空间价值反而呈现向上递增的趋势。

地下浅层区（地下 0～15 m）：在高密度城市轨道交通大发展的背景下，以轨交站点为核心的地下步行系统和下沉式公共空间建设促进了商业活动在该区域的汇聚，其商业价值大大提升，适宜发展零售、卖场、餐饮、娱乐等对客流量需求大的功能，也可作为公共停车场。

地下中间层区（地下 15～30 m）：适合发展地下城市交通系统的建设，如地下快速路、地铁等，可以大大减少地面交通量，同时，由于通风采光等问题导致空间舒适度降低，不适于设置使用人数较多的功能，但可作为停车、储藏等辅助功能。

地下深层区（地下 30 m 以下）：主要是一些人防工程和地下建筑，对风暴、霜冻、地震等自然灾害的抵御能力比地上建筑强很多，还能防御战争侵袭。

1.3.2 群体与群体行为

1. 群体（Group）

一般而言，群体是指具有某类共同特征的若干个体组合而成的一群人，不同学科领域对“群体”概念进行了各自界定：社会学对“群体”的定义在不同条件下有褒义、中性和贬义的区别，褒义的群体是与“群众”等同的，中性的群体定性为“乌合”的，贬义的群体则被定性为“群氓”，在一般的社会理论研究中“群体”具有中性的含义；社会心理学中“群体”是一个更为狭义、更专业性的术语，是为了实现某个特定目标，两个或两个以上相互作用、相互依赖的个体组合，群体是一个整体，群体建立在成员之间相互依赖和相互作用的基础上，并且有明确的群体目标；文化人类学中的“群体”是一个整体和抽象的概念，可以是一个民族、一个族群、一个社会、一个社会阶层或社区，其群体意识的发展变化规律及其影响因素，是该学科研究的核心问题[①]。

本书从城市设计的视角出发，将轨交站域的使用者群体作为重要研究对象，因此，这里需要对使用者群体概念进行相应地界定，主要是指——在轨交站域不同功能空间或公共空间中活动的若干使用者个体集合，比如根据其目的不同可分为消费者、就业者、当地居民、城市游客等。

2. 群体行为（Group Behavior）

中国百科大辞典对群体行为的定义是：“社会群体、组织为实现既定目标从事的活动及其表现，其与个人行为相对应，一般

① 引自：李罕哲，李铁军 . 关注群体行为的城市设计［J］. 哈尔滨工业大学学报（社会科学版），2008，10（1）：53.

具有规范化、程序化、整体化、协调化等特点。”李罕哲、李铁军（2008）①认为“群体行为既是城市文化的物化和建构过程，又是影响城市空间的生产过程和再生产过程”，前者强调了行为的目标一致性，后者强调了行为的社会文化性。

群体行为也是本书研究的重要内容，因此同样需要对其进行相应的界定，是指——轨交站域使用者群体在站域所发生的各类活动行为，典型的群体行为包括换乘行为、通勤行为、消费行为以及休憩行为等。

1.3.3 土地利用与空间使用

土地利用、空间使用、功能布局等几个词在城市规划与建筑设计领域应用较广泛，比如 Shirvani（1985）②指出，土地使用（Land use）是城市设计的元素之一，决定了基本的二度平面计划，……决定了动线与停车场及活动密度与使用之间的关系。王建国（2004）③认为，土地使用是现代城市设计的客体要素之一，指出土地使用包含用途和容量（利用强度）两方面，并且把土地综合使用界定为“特定地段中各种用途的合理交织，亦即城市界内某块土地或外部空间在每天的占有率情况”，以及“对用地进行地上、地下和地面的综合开发”。实际上这两位学者对土地使用的界定并非一般二维规划层面所探讨的概念，而已经拓展到三维的多层面空间，因此本书明确地在轨交站域研究中使用“空间使用”的概念，并简要对土地利用和空间使用两个概念进行辨析。

1. 土地利用（Land Use）

土地利用是人类有目的地开发土地资源的一切活动，是对城市土地进行不同层次及功能的配置活动，它是人类的一种社会经济现象，是利用土地的特性和功能来满足自身需求的活动方式和过程；土地利用的社会目标是最大限度地满足整个社会经济增长的物质和文化需要，使土地利用的社会效益、经济效益和生态效益达到最佳。

城市土地利用的变化是自然地理和人文社会经济共同作用的结果，土地利用研究包括了土地利用的规模、空间形态（城市的土地使用性质和强度）、结构与比例等，深层次研究则包括土地利用密度、结构、人口密度、住宅和就业岗位密度、汽车拥有量等，其中土地利用的结构、性质和强度是城市空间利

① 引自：李罕哲，李铁军. 关注群体行为的城市设计［J］. 哈尔滨工业大学学报（社会科学版），2008，10（1）：54.
② Shirvani 提出城市设计八要素，包括土地使用（Land use）、建筑形式与体量（Building form and massing）、动线与停车场（Circulation and parking）、开放空间（Open space）、人行步道（Pedestrian ways）、支持活动（Activity Support）、标志（Signage）、保存维护（Preservation）。引自：（美）哈米德·胥瓦尼. 都市设计程序［M］. 谢庆达，译. 台北：创兴出版社有限公司，1990：11.
③ 王建国将现代城市设计客体要素分为建筑形态及其组合、土地使用、开放空间、步行街（区）、使用活动、交通与停车、保护与改造。引自：王建国. 现代城市设计理论与方法［M］. 南京：东南大学出版社，1991：71.

用的重要导控因素，也是城市设施水平、环境质量和完善程度评价的重要指标①。

2. 空间使用（Space Use）

城市设计视角下的研究对象则由“土地”转化为“空间”，卢济威（2004）②认为，城市设计沿用土地使用很难体现“土地使用的高效性，功能复合和空间布局的立体化”特点，而“空间使用”更能体现出这些特点，其研究内容主要包括“三维的功能布局和使用的强度”两方面；王一（2005）③也提出类似的观点，指出城市设计侧重对土地使用“复合性、整体性和立体化”研究，因此建议采用“空间使用”概念。部分学者提出的相关研究概念也支持了这种观点，如城市·建筑一体化（韩冬青，1999）、要素有机结合（范文莉，2007）、空间立体化（董贺轩，2008）等表达了空间使用的内涵；在环境行为学研究中也常使用这个概念，但是着重描述使用者对空间的使用过程和状态，其主要内容如空间使用后评价（POE）等。庄宇（2011）④指出空间使用主要包含城市空间使用分布以及空间使用绩效两方面，前者包含功能组群的构成、总体开发强度以及不同空间的分布等内容，后者是指站域使用者对不同空间的日常使用程度，其衡量指标包括商业进店人流量、办公空间使用饱和率等，这里不涉及空间使用的具体过程，如人在空间中行走的线路方式、使用情绪等。

综上所述，“空间使用”概念更符合本书的研究需要，这里结合既有研究从两个角度界定，广义的空间使用是指“使用者为某种特定目的而对城市空间的使用活动”，狭义的空间使用是指——由功能空间（如商业、办公）和公共空间组成的一类城市设计系统，主要包含空间使用分布和绩效两方面研究内容，与之对应的系统还包括交通系统、景观绿化系统、历史文化系统等，本书采用后者的狭义界定。

1.4 研究思路与写作框架

1.4.1 研究思路

本书在城市设计的视角下，针对高密度大城市中心区轨交站域空间使用的分布与绩效问题，选取上海核心城区的轨交站域，特别是 10 个典型的中心型站域作为研究对象，揭示轨交站域空间使用主客体的互动作用规律，即从站域的使用者群体和活动行为入手，在归纳轨交站域多样化日常活动行为特征的基础上，分析由此凸显的空间使用分

① 笔者以《城市规划原理（第三版）》第 4 章的论述为基础，加以整理而成。
② 引自：卢济威．城市设计机制与创作实践［M］．南京：东南大学出版社，2005：14.
③ 引自：王一．从城市要素到城市设计要素——探索一种基于系统整合的城市设计观［J］．新建筑，2005（3）：55.
④ 引自：国家自然科学基金项目“轨道交通站点区域人车路径与空间使用的协同效应——以上海为例”（No. 51178318）。

布规律和使用绩效影响机制两方面；然后，研究站域空间使用的优化问题，从优化目标、评估模型、优化方法到典型模式等，形成较为系统的优化框架。

研究所指的城市设计视角主要体现在三方面：

（1）空间范围突出“多层面”，水平层面上限定在以轨交站点各出站口为圆心，半径 500 m 的空间交集，垂直层面上限定在从地下浅层区（−15～0 m）到高层区（> 24 m）的空间范围中；

（2）研究对象从“土地”转化为“空间”，把站域典型的功能空间（如商业）和公共空间作为基本研究单元，分析它们在多层面的空间使用分布规律和使用绩效影响机制；

（3）以“使用者及其活动行为”为切入点进行空间使用研究，分析站域使用者群体的典型类型、活动行为特征及空间需求等，探寻空间使用的行为依据，研究从物质空间表层转向对空间使用者和社会性的关注。

本文以实证研究为主，因此无论样本选择还是数据获取与分析等，均需有一套相对系统的研究方法体系做支撑，其具体的研究方法以及样本选取将系统地在第 2 章 2.2 节和 2.3 节阐述。

1.4.2 写作框架

1. 研究内容

本书共分 7 章，除第 1 章、第 2 章文献综述与研究方法、第 7 章结论与展望外，主体研究针对 4 个主要问题展开系统论述，形成本书的另外四大重点章节：即轨道交通站域的使用者和群体行为、轨道交通站域空间使用的分布、轨道交通站域空间使用的绩效、轨道交通站域空间使用的优化。

1）站城协同的背景和问题

本章主要从研究背景与问题提出、目的和意义、核心概念界定以及研究思路与框架等方面进行阐述，从整体上对本书进行概括。

2）文献综述与研究方法

本章主要分为 3 节，包括文献综述、研究方法及样本选择，这是研究的重要基础性工作。在文献综述中，首先对轨交站域空间使用的总体研究分 4 个层面进行介绍，发现研究不足和本书可聚焦的方向，然后归纳出四方面研究问题并进行详细评述，每个专题中又分成相关基础理论以及典型研究问题，从而为本书提供扎实的理论支撑；在研究方法中，主要从分析方法、分类方法以及调查方法三方面进行阐述，这是体现本书逻辑性和科学性的重要内容；最后，就样本选取以及 10 个重点站域的基本背景进行了简要介绍。

3）轨道交通站域的使用者和群体行为

本章主要分为 5 节，包括：① 使用者：空间使用的决定因素；② 轨交站域空间使用组群的典型类型；③ 轨道交通出行者的典型类型与特征；④ 轨交站域空间使用者的典型类型与特征；⑤ 轨交站域的典型行为、特征与空间模块。从轨交出行者和空间使用者两个角度对站域使用者进行分析，并以活动行为链为核心研究了典型群体活动行为。

4）轨道交通站域空间使用的分布

本章主要分为5节，包括：① 轨交站点：站域空间使用的发动机；② 上海核心城区样本站域空间使用的分布特征；③ 使用者需求决定下的空间价值分布；④ 空间价值影响下的空间使用分布规律；⑤ 轨交站域空间使用分布的典型类型。按照“使用者需求-空间价值分布-空间使用分布”的线索论证轨交站域功能空间和公共空间使用分布规律。

5）轨道交通站域空间使用的绩效

本章主要分为5节，包括：① 空间使用绩效的评价框架与方法；② 上海核心城区样本站域空间使用的绩效评价；③ 轨交站域空间使用绩效的影响分析；④ 轨交站域空间使用绩效的影响机制；⑤ 基于影响机制的空间使用绩效预测。该章将使用绩效分为盈利性和活力性两类指标并初步建立绩效评价方法，以此对上海核心城区的空间使用绩效进行评价；然后从功能、可达、空间和使用者四方面分析绩效的影响因素与权重，并初步建立对轨交站域空间使用绩效的预测方法，本章最后提出了空间使用绩效“评价-预测”的方法模型。

6）轨道交通站域空间使用的优化

本章主要分为4节，包括：① 空间使用的优化目标与综合评价模型；② 空间使用优化的导控要素与方法；③ 典型轨交活力区的空间使用分布模式；④ 上海核心城区站域空间使用的优化策略。研究以“轨交活力区”作为未来高密度大城市中心区中心型轨交站域的优化发展目标，并提出“分布-绩效”综合评价模型，然后围绕“功能、强度、分布”三大导控要素，初步建立相对系统的优化方法，基本形成空间使用的优化框架；再建构两种典型的“轨交活力区”空间使用分布模式，作为未来站域发展之参考，最后研究落脚在上海核心城区轨交站域空间使用的典型问题上，提出四方面的优化策略建议。

7）结论与展望

本章作为全书的总结章，进一步归纳了本书的主要结论和创新点，并在评价本书不足的基础上展望进一步研究的方向。

2. 写作框架

以下为本书的写作框架（图 1-5）。

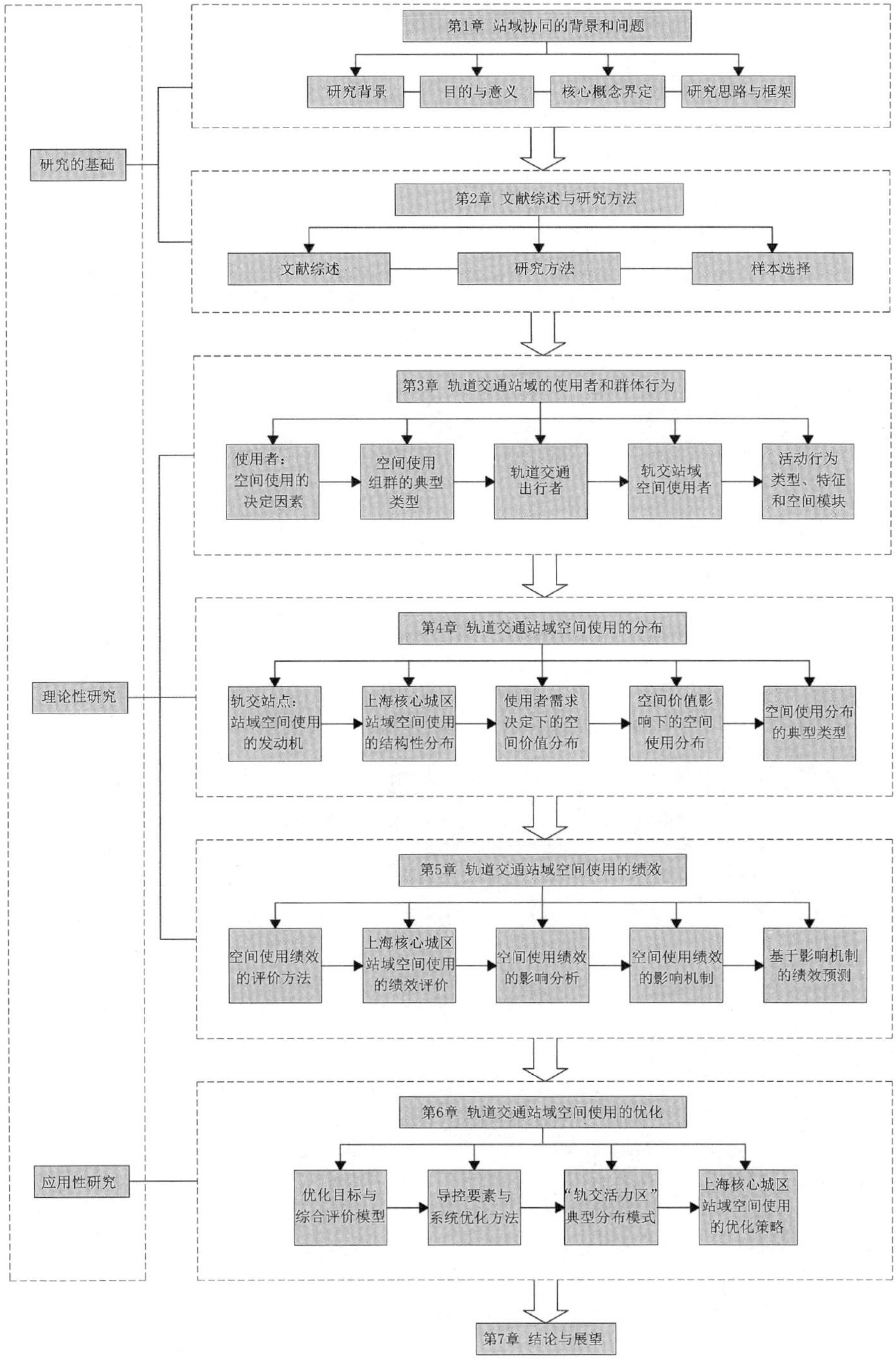
研究的基础
理论性研究
应用性研究
第1章 站域协同的背景和问题
研究背景
目的与意义
核心概念界定
研究思路与框架
第2章 文献综述与研究方法
文献综述
研究方法
样本选择
第3章 轨道交通站域的使用者和群体行为
使用者：空间使用的决定因素
空间使用组群的典型类型
轨道交通出行者
轨交站域空间使用者
活动行为类型、特征和空间模块
第4章 轨道交通站域空间使用的分布
轨交站点：站域空间使用的发动机
上海核心城区站域空间使用的结构性分布
使用者需求决定下的空间价值分布
空间价值影响下的空间使用分布
空间使用分布的典型类型
第5章 轨道交通站域空间使用的绩效
空间使用绩效的评价方法
上海核心城区站域空间使用的绩效评价
空间使用绩效的影响分析
空间使用绩效的影响机制
基于影响机制的绩效预测
第6章 轨道交通站域空间使用的优化
优化目标与综合评价模型
导控要素与系统优化方法
"轨交活力区"典型分布模式
上海核心城区站域空间使用的优化策略
第7章 结论与展望

图 1-5　写作框架

第 2 章　文献综述与研究方法

2.1 文献综述

伴随着高密度大城市轨道交通和站域建设的快速发展，国内外针对轨交站域的相关研究已开展较多，结合轨道交通站域的空间使用问题是重要研究内容，本文献综述主要包含两部分，首先是从轨交站域总体研究现状出发，初步归纳主要研究内容及可以深化的研究方向，其次针对后续展开的 4 个研究问题进一步进行详细评述，为本书构筑扎实的理论基础。

2.1.1 轨交站域空间使用的总体研究现状

研究首先从四方面归纳轨交站域空间使用的总体研究现状，分为轨交站域空间使用的基础性研究、规划层面轨道交通周边区域的土地使用研究、建筑层面轨道交通综合体空间使用研究、针对轨交站域地下空间使用的专项研究，然后在此基础上讨论可以拓展的研究方向和主要研究问题。为直观、整体地对该领域的文献现状进行把握，这里以“万方数据”知识服务平台的文献为对象，通过关键词检索的方法①考察该领域在 2000 年以后的研究进展，关键词组合分为“轨道交通 * 土地利用”、“轨道交通 * 综合体”、“轨道交通 * 地下空间”②（图 2-1），结果表明自 2000 年以来这个领域的研究呈稳定递增趋势，其比值约为 1∶5∶10，已成为当前规划和设计领域的重要研究课题之一。其次对不同年代内的

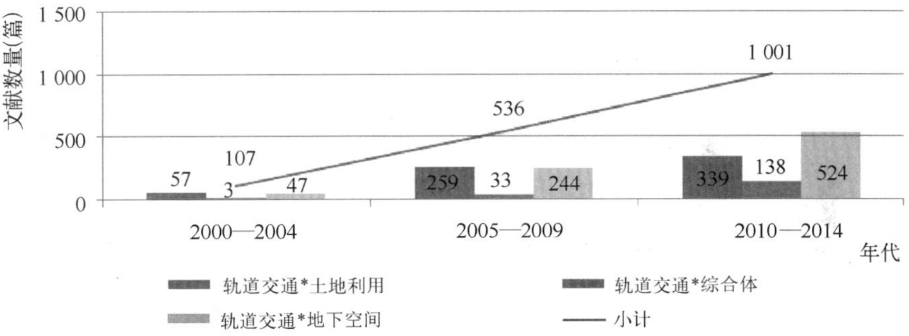

图 2-1　基于“万方数据”平台的轨交站域空间使用研究领域既有文献数量分析

---

① 在文献研究中发现部分文献并未仅针对 1 个问题，因此如果仅按照收集的文献进行统计，容易受到文献数量、内容、个人水平等因素影响，造成统计标准、基数不统一，这里为了建立较为统一、标准的比较方法，选择万方这个相对权威的数据平台，采用其中的“专业检索”模式，确定 2～3 个关键词组合的方法分析截至 2014 年年底的文献，当然由于不同作者研究时使用的关键词存在一定差异，因此检索并不能包含某问题的所有文献，但该方法在一定程度上反映了既有文献数量的结构性现状，为快速整体把握研究问题的文献基础提供可靠途径，也便于后续研究的验证和引用。

② 由于关于概念界定、分类等基础性研究的内容很多是结合其他几个专题展开，因此这里不做专门统计。

数据进行同比，可看出已由 2000—2004 年研究单一、侧重结合轨交土地利用的研究，逐渐发展到 2010—2014 年 3 个专题齐头并进的研究态势。

1. 轨交站域空间使用的基础性研究

1）*轨交站域的范围界定*

如何对轨交站域的空间范围进行科学界定是轨交站域的重要基础性研究，目前学界一般依据步行半径（The Walkable Radius）、功能-文脉因素（Functional-historical Elements）、地形标志（Topographic）或开发边界（Development Perimeter）等方法进行界定，而其中大多数研究常用步行半径法来界定，即采用以站点为中心，从站点步行 5～15 min，半径 400～800 m 形成的圆形区域作为空间范围（Bertolini, Spit, 1998）①；Cervero（2002）②指出，轨道交通的影响范围为步行 500～800 m 所能到达的距离，其中 500 m 范围内的影响最为突出，10 min 是人们选乘公共交通后所能承受的最大步行时间。在美国“TOD”有关围绕轨交站点社区尺度的技术原则中，也支持大致步行 5～15 min，半径为 1/4 mile（400～500 m）至 1/2 mile（600～800 m）作为“TOD”的空间范围。

国内学者针对国人出行习惯对站域空间范围也进行了实证分析，其结论与国外研究基本一致。任春洋（2005）③把城市中心城区的站域界定为以站点为核心的 500 m 步行范围，城市外围地区的站域则界定为 1 000 m 范围；赖志敏（2005）④指出，轨交站域使用者主要来自周边约 5 min 的步行范围内，并将其界定在站点周边 400 m 左右；胡应东（2010）⑤分析国内外轨交站点之间的平均距离，结果表明国内轨道交通的平均站距为 1.37 km，日本为 1 km，法国巴黎为 0.7 km，综合来看站点周边 500 m 是站域的平均空间范围；2004 年深圳在《深圳市城市规划标准和准则》中对作为城市发展引导区的轨交站域规定了范围，指出“一般地段为车站周边地上 500 m 和地下 200 m 半径范围，特殊地段根据地铁车站详细规划确定”。

当然，也有学者认为站域空间范围不能简单给定一个静态范围，不同类型和区域其范围存在差异，尤其需要考虑步行路

---

① 他们通过实证调查发现大多数人愿意步行的范围在 150 m 之内，40%的人愿意步行 300 m，只有不超过 10%的人愿意步行 800 m。详见：Bertolini L, Spit T. Cities on rails: The redevelopment of railway station areas［M］. London: E & FN Spon, 1998.

② 详见：Cervero R, Duncan M. Land value impacts of rail transit services in Los Angeles County［R］. National Association of Realtors-Urban Land Institute, 2002.

③ 引自：任春洋 . 大都市地区轨道交通与城市中心区互动耦合研究——以上海为例［D］. 上海：同济大学，2005：8.

④ 引自：赖志敏 . 以开发为考量的城市设计——城市轨道站域开发的城市设计控制研究［D］. 上海：同济大学，2005：79.

⑤ 引自：胡应东 . 城市大型交通枢纽区开发设计［D］. 上海：同济大学，2010：9.

径系统。夏嘉健（2005）[①]指出针对每个特定节点具体情况，实际范围与模型总有差别，另外由于城市发展节点现状会随时间变化，所以范围总是相对而言，并非绝对的界限；王腾（2012）[②]指出轨交站域为“通常情况下步行可达”的范围，认为“步行可达程度”比定量数值更为准确；庄宇及其团队（2010—2013）通过对上海核心城区的调研进一步对两种范围进行比较，首先界定“以轨交站点各出站口为核心、步行约 10 min 即 500 m 半径的区域”，同时考虑区域步行系统的影响，基于 GIS 平台求得更为真实的范围，并对两个范围进行比较，表明后者面积一般为前者的 60%～80%。

综上所述，可看出以步行半径为依据的轨交站域范围界定大致分 3 种方式：① 以轨交站点为中心 500～1 000 m 的空间范围，主要适用于规划层面或者大尺度研究（图 2-2a）；② 以轨交站点各出站口为中心约 500 m 的多层面空间范围，适用于中观层面或多层面空间研究（图 2-2b）；③ 基于实际步行可达的范围，叠加步行路网通过 GIS 系统等手段计算的 500 m 空间范围，由于其对数据要求更高，适用于局部、微观尺度或者特殊目的的研究（图 2-2c）。这三种方法本身并不冲突，在研究中也并非追求越精确越好，而需根据研究目的和数据精度合理选取。

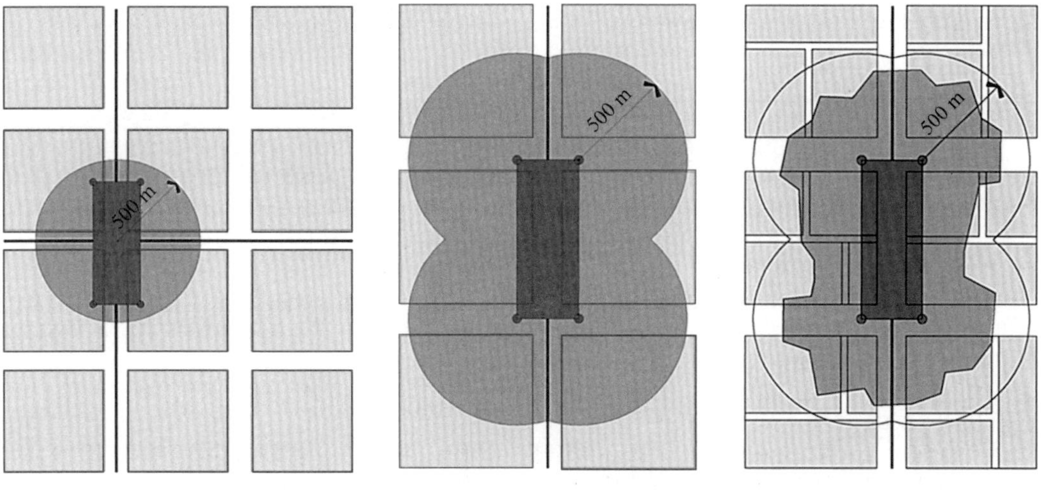

图 2-2　轨交站域空间范围界定的不同方法示意

① 引自：夏嘉健 . 城市轨道交通节点的公共空间研究［D］. 广州：华南理工大学，2005：14.
② 引自：基于城市设计视角的城市轨道交通站地区协同发展研究［D］. 上海：同济大学，2012：19.

2）轨交站域的分类

轨交站域的分类也是重要的基础性研究之一，Lambooy（1994）提出场所导向的分类标准，Zembri（1995）提出节点导向的分类标准，Troin（1992，1995）提出依据站点关系及其影响、以交通设施标准为基础这两种分类标准①。美国TOD模式一般可根据区位、规模及土地使用性质等进行系统分类：①以区位划分为：再发展区（Redevelopment Area）、增建区（Infilled Area）和新发展区（New Growth Area）②；②以规模划分为：城市级的公共交通导向发展（Urban TOD）、邻里级的公共交通导向发展（Neighborhood TOD）③，美国檀香山交通与公共交通发展计划中，将TOD按照区域位置划分为7种类型④：城市中心（Urban-Downtown）、城市邻里（Urban Neighborhood）、区域城市中心（Regional Town Center）、郊区邻里（Suburban Neighborhood）、邻里交通通道（Urban-Neighborhood）、通勤城市（Commuter Center）、大学中心（University Center）；也可根据土地（空间）使用性质分为：中心型、商办型、住商型、住宅型以及交通中心型⑤。

惠英（2001）⑥按功能和区位将站域分为4种类型：公共中心区、交通枢纽区、成熟居住区、城市外围区；任春洋（2005）⑦通过功能聚类法验证了按土地使用性质的分类方法，并结合城市公共活动中心区分为与中心体系对应的5类：中心型、商办型、住商型、居住型以及（交通）枢纽型；郑文含（2008）⑧将轨道交通站点分为居住型、中心型、枢纽型3种；杨晓春、陈淑芬（2009）⑨

---

① 转引自：惠英．城市轨道交通站点地区规划与建设研究［D］．上海：同济大学，2001：20-21.

② 再发展区指利用新的更密集土地使用方式与公共交通系统等策略，对已开发地区加以更新，使老城区逐渐转化为新的高密度土地使用；增建区指被现有城市已开发区环绕的空地，增建基地存在于既有开发之中，增建既可能存在于老旧区也可能在新开发的郊区；新发展区通常位于城市边缘地区，是相对容易进行公共交通导向发展的类型，但也可能导致城市扩张蔓延。

③ 城市层级的公共交通导向发展一般位于城市主要轨道交通干线上，比较适合提供大规模就业和高强度土地综合使用；邻里层级的公共交通发展一般位于地方性或者支线轨道交通上，距主要公共交通站点在10 min左右的时间，以中等密度住宅、服务商店、零售、娱乐和邻里级公共服务设施为主。

④ 引自：江玉林，韩笋生，彭唬，等．公共交通引导城市发展——TOD理念及其在中国的实践［M］．北京：人民交通出版社，2009：5-6.

⑤ 这5种类型由台北国立交通大学的台北捷运网络研究中心提出，详见：国立交通大学交通运输研究所．台北市综合发展计划——捷运网络发展对台北市都市空间结构影响之规划［R］，2001，12.

⑥ 引自：惠英．城市轨道交通站点地区规划与建设研究［D］．上海：同济大学，2001：23.

⑦ 其聚类分析过程详见：任春洋．大都市地区轨道交通与城市中心区互动耦合研究——以上海为例［D］．上海：同济大学，2005：219-222.

⑧ 引自：郑文含．分类轨道交通站点地区用地布局探讨［C］// 中国城市规划学会．生态文明视角下的城市规划——2008中国城市规划年会论文集．大连：大连出版社，2008：2.

⑨ 引自：杨晓春，陈淑芬．香港典型轨道站点综合开发实证分析——兼论其对集约型城市的借鉴意义［C］// 中国城市规划学会．城市规划和科学发展——2009中国城市规划年会论文集．天津：天津科学技术出版社，2009：1162.

通过香港地区的实证分析将站域分为城市型、社区型和特殊用途型；付博峰、吴娇容、陈小鸿（2008）[①]综合考虑站点交通功能和场所特征，采用定性和定量结合的方法将郊区轨道站点分为7大类11小类，7大类分别为交通枢纽类站点、文教区站点、景点区站点、公共中心区站点、居住区站点、工业园区站点、混合区站点。

通过以上分析可以看出，轨交站域的分类方法同样很多，并没有哪种方法占绝对主导地位，同样需要基于不同研究目的选取合理的分类方式。

2. 规划层面关于轨道交通周边区域的土地使用研究

规划层面将轨道交通或者站域周边土地使用作为重点对象，以城市土地使用理论[②]为基础，侧重以规划的平面方法对土地混合使用加以控制和引导，重点内容包括：① 围绕轨交站域土地使用过程中的空间结构及其发展规律展开[③]；② 轨道交通对周边土地利用绩效的影响，美国交通协会（1996）对美国14个城市、66条轨道交通线路进行研究后指出轨道交通对沿线土地租金、土地开发强度、城市空间结构、土地开发进程等方面均有不同程度的影响[④]；章去泉（2000）[⑤]从土地利用、空间结构、商业、公交骨架、社会效益、城市经济发展、沿线房地产等方面论述了轨道交通对广州城市发展的影响；③ 土地使用与交通系统相互作用及规划开发，Southworth（1995）[⑥]归纳了城市土地使用和交通相互作用的5种基本模型；过秀成

① 引自：付博峰，吴娇容，陈小鸿．郊区轨道站点分类方法研究［J］．铁道学报，2008，30（6）：22.

② 土地使用理论起源于19世纪初，早期探索如Thunen（1826）的农业区位论、Webber（1909）的工业区位论等，到20世纪初芝加哥学派成为这方面研究的重要阵地，随着社会科学理论发展和分析技术手段的多样化，先后又引入历史形态学、空间经济学、行为分析学和政治经济学等研究方法，并分别形成城市土地使用研究的生态区位学派、经济区位学派、社会区位学派和政治区位学派等。

③ 历史形态学分析的理论模型有：Burgess（1925）的同心圆模式，Hoyt（1939）的扇形模式，Harrls，Ulman（1945）的多核心模式等；空间经济分析的代表性理论模型有：单中心模型、外在性模型、动态模型；行为分析方法代表性模型有：决策分析模型和互动理论，重点研究使用者行为模式及决策过程；政治经济学代表性模型有：结构主义、冲突学派、管理学派等，重点研究权力的空间分布。它们从不同的角度揭示影响城市土地使用的经济、社会、政治等人文驱动力及其作用机理，极大拓展和深化了人们对城市土地使用的空间结构模式及发展规律的认识和理解。详见：刘盛和，周建民．西方城市土地使用研究的理论与方法［J］．国外城市规划，2001（1）：17-19.

④ 详见：（美）韦恩·奥图，帕特里夏·亨德森．公共交通、土地使用与城市形态［M］．龚迪嘉，译．北京：中国建筑工业出版社，2013.

⑤ 引自：章去泉．快速轨道交通与城市发展——以广州为例［D］．广州：中山大学，2000：4.

⑥ 劳瑞模型把人流、就业等空间分布和土地使用融合于一个模型中研究；标准规划数学模拟方法模型应用数学模拟方法来描述复杂的城市交通、土地使用关系；基于土地投入产出分析理论的多元空间模拟模型把多元空间模拟技术应用于劳瑞模型来刻画交通土地使用；微观模拟方法模型主要以家庭为单位来研究住房、就业等土地使用因素和交通系统复杂关系，以及城市经济学模型。详见：赵童，谢蜀劲．国外城市土地使用-交通一体化模型［J］．城市轨道交通研究，2003（6）：45-50.

（2001）[①]基于与城市总体规划的协调性分3个层次对土地使用与交通系统建立了宏观、中观及微观分析模型。

3. 建筑层面关于轨道交通综合体的空间使用研究

建筑层面主要是以轨交站点为主的综合体或上盖物业研究，侧重以围绕车站的局部节点或城市综合体为对象，强调以车站为主的混合功能开发模式和使用。主要包括：①综合体或节点上不同功能空间的分布特征或影响机制，李斌（2005）[②]总结了轨交节点与建筑综合体的立体化功能组群的配置方式，包括竞争型、主从性、互补性、系列性4种类型，认为功能组织将出现集约化、复合化、延续化、全时化和网络化的趋势；董贺轩、卢济威（2009）[③]分析表明城市综合体中各功能空间区位存在较强的立体差异性；②轨道交通或站点对综合体物业绩效的影响，叶浩军（2008）基于微观尺度下分析了经济价值差异对地铁上盖物业开发的影响，何平（2009），周铁军、张棘（2009）等也做了类似研究；③综合体空间布局模式及设计策略等，余露（2007）从规划和建筑两方面分析了香港轨道交通车站城市综合体空间成功运营的模式。

4. 轨道交通站点周边地下区域的空间使用研究

由于城市轨道交通主要建于地下，因此地下空间已成为站域空间使用研究的重要专题之一，该层面侧重讨论轨交站域地下空间的综合开发及规划支持理论，主要包括：①轨道交通站点区域地下空间体系的规划支持理论（Zacharias，2007；Besner，2007；刘旭辉，胡志晖，2008；马仕，2007；罗兰，2008），俞泳（1999）在分析国内外地下公共空间发展和实践的基础上，对城市私有与公共地下空间、地上与地下的关系、地下公共空间系统的建立等做了重点研究；②轨道交通站点所引发相邻地下空间的结合性开发和设计，束昱、赫磊、路珊等（2009）[④]指出影响轨道交通综合体及周边地区地下空间开发利用的受控因素主要是"功能、结构、形态"；王璇（1995）以系统动力学为手段建立了城市各系统协调发展的协同学方程，分析了城市地下空间开发利用中功能发展的层次性；王敏（2006）建立了可以在

---

① 详见：过秀成．城市集约土地使用与交通系统关系模式研究［D］．南京：东南大学，2001.

② 引自：李斌．建筑综合体与城市交通系统立体化衔接空间分析研究［D］．西安：西安建筑科技大学，2005：78.

③ 研究将不同功能之间的关系属性分为紧密度、依存度、互动度、渗透度、排斥度，并用公式衡量这些关系属性的强弱。详见：董贺轩，卢济威．作为集约化城市组织形式的城市综合体深度解析［J］．城市规划学刊，2009（1）：54-61.

④ 详见：束昱，赫磊，路珊，等．城市轨道交通综合体地下空间规划理论研究［J］．时代建筑，2009（5）：22-26.

具体研究中应用的需求分析方法；③ 还有部分学者讨论了步行行为对地下空间发展的关键作用（Zacharias，2007；郁海文，2005；戴洁、张宁、何铁军等，2009）等。

5. 主要研究不足以及进一步研究的重点问题

1）主要研究不足

以上 4 部分关注的对象和内容各有侧重，国外的相关研究虽然取得较多成果，但结论是否适应中国还值得进一步验证和分析；国内学者的研究成果也相对丰富，但问题是针对目前站域发展过程中地面与地下分离、轨道车站与周边建设相对分离现实的理论探索较少（庄宇，张瑞雪，2010），俞泳、卢济威（1998）[①]早期曾针对这类问题从城市触媒角度提出地铁及周边区域的空间使用联合开发原则；范文莉（2007）通过对 4 个国家轨交站域的地下空间发展历史分析，得出轨交站域地下空间的相关规划原则[②]，但总体看来研究还不够。

近年来“一体化发展”（韩冬青，1999；范文莉，2007）和“协同发展”（卢济威，王腾，庄宇，2009）理念有效地促进了轨交站域多层面空间使用规划和设计探索，这些理念注重站点与周边诸要素的相互作用和整体发展研究，有利于站域的“体系化”发展，但仍亟需通过系统科学的论证形成相对完整的空间使用理论，这部分工作可围绕站域的公共空间和功能空间领域两方面展开。

2）进一步研究的重点问题

接下来的关键问题在于：如何促使以轨道交通和站点为核心的站域空间使用系统高效运转同时保持其整体品质，在遵循轨交站域空间使用分布规律和绩效影响机制的前提下，通过系统优化方法和策略引导以实现更高层次的可持续发展愿景。在城市设计研究视角来看，这最终需要落实到对使用者和行为的关注上，从分析轨交站域人群和群体行为特征入手，揭示他们在空间使用过程中与各城市要素的互动影响，并在此基础上讨论轨交站域空间使用的分布、绩效和优化等问题，进一步完善轨交站域空间使用理论，这也成为本书的主要问题框架，以下将针对这 4 个问题进行详细评述。

3）基于国家自然科学基金研究项目的前沿性分析

笔者整理了 2000 年以来与本书相关度较高的 19 个项目（附录 B），可以发现研究呈现以下 2 个特点：① 从 2000 年以来，与本书所关注问题密切关联的基金项目总体呈现上升态势，体现出本书从属于一个正逐

① 研究指出零售是地铁综合体的重要内容，无论地铁周围发展商业、办公或住宅都可以通过零售来过渡，既方便乘客又可促进商业；与其他建筑物之间的公共地下步行道可建为地下街，即在通道的两边开设店铺，既可增加步行道的热闹气氛，又可通过店铺利润弥补步行道的投资。

② 她指出要以站点为起点向空中、地下和周围地区辐射发展，把城市地下与地上空间进行系统有机整合，使得地下空间成为城市公共空间的延伸和新的重要组成部分。

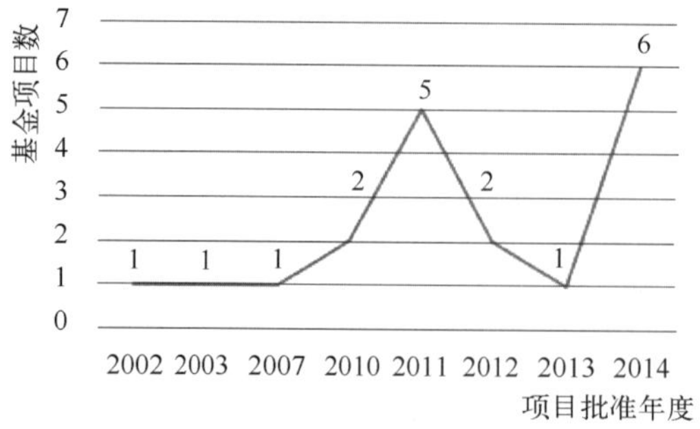

图 2-3　基于“科学基金共享服务网”平台对不同年度与本书相关的基金项目分析

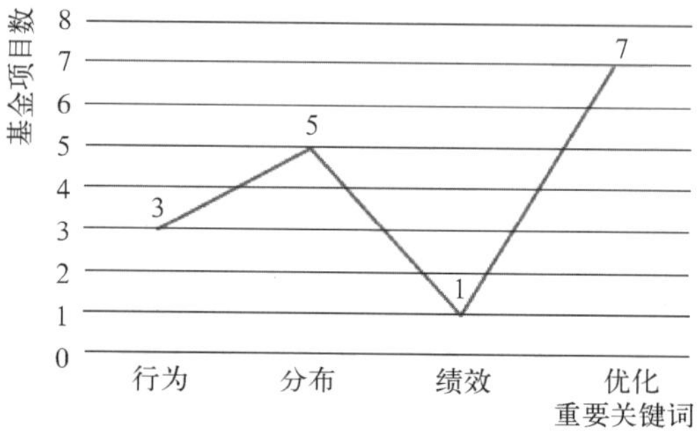

图 2-4　基于“科学基金共享服务网”平台对与本书相关的基金项目重要关键词分析

渐发展的学术前沿热门领域（图 2-3）；② 各项目针对轨交站域空间使用的分布、绩效与优化问题开展不同程度的研究，但还没有以站域的空间使用为对象进行专项研究，特别是绩效问题研究最少（图 2-4）。因此通过分析可以基本看出，本书提出的这个问题框架具有一定前沿性和研究价值。

2.1.2　轨交站域使用者与群体行为的研究现状

文献分析仍然通过关键词组合检索的方式，在万方数据平台上分析文献数量，可在一定程度上对关键问题研究现状进行总体把握[①]，并以此作为本书研究问题聚焦的重要依据。该专题共归纳了“轨道交通 * 步行 * 行为”等 10 个关键词组合（图 2-5），通过分析可以看出：① 从交通角度针对换乘、疏散和集散问题的研究量居前三，这在于交通问题是轨道交通相关研究的首要和基础问题；② 而针对日常性活动行为，如步行、消费、通勤、休憩等专题的文献量较少，而这些活动行为与人们的日常生活工作紧密相关，因此后续有必要针对这些问题展开详细分析。

从 20 世纪 60 年代以来，环境行为学科将人与环境作为整体进行研究，关注人与环境的互动机制，就本书而言，结合文献统计将侧重关注使用者的日常活动行为，主要讨论站域各类出行者（使用者）群体特征、活动行为特征及其与周边空间环境诸要素之间的关系。

1. 相关基础理论

1）环境行为学

环境行为学（Environment Behavior Studies）也称环境设计研究，Moore（1984）

① 关键词选取将从城市设计的视角，体现“空间对象”、“多层面”、“使用者和群体活动行为”，只选取经过笔者筛选后的重要关键词，而不检索其他相关关键词，如“个人行为”，“感知”，“土地利用”等。

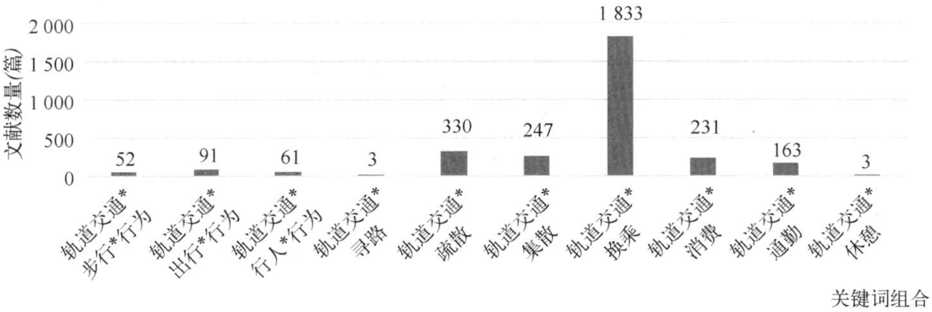

图 2-5　基于“万方数据”平台的轨交站域使用者和群体行为既有文献数量分析

从场所、使用者、社会行为现象三方面并导入时间，建立了环境行为学的研究框架；并指出环境行为学立足于场所或环境的空间状况、使用者、社会行为现象，以及研究、政策制定、设计、结果评价的过程在时间上的反复循环和发展①。徐磊青（2003）②在 Saegert & Winkel（1990），林玉莲、胡正凡（1993）的研究基础上，提出环境适应、机会结构和社会文化作为环境行为研究的范式，指出这共同构成人与环境交互作用从个体到社会到文化的动态过程。李斌（2008）③归纳了环境行为学的 3 种基本理论观点：环境决定论、相互作用论和相互渗透论。

2）群体动力理论

群体动力理论是环境行为学的重要基础理论之一，它由德国心理学家 Lewin（1917）创立，他把行为看成是人与环境的函数或“场”，因此也称为“场论”（Field Theory）④，他用“生活空间”、“自由运动的空间”和“力场”等术语来进行环境行为研究；并归纳了著名的行为公式 $B = f(P \cdot E)$，其中 B 是个体行为，P 是个性特征，E 是环境，f 是函数，表明人的行为是个体特征和环境相互作用的函数。

Lewin 的理论最初只用于个体行为研究，后来也用于群体行为研究，并提出了“群体动力”概念，主要研究群体的活动动向、影响群体活动的各种因素，包括内部因素和群体所处的环境因素，群体动力理论对城市设计研究有重大的影响。

① 转引自：李斌．环境行为学的环境行为理论及其拓展［J］．建筑学报，2008（2）：31.

② 引自：徐磊青．城市开敞空间的环境行为研究——以上海中心区开敞空间为对象的分析与评价［D］．上海：同济大学，2003：13.

③ 详见：李斌．环境行为学的环境行为理论及其拓展［J］．建筑学报，2008（2）：31.

④ 他借用物理学的“磁场”概念，把人过去和现在形成的内在需求看成是内在的心理力场，当人的需要没有得到满足时，会产生内部力场的张力，即紧张状态，而环境起着导火索的作用；人的行为取决于内部力场和环境力场的相互作用，而主要决定因素是内部场的张力。

3）需求层次递进理论

美国著名心理学家 Maslow（1943）在《调动人的积极性的理论》中提出了“需求层次递进论”，他指出需求是个体和社会的必要事物在头脑中的反映，是个体有所缺乏时所产生的一种内在状态，是主体积极性的源泉，他将人的需求划分为 5 个层次（图 2-6）。

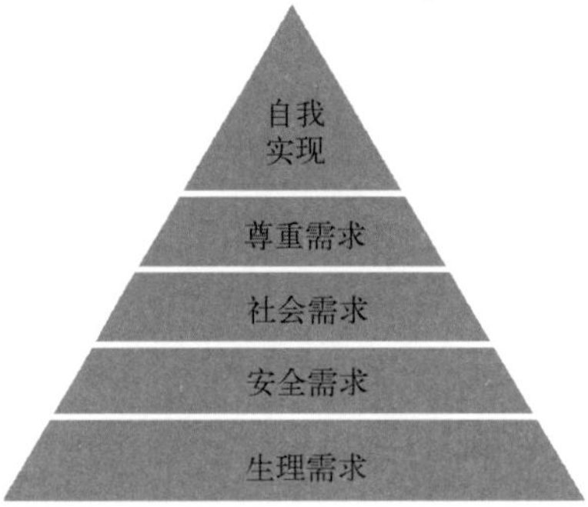

图 2-6　Maslow 的需求层次递进理论

人们的日常生活有多种需求，如购物、休憩、娱乐、餐饮、工作等，同时人的需求也具有复杂性和关联性，它们作为城市生活的连续过程，不能被机械地分割；在活动时人们对环境还有其他方面的需求，如环境的优美、舒适和生活的便捷等，塑造这些积极环境可以吸引人们的活动，从而提升环境活力，可以说内在需求是行为研究的起点，如果人缺乏内在需求就不可能与环境互动。

2. 典型问题研究

1977 年 12 月，国际建筑师协会（UIA）在秘鲁总结近半个世纪以来城市发展和规划的主要思想和理论探索，并签署了《马丘比丘宪章》①，伴随着宪章的诞生，行为学派逐步发展成为建筑与城市空间研究的重要分支，该学派的主要研究者包括 Lynch（1958），J. Jacobs（1961），Whyte（1980），A. Jacobs（1987），Rapoport（1990），Gehl（1986，1990，2000），Marcus & Francis（2001）等，因为早期城市设计主要强调对视觉行为的关注（Sitte，1886），这些学者均倡导“以人为本”作为城市设计的核心价值，更强调对使用者及日常活动行为的关注，将使用者与具体空间感知和使用紧密联系，进一步推进了城市设计的理论发展，以下仅简要归纳轨交站域使用者和群体行为研究的 3 类典型问题。

1）空间使用者的行为分类问题

Gehl（1986）在对户外活动观察的基础上，将户外的群体行为分为“必要性活动、自发性活动、社会性活动”，这是关于群体行为的一种经典分类方式；金广君、刘堃（2006）②认为群体行为可分为共性需

① 该宪章认为《雅典宪章》所倡导的功能分区没有考虑城市中人与人的关系，忽视人类活动需要流动的连续空间，使得城市患上了贫血症，建筑物成为孤立的单元，因此不应该把城市各部分简单拼凑，而应该创造整体的多元环境，城市生命力源于城市中的人和活动。

② 引自：金广君，刘堃．我们需要怎样的城市设计［J］．新建筑，2006（3）：11.

求行为和个性需求行为；李罕哲、李铁军（2008）[①]将群体行为分为“共时性行为和历时性行为”；王腾（2012）[②]将群体行为分为“通达行为、换乘行为、顺路消费行为、停驻休憩行为”；张蓁（2007）[③]将换乘行为分为必要行为、延伸行为、偶发行为和诱发行为等；蒋蓉、陈乃志（2007）[④]根据上海、广州的实证指出地铁客流出行目的包括上班、上学、业务、商业、娱乐、回家等；李道增（1999）[⑤]指出，城市要素的整合依据来源于城市的公共行为，包括认知行为和活动行为。本专题结合以上方法主要从两方面展开：空间认知层面的寻路和疏散行为问题，空间使用层面的日常性活动行为问题，其中后者将作为本书的重点内容。

2）*空间认知层面的寻路和疏散行为*

“认知与适应”是环境行为的一个重要研究维度，其中空间认知强调对城市建筑环境的辨识体验，最终作为环境适应的基础，是由一系列心理变化组成的过程，……对信息进行编码、储存、回忆和解码，一般多指向个体（徐磊青，2003）[⑥]，这里主要讨论其中的寻路和疏散行为相关研究。

（1）寻路行为

徐磊青（2008）指出寻路就是研究如何基于有效合理的空间设计，通过使用者的认知与知觉过程，达到明确空间定向并帮助其快速到达目的地。在轨道交通多层面交通换乘背景下，站域交通空间及流线相对一般城市区域更加复杂，因此寻路和疏散问题是轨交站域的重要研究内容，早期 Weisman（1982）[⑦]已提出过影响寻路的四方面影响因素，目前国内外多以此为基础开展广泛研究。

随着轨交站域多种功能与不同交通方式结合在一起，使得不同功能的交混组合导致迷路的可能性大大增加（米佳，徐磊青，汤众，2007）[⑧]。徐磊青及团队（2006，2007，2009，2010，2011）[⑨]对上海的交

---

① 引自：李罕哲，李铁军．关注群体行为的城市设计［J］．哈尔滨工业大学学报（社会科学版），2008，10（1）：53.

② 引自：王腾．基于城市设计视角的城市轨道交通站地区协同发展研究［D］．上海：同济大学，2012：142.

③ 引自：张蓁．城市轨道交通转换点的内部换乘与外部衔接［D］．上海：同济大学，2007：10-12.

④ 引自：蒋蓉，陈乃志．地铁地下空间的功能与商业空间开发［J］．城市轨道交通研究，2007（6）：14.

⑤ 详见：李道增．环境行为学概论［M］．北京：清华大学出版社，1999.

⑥ 详见：徐磊青．城市开敞空间的环境行为研究——以上海中心区开敞空间为对象的分析与评价［D］．上海：同济大学，2003：15-24.

⑦ 他指出影响因素包括空间平面形式、空间差异、空间标识和视觉可达性。引自：Weiseman J. Wayfinding and architectural legibility: Design considerations in housing environments for the elderly［C］//Regnier V. & Pynoos J (Eds). Housing for the elderly: Satisfaction & Preferences. New York: Garland, 1982: 441-464.

⑧ 引自：米佳，徐磊青，汤众．地下公共空间的寻路实验和空间导向研究——以上海市人民广场为例［J］．建筑学报，2007（12）：66.

⑨ 根据他们的相关文献进行整理，其主要研究内容包括：（a）揭示空间分布与空间认知的关系；（b）揭示空间特征与空间认知的关系；（c）揭示标识分布等与空间认知的关系，具体研究变量涉及平面形式、垂直交通、公共空间、标识的特征及分布等。

通枢纽（上海南站和上海人民广场站等）和轨道交通综合体（上海龙之梦购物中心）进行了寻路和认知实验；李斌、陈晔、秦丹尼（2010）[①]对上海人民广场站和世纪大道站的寻路问题进行了实证分析，讨论了路径探索行为的特征和影响因素，并给出交通枢纽步行环境的若干建议。

（2）疏散行为

另一类研究围绕轨交站域交通空间中的疏散行为展开，在紧急状况下的疏散行为研究中，徐磊青、丁娟、汤众（2008）[②]揭示了群体密度与速度的关系，安全出口空间特征对疏散选择的影响模式，并基于“密度-速度”提出人员安全疏散性能化评估模型。

3）空间使用层面的出行和日常活动行为

轨交站域的日常行为包括换乘、消费、通勤、休憩等，在空间使用过程中功能构成和组合方式对人流分布的影响在国内外已展开，宏观层面上 Mitchell, Rapkin（1954）[③]首次分析了土地使用模式和出行的关系并逐步发展为出行需求预测模型，根据人口和就业分布预测出行需求，但该模型也存在若干问题[④]，后来牛津大学于 20 世纪 70 年代提出了基于活动的出行需求预测方法，它以出行行为决策过程为理论基础，侧重对出行过程形成的多种行为链进行研究[⑤]，无论对交通预测还是城市空间使用等问题而言，该理论都是重要的基础理论，以下从两方面归纳轨交站域使用者出行过程中的活动行为研究。

（1）对周边使用者出行方式的影响

BTS[⑥]（1982）对多伦多、纽约、芝加哥等高密度城市研究后指出，不同城市的人口密度导致其主要交通方式的差异，人口密度越高人们使用公共交通的概率越高，使用小汽车的概率越低（图 2-7）；Bernick（1997）[⑦]指出整体规划、高密度、混合使用的空间特征有利于提高轨道交通使用；Frank, Pivo（1994）[⑧]指出就业密度对公交系统使用有直接影响，在每英亩（约

---

① 详见：李斌，陈晔，秦丹尼．上海轨道交通枢纽站路径探索研究［J］．建筑学报，2010（z1）：129-134.

② 详见：徐磊青，丁娟，汤众．地下公共空间的群集流动规律研究——以上海市徐家汇地铁商场为例［J］．建筑科学，2008，24（9）：74-78.

③ 详见：Mitchell R B, Rapkin C.Urban traffic: A function of land use［M］. New York: Columbia University Press, 1954.

④ 该模型以“四阶段预测法”为核心，即出行生成预测、出行分布预测、交通方式划分预测和交通量分配，主要问题在于它以单一的出行作为分析对象，不考虑出行之间的各种关系，如时空、人际关系和方式选择等，例如在工作途中可能产生购物、接送小孩等次生行为，这在“四阶段”方法中没有考虑；同时它以一天为单位，忽视了其中的时间维度，特别是通勤形成的峰谷流量差。

⑤ 该模型的核心是将人们的活动需求或愿望作为产生出行的真正原因，从理解出行选择转到理解活动选择，出行作为一种衍生需求，暗示出在目的地所获得的收益与到达目的地的出行成本的平衡关系。

⑥ 美国运输统计局（Bureau of Transportation Statistics of Amercia）的简称。

⑦ 详见：Bernick M, Cervero R. Transit Villages in the 21st Century［M］. New York: McGraw-Hill, 1997.

⑧ 详见：Frank L D, Pivo G. Impacts of mixed use and density on utilization of three modes of travel: Single-occupant vehicle［J］. Transportation Research Record, 1994(1466): 44-52.

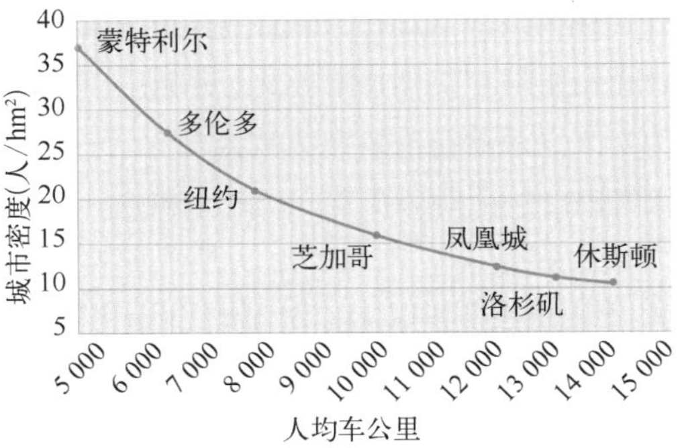

图 2-7 不同城市密度与小汽车使用的相关性比较
（资料来源：BTS.1982）

0.4 hm^2）为 20～50 人的就业密度下私人汽车通勤将适度转为公交方式，而密度达到每英亩 70～80 人时则选择公交出行迅速增加；Newman, Kenworthy（1989）① 对全球 32 个地区研究后认为高密度、公交导向开发、步行优化和土地混合使用将有效支持公交发展；Cervero（1989）②就美国城郊中心轨交周边土地使用对出行方式的影响研究后，认为空间构成的均衡性明显影响出行方式，均衡性越差则机动出行比例越高，并表明郊区办公区每增加 20%左右的零售商业，可增加 4.5%左右的公交出行率；1994 年他又发现在加利福尼亚邻近轨交站点处工作的居民使用轨道交通通勤比其他地方平均高约 2.5 倍；TOD 开发认为密度是车公里数（Vehicle miles traveled，缩写 VMT）最重要的影响因子，轨交运营指标与周边区域的人流、开发密度存在相关性，1995 年对美国和加拿大 19 个城市的 261 个站点分析后表明：轨交使用率与人流密度具有正相关关系，弹性系数达到 0.6，即周边人口密度每增加 10%，轨道交通使用率上升 6%（任春洋，2005）③；Nasri, Zhang Lei（2014）④ 的研究指出在华盛顿居住在 TOD 附近的人降低了 38%的 VMT，巴尔的摩降低了 21%。

（2）对轨交站域多样化日常活动行为的影响

Loo, Chen, Chan（2014）⑤总结了影响站域轨交使用率的四方面因素，包括土地使用、站点属性、社会经济和人口属性、竞争机制等；Tang（2004）⑥ 对香港 48 个站点的分析显示高客流站点一般在空间使用上都存在以下共性：位于九龙或港岛的城市历史中心，提供大规模换乘或大运量交通模式

① 引自：Newman P W G, Kenworthy J R. Gasoline consumption and cities: A comparison of US cities with a global survey［J］. Journal of the American Planning Association, 1989(55): 24–37.
② 详见：Cervero R. America's Suburban Centers: the Land use-Transportation Link［M］. Unwin Hyman Inc, 1989.
③ 转引自：任春洋 . 大都市地区轨道交通与城市中心区互动耦合研究——以上海为例［D］. 上海：同济大学，2005：35.
④ 引自：Nasri A, Zhang Lei. The analysis of Transit Oriented Development（TOD）in Washington, D.C. and Baltimore Metropolitan Areas［J］. Transport Policy, 2014(32): 172.
⑤ 引自：Loo B P Y, Chen C, Chan E T H. Rail-based transit-oriented Development: Lesson from New York City and Hong Kong［J］. Landscape and Urban Planning, 2010(97): 202.
⑥ 详见：Tang B S. Chiang Y H, Baldwin A N, Yeung C W. Study of the integrated rail-property development model in Hong Kong［M］. Hong Kong: Hong Kong Polytechnic University, 2004.

的终点，位于区域的集中就业中心，以高密度、环境紧凑、功能混合、富有活力街区为特征；徐磊青、俞泳（2000）①发现在轨交站域与地铁连通的商场比不与地铁连通的商场多吸引约 1/3 的人流量；贺艳（2006）②研究了轨道沿线土地开发对客流的影响后得出沿线每增加 75 m^2 面积可增加 1 人次日均客流的结论；郁俞（2008）③指出轨交站域综合体内中介空间既可服务于非消费行为，还能激发更多的消费行为；张馨匀（2014）对轨交站域办公空间的人群和行为进行了实证分析；蒋方圆（2014）④对轨交站域公共空间的人群和行为进行了实证分析。换乘行为也是站域空间的基本行为，张琦、韩宝明、鲁放（2011）重点研究了站点内部的换乘行为与集散规律，讨论了内部空间布局和人流组织，对换乘点的空间结构进行了整体评价；陈静、张景秋（2010）通过主客观结合的方法分析了北京轨交换乘站空间分布的便捷度主客观评价。反过来，部分研究则讨论活动行为所引发相邻地下空间的结合性开发（束昱等，2009），印证步行和相关行为对地下空间发展的关键作用（郁海文，2005；戴洁，张宁，何铁军等，2009）。

还有部分活动行为研究虽然并未特别针对轨交站域但仍然是重要文献基础。消费行为历来是活动行为研究的重要内容之一，韩晶（2014）⑤对消费空间的基本概念、组合原理和规划设计原则等做了深入研究；庄宇、于建辉（2010）⑥实证了商业空间使用的状态（比如人流量）与外部路径可达的一致性；王德及其团队（2001、2003、2004、2005、2006、2009）对上海南京东路和北京王府井的消费活动及行为特征进行了系统性实证与比较研究，包括基本行为、入口消费行为、回游行为特征及其影响因素，他们的研究也为城市活动行为提供了一套科学的分析方法。

3. 小结

环境行为学将空间视为与城市居民彼此交流、相互影响的重要载体和动态开放系统，上述研究虽提供了丰富的文献基础，但仍需要对高密度城市中心区轨交站域的日常行为特征及其相互关系进行系统化研究，并以此为重要依据分析活动行为凸显的空间使用特征与规律，本书将在后续章节中着重针对空间使用的日常活动行为层

① 引自：徐磊青，俞泳 . 地下公共空间中的行为研究：一个案例调查［J］. 新建筑，2000（4）：20.
② 引自：贺艳 . 城市轨道交通沿线土地使用对其客流的影响［D］. 北京：北方交通大学，2006：38.
③ 引自：郁俞 . 轨道交通与商业的联合开发及一体化设计初探［D］. 上海：同济大学，2008：40-44.
④ 详见：蒋方圆 . 轨道交通站域公共空间评估和研究［D］. 上海：同济大学，2014：65-66.
⑤ 作者以商品性消费活动为切入点，建立城市空间类消费化、消费活动系列化、城市空间消费 3 条研究线索，并提出了“消费激活”、“消费和谐”等理念。详见：韩晶 . 城市消费空间［M］. 南京：东南大学出版社，2014.
⑥ 详见：庄宇，于健辉 . 社区商业中心的商业类型布局——基于上海 4 个案例的研究［J］. 建筑学报，2010（z1）：144-149.

面，包括换乘、通勤、消费和休憩等展开深入讨论。

2.1.3 轨交站域空间使用分布的研究现状

本专题归纳了与空间使用分布密切相关的"轨道交通*空间*分布"等10个关键词组合（图2-8），通过检索后可以看出：① 针对轨道交通影响下空间分布（布局）的综合性文献量较大，这是空间使用分布研究的一个持续热点；② 针对不同类型空间，特别是办公、酒店等具体功能空间和公共空间的分布研究很少，而这可作为本书进一步深化的方向；③ 针对空间价值的研究文献量位居第三，也是该专题的一个重要研究问题。

结合上述文献分析以及土地使用研究常讨论的土地构成、开发强度以及影响（动力）机制等，本书主要讨论站域多层面的功能组群（公共空间）构成、总体开发强度（公共空间密度）与典型功能（公共）空间的分布特征及影响规律等问题。

1. 相关基础理论

1）基于土地（空间）区位价值的理论

城市土地（空间）使用的分布问题研究最早源于19世纪的区位论（Location Theory），它以经济学和地理学为基础，主要研究城市土地（空间）的优化配置，既包含微观的个体选择也包括宏观的整体布局问题；最早涉及区位研究的是Thunen（1826）在《孤立国同农业和国民经济的关系》中提出的农业区位论，他首次明确区位对土地利用方式影响的客观性和规律①；后来Weber（1929）进一步提出工业区位论②，

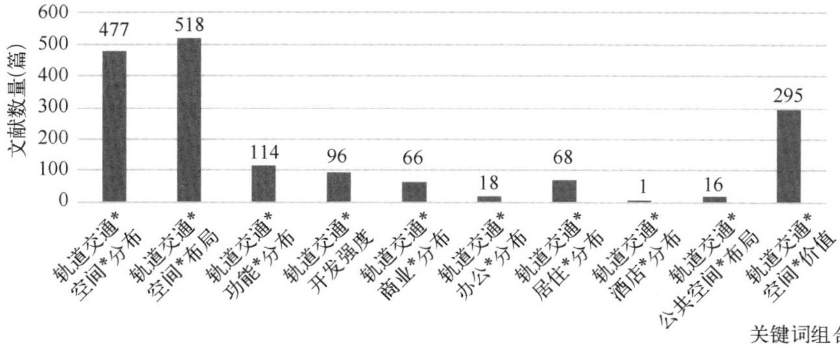

图2-8 基于"万方数据"平台的轨交站域空间使用分布既有文献数量分析

① Thunen仅证明了区位对农业用地的影响，而城市土地的利用特性及对区位的需求要素与农业土地不一致，因此还需要在城市中探寻两者的关系。

② 该理论指出影响工业区位的因素包括：（a）将工业分布各处的"输送因子和劳力因子"；（b）将工业集中的"集聚因子"，这两类区位因子的合理组合使企业成本最低进而决定选址。

Thunen & Weber 通过把交通运输作为土地使用的主导因素，较好地解释了当时城市发展中的选址问题。

随着城市的迅速发展，国外学者对区位论进一步推进，最具代表性且运用最广泛的是 Hoover 的地租理论①，其建立了一系列城市土地区位价值与土地利用关系的理想模型，包括 Burgess（1925）的同心圆分区模式，Hoyt（1939）的扇形分区模式，Harris, Ulamn（1945）的多核心分区模式等；其中 Alonso（1964）提出的“竞标地租与土地资源配置模型”最具代表性，解释了不同类型的功能空间需要与相应区位匹配，才能有效地发挥其空间价值，详见第 4 章 4.3 节的研究。

2）基于空间中使用者行为分析的理论

Meier（1962）提出了城市成长的理论，认为城市活动行为是城市空间与交通研究的重要内容，日常交往是居民的基本需求，这在出行过程里对交通系统的使用中得到体现，交通成为人际交往的重要媒介，他从时间和空间两个角度提出城市“时间预算”（Time Budget）和“空间预算”（Space Budget）概念。

Webber（1964）提出城市空间与行为相互影响的理论，强调应把城市看作“行动中的动态系统”（Dynamic System in Action）：① 城市是使用者活动相互影响的结果，即交通、居民、物品、信息等交流的空间模式；② 它也是物质形态，是适用于城市居民活动的场所以及交通系统和运输的模式；③ 城市是活动区位，有经济功能、社会功能以及其他活动所形成的空间分配，空间可达性、邻近性以及基于活动和社会功能的空间场所原则是解释空间与行为的重要原则。

2. 典型问题研究

轨道交通引入后带来的区位价值差异，对于站域空间使用演变起着非常重要的作用②，但目前多以规划层面的土地使用研究为主，Heenan（1968）③的研究表明，多伦多 Yonge 街地铁线开通后，大约 50% 的公寓和 90% 的办公楼建在距站点步行 5 min 范围内；Sasaki（1997）④指出，日本的新

---

① E. M. Hoover 是美国土地使用学派的代表人物之一，地租理论的重要创立者，著有《区域经济学导论》。

② 比如冯正民对台北捷运系统研究后，认为轨道交通对周边空间结构的发展产生以下变化：（a）市中心商业区（CBD）复苏和扩大；（b）都会核心区（Core Area）呈现高密度发展且土地趋向办公与商业功能；（c）走廊地区（Corridor Area）出现新发展的社区和活动中心；（d）都会区呈现出多核心的走廊式发展模式；（e）居住郊区化、商业中心化、车站地区开发趋向公私合作的联合开发等。详见：冯正民．旅次产生率的回顾与展望［J］．都市交通．1997（93）：1-2.

③ 详见：Heenan W. The economic effect of rapid transit on real estate development［J］. The Appraisal Journal, 1968, 36(2): 215-234.

④ 详见：Sasaki K, Ohashi T, Ando A. High-speed rail transit impact on regional system: Does the shinkansen contribute to dispersion?［J］. The Annals of Regional Science，1997(31): 77-98.

干线建设引导城市发达区域的人口和经济活动向周围地区扩散；Hurst, West（2014）①对明尼波尼斯地铁蓝线周边的土地利用变化进行了跟踪研究，指出800 m范围内的土地变化明显，从1997年到2010年期间，800 m范围内的土地使用的混合程度更高，商业比重增加在20%左右，而独立住宅比重降低至48%左右；潘海啸、任春洋（2005）②提出轨道交通与大城市活动中心耦合发展的概念，并通过"空间耦合一致度"指标对上海市各级活动中心与轨道交通耦合发展程度进行了评价，以完善轨交规划的技术体系；任春洋（2005）在其博士论文中进一步从网络耦合与节点耦合两方面，总结了轨道交通站点体系与城市中心体系之间的关联机制；王锡福、徐建刚、李杨帆（2005）③指出南京轨道沿线居住用地已表现出明显的廊道效应，从交通线中心圈层向外逐步递减，而公共设施用地和工业用地则表现不明显；周俊、徐建刚（2002），曾智超、林逢春（2005，2007），延树港、袁伟峰（2006），杨励雅（2007）的研究也与上述结论基本吻合。

由于高密度城市中心区的轨交站域形态逐渐呈现高密度立体化、多功能的空间交混、高效的流线空间组织、地上地下空间一体化等特征（卢济威，韩晶，2007）④，因此多层面空间将成为进一步研究的重点；以下将较系统地将空间使用分布研究分为站点周边功能组群构成、总体开发强度、典型功能（公共）空间三方面，对其分布特征及主要影响因素等问题展开评述。

1）功能组群构成

轨交站域功能组群构成主要指在一定空间范围不同功能空间的构成关系和空间分布，Ratner, Goetz（2013）⑤对美国丹佛1997年到2010年TOD内土地利用分析后指出变化相当大，增加约1.8万m^2住宅、47万m^2零售空间、49万m^2办公空间以及56万m^2医疗空间，后三者分别占总量的25%、26%、29%；Kamruzzaman, Baker, Washington等（2014）⑥给出了关于土地使用多样性（复合度）的计算方法：$1-\sum(a/A)^2$（a表示每类土地或空间的面积，A表

① 引自：Hurst N B, West S E. Public transit and urban development: The effect of light rail transit on land use in Minneapolis, Minnesota［J］. Regional Science and Urban Economics, 2014（46）: 62.

② 详见：潘海啸，任春洋. 轨道交通与城市公共活动中心体系的空间耦合关系［J］. 城市规划，2005（4）: 76-82.

③ 引自：王锡福，徐建刚，李杨帆. 南京城市轨道交通建设潜在影响下的土地使用分异研究［J］. 人文地理，2005，20（3）: 112.

④ 引自：卢济威，韩晶. 轨道站地区体系化与城市设计［J］. 城市规划学刊，2007（2）: 33.

⑤ 引自：Ratner K A, Goetz A R. The reshaping of land use and urban form in Denver through transit-oriented devlopment［J］.Cities, 2013(30): 31, 39.

⑥ 引自：Kamruzzaman M D, Baker D, Washington S, et al. Advance transit oriented development typology: Case study in Brisbane, Australia［J］.Journal of Transport Geography, 2014(34): 60.

示总面积）；美国 TOD 模式给出了城市和邻里 TOD 的期望用地结构（李朝阳，钱林波，2001）[①]；潘海啸等（2007）[②]对上海轨交站域的用地构成进行统计后发现 0～200 m 范围内的商业用地比例更高，200～500 m 范围内居住用地比例更高；郑文含（2008）[③]指出，在 0～500 m 范围内，居住型站点地区居住用地可占到 50%～60%，中心型站点公共设施用地占到 40%～50%，总体而言 0～150 m 范围内以轨交站点、公共广场、公共设施用地为主，150～300 m 范围则为商办和住宅为主的混合开发，300～500 m 范围内以住宅与公建配套为主；杨晓春、陈淑芬（2009）[④]对香港 9 个典型轨交站域不同圈层的功能构成状况进行分析，并引入“多样性”值作为评价指标，结果表明尖沙咀和中环站的多样性值最高。

2）总体开发强度

大量研究支持轨交站域的整体开发强度高于周边区域并呈梯度递减的分布特征，Green, Jones（1993）[⑤]的研究表明在华盛顿轨道交通建设后沿线走廊和站点区域的开发强度超过其他地区；JHK & Associates 公司（1987）与 Cervero（1993）[⑥]的研究表明轨交站域呈现出类似婚礼蛋糕（Wedding Cake）状，由中心向周边密度逐渐降低的梯度分布形态，并提出公交站点周围 800 m 范围一般可配置约 1.2 万个工作岗位的建议；郑文含（2008）[⑦]在对国内外案例分析的基础上提出 0～150 m 范围的平均容积率宜大于 2.5，150～300 m 范围的平均容积率宜在 1.5～2.5 区间，300～500 m 范围的平均容积率宜在 1.5 左右；刘炽（2009）[⑧]认为，站域容积率比周边区域高出 0.5～1.5（30%～100%），200 m 范围内为高强度开发区，200～500 m 范围内为中高强度开发区，500 m 范围外为低强度、低密度开发区。

---

① 在城市 TOD 公共空间、核心商业和办公区、居住区的用地分别为：5%～15%，30%～70%，20%～60%；在邻里 TOD 分别为：10%～15%，10%～40%，50%～80%。转引自：李朝阳，钱林波．美国面向公共交通的土地开发新理论及启示［J］．规划师，2001，17（2）：21-24.

② 引自：潘海啸，任春洋，杨眺晕．上海轨道交通对站点土地使用的实证研究［J］．城市规划学刊，2007（4）：94.

③ 引自：郑文含．分类轨道交通站点地区用地布局探讨［C］// 中国城市规划学会．生态文明视角下的城市规划——2008 中国城市规划年会论文集．大连：大连出版社，2008：3.

④ 引自：杨晓春，陈淑芬．香港典型轨道站点综合开发实证分析——兼论其对集约型城市的借鉴意义［C］// 中国城市规划学会．城市规划和科学发展——2009 中国城市规划年会论文集．天津：天津科学技术出版社，2009：1164.

⑤ 详见：Green R D, Jones D M. Rail transit station area development: Small modeling in Washington D C［M］. New York: Armonk, 1993.

⑥ 转引自：马强．近年来北美关于“TOD”的研究进展［J］．国外城市规划，2003，18（5）：49.

⑦ 详见：郑文含．分类轨道交通站点地区用地布局探讨［C］// 中国城市规划学会．生态文明视角下的城市规划——2008 中国城市规划年会论文集．大连：大连出版社，2008：3.

⑧ 引自：刘炽．城市轨道交通与沿线土地联合开发模式［J］．中国房地产，2009（4）：68.

3）功能（公共）空间分布

轨交站域的公共功能（商业、办公）呈现出向轨交站点集聚的分布特征，Baker（1983）[①]对华盛顿地区轨交系统分析后发现，自1979—1982年约54%的非居住设施出现在距地铁站约1 km范围内；Cervero, Landis（1997）[②]对旧金山湾区轨道交通BART运营20年后的土地开发研究后发现，轨道交通沿线节点吸引部分商业、办公开发，空间与站点的邻近性（Proximity）、可达性（Accessibility）和功能混合度是土地（空间）功能转变的重要条件；Cervero, Duncan（2002）[③]发现，靠近轨交车站周边的商业用地增长约23%，在400 m范围商务区的商业用地增长超过120%；Laakso（1992）[④]对赫尔辛基的研究发现，离地铁口1 000 m范围内的土地出现约6%的溢价；Henneberry（1998）[⑤]对谢菲尔德的轨道交通研究后发现轻轨线附近的土地价值上升约4%。在垂直层面上，孙昊（2009）[⑥]以综合体为例研究表明商业空间一般都趋向于步行密度高的层面，而且位于临近轨道交通换乘平面的楼层；办公活动则需要一个较为独立的空间，无须面向非办公和商业往来的人流，常分布在步行密度较低层面且位于商业功能之上；居住活动作为比较独立的功能必须要保证个体的私密性，所以一般位于较高的层面。

（1）商业空间

宁越敏、黄胜利（2005）[⑦]认为轨道交通引入促使零售商业中心等级的提升，同时加速轨交枢纽区零售商业空间的集聚，使得传统商业区功能得到强化；宋培臣、林涛（2011）[⑧]指出，以轨道交通为中心的商业模式正逐渐成为上海商业的主导方向，将对未来上海商业空间发展的趋向、特点和增长点起到重要的影响作用；蔡国田（2004）[⑨]指出，广州零售空间将逐步向多中心格局发展，商业空间随轨交网络的形成而重组，部分老商业区实力进一步加强，一些新商业区

① 详见：Baker C. Tracking Washington's metro［J］. American Demographics, 1983（11）: 30–35.

② 详见：Cervero R, Landis J. Twenty years of the Bay Area Rapid Transit system: land use and development impacts［J］. Transportation Research A, 31(4), 1997: 309–333.

③ 引自：Cervero R, Duncan M. Transit's value-added effects: Light and commuter rail services and commercial land values［J］. Transportation Research Record, 2002(1805): 8–15.

④ 引自：Laakso S. Public transportation investment and residential property values in Helsinki［J］.Scandinavian Housing and Planning Research, 1992(9): 217–229.

⑤ 引自：Henneberry J. Transport investment and house prices［J］. Journal of Property Valuation and Investment, 1998, 16(2): 144–158.

⑥ 引自：孙昊．建筑综合体与城市交通节点的耦合设计研究［D］．大连：大连理工大学，2009：37.

⑦ 引自：宁越敏，黄胜利．上海市区商业中心的等级体系及其变迁特征［J］．地域研究与开发，2005，24（2）：19.

⑧ 引自：宋培臣，林涛．上海轨道交通枢纽商业中心发展研究［J］．城市轨道交通研究，2011（4）：10.

⑨ 引自：蔡国田，陈忠暖．轨道交通对广州零售商业空间布局的影响［J］．现代城市研究，2003（4）：67.

也将崛起；姚以倩（2011）①分析了上海五角场和徐家汇轨交站域商业空间的分布特征，将站域分为中心区、次级区和边缘区，并深入到商业子系统进行分析；胡宝哲（2001）②分析了东京都的320个商业中心，发现99个1～3级商业中心有95个紧邻轨交线路或站点，他认为轨道交通建设催生并支持了东京一系列以高密度、复合功能为特征的副中心，各级商业中心与重要轨交站点形成对应关系，级别越高的商业中心与车站的结合越紧密。

（2）办公空间

在我国大城市产业转型升级和轨道交通大力建设的背景下，轨道交通作为主要通勤工具，对办公空间分布也产生了重大影响，无论市区还是郊区，办公空间一般都表现出两个突出特点：均沿着轨道交通和高速公路等城际交通干线或两者交汇地集聚，或者沿着中高级居住区周边布局，可见轨道交通对办公建筑的重要影响。Daniels（1975）③早已指出，轨道交通就是一个城市的血管，可以有效提升周边写字楼使用价值；张馨匀（2014）④系统分析了不同行业办公空间在轨交站域的多层面分布特征，指出水平层面上金融业集中聚集在0～100圈层内，批发零售、社会服务、教育文化业多聚集在0～300圈层内，垂直层面上配套服务业有较明显的低层化趋势，金融服务、批发零售没有明显的垂直分异现象。

（3）居住空间

张瑛（2003）⑤研究得出了轨道交通为导向的居住区开发基础结构，其核心是商业、公共设施和轨道交通站点，它们相互之间通过舒适的步道进行连接；牛涛（2012）⑥研究了上海中心城区轨交站域居住空间的分布状况后表明：站点对住宅开发强度的影响范围随轨道站点距离城市中心区距离的增加而增大；500 m半径范围内住宅开发强度随着与站点距离的增加而增加。

---

① 研究指出地面层的购物中心、百货店与大型专业店通常位于站区的核心区域，且基本都与地铁站有直接连接，地铁站主要出入口也分布于此，此区域的服务功能较强，商业用地综合效益也最高，时尚休闲与零售功能特别突出，这一区域的商业空间使用量占据了整个站区使用总量的绝大部分；次级区域的主要商业业态为专卖店与专业店，同时也会设有一些大型专业店或百货店以支撑其他业态的发展，这些区域的服务功能更偏向生活类服务；边缘区域的业态类型则更为单一，以小型专业店与餐饮类业态为主，其中餐饮类业态占绝大多数并占据了大部分的空间使用人流量，但就总体使用量而言，边缘区域内的商业空间所占比例最低。引自：姚以倩．轨交站区商业空间使用状况调查与分析——基于上海徐家汇站与五角场站［D］．上海：同济大学，2013：85.

② 详见：胡宝哲．东京的商业中心［M］．天津：天津大学出版社，2001.

③ 详见：Daniels P W. Office location: An urban and regional study［M］. London: G. Bell and Sons Ltd., 1975.

④ 引自：张馨匀．轨交站域办公空间分布及使用状况的分析——以上海内环线以内的十个案例为样本［D］．上海：同济大学，2014：74.

⑤ 引自：张瑛．上海轨道交通为导向的居住区规划模式的探讨［D］．上海：同济大学，2003：91.

⑥ 引自：牛涛．城市轨道交通站点对周边住宅地产价值及开发强度的影响研究［D］．上海：同济大学，2012：81-82.

（4）公共空间

蒋方圆（2014）[①]对上海核心城区轨交站域的公共空间分析后指出：站域 250 m 范围内分布的公共空间使用一般高于距站点和这些核心功能空间较远的公共空间，该范围内公共空间与其他各类功能空间联系紧密，人群可达性很高，增加了公共空间使用的可能；而外围公共空间的活动人群一般为周边居民，极少有其他人群出现。

4）空间使用分布的影响因素

任春洋（2010）[②]从城市宏观层面分析并比较了轨道交通影响下的城市空间竞租曲线，为轨交站域高强度和中心功能聚集的开发特征提供了依据（图 2-9）；康晓培（2014）[③]较系统地从站点周边微区位的价值差异分析了空间分布特征，指出站点周边多层面空间存在微区位价值差，城市宏观层面的竞租曲线在三维空间层面仍然适用，研究还进一步讨论了影响微区位价值的三大空间影响因素：可达性、公共性、舒适性；叶浩军（2008）对地铁上盖物业开发在微观尺度下经济价值以及对城市形态的影响进行了分析；束昱、赫磊、路珊等（2009）[④]侧重在地下空间中，指出影响轨道交通周边地区地下空间开发利用的受控因素主要是“功能、结构、形态”。

在商业空间分布的影响因素研究中，张素丽（1999）[⑤]指出，零售商业的市场定位

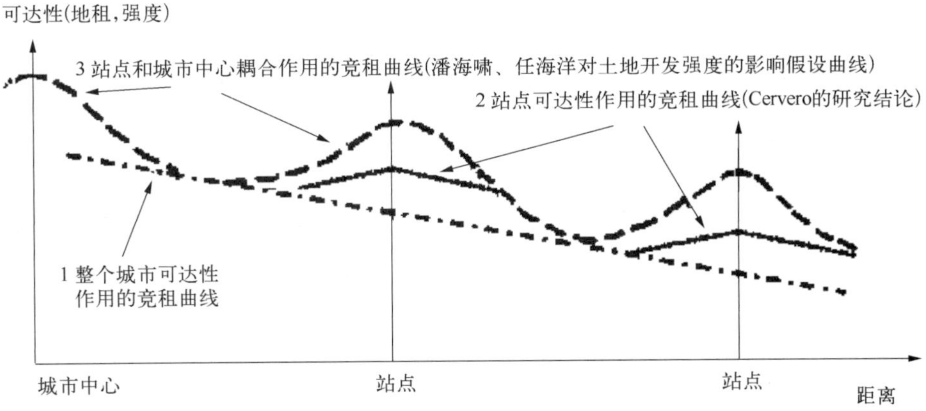

图 2-9　城市中心和站点交通可达性作用下的竞租曲线
（资料来源：任春洋. 美国公共交通导向发展模式（TOD）的理论发展脉络分析［J］. 国际城市规划，2010，25（4）：97.）

① 引自：蒋方圆 . 轨道交通站域公共空间评估和研究［D］. 上海：同济大学，2014：65.
② 引自：任春洋 . 美国公共交通导向发展模式（TOD）的理论发展脉络分析［J］. 国际城市规划，2010，25（4）：97.
③ 详见：康晓培 . 基于微区位价值的轨交站域主要功能三维分布特征分析［D］. 上海：同济大学，2014.
④ 其中功能性因素主要指城市经济的增长、社会和科技的进步和发展、政府的决策与政策等三方面；结构布局性影响因素包括功能变异的推动、城市自身的成长与更新、土地使用的经济规律；形态性影响因素是功能的体现、市民价值观的变化及政府决策。引自：束昱，赫磊，路珊，等 . 城市轨道交通综合体地下空间规划理论研究［J］. 时代建筑，2009（5）：22.
⑤ 引自：张素丽 . 零售商业市场定位与地理定位［J］. 经济地理，1999，19（2）：125.

与地理定位互相作用，市场定位最终决定了商店位置；许学强、周素红、林耿（2002）分别从服务便捷性、人口分布变化、交通现状、经济发展、政策及历史等影响因素对广州大型百货商场和大型零售商店的布局进行了分析。

办公空间分布的影响因素研究中，20世纪20年代Halg的“租金–运输成本”折衷模式是研究办公空间选址的重要方法[①]；李翠敏、吕迅（2005）[②]通过在上海的调查认为，政府政策、办公楼自身生命周期、城市规划、商业、交通等因素是影响办公分布的主要因子；张馨匀（2014）[③]的研究表明，办公行业类型与出行方式的选择具有较强关联性，社会服务、批发零售、交通运输业对轨道交通依赖大，而金融、房地产和建筑业对私家车依赖大，因此办公周边公共交通状况和人车路径可达性影响其分布，水平和垂直区位对办公空间的影响也很大。

在居住空间分布的影响因素研究中，牛涛（2012）[④]指出，轨交站域的宏观区位影响着区域内居住空间容量及分布，在0～600 m的中观层面上居住空间与站点的水平距离也会影响其房地产价值和容量，空间容量随距离的增加而增加，从而使得居住空间在轨交站域呈现出水平分异现象。

3. 小结

从轨交站域土地（空间）使用的分布研究现状来看，目前针对轨交站域不同类型空间子系统的讨论还不够，比如商业系统还包括百货、专卖、餐饮等，它们的分布也存在差异性；其次在水平层面的研究较多，而针对高密度背景下的多层面空间使用研究较少，因此有必要进一步拓展；最后，就影响因素而言，无论是宏观层面还是中、微观层面，文献主要从城市经济学的“空间价值”角度分析较多，也有部分学者从环境行为学的“空间需求”角度对分布影响分析，但是“空间价值”和使用者的“空间需求”是否存在关联性还可进一步讨论。

2.1.4 轨交站域空间使用绩效的研究现状

本专题归纳了与空间使用绩效密切相关的“轨道交通 * 绩效 * 评价”等8个关键

---

① 办公空间租金和运输成本两者之间的关系紧密，最优位置是租金和运输成本之和的最低点，即租金曲线和运输成本曲线的交汇点，而上述两条曲线由企业的活动性质所决定，因此办公空间分布应该是办公性质、租金和运输成本共同作用的结果。

② 引自：李翠敏，吕迅．上海办公楼区位研究初探［J］．上海师范大学学报（自然科学版），2005，34（1）：98.

③ 详见：张馨匀．轨交站域办公空间分布及使用状况的分析——以上海内环线以内的十个案例为样本［D］．上海：同济大学，2014：73-74.

④ 在距离站点约600 m半径范围内，站点周边住宅地产的增值随着距站点距离的增加而减少，这一减少的趋势在300 m处明显加大，在300 m之后轨道站点对于住宅价值增值的作用逐渐减缓。详见：牛涛．城市轨道交通站点对周边住宅地产价值及开发强度的影响研究［D］．上海：同济大学，2012：81-82.

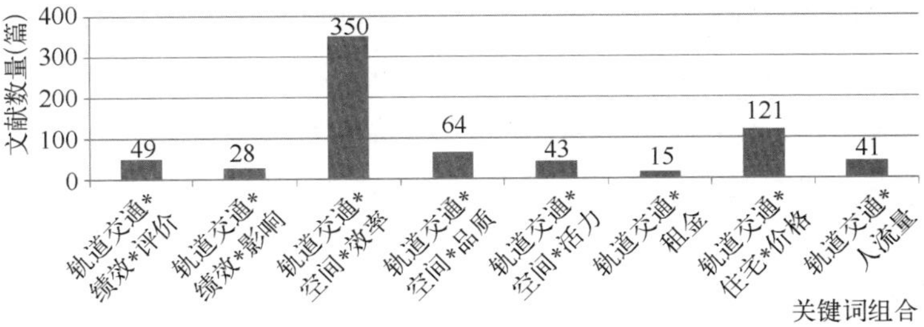

图 2-10　基于“万方数据”平台的轨交站域空间使用绩效既有文献数量分析

词组合（图 2-10），通过检索后可以看出：① 针对空间使用效率的研究量最大，而对空间品质、活力等方面的研究不多；② 对于绩效的指标选取方面，针对价格、租金这类盈利性指标的分析较多，而从使用者和人流量等方面的研究不足；③ 把绩效的评价和影响作为关键词的研究文献量都较少。

结合上述文献分析，本书的轨交站域空间使用绩效主要讨论空间使用绩效的评价框架，特别是针对与人流量相关的活力性指标，以及相应的影响因素分析等问题。

1. 相关基础理论

1）新城市主义理论

20 世纪 90 年代兴起的新城市运动是当时针对美国城市蔓延问题提出的城市和社区建设新理念，理论系统地论述了“建造具有人文关怀、用地集约、适合步行的居住环境”的新型城市理念，创造性地把轨道交通与步行化、混合社区等结合起来，通过整合思想来建立和优化空间使用，基于城市居民和活动需求提出“多样性、社区化、节约、人性尺度”等目标，并转化成“适宜步行的街道、多样混合的功能与使用者、传统城镇中心区的综合商业、娱乐与城市生活”等具体设计原则和策略；该理论提出的城市空间使用理念和评价目标，对轨交站域的空间使用绩效研究具有一定的理论价值。

2）紧缩城市理论

1990 年，欧洲社区委员会（CEC）在布鲁塞尔发布绿皮书，首次公开提出回归紧缩城市的观点，其基本依据是许多欧洲历史城镇保持了紧缩而高密度的形态，并被普遍认为是适合居住和工作的理想环境。Breheny（1997）① 对紧缩进行了界定：促进城市的重新发展，中心区的再次兴旺；保护耕地，限制农村地区的大量开发；更高的城市密度与功能混合的用地布局；优先发展公共交通，并在其节点处集中城市开发。

紧缩城市的核心思想是：功能适度混合、提高城市密度、减少出行距离和出行次数，从

① 引自：（英）迈克·詹克斯．紧缩城市——一种可持续发展的城市形态［M］．周玉鹏，龙洋，楚先锋，译．北京：中国建筑工业出版社，2004.

而在空间上缩短居民和工作地点及公共服务设施的距离，尽可能地减少能耗和汽车尾气排放，提高生活质量，紧缩城市可具体概括为功能紧缩、空间紧缩和结构紧缩等三方面①。

3）城市活力理论

活力源于生物学概念，城市活力是指城市提供人性化社会生活旺盛生存的能力，营造有活力的城市是城市设计研究的重要价值取向②。自 20 世纪 50 年代以来，国际现代建筑协会（CIAM）中涌现了一批建筑师，他们将研究重心从传统城市功能和形式转为关注人与环境的关系，随后产生了 TEAM10，他们认为城市与建筑空间分布是使用者行为的体现，并注重交通与建筑的有机结合，指出现代城市应表现为各种流动形态的和谐交织，包括步行活动、汽车流动和自然景观变化，提出的“空中街道”概念类似当前的多层面步行系统，TEAM10 开辟了城市设计对人和活力的关注。

J. Jacobs（1961）③认为多样性是城市的天性与活力之源，多样的功能可激发多样的活动，而部分规划者希望将城市建立在视觉复杂性上并用一些整洁模块来快速替代，从而消除了城市生活和活力；她同时指出维持城市活力的 4 个必要条件：主要用途混合、小街段、不同年代的老建筑、足够高的人流密度；Gehl（1971）④从户外空间的调查入手论述了公共空间对城市活力的作用，对如何使用街道、人行道、广场等公共空间，以及如何支持或阻碍社会交往和公共生活等问题进行了广泛研究，讨论日常社会生活对物质环境的内在需求，提出了创造充满活力并富有人情味的户外空间的有效途径，他认为公共生活更倾向发生在丰富的街道界面或柔性边界，包含多样的公共设施（如座椅）、有活动发生的场所等。

2. 典型问题研究

关于轨道交通周边土地（空间）使用绩效的研究得到国内外广大学者的关注，比如 Riley（2001）⑤分析得出伦敦地铁 Jubilee 延长线的土地价值获得有效提升的结论；Du, Mulley（2007）⑥对英国桑德兰轨交带

---

① 功能紧缩强调应结合周围已形成的环境合理确定开发类型，而对于还未确定选址的项目，除根据用地指标和交通条件还应该把用地的邻近性考虑在内，注意与周边功能的互补协调，形成 1 + 1>2 的效果；空间紧缩指将开发尽可能限定在建成区范围内，提高城市密度，从更可操作的层面上出发，空间紧缩涉及开发的密集化和活动的密集化；结构紧缩主要体现在建设平等高效的公共交通系统，为所有人提供方便的交通选择，减少由交通拥挤而浪费的时间，降低空气污染，组织安全方便的自行车和步行网络，将居住区、商业区、娱乐区和交通枢纽连接起来。

② 详见：蒋涤非．城市活力论——城市设计目标思考［D］．上海：同济大学，2005：12-16.

③ 详见：（加拿大）简·雅各布斯．美国大城市的死与生［M］．金衡山，译．南京：译林出版社，2005：165.

④ 详见：（丹麦）扬·盖尔．交往与空间（第四版）［M］．何人可，译．北京：中国建筑工业出版社，2002：151-200.

⑤ 详见：Riley D. Take for a ride: Trains, taxpayers, and the treasury［R］. Center for Land Policy Studies, UK, 2001.

⑥ 引自：Du H, Mulley C. The short-term land value impact of urban rail transit: Quantitative evidence from Sunderland, UK［J］. Land Use Policy, 2007(24): 232.

来的土地价值影响进行了研究，指出由于可达性的提高，商业用地的租金提升要显著大于住宅，Pagliara, Papa（2011）[①]针对意大利那不勒斯的研究也得出类似结论；YANG, ZHANG, NI（2014）[②]就轨道交通对周边空间产生的综合绩效建立了评价框架，包括拥挤水平（Congestion Degree）、GDP（Gross Domestic Product）、人口（Population）、土地价值（Land Value）以及有害气体排放（Harmful Gas Emission）。也有研究侧重在空间使用绩效的影响因素方面（Zacharias J，2004，2007），以下将从轨交站域空间使用绩效的评价、影响因素以及轨道交通对周边空间使用绩效的影响等三方面展开评述。

1）空间使用绩效的评价

（1）商业空间

在宏观层面上，韦亚平、赵民（2006）[③]在对空间结构分析的基础上提出了空间结构的绩效测度方法，包括绩效密度、绩效舒展度、绩效人口舒展度、绩效 OD（出行）比；赵莹（2007）[④]分析了圈层结构和分形结构对交通绩效和结构绩效的影响，指出在两者达到一个平衡点时，交通绩效和结构绩效就能够得到保障。在中观层面，针对不同空间使用绩效的评价需采取不同指标，总体而言商业空间的使用绩效可分为盈利性指标和活力性指标这两类，盈利性指标包括租金、总营业额、人均消费额等（Cervero，1994；Zacharias，2007；王德，2003），活力性指标以实际使用的人流量为基础，包括单位面积人流量、单位店铺人流量等指标（Zacharias，2004；Bhalla, Pant，1985；Peter, Leszczye, Timmermans，2001）。

（2）其他功能空间

类似于商业空间，对于办公空间使用绩效的分析可通过租金、就业饱和率、空置率等指标进行衡量（石亿邵，范胤翡，2008；邹翠娥，2012），也可通过就业密度等作为评价指标（王慧，吴晓，强欢欢，2014）；其他典型空间如住宅、酒店等也有类似的盈利性和活力性绩效指标，如居住饱和率、居住密度、酒店入住率等；总之，这可看出针对不同功能空间的使用绩效分析，需要合理选取相对应的指标进行研究，同时这些分析在宏观层面开展较多，对于类似轨交站域的中观层面开展较少。

2）空间使用绩效的影响因素

（1）商业空间

商业空间使用绩效的影响因素总体可

① 详见：Pagliara F, Papa E. Urban rail systems investment: An analysis of the impact on property value and residents' location［J］. Journal of Transport Geography, 2011(19): 200-211.

② 引自：YANG Yang, ZHANG Peitong, NI Shaoquan. Assessment of the impact of urban rail transit on metropolitan region using system dynamics model［J］. Transportation Research Procedia, 2014(4): 524.

③ 详见：韦亚平，赵民．都市区空间结构与绩效——多中心网络结构的解释与应用［J］．城市规划，2006，30（4）：9-16.

④ 详见：赵莹．大城市空间结构层次与绩效——新加坡和上海的经验研究［D］．上海：同济大学，2007.

分为功能、交通、空间和使用者四大类，Zacharias（2004）[①]对蒙特利尔和香港轨交站域地下空间的实证研究表明：商业空间相邻步行路径上人流量越高则空间的使用人流通常也很高，步行流量可较准确地预测该地区未来的商业活动水平；Zacharias（2007）[②]进一步分析后指出周边步行流量水平也与地下商业空间的租金密切相关，通过特定场所的流量预测能够清晰判断商业发展的机会。Bhalla, Pant（1985）[③]对辛辛那提二层步行系统的研究发现办公楼面积、餐厅座位数及商场营业面积可对75%的午间高峰人流量变化进行解释，零售商业的规模面积、区位布局、业态类型也是影响绩效的重要因素。Peter, Leszczyc, Timmermans（2001）[④]发现消费者倾向选择综合性的百货商店，对于物美价廉、停车费低、可达性高的专营店顾客会更多光顾，商店外观对于消费者选择商店的影响也很大。对商业空间使用绩效的其他影响因素还包括商品种类、营业时间、公共环境和广告等（Paulins, Geistfeld，2003；Oppewal, Timmermans，1999）。

王德、朱玮等（2003）[⑤]分析了南京东路步行街区的销售额分布、人流分布等特征和影响因素，结果表明商店营业面积、是否位于步行街、是否设有百货商店对商业人流量产生显著影响，而对人均消费几乎无作用；曹嵘等（2003）[⑥]以徐家汇漕溪路田林路为例实证人流量与零售商业面积之间具有很强的线性相关性，且零售商业布局的优越区位是干道效应大的支路和交通节点；台北市政府交通局（2001）[⑦]的研究表明，通过行人友好（Pedestrian-friendly）的城市设计，如景观美化、以行人为主的道路设施、促进公交系统便利性的设计、改善商业区的空间环境，不仅其公交出行能上升3%～4%，而且周边空间使用绩效也得到一定程度的提升；姚以倩（2011）[⑧]以人流量为观察对象分析了上海徐家汇和五角场轨交站域商业空间的使用绩效问题，表明空间进店人流量与商业界面长度、入口宽度并没有显著的相关

---

① 详见：Zacharias J. Predicting the economic value of indoor pedestrian corridors from pedestrian behavior［C］// the 6th International Symposium for Environment-Behavior Studies. Tianjin, China, 2004: 92–99.

② 引自：Zacharias John. 地下空间规划的决策支持系统［J］. 汤芳菲，译 . 国际城市规划，2007，22（6）：14.

③ 详见：Bhalla M, Pant P. Pedestrian traffic on cincinnati skywalk system［J］. Journal of Transportation Engineering, 1985, 111(2): 95–104.

④ 详见：Peter T L, Leszczyc P, Timmermans H. Experimental choice analysis of shopping strategies［J］. Journal of Retailing, 2001, 77(4), 493–509.

⑤ 引自：王德，朱玮，黄万枢 . 南京东路消费行为的空间特征分析［J］. 城市规划学刊，2004（1）：31–36.

⑥ 引自：曹嵘，白光润 . 交通影响下的城市零售商业微区位探析［J］. 经济地理，2003，23（2）：249.

⑦ 详见：李家侬 . 都市区大众运输导向发展之规划模式［M］. 台北：台湾国立台北大学都市计划研究所，2002.

⑧ 引自：姚以倩 . 轨交站区商业空间使用状况调查与分析——基于上海徐家汇站与五角场站［D］. 上海：同济大学，2013：86.

性[①]，而业态规模、品牌知名度等因素成为行人从地下进入商业空间的主要因素，他还指出餐饮类、便利店等业态在地下层步行人流集中或通勤必经区域人流量更高。

（2）办公空间

同样，功能类型、出行（交通）条件、空间分布、空间品质以及使用者等是影响办公空间使用绩效的重要因素，Jakobsen, Onsager（2003）[②] 指出区位和交通条件是影响写字楼租金的重要因素；Zacharias（2000）[③] 对蒙特利尔地下城的研究发现地下系统的办公人流发生点其行人分布高度稳定，与其是否位于中心区位关系很弱；也有研究显示，在美国日均乘客为5万人的车站，可提供1 200～1 500 个就业岗位[④]。张馨匀（2014）[⑤]分析了办公空间的使用状况及其影响因素，结果表明写字楼等级、与轨交站点之间的距离对办公空间的就业饱和率具有重要影响，甲级办公楼以及200～300 m 圈层范围的平均就业饱和率最高。

（3）居住空间

Freeman（1979）[⑥] 早已提出对房地产价格影响最大的 5 个变量：到 CBD 的距离、是否为现房、到最近地铁站的距离、装修精简、人均可支配收入，也测算轨道交通对房地产的增值效果，结果表明，楼盘向最近的轨道交通站点靠近 100 m，则住宅单位平方米的价格提高约 0.5%；牛涛（2012）[⑦] 也指出所在区域与市中心之间的距离是影响住宅房价的重要因素。

3）轨道交通对站域空间使用绩效的影响

以上讨论了典型空间使用绩效的影响因素，这里进一步就轨道交通引入后对周边空间的影响进行分析。一般轨交通过对可达性和微区位价值的影响，使得周边空间使用结构产生变化，导致无论宏观还是中微观层面轨道交通均具有明显的外部效益，给沿线土地带来显著的增值效益（Smith,

---

① 他指出这主要因为地下层的步行人流目的（例如通勤、购物、餐饮等）较地面层更为明确，因此商业空间的界面长度等对使用人流量的影响并不大。

② 引自：Jakobsen S E, Onsager K. Head office location: agglomeration, clusters or flow nodes［J］. Urban Studies, 2005, 42(9): 1517–1535.

③ 详见：Zacharias J. Modelling pedestrian dynamics in montreal's underground city［J］. J Transp Eng, 126(5), 2000：405–412.

④ 转引自：江玉林，韩笋生，彭唬，等 . 公共交通引导城市发展——TOD 理念及其在中国的实践［M］. 北京：人民交通出版社，2009：105.

⑤ 详见：张馨匀 . 轨交站域办公空间分布及使用状况的分析——以上海内环线以内的十个案例为样本［D］. 上海：同济大学，2014：73–74.

⑥ Freeman A M. Hedonic prices, property values and measuring environmental benefits: A survey of the Issues［J］. Scandinavian Journal of Economics，1979, 81: 154–173.

⑦ 详见：牛涛 . 城市轨道交通站点对周边住宅地产价值及开发强度的影响研究［D］. 上海：同济大学，2012：81–83.

2001）[①]。

（1）商业空间

Cervero（1994）[②]研究华盛顿与亚特兰大20世纪七八十年代轨道交通影响后发现，联合开发的商业租金和出租率与站点客流量成正比，靠近轨交车站的商业零售空间租金比其他区位增加30%左右，离开站点距离每增加1 m导致单位平方米的商业价值约降低4美元，他在2001年对加州圣达克拉郡轨交站点周边的商业地价研究也验证了该结论。Diaz（1999）[③]对华盛顿特区轨道交通及周围房地产的研究表明，轨交沿线一些区域的商业用地增值幅度能够达到100%～300%。Cervero，Duncan（2002）分析圣地亚哥轨道交通沿线商业地产后发现，在市中心铁路车站周围的地产增值约91%，在电车站点周围的地产增值约72%。

（2）办公空间

Cervero（1994）[④]也研究了轨道交通对办公空间的影响，指出结合轨道交通联合开发的写字楼租金和出租率与站点客流量成正比，单位平方米的年租金约增加32美元；王冲冲、陈怡慧（2009）[⑤]则认为，写字楼与地铁站距离对租金的影响不显著，即城市轨道交通的建设不会给写字楼市场带来显著的促进作用，但笔者认为此观点有待于进一步商榷。

（3）居住空间

大量学者以房地产价格或租金证明轨道交通促进了站点房地产价值增长的结论，Knaap（2001）[⑥]以美国波兰特MAX轻轨系统为对象测算了其对土地价值的影响，发现距车站500 m范围内的住房价格比其他地区高约10.6%，800 m范围内土地价格上升约31%，1 600 m范围内土地价格上升约10%，但是也进一步指出紧靠车站附近由于噪声和拥挤等原因，土地的潜在价值会下降；Allen（1986）[⑦]对加利福尼亚旧金山海湾地区的轨道交通系统（BART）研究后得出：距轨道交通400 m处的房租上

① 引自：Smith J J. Does public transit raise site values around its stops enough to pay for itself (Where the Value Captured)［J］. Geonomy Society, 2001(5).

② 详见：Cervero R. Rail transit and joint development: Land market impacts in Washington D C and Atlanta［J］. Journal of the American Planning Association. 1994，60(1): 83-94.

③ 引自：Diaz R B.Impacts of rail transit on property values［C］//1999 Rail/Rapid Transit Conference Proceedings. Washington D C: APTA, 1999: 66-73.

④ 详见：Cervero R. Rail transit and joint development: Land market impacts in Washington D C and Atlanta［J］. Journal of the American Planning Association, 1994, 60(1): 83-94.

⑤ 研究给出了三方面原因：（a）市中心的中心效应削弱了轨道交通带来的影响；（b）商圈的聚集效应削弱了轨道交通带来的影响；（c）人们对轨道交通的依赖度降低。引自：王冲冲，陈怡慧．城市轨道交通对周边写字楼租金的影响研究——基于北京地铁十号线的实证分析［J］. 建筑经济，2009（z1）：9.

⑥ 引自：Knaap G J. Does planning matter? A framework for examining the logic and effects of land use planning［J］. Journal of Planning Education and Research. 1997(1): 25-34.

⑦ 引自：Allen J. Public-private joint development at rapid transit stations［J］. Transportation Quarterly, 1986, 40(3): 317-331.

升 10%～15%；在美国一项持续 20 年的跟踪调查表明[①]：扣除自然增长因素，距轨交站点 400～800 m 范围内房价增长从大到小排序为：达拉斯房价上涨约 24%，芝加哥房价上涨约 20%，圣地亚哥房价上涨约 17%，波特兰房价上涨约 10.6%，波士顿房价上涨约 6.7%，凤凰城房价上涨约 6.4%。

叶霞飞、蔡蔚（2002）[②]对上海莘庄站 2 km 范围 10 年内的住宅价格变化进行了对比，发现轨交建成后靠近站点附近的房价增幅远超过远离轨交站域的房价增幅；郑捷奋等（2004，2005）研究了深圳地铁建设对站点周边住宅价值的影响，周俊等（2002）以上海市 3 号线为例分析了轨道交通的廊道效应，张小松等（2005）对城市轨道交通开发利益影响范围进行了分析，这些研究同样支持轨交站点周边住宅价值升值的结论；部分学者进一步对地价计算方法进行了研究，陈有孝、林晓言、刘云辉（2005）[③]以北京市轨道交通 13 号线为例建立了北京轨道交通对周边区域的地价影响评估模型。

（4）公共空间

Campos（1996）[④]对伦敦 12 个广场的活动观察后得出公共空间使用绩效的高低与其在城市步行路网中的相对位置有关，而与公共空间中是否存在商业设施和活动关系不大[⑤]，研究还指出人们更愿意使用的公共空间并非是直接在步行路网交叉口而是在交叉口附近；蒋方圆（2014）[⑥]对上海公共空间的使用绩效影响因素进行研究后发现，面积在 3 万～4 万 m^2 的公园使用绩效最高，面积在 2 000～3 000 m^2 或者在 10 万 m^2 以上的公园使用绩效较低，城市广场一般在 4 000～6 000 m^2 之间使用绩效较高，商业准公共空间（POPS）中规模较大的空间（如五角场万达广场）或者具有特殊体验性的空间（上海新天地）能获得较高的使用绩效，位于商业入口处提供的小块场地并不具备有效的使用价值；徐宁、徐小东（2012），林燕（2007）对香港地铁站和公共空间的关系也进行了类似研究。

---

① 转引自：江玉林，韩笋生，彭唬，等 . 公共交通引导城市发展——TOD 理念及其在中国的实践［M］. 北京：人民交通出版社，2009：102.

② 引自：叶霞飞，蔡蔚 . 轨道交通开发利益的计算方法［J］. 同济大学学报，2002，30（4）：433.

③ 研究指出轨道交通在最初时间内对周边土地和房产价值的外溢幅度最大，然后随时间逐渐减小。引自：陈有孝，林晓言，刘云辉 . 城市轨道交通建设对地价影响的评估模型及实证——以北京市轨道交通为例［J］. 北京交通大学学报，2005，4（3）：13.

④ Campos. Strategic spaces: Patterns of use in public squares of the city of London［C］//Proceedings 2：Urban Themes, Space Syntax 1st International Symposium. London: University College London, 1997: 26.

⑤ 笔者在上海轨交站域的实证分析中发现，广场类公共空间周围存在商业支撑可提升其使用绩效，详见第 5 章 5.3 节，初步分析原因是本研究在轨交站域周围进行实证分析，人流量大且类型相对多样，而伦敦的研究其使用者群体并未具有如此特征，这种群体的差异性使得结果产生不同。

⑥ 引自：蒋方圆 . 轨道交通站域公共空间评估和研究［D］. 上海：同济大学，2014：65-66.

（5）轨道交通对不同类型空间使用绩效的影响权重

部分学者进一步在不同空间中研究了绩效影响因素的权重差异，Kim，Zhang（2005）①讨论了首尔轨交站域的“分市场效应”，指出不同因素其影响效果并不一样；Sivitanidou，Rena（1996）②分析了洛杉矶 CBD 区域轨道交通对办公和商业房产价值的不同影响；申丽霞、覃国添（2004）③采用特征价格模型对深圳轨交站点周边 500 m 范围内不同空间的增值程度进行了分析，指出价值增幅由大到小是商业、办公、居住，并且在不同圈层内变化幅度差别较大；谷一桢、徐治乙（2007）对北京八通线周边空间使用价值的实证也得到类似结论。

3. 小结

从有关轨交站域土地（空间）使用的绩效研究现状来看，一方面，使用绩效的评价研究多以租金、房价等盈利性指标为主，但是城市设计强调在市场机制背景下对“使用者”日常活动的关注，因此从使用者角度侧重活力性绩效指标的评价分析显得更为迫切，这样才有助于提升使用绩效评价的完整性。其次，在影响因素研究方面，大部分分析并未结合高密度城市中心区轨交站域多层面空间使用的背景展开，同时对不同空间中影响因素之间的权重比较研究也较少。

2.1.5 轨交站域空间使用优化的研究现状

本专题归纳了与空间使用优化密切相关的“轨道交通 * 空间 * 优化”等 6 个关键词组合（图 2-11），通过检索后可以看出：① 在应用层面研究上，结合轨道交通的宏观城市空间规划和中、微观空间设计其研究量基本相当，但这类多是针对具体案例，而对于优化模式、策略的研究相对较少；② 针对上海地区轨交站域的相关空间规划和设计研究还较少，占到总数 20% 左右。

结合上述文献分析，轨交站域空间使用优化评述将按照宏观层面、中观和微观层面，侧重在模式、策略等应用方面进行分析，并着重关注以上海、东京为代表的高密度城市中心区。

---

① 分市场是指单位属性的市场价格在其间保持不变且不同于其他区域的特定地理范围。详见：Kim J, Zhang M. Determining transit's impact on Seoul commercial land values: An application of spatial econometrics［J］. International Real Estate Review, 2005, 8(1): 1–26.

② 引自：Sivitanidou, Rena. Are service agglomerations weakening? Evidence from metropolitan Los Angeles［R］. the Western Regional Science Association, 1996.

③ 特征价格模型又称 Hedonic 模型法和效用估价法，是国际上轨道交通对沿线房地产价值影响分析方法的重要理论根据，它的基本思路是将房地产商品的价格分解，以显现出其各项特征的隐含价格（Implicit Price），土地价格模型的自变量分别为：房屋结构特征 C，区位因素特征 E，个别因素特征 S。详见：申丽霞，覃国添．城市轨道交通对周边物业影响分析［J］. 城市轨道交通研究，2006（4）：49–55.

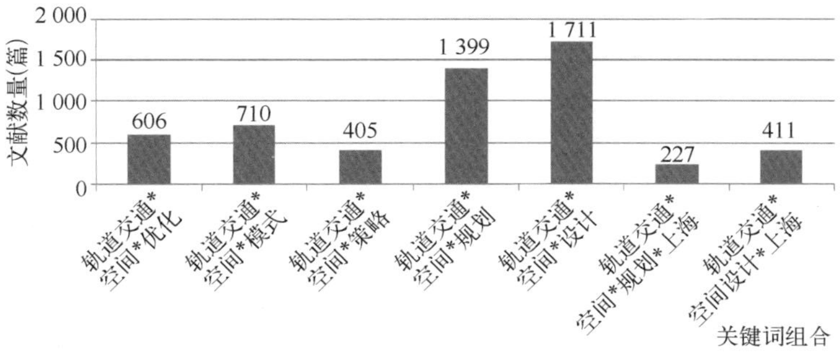

图 2-11 基于“万方数据”平台的轨交站域空间使用优化既有文献数量分析

1. 相关基础理论

1）建筑模式语言及相关理论

（1）建筑模式语言

C. Alexander 在《建筑模式语言》中提出了模式语言理论，模式语言中的模式是指与事件模式相关联的空间模式，他认为，人的生活是由一系列重复发生的事件模式所组成（比如睡觉、洗澡、吃饭、写作……），这些事件模式组成了我们的生活，由于事件都在空间中发生，所以事件模式就和空间模式联系在一起；主要包括需求（作用力系统）、解答（空间关系）和模式自身与其他模式的关联，模式的特点在于既包括建筑外部的物理几何形态，同时又涵盖该空间所发生的事件，模式既是要素也是规则。253 个模式涵盖从区域、城镇、邻里，到建筑单体、单个空间、家居陈设等，通过 Alexander 的模式语言理论，建筑师认识到只有基于行为模式的城市或建筑空间模式才可行，发掘模式的深层结构并理解自身需求和本性，才能建立正确的思考方式。

（2）城市网络理论

Salingaros（2004）在 Alexander 的影响下提出了城市网络理论，该理论认为城市中每个功能单元可理解为不同人群活动的节点，“联系产生在相反或者互补的两个节点，功能有缺陷的城市往往是把相同类型的节点聚集在一起建造；真正的连接是指那些能满足人们在两点之间穿行的需求，而这种连接跟步行道在何处是没有什么关系的”[①]，这告诉我们“只有互补性的节点之间才能形成连接，相似的节点没有连接的原因是由于它们相似的功能特性”。

2）TOD 模式

新城市主义学派代表人物 P. Calthorpe 在 20 世纪 90 年代美国郊区化背景下提出了 TOD 模式[②]，该模式倡导以交通走廊为发展轴，以公交站点为节点的土地发展模式，

① 引自：（美）尼科斯·A·萨林加罗斯．城市结构原理［M］．阳建强，程佳佳，刘凌，郑国，译．北京：中国建筑工业出版社，2011：23.
② 详见：马强．近年来北美关于“TOD”的研究进展［J］．国外城市规划，2003，18（5）：48.

即在站点周围建设高密度且功能混合、适于步行的社区，并以此为基础形成紧凑型网络化的城市形态，主要包括 9 项具体设计内容和 7 个设计原则①。

TOD 模式主要特点可从两方面概括：① 在交通上采取“公交＋慢行”的交通出行模式，实现步行者优先，通过步行、城市公交、轨道交通、自行车和出租车来构建完善的慢行交通系统；② 在空间使用上通过居住、就业和商业等空间混合布局创造新的商业和就业机会，营造社区生活的空间，使得社区生活更加舒适和富有吸引力，成为邻里和城市中心复兴的关键力量。TOD 模式具体又分为城市型 TOD 和社区型 TOD（图 2-12）。

3）中心地理论及相关理论

（1）中心地理论

中心地理论（Central Place Theory）由德国地理学家 W. Christaller（1933）和 A. Lösch（1940）分别提出，它是地理学的理论基石之一，是探讨特定（理想）条件下城市职能、大小和空间结构分布的理论，它不仅研究城市层级的划分原则，也讨论商业服务业的选址、发展规模和空间结构，并应用到区域规划和城市规划。

在理想的中心地体系中，中心地的服务范围为同一半径的圆形区域，当完全覆盖必然出现服务范围的重叠，阴影区域中的消费者会选择最近的中心地，导致该区域被相邻 2 个中心地平分，最终使每个中心地服务范围逐渐由圆形演化为六边形（图 2-13），并提出支配中心地理论的三原则：市场原则、交通原则和行政原则，该理论对站域零售业和服务业的区位布局、规模和空间分布具有较强的指导价值。

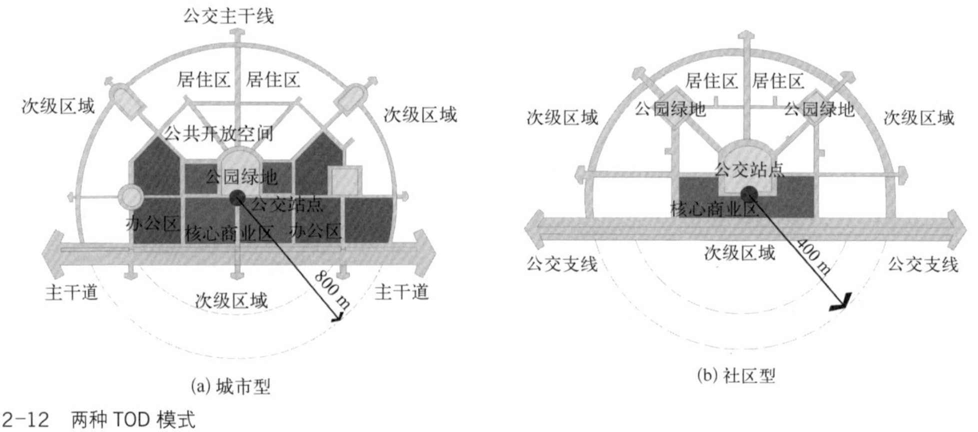

图 2-12　两种 TOD 模式

① 9 个设计内容包括生态与栖息地、商业核心区、住宅区、次要区域、公园广场和公共建筑、街道与交通循环系统、步行与自行车系统、公共交通系统、停车需求与设定等；7 个设计原则包括：（a）在区域范围内组织紧凑的公共交通支持的开发；（b）在步行距离范围内安排商业、住宅、工作、公园和公共设施；（c）创造友好的步行街道；（d）不同类型的住宅和密度的混合；（e）保护自然环境和高质量的开放空间；（f）使公共空间成为建筑和社区活动焦点；（g）鼓励公共交通走廊附近的填充和再开发。

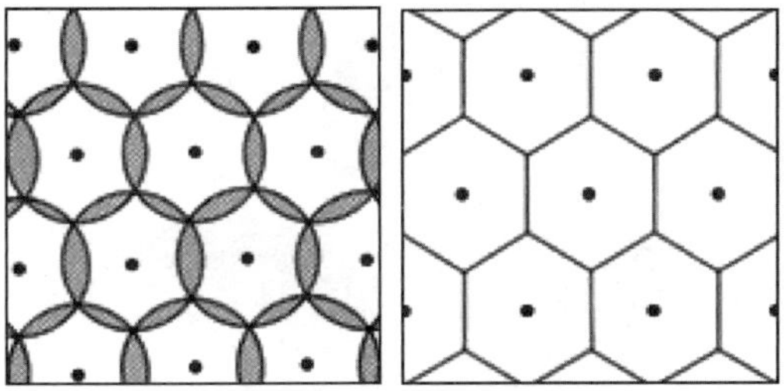

图 2-13　中心地服务范围由同心圆形向六边形的转换［资料来源：陆玉麒，袁林旺，钟业喜．中心地等级体系的演化模型［J］．中国科学：地球科学，2011（8）：1161.］

（2）基于轨道交通的可持续空间使用理论

英国学者 Hildebr 和 Fraey（1999）在《设计城市——迈向更加可持续的城市形态》中论述了基于轨道交通的城市可持续发展模式，建立起一种可持续发展的城市形态与结构的目标体系，认为人、交通和功能空间的相互关系是影响城市空间结构的重要因素，由环境、交通网络和公共设施三部分组成；可持续的城市结构由较高级的公共交通系统联系并按照等级原理分布的空间单元所构成，核心是强调密度聚集和合理的交通联系，每一级空间单元（开发密度区）都以相应层次的轨交站点为集聚中心，相同等级的若干空间单元围绕一个中心聚集成为更高级别的空间单元，并被更高等级的轨交站点和交通网络所支撑①。该理论受 Christaller 的中心地理论和 Maslow 的需求层次理论影响较大，注重城市空间使用中的 3 个基本要求：可达性（Accessibility）、邻近性（Proximity）和功能混合（Functional mix），它不仅体现对空间效率的重视，更彰显研究的人性化视角。

2. 典型问题研究

轨交站域的空间使用优化一般可从轨交影响下的城市宏观层面、轨交站域的中观层面以及站域核心区或站点综合体的微观层面简要归纳，如赖志敏（2005）从城市层面及站域层面以案例分析获得指导实践的城市设计控制策略；其他学者也从不同角度提出了交通引导开发（TOD）、站点地区综合开发（SID）②、“地铁＋物业”开发（MPD）③、综合发展区（CDA）④等发展模式（刘旭辉，胡志晖，2008；袁奇峰，2003）。

① 引自：王朝晖．关于可持续城市形态的探讨——设计城市：迈向一种更加可持续的城市形态［J］．国外城市规划，2001（2）：41-45.

② 该模式指在满足站点综合交通功能的前提下，综合考虑交通枢纽及其周边地区规划与开发，将城市交通功能和商业、公共服务功能紧密结合，将轨道站点与周边物业实施一体化规划建设，优化配置资源、强化规模，提高土地开发的集约程度。

③ 该模式指地铁建设与沿线物业同步规划、同步开发、同步建设，发挥地铁吸引物业人流、物业催生地铁客流的综合优势，达到轨道交通提升物业品质、物业收益反哺轨道建设的目的。

④ 结合轨道交通站点及周边土地使用情况，在较大的范围内划定综合发展区，给土地使用较大自由，包括土地混合使用、容积率等方面，最终使地铁公司能够主导该地区的发展，能够根据市场经济规律在谨慎的商业原则指导下，一方面通过发展多种设施形成具有强大吸引力的社区，建立为周边地区提供服务的商业中心，另一方面为轨道交通保证巨大客流。

1）宏观层面城市与轨交空间使用优化

丹下健三（1960）早期就提出“锁状交通系统”和“中核系统”，建立起城市、交通和建筑空间的换乘关系和有机联系；Cervero（1998）[①]提出了“公共交通大都市（Transit Metropolis），归纳出 3 种城市结构形态：城市适应公共交通（Adaptive Cities）、公共交通适应小汽车（Adaptive Transit）、公共交通和城市相互适应的城市-混合形态（Hybrids）”，其中城市适应公共交通和混合型都注重大运量公交与城市空间的相互适应；他也指出鼓励步行、提升社区环境、增加公交投资、引导公交使用等都很重要但不够充分，需要整合空间使用与交通系统，依赖更灵活且大容量的公交，重视设施规划与开发节点的形成；Pushkarev（1982）[②]针对不同交通结构和出行方式提出了 3 种城市形态模式（图 2-14）。

边经卫（2006）[③]用系统整合的方法探讨了轨道交通与大城市互动发展，提出了以轨道交通为支撑的“主轴-网络状”城市空间结构；刘旭辉、胡志晖（2008）[④]按照不

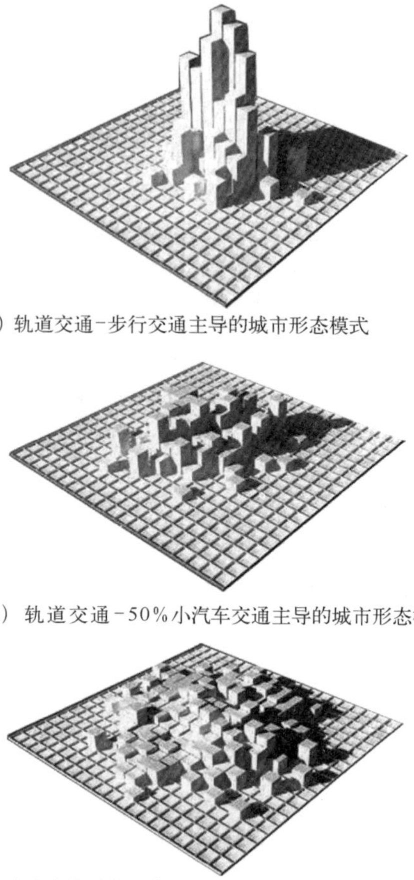

(a) 轨道交通-步行交通主导的城市形态模式

(b) 轨道交通-50%小汽车交通主导的城市形态模式

(c) 小汽车交通主导的城市形态模式

图 2-14　轨交主导下的空间使用与汽车主导下空间使用比较（资料来源：Pushkarev B S. Urban rail in America [M]. Bloomington: Indiana University Press，1982.）

---

① 引自：Cervero R. The transit metropolis – A global inquiry [M]. Washington D C: Island Press, 1998: 53.

② 详见：Pushkarev B S. Urban rail in America [M]. Bloomington: Indiana University Press, 1982.

③ 详见：边经卫 . 发展大城市公共交通体系化的研究 [J]. 城市交通，2006，4（3）：16-21.

④ 纯轨道交通枢纽旁的地下空间开发，围绕枢纽第一圈层可安排购物、娱乐、消费、休闲商贸场所，第二圈层则是金融办公楼的集中地；综合换乘枢纽的地下空间开发，第一圈层以轨交与其他交通的衔接和换乘为主，而第二圈层为金融办公的配套商业服务设施；对于单个轨交站点的地下空间开发，则考虑与周边重点地区的地下空间连通。详见：刘旭辉，胡志晖 . 轨道交通站地下空间综合开发研讨 [J]. 城市规划学刊，2008（z1）：176.

同轨交站点类型对周边地下空间的开发提出了建议；李木秀（2008）[①]认为轨交引导的城市土地使用是未来大城市的发展方向，提出了城市边缘区轨道交通导向的土地利用模式，并针对上海宝山区提出了若干建议；管驰明、崔功豪（2003），刘迁（2004），陆化普（2006）等也在宏观层面上进行了研究，给出了相关策略建议。

2）中观层面的轨交站域空间使用优化

20 世纪 60 年代美国建筑师 J. Portman 在城市设计中从使用者的日常行为模式出发提出了“协调单元”概念，它是指使用者在步行 7～10 min 内能满足日常生活所需要的城市生活单元，由商业、文化、娱乐、酒店、办公和居住等构成；虽然这并非针对轨交站域，但是由于强调步行与城市生活的交织互动，因此对于以“轨交＋步行”交通为特征的轨交站域仍具有借鉴价值。

Sung, Oh（2011）[②]研究了 TOD 在类似首尔这样的高密度城市应用的可能性及其策略，指出需要特别仔细地对待这些来源于西方低密度城市的模式，通过更多的策略包括强化轨交服务网络，增加土地利用的混合度，重新梳理街道网络、站点周边的“行人友好”设计等来进行修正；MU, Jong（2012）[③]结合大连的研究也指出，TOD 在我国实践成功的保障包括：“行人友好”的城市设计、政府管控和高品质的轨道交通服务；Bernick, Cervero（1997）[④]提出可促使轨交站域的公交与非机动出行增加、空间得到充分使用的 3D 原则；惠英（2001）[⑤]总结了 4 类站点地区土地利用存在的问题并提出了调整建议；潘海啸、张瑛（2002）[⑥]指出上海已经逐步形成 TOD 特质，张瑛（2003）将上海轨交站域的居住区分为成熟居住区和新兴居住区两类并提出轨道交通导向的居住区规划布局模式；金广君、许光华（2003）[⑦]对深圳市龙岗区布吉火车站的 TOD 城市设计提出了零换乘和 24 h 活力的概念及土地使用建议；

---

① 详见：李木秀 . 轨道交通导向的边缘城市土地使用研究［D］. 上海：同济大学，2008.

② 引自：Sung H, Oh J T. Transit oriented development in a high-density city: Indentifying its association with transit ridership in Seoul, Korea［J］. Cities, 2011(28), 70.

③ 引自：MU Rui, Jong M D. Establishing the condition for effective transit-oriented development in China: The case of Dalian［J］. Journal of Transport Geography, 2012(24): 234.

④ 3D 是指高密度（Density）、混合使用（Diversity）和合理设计（Design）。详见：Bernick M, Cevero R. Transit villages in the 21st century［M］. New York: McGraw-Hill, 1997.

⑤（a）公共中心区和交通枢纽区的站点地区向综合枢纽体的方向发展；（b）城市外围区的站点地区以城市社区的形式为主，这种社区包括一定比例的就业岗位，以维持就业居住的相对平衡；（c）成熟居住区由于现状条件的制约以局部调整为主，这种调整既有物质设施也包括功能调整。引自：惠英 . 城市轨道交通站点地区规划与建设研究［D］. 上海：同济大学，2001：66.

⑥ 详见：潘海啸，张瑛 . 上海市轨道交通发展与公共交通运输导向开发区简介［J］. 城市规划汇刊，2002（4）：69-73.

⑦ 引自：金广君，许光华 .TOD 发展模式解析及其创作实践［J］. 规划师，2003（12）：70.

郑科（2004）[①]结合上海初步探讨了实现TOD的主要问题和策略；韩英姿（2007）[②]提出地下空间和物业结合可采用三级土地开发模式；王兆辰（2009）[③]以北京为例研究了轨交站域城市设计的方法与步骤，其他学者还包括李家侬（2003）、顾克东（2004）等。也有针对站域的某一类空间进行专项研究，宋丽峰和林涛（2009）[④]分别从公共文化、公共交通和商业等角度探讨了轨交站域的公共空间对改善轨交周围环境以及传达城市文化底蕴起到的作用；刘皆谊（2008）[⑤]对围绕站点开发的台北地下街发展脉络，人性化、特色化和整体化设计进行了探讨。

3）*微观层面的站域核心节点或站点综合体优化*

第三类研究进一步聚焦在轨交站域的核心节点或者站域综合体上，林燕（2007）[⑥]对香港轨交综合体的空间布局进行了总结；余露（2007）[⑦]基于香港九龙站域的实证分析，得出轨道交通车站城市综合体空间设计的主要原则；金广君、刘代云、邱志勇（2004）[⑧]结合城市触媒理论对深圳市宝安中心区地铁1号线、2号线影响范围的主要触媒点，其功能与布局以及开发次序进行了研究；夏嘉健（2005）[⑨]研究了不同类型使用者在广州轨交节点周围公共空间的使用状况，并提出指导轨交节点公共空间的28个设计导则。

3. 小结

轨交站域土地（空间）使用的优化由于其实践指导性强因此成果丰富，但是仍然

① 包括解决土地与交通建设的统一规划和配合，公共活动中心与站点的结合等问题。详见：郑科．轨道交通为导向的城市开发——关于上海轨道站区的TOD实践［D］．上海：同济大学，2004.

② 包括（a）200 m半径范围内为高容积率、高强度开发，适于高密度开发的商业运作；（b）200～500 m半径范围内开发高中档住宅区；（c）500～1 000 m范围内适合建设经济适用房。引自：韩英姿．交通型地下空间与周边物业开发结合方式研究［J］．城市轨道交通，2007（8）：17.

③ 他结合北京的环路结构，将轨交站域分商业型、居住型、交通型和休憩型进行讨论。详见：王兆辰．基于TOD的北京轨道交通站点周边地区城市设计研究［D］．北京：清华大学，2009.

④ 详见：宋丽峰，林涛．轨道交通站域公共空间功能研究——以上海人民广场站为例［J］．上海师范大学学报（自然科学版），2009，38（5）：522-530.

⑤ 详见：刘皆谊．城市立体化视角：地下街设计及其理论［M］．南京：东南大学出版社，2009.

⑥ 地下层设地道连接地铁车站或停放汽车，地面层组织公共交通换乘站及汽车通道，并且与地铁出入口毗邻，以实现同层换乘，地上二层将城市空中步道联系成网络；屋顶平台设计成城市花园或步行平台，地下、地面、地上通过自动扶梯及中庭空间联系成为一体，并与室外城市空间及周边建筑相互联结。引自：林燕．浅析香港建筑综合体与城市交通空间的整合［J］．建筑学报，2007（6）：29.

⑦ 九龙站点综合体的设计原则包括：（a）分区原则：面向车站广场的公共及公司团体区，远离中心地带的私人及住宅区；（b）轴线控制原则：交通轴线和建筑柱网轴线的双重控制，组织好人车分流；（c）车站广场核心原则：车站广场是机场铁路与城市之间的大门，起到很好的过渡和集散作用。引自：余露．香港快速轨道交通成功运营的模式研究［J］．重庆建筑，2007（3）：31.

⑧ 详见：金广君，刘代云，邱志勇．论城市触媒的内涵与作用——深圳宝安新中心区城市设计方案解析［J］．城市建筑，2004（1）：79-83.

⑨ 详见：夏嘉健．城市轨道交通节点的公共空间研究［D］．广州：华南理工大学，2005：86-92.

存在一些不足，一方面体现在很多研究仅针对特定站域类型总结较固定和静态的空间分布组合模式，而较少从方法层面提出相对系统的动态优化方法，诸如优化目标、价值取向、评价模型等，相对而言成果的适应性缺乏。其次，优化研究缺乏对中国当前轨交站域基本背景、使用者组合和群体行为的关注，大量研究以“TOD”模式为基础，这显然忽视了当前中国的具体实践语境，因为在不同城市和站域条件下问题不同，也产生不同的使用者组合群体和行为模式，而这正是空间使用优化的重要行为依据，那种“见物不见人”的优化方法或模式可能导致水土不服，因此需要进一步在中国高密度城市中心区展开既有结论的验证和针对性创新工作。

2.1.6 文献综述总结

文献综述首先对轨交站域空间使用四方面总体研究现状进行分析，初步归纳研究不足及可拓展的研究方向，然后进一步将研究聚焦在 4 个典型问题上，并基于万方数据平台进行文献量分析，这里进一步对它们比较（图 2-15）[①]，可以看出针对应用和实践层面的优化研究最多，其次以“换乘、集散”为主的使用者及行为方面研究次之，这也是由于交通问题在轨交站域的重要性所致，而针对空间使用分布和绩效的研究还不足，因此这两方面可作为本书的重点。

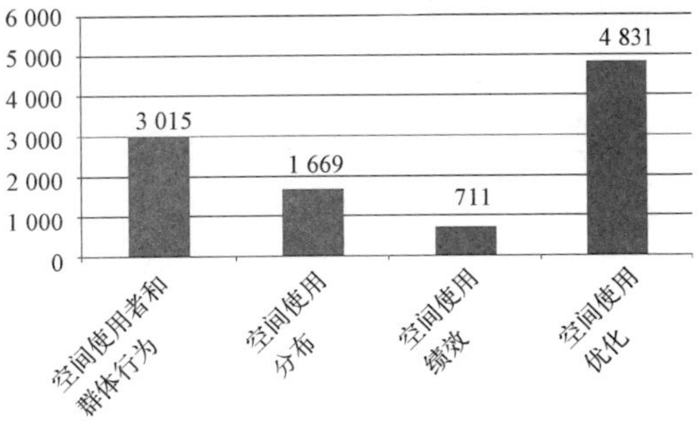

图 2-15　轨交站域空间使用 4 类典型问题的既有文献数量比较

总体看来，轨交站域的使用者与群体行为、使用分布、使用绩效以及优化研究可构成一个相对系统的问题框架，问题之间既相对独立又存在逻辑关联；目前虽然在各问题上已取得不同程度的成果，但在中国高密度城市中心区（如上海核心城区）的空间语境下，对这个问题框架的研究仍具有重要价值，这也是本书重要的立题依据和研究线索。

2.2　研究方法

研究方法是发现新现象新事物，提出新理论新观点，揭示事物内在规律的工具和手段，也是展示本书研究结论科学性和逻辑性的重要依据。本章将研究方法大致分为三部分进行讨论，即指导如何处理数据、推导研究结论的分析方法，如何合理选取样本案例、聚焦研究对象的分类方法，以及如何获取数据的调研方法。

① 在空间使用优化统计时，7 个关键词组合中最后两个关键词组合作为前面 5 个组合的分支，不重复统计。

2.2.1 分析方法

1. 基础性研究的主要方法

前期的基础性研究主要采用文献查阅和实地调查等方法。

1）文献研究

根据本书确定的研究目的，广泛收集国内外相关资料，从而较全面准确地掌握本书提出的研究问题。在文献研究的过程中达到：① 通过既有文献研究的现状，进一步调整和聚焦研究问题；② 整体了解本书各研究问题的全貌；③ 初步收集相关论据和数据，特别是国内外不能实地调查的典型轨交站域，如日本东京、加拿大多伦多、美国纽约等案例的相关资料。

2）实地调查

合理地选取国内外 10～20 个典型站域进行实地调研，如香港尖沙咀-尖东站域，深圳大剧院站域，特别是上海核心城区的 10 个重点样本站域，制订翔实的调研计划，借助百度地图等大数据手段获取一手资料，并结合课题组的调研成果形成一份较完整的研究报告作为进一步研究的基础，通过实地调查还可在观察中与既有文献成果进行比较，探索性发现一些问题、特征或者影响因素。

2. 理论性研究的主要方法

在前期基础研究的基础上，将深入展开 3 个理论问题的专题研究，它们以实证数据特别是 10 个重点站域为基础，通过定性或定量分析获得初步研究结果，针对部分数据再借助于 SPSS 统计软件[①]进行深入地数理分析，提高实证结果的科学性；然后结合既有文献资料以类比、对比、理论演绎等方法，获得较准确的结论，包括轨交使用者的人群构成特征和活动行为特征；站域空间使用分布的规律；站域空间使用绩效的影响机制，以揭示轨交站域空间使用主客体之间的互动作用关系。

1）定性分析法

定性分析法主要是对研究对象进行“质性”分析，以既有文献资料为基础，结合现场调研资料在整体上对研究问题的本质、发展趋势进行总结，初步揭示轨交站域相关研究问题的结论，如使用者类型、群体行为链、空间使用分布的趋势、绩效评价指标的确定等。

2）数理分析法

以 10 个重点站域的实证数据为基础并用 Excel 软件进行数据整理，通过归纳、类比或对比发现研究变量之间的关系，以不完全归纳法获得初步实证结论；在此基础上以 SPSS 软件作为分析平台，将部分结论结合方差、相关和回归分析，更加准确地验证和

① SPSS 是统计产品与服务解决方案（Statistical Product and Service Solutions）的简称，是 SPSS 公司推出的一系列用于统计学分析运算、数据挖掘、预测分析和决策支持任务的软件产品及相关服务总称。目前，SPSS 和 SAS、BMDP 并称为国际上最有影响的三大统计软件，SPSS 的基本功能包括数据管理、统计分析、图表分析等。

归纳研究结论，如多层面空间分布的特征、站域总体开发强度与日均客流量的关系、绩效影响因素的初步排序等。

3）比较讨论法

在实证分析的基础上，结合研究结果和既有结论通过对比、类比、理论演绎、综合等方法，将实证分析成果升华和总结，以获得更加科学可验证的研究结论。

4）层次分析法

在使用绩效评价体系研究中，由于其评价对象和指标较为复杂，本书在文献分析的基础上采用层次分析法初步确立了评价框架，将评价框架分解成目标、准则、方案等层次进行逐层分析，详见第5章。

3. 应用性研究的主要方法

在理论性研究的基础上本书进一步进行应用性研究，该部分主要侧重在方法层面研究，以实证分析所获得成果为基础初步建立轨交站域空间使用优化体系，包括优化目标、综合评估模型、优化方法以及典型模式等，主要采用演绎推理、案例分析法。

1）演绎推理法

通过本书研究得到的相关成果，如轨交站域使用者人群特征、群体行为规律、空间使用分布特征、空间使用绩效影响机制等方面，采用演绎推理等方法建构较系统的空间使用优化体系，包括优化目标、价值取向、综合评估模型、优化方法等方面。

2）案例分析法

为了更加明确地指导未来城市中心区轨交站域空间使用实践，最后，以理论研究结论为基础，基于对站域案例特别是10个重点样本的观察和分析，升华推导两种相对理想化的轨交活力区空间使用分布典型模式。

本书研究的技术路线如图2-16所示。

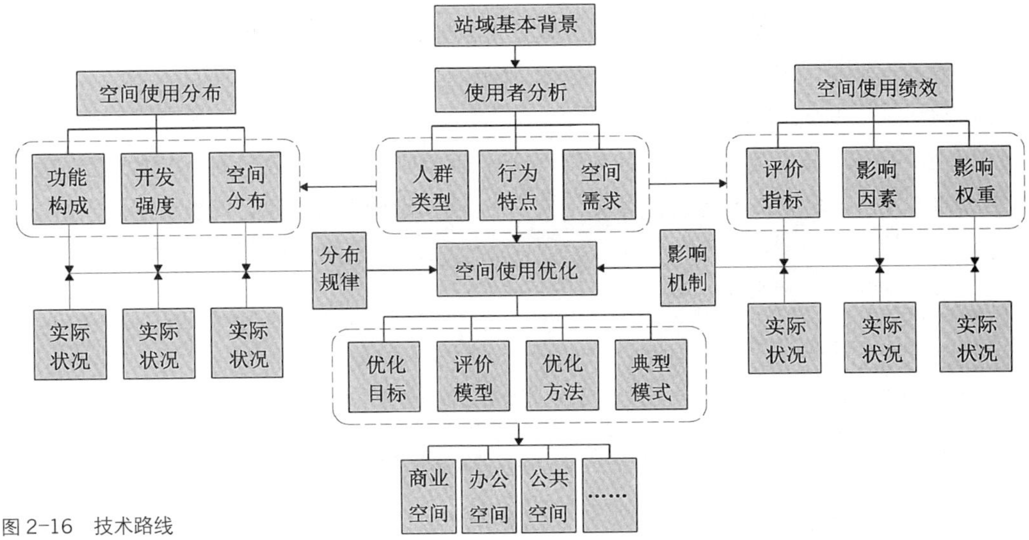

图2-16　技术路线

2.2.2 分类方法

根据研究目的和技术路线对轨交站域进行科学分类也是重要的研究内容之一，本章文献综述部分已经就既有轨交站域的主要分类方法进行了简要述评，为了有助于后续聚焦所研究站域、选取实证样本等工作，这里有必要进一步对这个问题进行研究，本书认为可以从4个不同角度对站域进行分类，以达到多角度认识轨交站域的目的。

1. 基于站点的日均客流量

站点的日均客流量在一定程度上关系到站域在城市中的定位、主要活动人群类型和流量（火车站这类以交通换乘为主的特殊站域除外），而人流量对于站域内的空间使用将具有重要意义。根据我国《城市轨道交通工程项目建设标准》（建标104—2008），轨道交通划分“地铁、轻轨”等类型的分类依据是线路远期单向客运能力，而不是看其主要处在地下、地面或高架；2007年颁布的《上海市综合客运交通枢纽布局规划》依据日均客运量作为站点等级划分的依据（表2-1）。

表2-1 交通枢纽按照客运量的等级分类

枢纽规模	特大枢纽	大型枢纽	中型枢纽	小型枢纽
日客运量（万人）	大于10	3～10	0.5～3	小于0.5

资料来源：胡应东．城市大型交通枢纽区开发设计［D］．上海：同济大学，2010：19.

因此这里可以结合轨交站域的核心因素——站点特征进行分类，基于上海站点的日均客流量数据将轨交站域分为4个等级，能够反映出轨交站域主要活动人群特别是流动性活动人群的规模特征，日均客流量≥10万人为特大型，日均客流量为5万～10万人为大型站域，日均客流量在1万～5万人为中型站域，日均客流量≤1万人为小型站域。

对上海市核心城区约83个站点的日均客流量数据统计①（图2-17），可以比较上海核心城区典型站域的流量状况，比如徐家汇站域的客流量约为16万人/d，属于特大型站域；虹口体育场的客流量约为6万人/d，属于大型站域；四川北路站的客流量约为2万人/d，属于中型站域；隆德路站的客流量约为8 000人/d，属于小型站域。总体看来，上海核心城区的中型站域数量最多，其次是大型站域，而特大型和小型站域相对较少②。

① 笔者根据上海申通公司在某工作日和周末全市各站点的日均客流量原始数据，按照平均日=（工作日×5+周末×2）/7加权整理而成。

② 调查显示：上海核心城区中规模超过10万人/d的特大型站域有7个，约占8%；日均客流量为5万～10万人的大型站域有16个，约占到20%；日均客流量小于1万人的小型站域仅隆德路站，客流量约为8 000人/d，约占到1%；其余大部分站域均为客流量在1万～5万人之间的中型站域，共59个站，约占到71%。

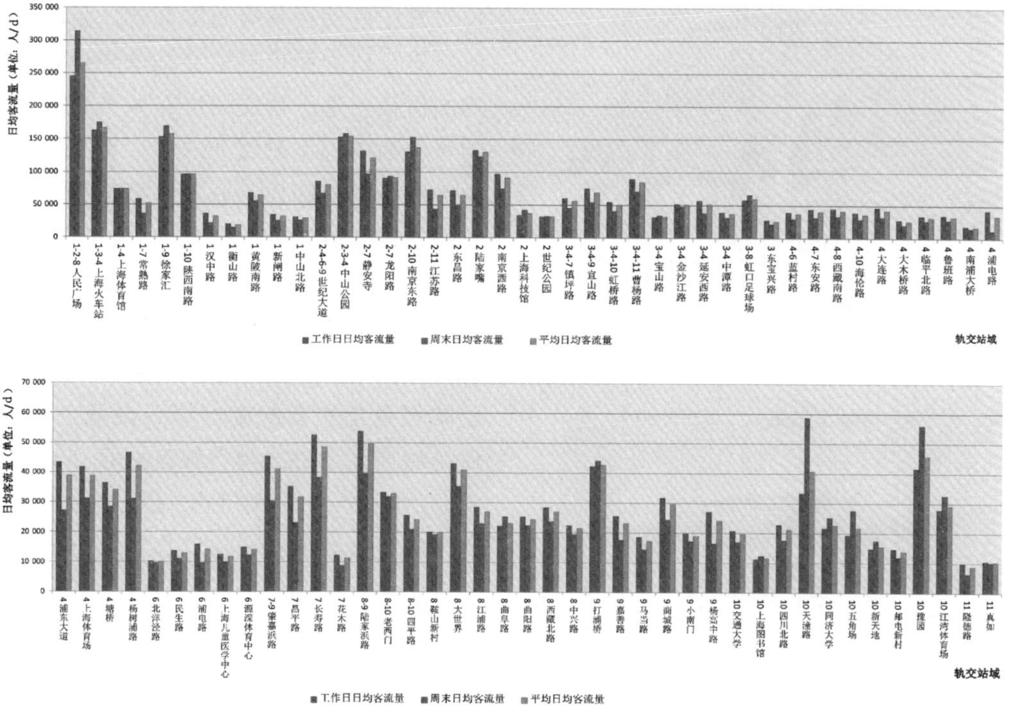

图 2-17　上海核心城区轨交站点的日均客流量统计

2. 基于影响轨交站域的站点数量

轨交站点在城市中并非均匀分布，因此部分站域并不是围绕一个站点发展，而可能同时受到 1～2 个站点的合力影响，这就导致这类站点空间使用形态具有差异性。在初步观察的基础上发现根据站点数量可将其分为单站型和双站型轨交站域，单站型是指站域主要受到一个站点影响，周边城市空间以 1 个站点为核心发展的站域；双站型是指站域同时受到 2 个站点的影响，城市空间围绕 2 个站点发展的区域。

依据这个分类标准可以看出上海的单站型站域包括“中山公园”、“打浦桥”、“徐家汇”、“四川北路”等；双站型站域包括“五角场-江湾体育场”、“黄陂南路-新天地”、“商城路-东昌路”等站域；总体而言，单站型站域占绝大多数，双站型站域较少（图 2-18）。

3. 基于站域的城市空间结构定位

进入 21 世纪后，上海新一轮城市发展明确提出要脱离同心圆的圈层发展模式，向多中心组团式布局发展，即形成“城市中心-次中心-新城-中心镇”的多核心发展体系，这是上海向国际化大都市迈进的重要基础。轨交站域在城市空间结构中的定

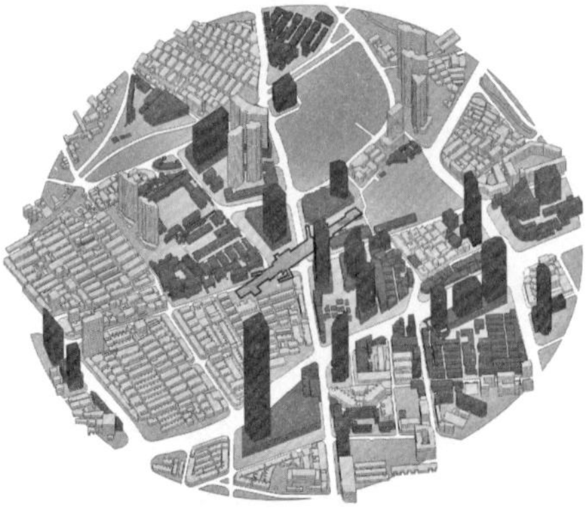

（a）单站型站域——四川北路

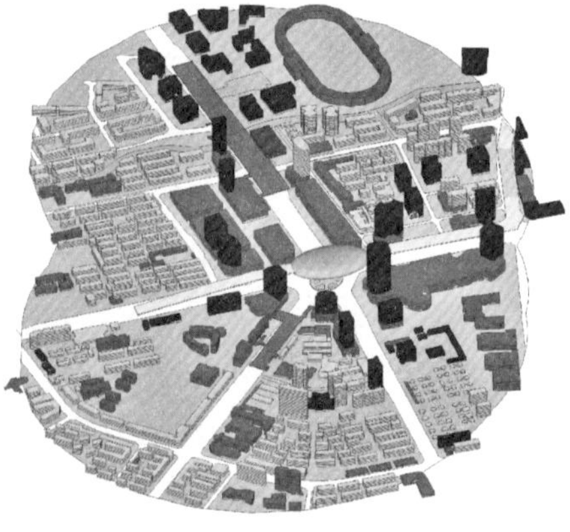

（b）双站型站域——五角场-江湾体育场

图 2-18　上海核心城区的单站型和双站型轨交站域
资料来源：课题组

位对其空间使用具有重要影响，因此这种分类对于研究和指导轨交站域同样具有一定的价值。基于轨交站域在城市中区位不同可分为中心型站域和非中心型站域，其中中心型站域即作为城市各级公共活动中心的站点区域①，又细分为“城市中心型、区域中心型、社区中心型”②；城市中心型站域是指主要配套市级公共服务设施，作为城市级公共活动中心的站域；区域中心型站域是指主要配套区级公共服务设施，作为城市副中心或者行政区域级公共活动中心的站域；社区中心型站域是指主要配套社区级公共服务设施，作为城市社区公共活动中心的站域。

依据这个分类标准并且结合上海的城市空间结构，可以看出上海城市中心型站域包括人民广场、南京东路、静安寺、陆家嘴等；区域中心型站域如长宁区中心的中山公园站域，东北区副中心的五角场-江湾体育场站域等；社区中心型站域是指作为社区中心的站域，如打浦桥站域、临平北路站域等，这类站域数量相对最多（图 2-19）。

① 公共活动中心区指以商业、商务、文化等公共活动功能为主的、公共设施集中布局的区域，包括市级中心、市级副中心、专业中心、地区中心、新城中心、新市镇中心等区域。引自：上海市规划与国土资源管理局 . 上海市控制性详细规划技术准则［Z］，2011：4. 上海中心城公共活动中心指中央商务区和主要公共活动中心，主要公共活动中心指市级中心和市级副中心，市级中心以人民广场为中心，以南京路、淮海中路、西藏中路、四川北路四条商业街和豫园商城、上海站“不夜城”为依托，具有行政、办公、购物、观光、文化娱乐和旅游等多种公共活动功能。副中心共有 4 个，分别是徐家汇、花木、江湾-五角场、真如，以上资料是笔者根据《上海市城市总体规划（1999—2020）》等各相关文件整理而成。
② 上海的公共服务设施分为市级、区级、社区级 3 个等级，详见：上海市规划与国土资源管理局 . 上海市控制性详细规划技术准则［Z］，2011：29-31. 因此，本书结合以上规定将中心型站域分为 3 个等级。

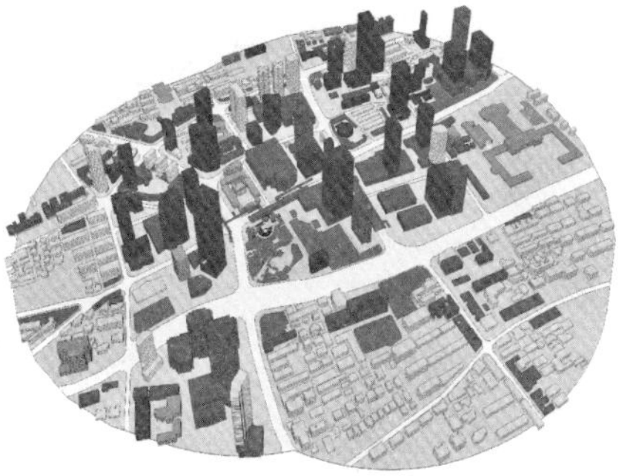

(a) 城市中心型——静安寺

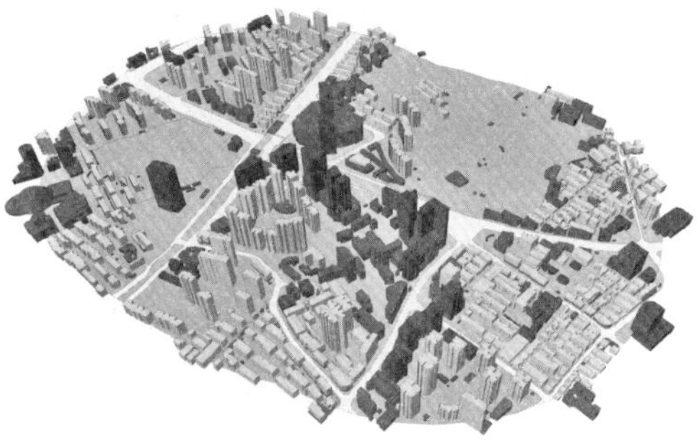

(b) 区域中心型——中山公园

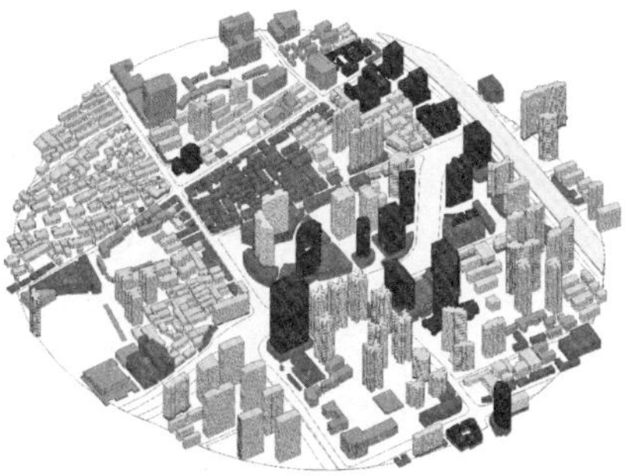

(c) 社区中心型——打浦桥

图 2-19 上海核心城区的各类中心型站域
资料来源：课题组

4. 基于站域的主导功能类型

城市中不同区域可根据其功能构成状况进行分类，如火车站区、商业区、居住区、滨水区、中央商务区等，承担居住、商业、办公、休憩等主导功能，这也是本书的最后一种分类依据，即通过轨交站域的功能构成状况进行分类。以上海为例，陆家嘴即为城市中央商务区（CBD），其主导功能为办公；南京路、淮海路为城市重要的商业街，主导功能为购物、休闲娱乐等商业功能，这些功能构成特征可反映站域使用者的构成特征，对其空间使用分布和绩效具有重要影响。因此按照此方法，如果位于居住社区周围的站域则为居住主导型，位于商业区的站域为商业主导型，位于 CBD 区域的站域为办公主导型，位于火车站、飞机场区域的站域为交通主导型，其他还包括旅游主导型、产业园主导型等，但是功能构成状况千变万化，不一而足，因此还需要进一步对其进行简化。

根据前期对上海各站域空间使用的大量观察，这里结合既有研究文献进一步讨论一种相对科学且简洁方便的分类方法，初步发现除居住和办公空间以外，其余各类空间（如商业）比例上限在 20%左右，因此本书将 20%作为一个参考值进行分类：即定义在站域功能构成中只有一种功能类型大于 20%时为“一元主导型”站域；在功能构成中有两种功能均大于 20%时，称为“二元主导型”站域；在功能构成中当有三种及以上功能类型大于 20%时，称为“混合使用型”站域。根据具体功能组合和站域实际调查状况，“一元主导型”的典型类型包括居住主导、办公主导、交通主导等；“二元主导型”的典型类型包括居住 + 办公主导、居住 + 商业主导、办公 + 商业主导等；“混合使用型”的典型类型包括“居住 + 办公 + 商业”、“居住 + 商业 + 交通”等①。

依据这个分类标准，可以看出上海的一元主导型（居住）站域包括马当路站、曲阳路站等，一元主导型（办公）站域如陆家嘴站等，二元主导型（办公 + 居住）站域如徐家汇站域，混合使用型站域如南京东路、静安寺站域等（图 2-20）。

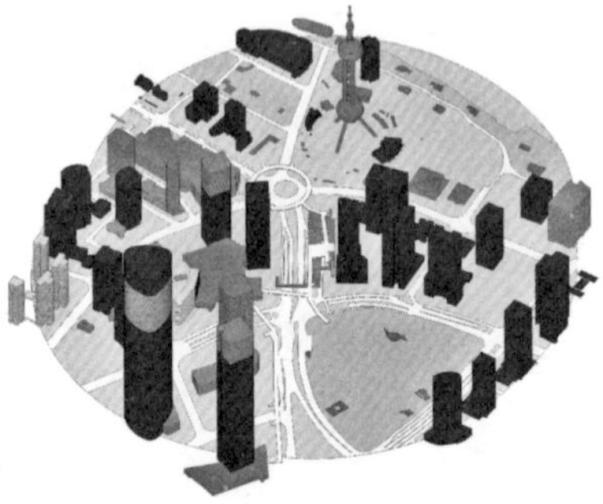

(a) 陆家嘴站域—— 一元主导型（办公）

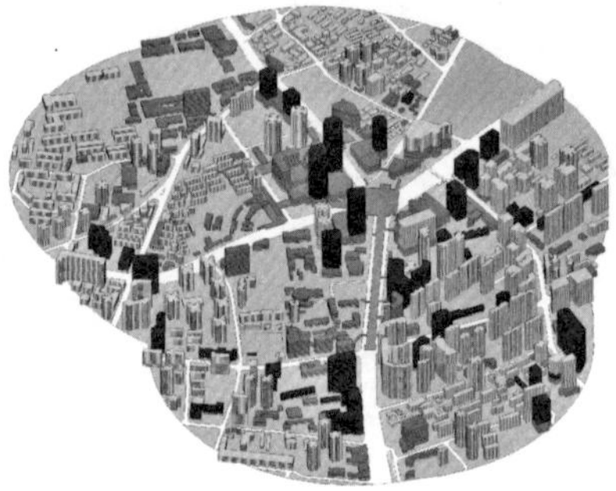

(b) 徐家汇站域——二元主导型（办公+居住）

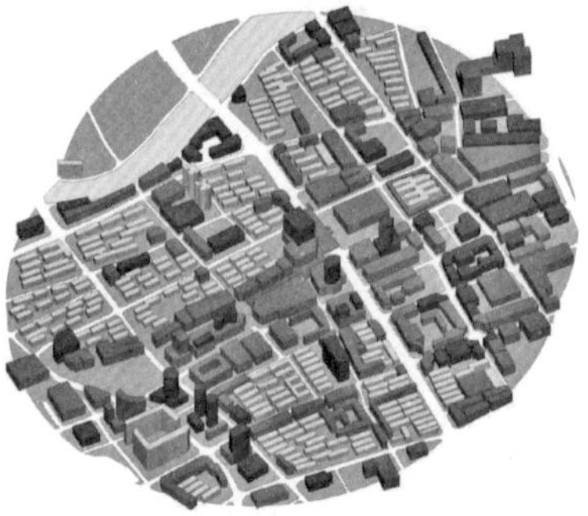

(c) 南京东路站域——混合使用型（商业+办公+居住）

图 2-20　上海核心城区的各类功能主导型站域
资料来源：课题组

2.2.3　调查方法

由于本书以实证分析为主，而实证研究中数据来源和可信度是其根本，这需要有相对系统的调研方法作为支撑，数据来源可分为一手数据和二手数据，二手数据可通过研究文献、官方渠道以及市场渠道等方面获得，这里主要讨论获得一手数据的现场调研方法，以环境行为学的实证调查方法为主。

1. 环境行为学的调查方法

“调查”是指通过有目的地对社会现象的考察分析来研究社会真实情况、本质及其发展规律，一般包括信息收集和分析两部分内容，社会调查包括四个阶段：准备阶段、调查阶段、研究阶段和总结阶段；任何调查都必须使用科学方法收集和获取资料，才能保证研究的客观性和科学性，因此调查方法

① 对第 2 轮调查的 15 个站域进行初步分析显示，一元主导型站域包括马当路、宝山路等 8 个站域，占比约 53%；二元主导型站域包括四川北路、杨高中路等 6 个站域，占比 40%；混合使用型站域包括天潼路 1 个站域，占比约 7%，表明目前上海各站域功能空间的构成状况还比较单一，混合程度不高。

的合理可行是科学研究的基础，是保证研究科学性的重要前提，环境行为学发展了一套相对系统的调查方法，包括文献调查法、实地观察法、访问调查法、集体访谈法、问卷调查法等（图 2-21）。

一手资料调查可分为言说类调查法和观察法两类，言说类调查包括问卷法、访谈法和认知地图法等，而观察法包括直接观察、活动注记法、行人计数法、动线观察法和行为痕迹法等 5 种方法。本书根据研究数据的特点主要选取直接观察法、动线观察法、行人计数法（门线观察法）、活动注记法这 4 种方法。

1）直接观察法

直接观察法是一种直接高效的调研方法，调查者需对对象进行反复踏勘，有目的有计划地观察行为活动与空间要素，观察法的调查内容可以总结为 5 点：什么时间、什么人、什么地方、为什么目的、从事什么活动；从调研方式看直接观察法的调查手法和过程比较灵活，调查者可高效地获取信息，但不可避免这些信息也受到调查者先入为主的影响，调查时弹性和随意性相对较大，对观察者的专业素养有一定要求；其次此类方法的资料整理难度也较大，不易作定量分析，因此在预调查中主要采用它来快速收集一手资料和整体把握调查对象。

2）动线观察法

动线观察法（Trace Tracking）也称行人跟踪法，主要是对个人或群体行为轨迹的观察和追踪，这是一种针对使用者活动行为的有效调查方法；行为轨迹即动线，是在平面图上用线表现人物的运动（日本建筑学会，1998）。动线观察时调查者需要持有一张调研区域的地图，从指定点随机选择被试

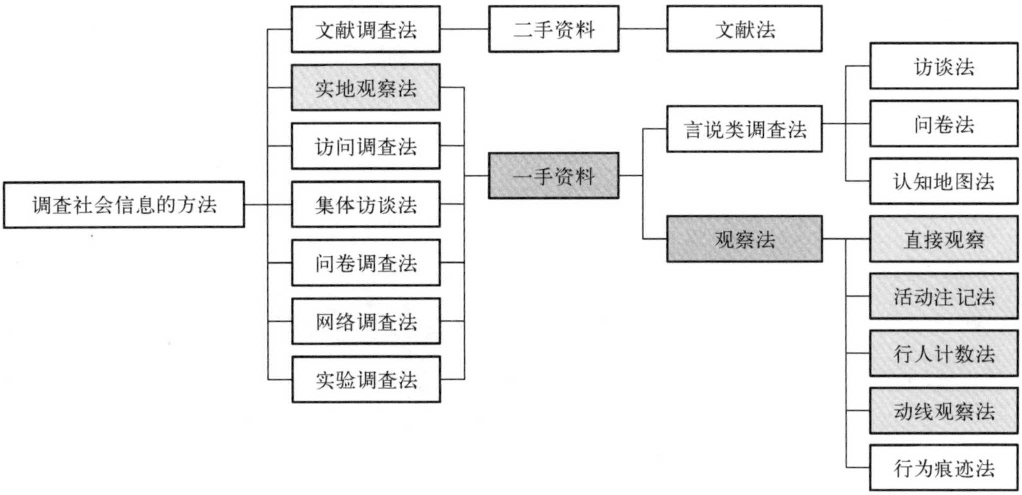

图 2-21　环境行为学的调查方法汇总

资料来源：姚以倩. 轨交站区商业空间使用状况调查与分析——基于上海徐家汇站与五角场站［D］. 上海：同济大学，2013：15.

者跟踪其步行轨迹并以图示方法记录在地图上，同时可以记录被跟踪者的各项属性和活动内容；根据空间范围通常跟踪时间设定为10～20 min，可根据被跟踪对象的行走和停留时间调整跟踪时间。由于此方法相当耗费时间，近年来有研究向调查对象发放GPS设备来记录轨迹、停留时间，国内也有研究运用移动通信基站来获取车辆的运动轨迹，其精度控制在15 m左右，此方法会占用较多的调查资源，在实际调查中可在一定空间范围内采用（图2–22）。

3）门线观察法

门线观察法（Gate Count）也称行人计数法，可以方便直观地表达区域的人流分布情况，调查者先要在调查区域内选定若干观察点，记录通过该断面的人流量（图2–23）；一般要求选择晴朗或多云的天气为观察日，选取一定数量的取样点，观察时间段覆盖全天主要活动时段，可以2 h为单位时段，每个观察点在每个时间段取样3～5 min；该方法除记录人流量外还可以记录车流量等数据。

4）活动注记法

活动注记法（Behavior Mapping）是指调查者在事先准备好的观察表格和地图辅助下，对调研对象区域的活动行为进行拍照、计数、描述等记录（图2–24）；通过对使用者活动的图示记录，可使研究在得到活动者信息的同时而不丢失空间信息，在正式调查中宜采用此方法，以便后期分析时不丢失调查现场人群活动状态的信息，此方法特别适合对小范围城市公共空间的调查，因此在这类研究中选用较多。

2. 针对不同类型数据的调查方法

1）典型功能空间的使用绩效调查（以商业空间为例）

（1）方法选择

以商业空间为例，由于选取进店人流量

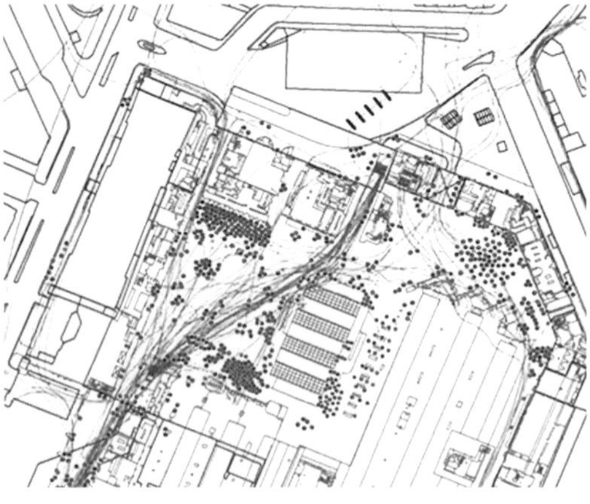

图2–22　动线观察法示意图

资料来源：http: //www.spacesyntax.com

图2–23　门线观察法示意图

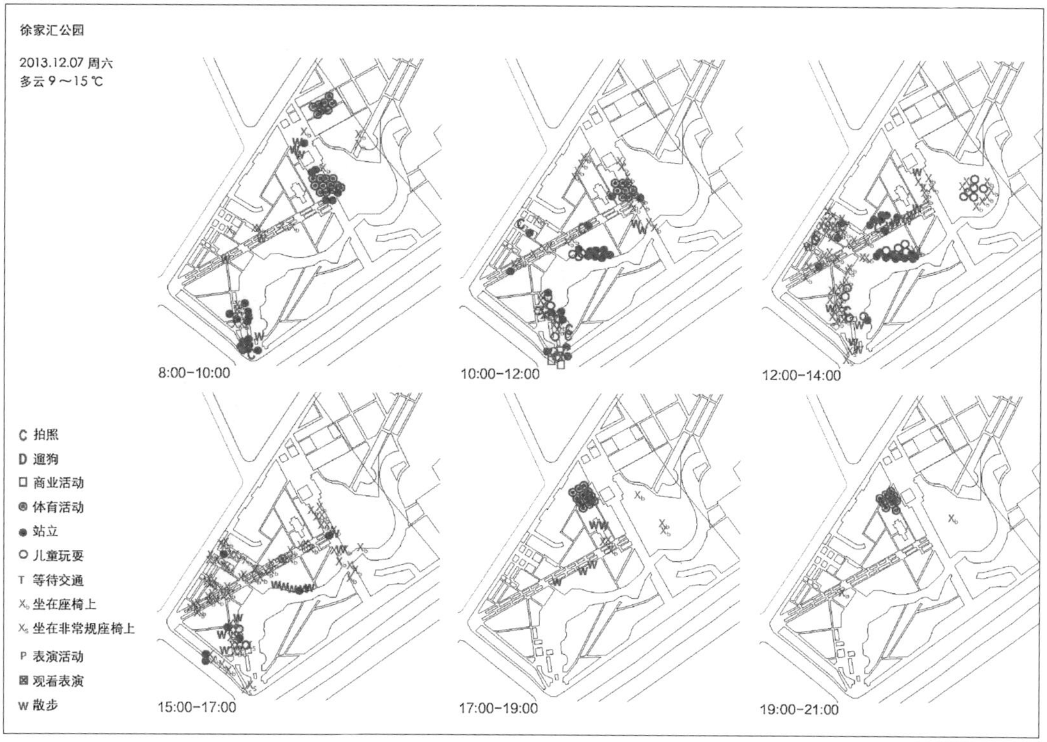

图 2-24　活动注记法示意图
资料来源：课题组

绩效主要评价指标，因此调查主要采用门线观察法，将各商业空间入口的进店人流量作为研究数据；调查工具包括调查总图、调查表格、相机、计数器等，分预调查和正式调查两个阶段。

（2）调查步骤

预调查：需绘制调查记录表，确定步行路径取样点，标出商业空间与相关调查对象的入口位置，绘制商业空间使用绩效调查总图（图 2-25），现场勘察并对各商业入口根据其所在地块、业态类型编号，作为索引表方便正式调查时与调查总图核对，绘制调查记录表格，设定取样时间段，本书的调查覆盖 8：00—21：00，共分为 6 个时段。

正式调查：在相同天气状况下，工作日或休息日组织调查者持商业入口编号表、商业人流量调查总图和调查记录表，在每个调查时段对总图上标出的所有商业和相关业态取样 3 min，记录进店人流量和取样时间段，数据记入调查表；调查完成后将数据输入 Excel 软件，包括取样点入口编号、商业名称、业态类型、入口宽度、商业界面长度，通过每个取样时间段内进店人流量可推算出各取样点每小时进店人流量，人流量可用不同长度的线段表示（图 2-25）。

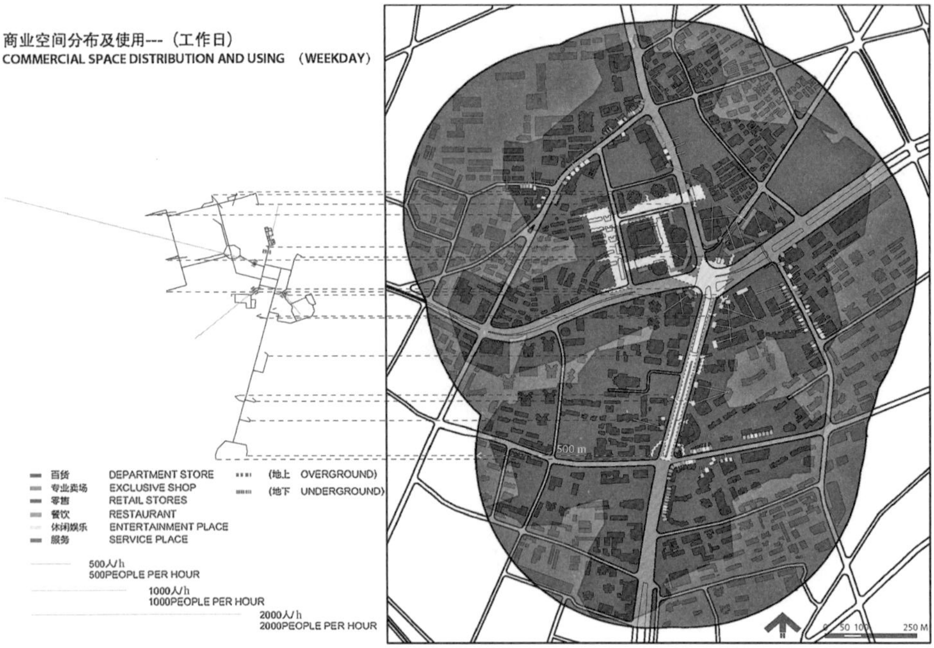

图 2-25 上海徐家汇轨交站域工作日时均人流量调查
资料来源：课题组

2）轨交出行者（出站群体）的行为轨迹调查

（1）方法选择

在保证被追踪者不知情的情况下，对被追踪对象实行 1 对 1 的全程追踪，用线条在行为地图上记录行为轨迹，并填写一份轨迹信息表（表 2-2）；选择天气状况良好的工作日和周末各一天，调研人员平均分配到站点各出入口，每个出入口 2～3 人，每个时段选一个被追踪对象进行调查；在调研对象的选择上，被追踪对象的选择随机，尽可能做到覆盖各种性别和年龄段，初步将人群分为“少年、老人、青年、中年”等 4 种类型，各类型均需要跟踪，绘制行为轨迹示意图（图 2-26）。

（2）追踪步骤

随机选取一名出站者进行追踪，并记录追踪的起始时间，在合适的情况下采集对象照片；在追踪过程中将对象的行进路径、停留点、结束点采用不同符号绘制在行为地图上；追踪结束后填写行为轨迹信息表，则一次追踪过程结束。

（3）追踪规则

如果对象离开轨交站域范围，则追踪自动终止；如果对象累计行进时间超过 10 min，则追踪自动终止；如果对象离开路径进入到某目的地活动时将进行判定：在目的地停留时间超过 5 min 时则判定结果为结束点，本次追踪终止；停留时间不超过 5 min 时则判定结果为停留点，并继续追踪。

表 2-2　轨交站域出站群体的行为轨迹跟踪信息采集表

<table>
<tr><td>基本资料</td><td colspan="2">调研者姓名：</td><td colspan="2">日期：</td><td colspan="2">星期：</td><td colspan="2">时段：</td><td colspan="2">天气：</td><td colspan="2">温度：</td></tr>
<tr><td rowspan="2">追踪对象</td><td colspan="3">对象特征</td><td colspan="5">轨迹特征</td><td colspan="4">结束点特征</td></tr>
<tr><td>性别</td><td>年龄</td><td>图像采集</td><td>起始时间</td><td>行进时间</td><td>起始位置</td><td>停留点</td><td>结束点</td><td>功能类型</td><td>垂直分布</td><td>水平分布</td><td>空间容量</td></tr>
<tr><td>U1</td><td></td><td></td><td></td><td></td><td></td><td></td><td></td><td></td><td></td><td></td><td></td><td></td></tr>
<tr><td>U2</td><td></td><td></td><td></td><td></td><td></td><td></td><td></td><td></td><td></td><td></td><td></td><td></td></tr>
<tr><td>U3</td><td></td><td></td><td></td><td></td><td></td><td></td><td></td><td></td><td></td><td></td><td></td><td></td></tr>
<tr><td>U4</td><td></td><td></td><td></td><td></td><td></td><td></td><td></td><td></td><td></td><td></td><td></td><td></td></tr>
<tr><td>U5</td><td></td><td></td><td></td><td></td><td></td><td></td><td></td><td></td><td></td><td></td><td></td><td></td></tr>
<tr><td>U6</td><td></td><td></td><td></td><td></td><td></td><td></td><td></td><td></td><td></td><td></td><td></td><td></td></tr>
</table>

填写规则：1. 性别：男 / 女；2. 年龄：少年 / 青年 / 中年 / 老人；3. 图像采集：调查者对追踪对象的照片采集；4. 起始位置指轨交站点的各出站口；5. 停留点指使用者活动时间小于 5 min 的功能节点 ;6. 结束点指使用者活动时间不小于 5 min 的功能节点；7. 总时间单位是“min”；8. 功能类型指课题组确定的功能分类，如商业分为百货、专业卖场、零售购物、餐饮、休闲娱乐和购物六种类型；9. 空间容量主要是指功能空间或者公共空间的面积；10. 其余空间信息在图中标示

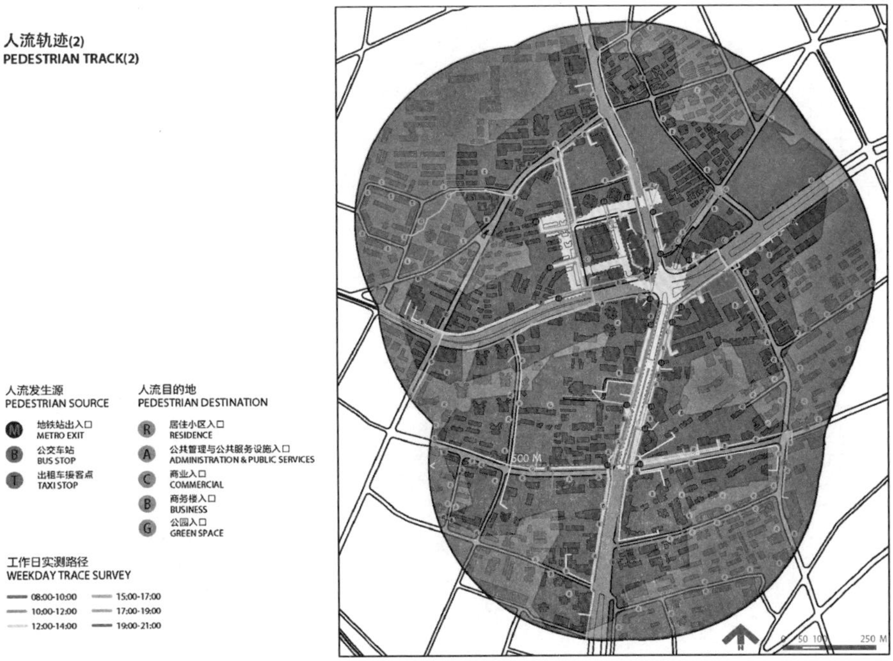

图 2-26　上海徐家汇轨交站域工作日出站群体的行为轨迹跟踪

资料来源：课题组

2.3 样本选择

实证样本主要是上海核心城区的轨交站域，但是为便于站域比较并体现研究广度，对国内外其他城市也选取一些中心区的典型可比样本站域，包括深圳、香港、日本的部分高密度大城市，这里主要对上海 10 个样本站域的选取过程、依据及基本背景进行简要介绍。

2.3.1 选取过程

本次调研可分为 3 个阶段，每个阶段有具体的调研目标和内容（表 2–3），并作为下一阶段的参考和基础，因此各阶段相应的调查站域也存在差异：

（1）第一轮是对上海核心城区的 83 个站域进行摸底调查，主要收集相关数据资料、包括土地使用现状、CAD 资料、预测工作量等，初步分析进一步调查的可行性；

（2）第二轮则选择 15 个不同类型的站域，初步制定研究方案并进行探索性分析，发现站域空间使用存在的主要问题，并依据书中研究内容对 15 个站域进行筛选，同时也进行初步分析来发现调查数据的信度和效度等问题；

（3）第三轮根据筛选重新确定 10 个重点站域，它们均是上海市核心城区的中心型轨交站域，按照不同角度的类型分析看，具有一定的典型性和均衡性，也可较好地代表高密度城市中心区（上海核心城区）的轨交站域，具体调研报告见附录 A。

2.3.2 选取依据

最后选定了 10 个重点样本站域（图 2–27），主要基于以下几方面考虑：

（1）发展成熟和繁荣的区域：这 10 个站域均位于目前上海核心城区发展比较成熟的区域，包括黄浦、静安、长宁和浦东陆家嘴金融区等重点区域，站点建成时间较长，区域更能体现出受轨交站点较大程度影响下的空间使用结构性特征；

（2）多种规模和定位：这 10 个站域也是与使用者日常生活密切相关的重点站域，在城市空间结构中分别属于城市级、区域级

表 2–3 调研的 3 个阶段

阶段划分	第一阶段	第二阶段	第三阶段
调查目标	调研可行性分析	初步发现研究问题	收集重点站域的基础资料
主要内容	收集上海核心城区约 83 个站域的相关数据资料； 人员和工作量预算； 在 83 个站域中初步筛选出现场调研的 15 个站域	制定调研方案通过调查进行修正； 通过初步观察发现站域空间使用问题； 对 15 个站域进行再筛选和补充，确定 10 个重点站域	制定完善的调研方案； 预调查，确定调查样本点及进行相关准备工作； 正式调查，进行现场数据收集工作； 调查后进行数据整理，作为实证分析的基础

或者社区级公共活动中心，多种规模和定位的中心型站域其研究价值相对更高；

（3）多种功能组合：为体现样本的均衡性，案例尽可能涵盖了一元主导型、二元主导型和混合使用型三大类站域，同样可以更加完整地反映出上海核心城区中心型站域的特征，使得实证分析更具有说服力；

（4）轨道交通条件：在轨道交通线路和站点特点上也兼顾均衡性，分布在上海核心城区的 8 条主要线路上，既包括单站型站域也包括双站型站域，7 个单站型站域既包括了一线单站型站域，也包括双线或者三线单站型站域，同时还包括了 3 个双站型站域。

2.3.3 样本简介

这里对 10 个样本从所属行政区域与空间结构定位、功能构成现状、轨道交通线路和站点日均客流现状等三方面进行简要介绍（表 2-4—表 2-6）。

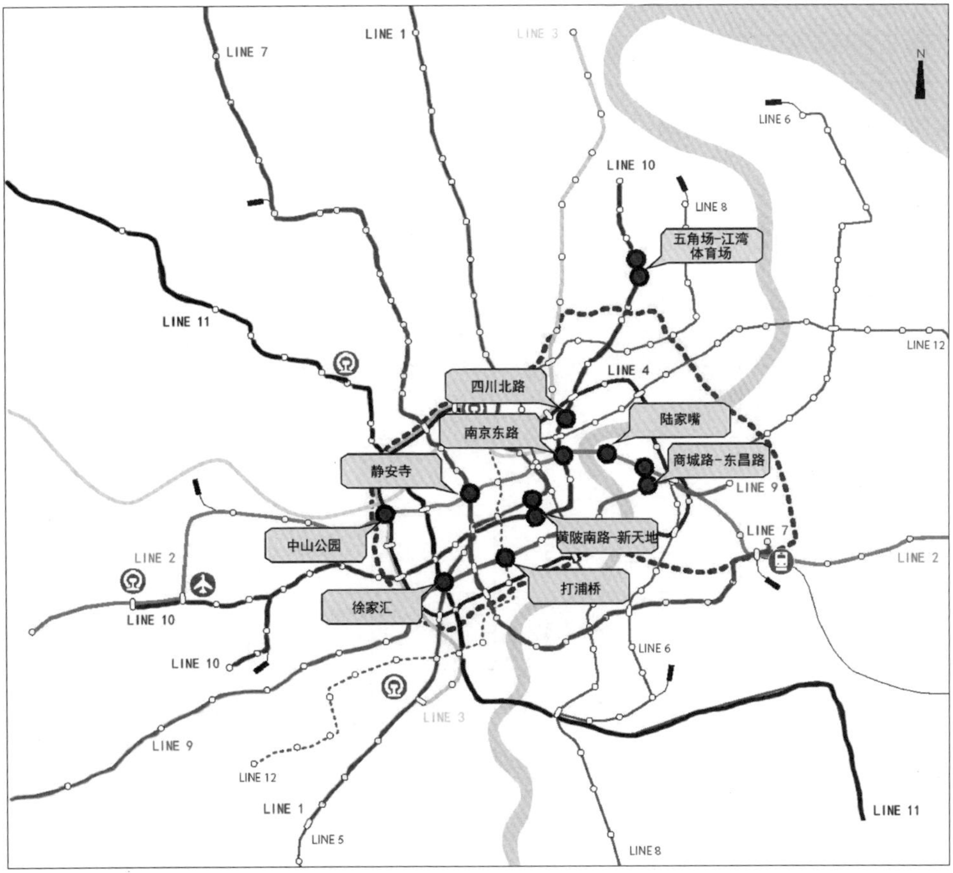

图 2-27　上海核心城区 10 个重点样本站域的区位分布图

表 2-4　样本站域的区位和空间结构定位比较

样本站域及编号	所属行政区域	站域空间结构定位
01 五角场-江湾体育场	杨浦区	上海副中心、杨浦区公共生活中心
02 中山公园	长宁区	长宁区公共生活中心
03 南京东路	黄浦区	上海商业中心、公共生活中心
04 静安寺	静安区	上海商业商务中心、公共生活中心
05 商城路-东昌路	浦东新区	站点周边社区中心
06 黄陂南路-新天地	黄浦区	上海商业商务中心、公共生活中心
07 徐家汇	徐汇区	上海副中心、徐汇区公共生活中心
08 四川北路	虹口区	上海商业中心、虹口公共生活中心
09 陆家嘴	浦东新区	上海商务中心、公共生活中心
10 打浦桥	徐汇区	站点周边社区中心

表 2-5　样本站域的功能构成特征比较

样本站域及编号	商业	办公	居住	酒店	其他	站域主导功能
01 五角场-江湾体育场	23.0%	26.6%	37.9%	2.2%	10.4%	混合使用
02 中山公园	11.0%	20.0%	59.0%	3.0%	7.0%	二元主导（办公 + 居住）
03 南京东路	25.5%	26.5%	23.4%	18.2%	6.4%	混合使用
04 静安寺	22.9%	33.9%	20.0%	9.8%	13.4%	混合使用
05 商城路-东昌路	18.0%	40.0%	34.0%	4.0%	4.0%	二元主导（办公 + 居住）
06 黄陂南路-新天地	13.6%	22.5%	45.4%	2.9%	15.6%	二元主导（办公 + 居住）
07 徐家汇	8.8%	22.3%	58.2%	3.2%	7.5%	二元主导（办公 + 居住）
08 四川北路	15.9%	28.8%	40.3%	2.5%	12.5%	二元主导（办公 + 居住）
09 陆家嘴	11.8%	69.0%	4.0%	14.4%	0.8%	一元主导（办公）
10 打浦桥	13.2%	21.3%	50.4%	2.9%	12.2%	二元主导（办公 + 居住）

表 2-6　样本站域的轨道交通线路与站点日均客流量比较

样本站域及编号		轨道交通线路	工作日均客流量（万人）	周末日均客流量（万人）	平均日均客流量（万人）	站域的日均客流等级
01 五角场-江湾体育场	五角场	10 号线	1.9	2.8	2.2	大型站域
	江湾体育场	10 号线	2.8	3.3	2.9	
02 中山公园		2、3、4 号线	15.3	15.8	15.4	特大型站域
03 南京东路		2、10 号线	13.1	15.3	13.7	特大型站域
04 静安寺		2、7 号线	13.1	9.7	12.1	特大型站域
05 商城路-东昌路	商城路	9 号线	3.2	2.4	3.0	大型站域
	东昌路	2 号线	7.1	4.9	6.5	
06 黄陂南路-新天地	黄陂南路	1 号线	6.8	5.5	6.4	大型站域
	新天地	10 号线	1.5	1.8	1.6	
07 徐家汇		1、9、11 号线	15.3	16.9	15.7	特大型站域
08 四川北路		10 号线	2.3	1.8	2.1	中型站域
09 陆家嘴		2 号线	13.3	12.3	13.0	特大型站域
10 打浦桥		9 号线	4.2	4.4	4.3	中型站域

涉及的各轨交线路（试）运营年份：1 号线—1993，2 号线—2000，3 号线—2000，4 号线—2005，7 号线—2009，9 号线—2007，10 号线—2010，11 号线—2011

2.4　本章小结

本章主要讨论了研究的 3 个基础问题，即文献综述、研究方法及实证样本选择，文献综述包括两大部分，首先从基础研究、规划、建筑和地下空间四方面整体回顾轨交站域空间使用研究的总体现状并讨论可深入的方向，接下来逐一展开针对性评述，包括“使用者和活动行为”、“空间使用分布”、“空间使用绩效”和“空间使用优化”这四大问题，进一步聚焦作为后续研究的重要基础；然后，讨论了本书主要采用的研究方法，具体包括分析方法、分类方法和调研方法三部分，在分析方法中，针对不同研究问题针对性选取合适的分析方法，关于轨交站域的科学分类也是前期研究的重要基础工作，本书在既有研究基础上讨论了 4 种不同角度的分类方式，包括基于站点的日均客流量、影响轨交站域的站点数量、在城市空间结构中的定位、站域的主导功能类型；然后以环境行为学的调查方法为主，针对不同数据选取各自的调查方法，以保证调查数据的信度；最后，本章讨论了轨交站域实证样本站域的选择过程和依据，特别是上海核心城区的 10 个重点站域，并对它们进行了简要介绍；总体而言，这三方面内容构成了全篇的研究基础。

第 3 章　轨道交通站域的使用者和群体行为

城市最基本的特征是人的活动，不同空间作为活动载体都有其特定的使用者，空间在与使用者的互动中逐渐变得符合人的内在需求，正如理查德·马歇尔（Marshall，2004）①所言："城市设计的角色应当是通过组织和承载城市生活的物化环境来塑造城市的意义。"

3.1 使用者：空间使用的决定因素

遵循使用者及行为规律的城市设计实践由来已久，只是传统城市往往更注重与视觉行为相关的空间美学及形式秩序，相对忽视空间的社会、文化和活动等因素，比如拿破仑三世时期 Haussmann 主持的巴黎改造计划，他虽然创造了宽敞和谐的城市景观，却不能阻止贫民窟的出现，而 Costa 的巴西利亚规划虽然分区明确且秩序井然，同样由于缺乏对使用者的关注而饱受批评；当前城市发展越来越重视人的因素，但以轨道交通站域的快速发展来看，由于各方面原因仍然在一定程度上存在对使用者和行为的忽视，以最基本的换乘活动而言，就出现了水平换乘距离过长、垂直换乘高差过大、迷宫式换乘、虚拟换乘等问题②（图 3-1）。

因此，如果在城市发展中见物不见人，只注重空间形式和视觉效果而忽视人群活动特点和空间需求，就可能出现大量只有形式没有内容、不符合日常生活习惯的空间；只有强调空间与城市生活和人群需求的统一，才有可能兼顾空间使用效率和品质，以下从使用者在活动过程中对功能类型、空间分布和空间绩效等三方面影响进行初步分析。

3.1.1 功能类型与使用者

不同使用者由于其群体特征、行为特点不同，对于空间的需求亦不同，古希腊城市中拥有发达的城市广场和公共空间组群，这在一定程度上与古希腊人勤于思考、乐于交流、热衷户外公共活动的习惯密不可分；现代城市中很多中央商务区内与之配套的商业空间均为高档的品牌专卖店、餐饮空间，如位于上海陆家嘴轨交 2 号线周边的国金中心（图 3-2）；而居住社区中由于居民的日常生活需求，商业空间则多以社区购物中心、百货、健身房等为主，如上海轨交 4 号线鲁班路站域的某高档小区（图 3-3）。

① 引自：理查德·马歇尔，沙永杰．美国城市设计案例［M］．北京：中国建筑工业出版社，2004：3.

② 水平换乘中超长的距离加之单调的换乘通道不仅没有体现便捷换乘的要求，更浪费宝贵的通勤时间，如上海火车站、宜山路站、莘庄站等；垂直换乘中相差 3～4 层的高度给中老年人、儿童、残疾人等带来极大的不便，如中山公园站、虹口足球场站，特别是中山公园站 2 号线换乘 3 号线、4 号线甚至没有电梯设施（图 3-1b）；迷宫式换乘主要发生在那些换乘线路过多、规模较大的站点，加之标识设计不够完善，因此常常容易引起迷路现象，如世纪大道站、人民广场站、徐家汇站、东方体育中心站等；虚拟换乘是指那些多线虽交汇于同一车站，但是乘客仍需出站甚至到达地面和其他区域换乘，如上海火车站、陕西南路站等。

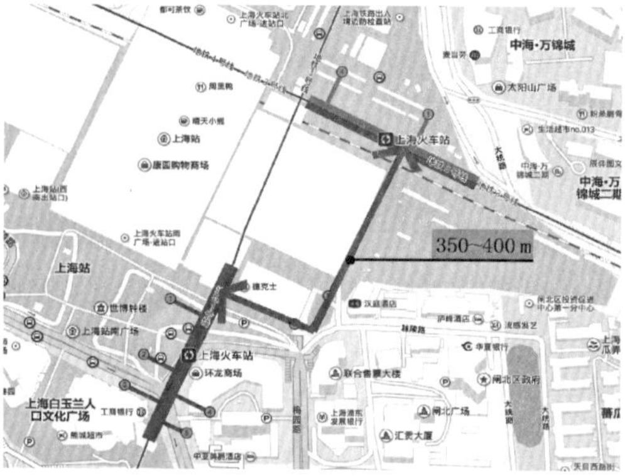

（a）水平换乘距离过长

（b）垂直换乘高差过大

（c）迷宫式换乘

（d）虚拟换乘

图 3-1　上海轨交站域中典型的非人性化换乘问题

图 3-2　陆家嘴中央商务区的商业空间

图 3-3　鲁班路站周边某小区的商业空间

这种影响不仅体现在与使用者日常生活相关的生活空间上，从产业层面看，不同就业者同样具有差异性需求，比如在金融证券周边一般配套会计事务所、律师事务所等与之联系紧密的附属空间，而在创意服务为主的产业聚集区中，多媒体文本制作等配套产业会逐渐形成规模；总体而言，城市中不同区域的功能构成在与使用者互动作用的过程中不断调整和优化，最终达到既体现市场经济规律又满足人们生活工作需求的双赢局面。

3.1.2 空间分布与使用者

使用者对不同类型空间的分布也同样存在影响，一般情况下公共性强的空间多位于使用者能够便捷到达的区域，如零售、餐饮等商业空间在可达性高的区域能够获得更多消费者光顾；在垂直层面上同样如此，越靠近主要人流活动层的商业空间其使用者越多，轨交站域的大量人群主要依赖轨道交通出行，而出站口多位于地下负一层，因此地下层商业价值往往大于地面层，使得商业空间逐渐渗透进这些区域；而办公空间在考虑便捷性的同时对空间私密性需求也相应增加，因此一般高层区的办公容量要大于近地面层（图 3-4、图 3-5）。

3.1.3 空间绩效与使用者

同一空间针对不同使用者可能产生不同使用绩效，比如百货空间如果位于居住社区周围，由于使用者以居住人群为主，业态

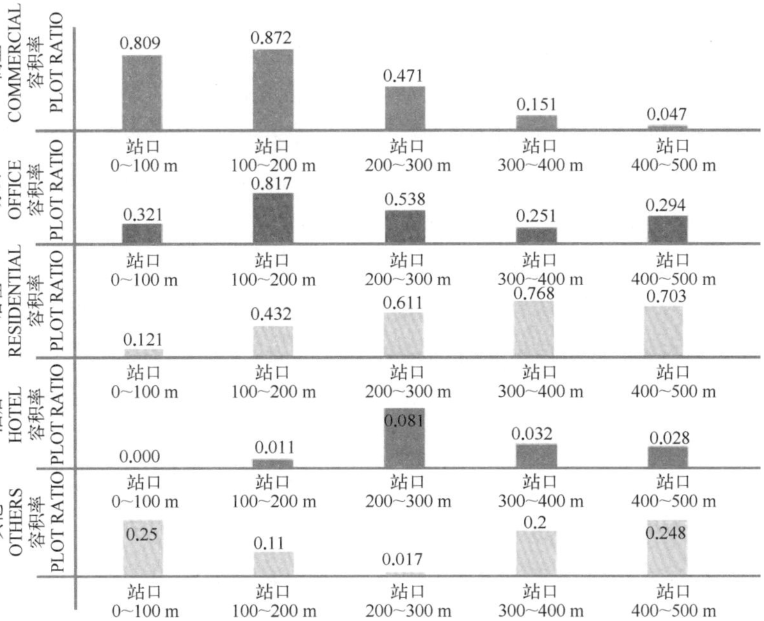

图 3-4　上海五角场–江湾体育场轨交站域水平层面空间分布的差异性

资料来源：课题组

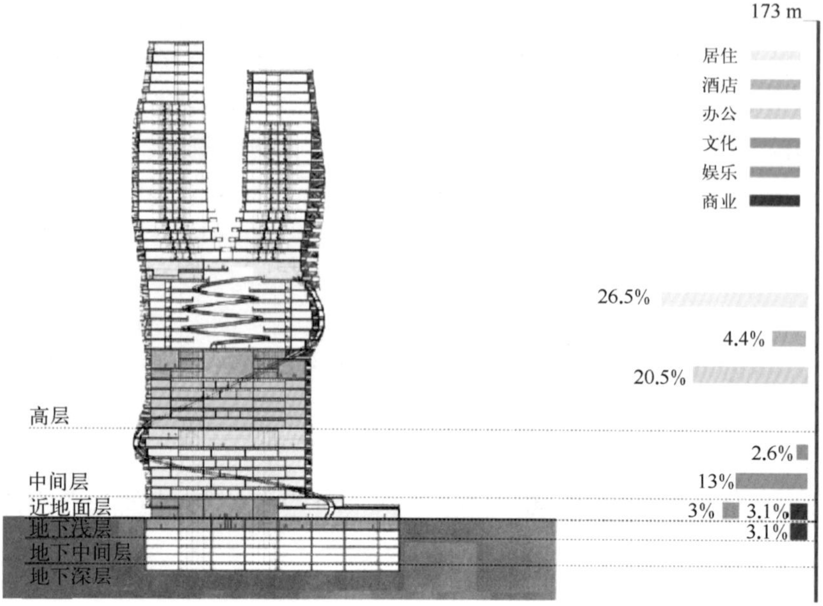

图 3-5　垂直层面空间分布的差异性

资料来源：康晓培 . 基于微区位价值的轨交站域主要功能三维分布特征分析［D］. 上海：同济大学，2014：75. 原始图片来源于：a + t research group. Hybrids［J］. a + t,2008（31）：108.

与居民的日常生活关系紧密，其使用绩效相对较高，而如果处于大学园区附近，以青年学生为主的群体更偏好网络购物，因此百货空间的使用绩效相对降低。办公空间同样如此，同档次的两栋甲级办公楼如果在金融证券业为主的办公聚集区中，其平均租金水平和使用饱和度要高于其他区域（如创意服务业为主的办公聚集区），因为银行总部、证券公司本身行业利润率较高，也希望通过办公环境体现公司实力，因此对档次和品质要求更高；而创意服务业一般强调办公环境的特色化，本身对租金的承载能力也偏低，因此产生迥然不同的空间使用绩效；比如上海静安寺区域的甲级和乙级写字楼由于位于上海市中心，入住的多半是对租金承受能力较高的金融银行或者公司总部，而五角场区域位于上海杨浦区，多依托杨浦的教育文化产业，其办公业态对租金的承载能力亦相对较低，因此静安寺站域写字楼的使用绩效要明显高于五角场站域（图 3-6、图 3-7）。

虽然空间使用还会受到宏观区位、交通可达性等很多因素的影响，但总体而言，最终都可归结到使用者因素上，因此空间研究需要充分理解和重视人的因素，针对不同人群进行具体深入分析，否则就会对使用者活动造成各种制约，导致不良或反常规的行为，最终既损害使用者利益也损害城市整体利益。总之，使用者需求是城市设计研究和实践的基础和依据，而空间是作为服务于各类人群日常工作生活的主要载体，因此从这

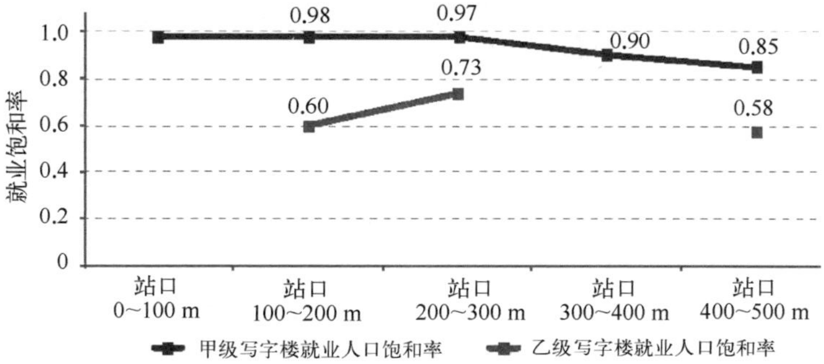

图 3-6　上海静安寺站域写字楼的就业饱和率

资料来源：课题组

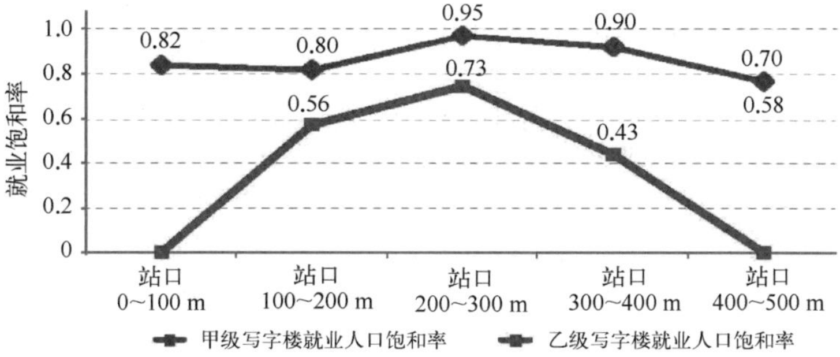

图 3-7　上海五角场–江湾体育场站域写字楼的就业饱和率

资料来源：课题组

个角度而言，使用者无疑是城市空间使用的决定因素之一。

3.2　轨交站域空间使用组群的典型类型

在对轨交站域的使用者及其行为进行研究前，首先需要认识他们活动的各类空间，这些空间的使用人群及其活动构成本章的研究对象。M. Dobbins（2013）① 指出与人们日常活动行为相联系的 6 种典型类型：家、工作地、交易场所、机构、休闲、出行。本书在城市设计的视角下，将轨交站域的空间组群分为功能空间和公共空间两大类（图 3-8），其中主要满足不同城市日常生活和工作需求的空间构成了功能空间组群，如生活居住的住宅空间、日常消费购物的商业空间等，本书侧重讨论轨交站域中与人们工作生活较紧密的商业、办公、居住、酒店这 4 类功能空间。

① 引自：（美）迈克尔·多宾斯基．城市设计与人［M］．奚雪松，译．北京：电子工业出版社，2013：127–137.

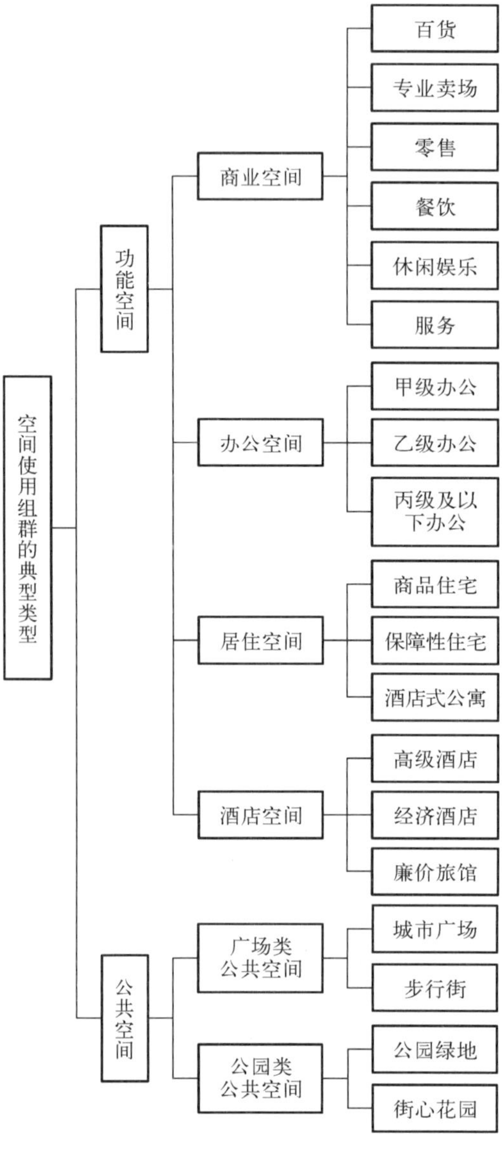

图 3-8　空间使用组群的典型类型

而公共空间是指“那些供城市居民日常生活和社会生活公共使用的室外空间，包括街道、广场、居住区户外场地、公园、体育场地等”[①]；“可供公众自由进入并开展休憩、娱乐、运动、购物等活动的空间，主要包括街道、广场、公共绿地等城市公共空间，也包括地块内向公众开放的空间”[②]；S. Carr 等（1993）[③]指出“公共空间应敏感：其设计和管理要服务于使用者需求，民主：所有人群都可使用，保证其行动自由，有意义：允许人们在场所中与生活及更广阔的世界之间建立深厚的联系”。本书认为无论公共产权还是私人拥有、全时或限时开放，只要使用者可自由进出并无偿使用的空间均视为城市公共空间，并根据研究需要将轨交站域的公共空间分成广场类和公园类公共空间，那些可自由进出并无偿使用的准公共空间尤其值得关注[④]，如在纽约曼哈顿中城区和下城区分布着大量准公共空间（图 3-9）。

3.2.1　功能空间子系统典型类型

1. 商业空间

本书所讨论的商业空间主要指零售商业，一般分为有店铺零售和无店铺零售两

① 引自：李德华 . 城市规划原理［M］. 3 版 . 北京：中国建筑工业出版社，2001：491.
② 引自：上海市规划与国土资源管理局 . 上海市控制性详细规划技术准则［Z］. 2011：4.
③ 详见：Carr S, Francis M, Rivlin L G, et al. Public space［M］. London: Cambridge University Press, 1993.
④ 准公共空间也称为私人拥有的公共空间（Privately Owned Public Space），英语缩略为 POPS.。

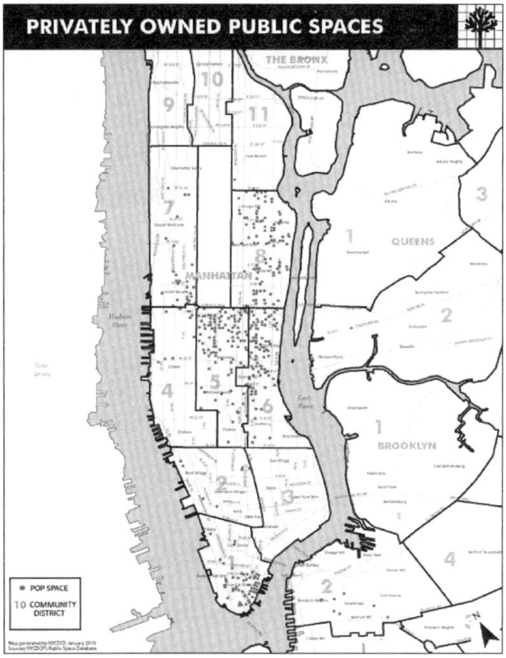

图 3-9　纽约曼哈顿的准公共空间分布图

资料来源：http: //www.nyc.gov/html/dcp/html/pops/pops_inventory.shtml

类，这里主要研究有店铺零售业态[①]；在前期调研中发现零售空间穿插着大量其他行业的经营性空间（如银行、餐饮等），它们与零售业相互影响共同发展，因此也作为商业空间研究的一部分。

已有的零售业态（怎么卖）、业种（卖什么）、租户（谁在卖）等商业概念并不能恰当地反映本书所指的商业空间内涵，庄宇、于健辉（2010）[②]结合国家相关零售分类标准[③]，从城市设计的视角提出“商业类型”概念，这里以此为基础并结合《国民经济行业分类与代码》等国家标准，归纳出 6 种典型类型，即百货、专业卖场、零售购物、餐饮、休闲娱乐以及服务空间（表 3-1）。

表 3-1　商业空间的典型类型

空间类型	详　细　描　述
百货	通常是中、小型百货公司，是综合购物中心的主力店
专业卖场	包括生活综合卖场——超市，也包括家居、家电、运动用品等专业的卖场
零售购物	包括以零售形式贩卖各种商品的专卖店或专业店
餐饮	包括各种中西餐、料理、中西式快餐、咖啡店、茶馆、饮品店、面包店以及大型美食广场等
休闲娱乐	包括电影院、游乐场、KTV、健身房、溜冰场、桌球房、美容美发店、个人护理店、摄影店等
服务	包括文化、教育、医疗、银行等在内的生活配套服务

2. 办公空间

办公空间通常可从功能角度和形态角度进行分类：功能角度是基于不同行业或职业，关注工作性质与空间的关联性，如政府

① 零售商业是指向消费者销售商品为主并提供相关服务的行业，直接面对终端消费者，与批发业相对；业态是企业为了满足不同消费需求，进行相应的要素组合而形成不同的经营形态；业种指在商业布局或销售过程中将功能与用途相同或相似的商品进行分类，使其呈现有序陈列与销售，同时产生分类商品的规模化与扎堆效益。

② 引自：庄宇，于健辉 . 社区商业中心的商业类型布局——基于上海 4 个案例的研究［J］. 建筑学报（2010 学术论文专刊），2010：144.

③ 中国连锁经营协会，中商商业经济研究所 .GB/T 18106—2004. 零售业态分类［S］. 北京：中国标准出版社，2004.

部门、私人公司、大学管理部门；而形态角度则侧重空间的形态特征，如高层写字楼、低密度商务公园等。本书结合既有研究从功能角度将办公空间分为两大类，即商务型和政务型办公，商务型办公空间具有营利性质，如各种商务写字楼、办公园区等，政务型办公如公共管理和社会组织、国际组织、政府办公机构等（张锦秋，2012）①，并侧重于商务型办公空间。

商务办公空间的最大特点在于它通过出租或销售来收回投资和获取利润，是营利性办公实体；按照国家行业分类标准②，与商务办公较密切的行业包括建筑业、交通运输业、批发零售业、金融证券业、房地产业、社会服务业、科技服务业等；而按照商务办公的评级标准一般可分为甲级、乙级、丙级及以下3类（表3–2）。

表3–2　办公空间的典型类型

空间类型	详　细　描　述
甲级办公	具有优越的地理位置和环境，建筑物理状况优良，质量达到或者超过有关建筑条例和规范要求，完善的物业管理服务，收益能力很强
乙级办公	具有良好的地理位置和环境，建筑物理状况较好，质量达到有关建筑条例和规范要求，较为完善的物业管理服务，收益能力较强
丙级及以下办公	使用年限较长，某些方面质量不能达到有关建筑条例和规范要求，具有基本的物业管理服务，收益能力较弱

3. 居住空间

居住空间的分类方法繁多，既包括住宅空间，也包括宿舍、酒店式公寓等非住宅类居住空间；如按照建筑形式可分为低层、多层、中高层、高层住宅等，按房屋政策属性可分为廉租房、经济适用房、合作集资房等，按照市场定位可分为高档住宅和普通住宅等，本书着重讨论商品住宅、保障住宅以及酒店式公寓这3类（表3–3）。

表3–3　居住空间的典型类型

空间类型	详　细　描　述
商品住宅	指房地产开发企业建设并出售、出租给使用者，仅供居住使用的房屋，产权为70年
保障住宅	政府为中低收入住房困难家庭提供的限定标准、限定价格或租金的住房，如廉租住房、经济适用住房和政策性租赁住房等
酒店式公寓	提供酒店式管理服务的公寓，集住宅、酒店、会所多功能于一体，主要具有“自用”和“投资”两大功能，按居住建筑设计处理，一般产权为40年

4. 酒店空间

酒店空间按服务对象可分为商务型、度假型等；按规模可分为大型、中型和小型酒店等；按地理位置可分为城市酒店、风景区

① 引自：张锦秋．城市办公空间［M］．北京：科学出版社，2012：30.
② 国家技术监督局在1984年首次发布，分别于1994年和2002年进行修订，2011年第三次修订形成《国民经济行业分类》（GB/T 4754—2011），共分为18门类，95大类。

酒店等；按照等级共分五等，即五星级、四星级、三星级、二星级、一星级酒店①。这里以此为基础分为高级酒店、经济型酒店和廉价酒店 3 种类型（表 3–4）。

表 3–4　酒店空间的典型类型

空间类型	详　细　描　述
高级酒店	包括豪华酒店，精品酒店，四星级、五星级酒店等
经济酒店	包括中档酒店，二星级、三星级酒店，便捷连锁酒店等
廉价酒店	包括家庭旅馆、青年旅社等

3.2.2　公共空间子系统典型类型

公共空间根据归属权或管理维护的主体不同可分为公共产权和私人拥有两种类型，根据形态差异可以分为以硬质铺地为主的广场类公共空间和以绿化植被为主的公园类公共空间，其中广场类公共空间主要包括城市广场、步行街，公园类公共空间②又分为公园绿地、街心花园等（表 3–5）。

表 3–5　公共空间的典型类型

空　间　类　型		详　细　描　述
广场类公共空间	城市广场	如市民广场、商业广场、下沉广场等
	步行街	一般以步行活动为主的城市线性空间
公园类公共空间	公园绿地	包括各种大型公园、公共绿地
	街心花园	位于道路转角或者街道上的小型休闲场所

1. 广场类公共空间

1）城市广场

城市广场是一种主要为“硬质铺装的、汽车不得进入的户外公共空间，其主要功能是漫步、闲坐、用餐或观察周围世界”（克莱尔·库珀·马库斯，卡罗琳·弗朗西斯，2008）③。它作为城市中最典型的公共空间，无论内涵还是类型都很丰富，“城市广场不仅包括空间形态和城市结构，更与城市生活密切相关，特别在欧洲它既是市场

①《旅游饭店星级的划分与评定》（GB/T 14308—2010）根据硬件设备设施条件对旅游酒店进行了分类，最高为五星级。

② 克莱尔·库珀·马库斯和卡罗琳·弗朗西斯研究了邻里公园、小型公园和袖珍公园，它们与本书所指的公园绿地及街心花园既有联系也有区别，前者主要按照空间尺度进行分类，权属上也并不强调对城市完全开放；而本书所指的公园类公共空间更强调公共性，社区内部的公园或绿地与公共性公园或绿地具有一定差异性，不属于本书研究范围；街心花园他们也称为小型公园或者袖珍公园。详见：（美）克莱尔·库珀·马库斯，卡罗琳·弗朗西斯．人性场所——城市开放空间设计导则［M］．2 版．俞孔坚，孙鹏，王志芳，等译．北京：中国建筑工业出版社，2008：140–163.

③ 引自：（美）克莱尔·库珀·马库斯，卡罗琳·弗朗西斯．人性场所——城市开放空间设计导则［M］．2 版．俞孔坚，孙鹏，王志芳，等译．北京：中国建筑工业出版社，2008：12.

又是政治生活的中心，……它始终集物质性与非物质性要素于一身，融合了这两种看上去相互对立、事实上却不可分离的成分”（蔡永洁，2006）[①]。城市中心区广场可分为街道广场、公司的门厅、城市绿洲、公交集散广场、步行和公交商业中心、大型公共场所（克莱尔·库珀·马库斯，卡罗琳·弗朗西斯，2008）[②]；欧洲传统广场从形态上包括线性和点式两种基本形态（蔡永洁，2002）[③]。本书所指的城市广场既包括公共产权并被公众使用的一般性广场空间，如上海人民广场、静安寺下沉广场、五角场下沉广场等，也包括结合商业或办公空间设置的公众可自由进出的私有产权广场，如上海五角场区域创智天地下沉广场属于私人拥有的准公共空间，目前在轨交站域这类空间所占比重越来越大，在北美私有的内庭共享空间现在几乎成为新建公司办公楼的标准特征（Francis，1998）[④]。

2）步行街

街道是一种“以硬地为主的线性公共空间，街道既承担了交通运输任务，同时又为城市居民提供公共活动的场所”（王建国，2004）[⑤]，在任何时候它既是道路又是场所（克里夫·芒福汀，2004）[⑥]。步行街是专门以步行活动为主的城市街道，通常两侧分布着大量商业或娱乐设施，同时布置休闲座椅等供市民和游客休息，例如南京东路就是上海核心城区最著名的步行街，不仅作为市民购物、休闲、娱乐的场所，更是上海著名的观光景点，吸引着世界各地的游客。步行街与城市其他功能空间的联系相对广场更为紧密，可满足人们购物消费、娱乐体验等多样化的生活需求。

3）轨交站域的广场与步行街

在轨交站域中的城市广场既作为使用者日常活动交流的空间载体，同时由于轨道交通具有瞬时大客流的潮汐现象，因此也可作为特殊情况下瞬时客流集散的重要疏散场地，很多轨交站点均在主要出入口附近设置一定规模的城市广场用于人流集散。轨交站域内使用者出站后多以步行方式为主到达各活动目的地，这为步行街在站域的发展提供了有利条件，目前很多站域在不影响交通疏散的前提下，将人流量大的步行路径设计为各种地下或室内步行街，充分发挥站点带来的人流资源，如上海徐家汇轨交站域的典型广场类公共空间（图 3-10）。

---

① 引自：蔡永洁．城市广场——历史脉络·发展动力·空间品质［M］．南京：东南大学出版社，2006：5.

② 详见：（美）克莱尔·库珀·马库斯，卡罗琳·弗朗西斯．人性场所——城市开放空间设计导则［M］．2 版．俞孔坚，孙鹏，王志芳，等译．北京：中国建筑工业出版社，2008：18-21.

③ 详见：蔡永洁．从两种不同的空间形态——看欧洲传统城市广场的社会学含义［J］．时代建筑，2002（4）：41.

④ 引自：Francis M. Changing values for public spaces［J］. Landscape Architecture, 1998, 78(1): 57.

⑤ 引自：王建国．城市设计［M］．南京：东南大学出版社，2004：5.

⑥ 引自：（英）克里夫·芒福汀．街道与广场［M］．张永刚，陆卫东，译．北京：中国建筑工业出版社，2004：139.

图 3–10　上海徐家汇轨交站域的典型广场类公共空间

2. 公园类公共空间

1）公园绿地

公园绿地是城市中以较大规模绿地为主且能供人们活动使用的休憩场地，上海著名的城市公园包括人民公园、中山公园、徐家汇公园，它们有从半殖民色彩的租界公园转变而来，也有城市开发新建的城市公园，如陆家嘴中心绿地及世纪公园等，目前公共绿地中全时开放的公园比例越来越高，且大部分公园均对市民免费。

2）街心花园

相对于城市公园和大型绿地来说，街心花园是指位于城市转角空间或道路街道交叉口、以绿地为主的小型公共休憩场地，这些空间虽然规模不大，但是开放程度往往比公园绿地更高，多为 24 h 全时开放，对市民而言使用便捷且尺度适宜，周边居民特别是老人、儿童是这类空间的主要使用者。

3）轨交站域的公园绿地与街心花园

公园绿地的存在对于轨交站域同样重要，它为使用者特别是居民和就业者的日常休憩提供了理想场地；但是公园绿地在轨交站域中并非均匀存在，比如有些站点本身就主要为城市公园或者大型绿地的活动人群服务，使得站域内公园绿地所占比重很大，如上海世纪公园站周边就包含了世纪公园、科技馆和花木路 3 个站点，而在另一些站域中，由于历史现状或者土地价值等方面因素的影响，使得公园绿地较为贫乏，如南京东路站等。

在轨交站域中街心花园虽然规模不大但数量众多，相对公园绿地而言人们使用它们的机会更多，但是在对上海核心城区轨交站域街心花园初步调研后发现，很多由于规模限制、空间可达性或开放性不够等因素影响，而成为站域中被遗忘的角落，还有部分空间虽然活动较多但存在品质较差、照明设施缺乏、安全性低等问题，抑制了它们的重要价值（图 3-11）。

3.3 轨道交通出行者的典型类型与特征

出行（Origin-destination，缩写为 OD）是交通研究中的一个重要概念，毛海虓（2005）[①]分析了国内外关于出行的各种定义后，将其界定为“城市居民为完成某一

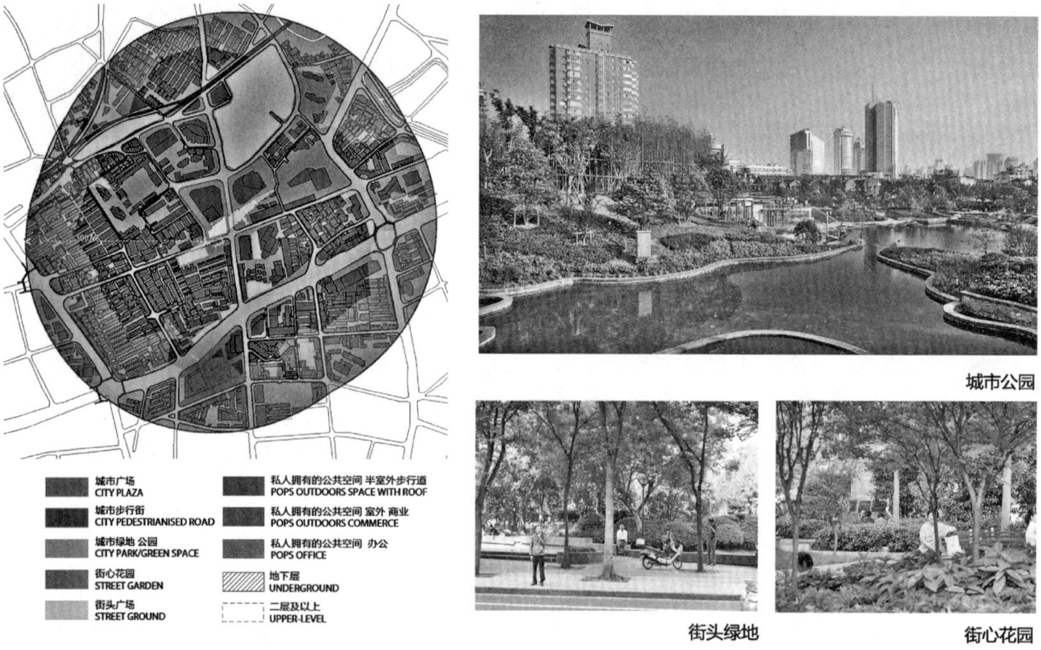

图 3-11　上海四川北路轨交站域的典型公园类公共空间

① 引自：毛海虓．中国城市居民出行特征研究［D］．北京：北京工业大学，2005：14-16. 他的研究将出行特征分为出行频数、出行目的分布、出行时间分布、出行空间分布、出行方式分布这 5 个构成要素，系统地研究了城市规模、城市形态、经济水平、自然环境等方面对出行的影响，归纳了城市居民出行各项特征值随城市规模的演化规律和因果关系；指出城市内部各功能要素在各自规模门槛率支配下的空间分异规律，是造成不同规模城市在居民出行特征方面存在差异的主要原因。

生产或生活目的，从甲地到乙地，采用某种或多种交通方式，在交通设施上距离超过 300 m（即步行时间超过 5 min）的移动过程”。从概念界定可以看出，特定的出行目的（需求）是出行的基础，其间所发生的交通方式转换、其他活动行为均包含在这一过程中，是出行的重要构成要素，而使用轨道交通作为出行方式的群体是站域使用者的重要组成部分，因此，分析轨交出行者是研究站域使用者群体和活动行为的基础。

3.3.1　轨交出行者群体与行为特征

1. 上海及重点站域的轨交出行总体状况

陆锡明、顾啸涛（2011）[①]以上海的历次出行调查尤其是第五次调查数据为基础，归纳了“十二五”末上海市交通出行的 4 点发展趋势；就 2013 年末上海中心城区的整体出行结构而言，公共交通出行占交通出行总量的 35.4%，而这其中轨道交通的分担率约为 39%，因此轨道交通出行仅占中心城区出行总量的约 14%；本书进一步对 2014 年某工作日上海中心城区 185 个站点的日出行样本数据进行了统计，结果表明轨道交通的有效出行时段是从上午 6：00 持续到晚上 11：00，其中客流高峰时段分别为上午 8：00—9：00 和下午 6：00—7：00，而早高峰人流量为各时段平均人流量的约 2.5 倍，晚高峰人流量为各时段平均人流量的约 2.0 倍（图 3-12）。

进一步对 10 个重点样本站域的日出行状况样本数据进行分析，可以看出无论是有效出行时段的分布总趋势，还是峰值区间分

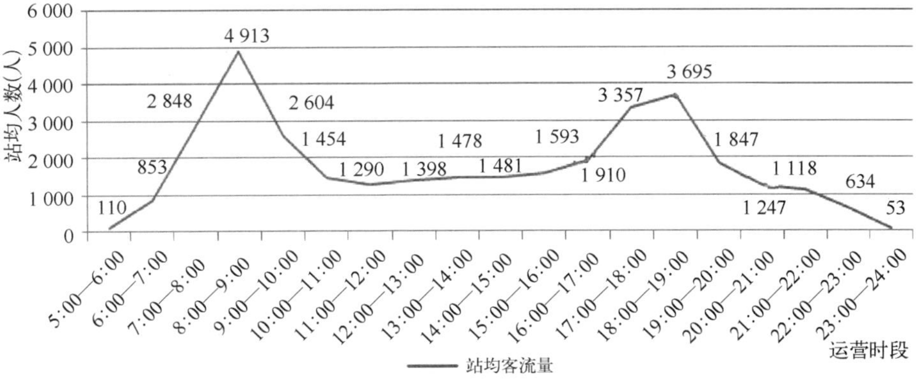

图 3-12　上海中心城区的站均日出行量总体分布状况

① 发展趋势分别为：(a) 居民出行需求会继续随人口规模扩大和经济活动增多而持续增长，个性化需求将日益强烈；(b) 出行分布随城市发展继续向外扩展，出行距离延长，将进一步刺激机动化水平提高；(c) 公共交通出行比例提升缓慢，但承担的周转量将有明显增长，小客车等个体交通方式增长依然较快；(d) 交通潮汐特征将依然明显。引自：陆锡明，顾啸涛．上海市第五次居民出行调查与交通特征研究［J］．城市交通，2011，9(5)：6.

布均与中心城样本类似，但是由于重点站域多为规模较大、功能复合的中心型站域，因此其峰值总量明显大于前者 2.5～3 倍（图 3-13）。

综合以上两个层面的分析来看，目前上海轨交日出行状况仍然面临较大问题，在整体出行结构上，公交特别是轨交出行所占比重不大，其次通勤时段峰值过大以及峰谷落差也很大（最大相差 5 倍左右），特别是以 10 个样本为代表的中心型站域更明显，这些都严重影响到轨道交通和周边空间的正常使用①。

以下将着重以 10 个样本站域为例，通过动线观察法对轨道交通出行者在出站后的活动轨迹进行跟踪，并基于轨迹属性（如结束点功能类型、出行时段、人群年龄等）的分析初步研究轨交出行者和行为特征，然后结合样本量状况②进一步选取以商业空间为结束点的消费出行者轨迹进行深入分析。

2. 轨交出行者的目的地调研

动线追踪共采集 10 个站域工作日轨交出行者的样本轨迹 463 条，周末样本轨迹 454 条，对这些轨迹（包括起始点、结束点、停留点）的功能和空间属性进行分析整理，得到各站域的动线调查结果（图 3-14、图 3-15）。

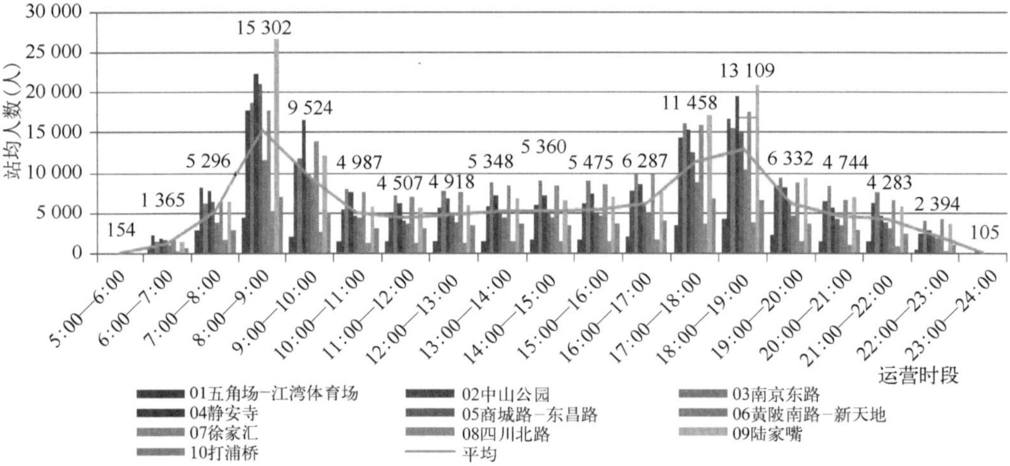

图 3-13 上海核心城区重点样本站域的站均日出行量总体分布状况

① 这些问题也并非仅在站域层面上所能解决，而要在更为宏观层面的上海市域范围内，针对产业布局、土地与空间发展规划去讨论，这里不做延伸。

② 根据第 2 章 2.2.3 节对动线观察法的介绍，由于每个轨迹是以 2 h 为单位时段在各出站口平均采集，从上午 8 : 00 持续到晚上 9 : 00 共计 6 个时段，因此样本量的结果是消费者最多而非就业者。

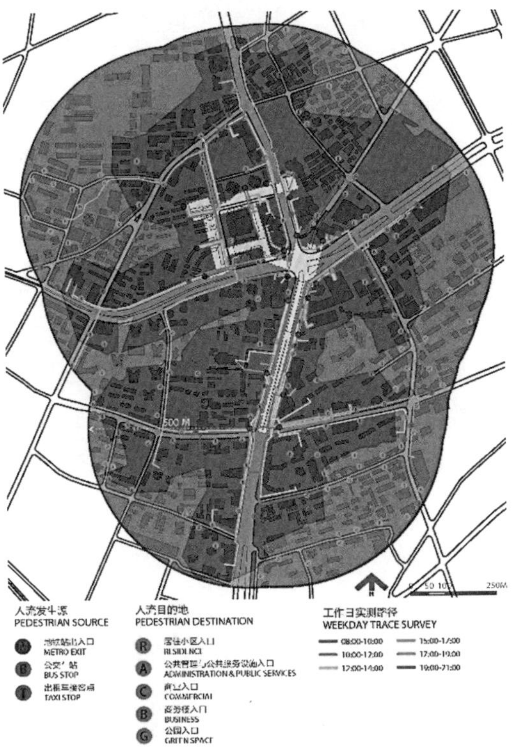

图 3-14　上海徐家汇站域的工作日动线观察
（资料来源：课题组）

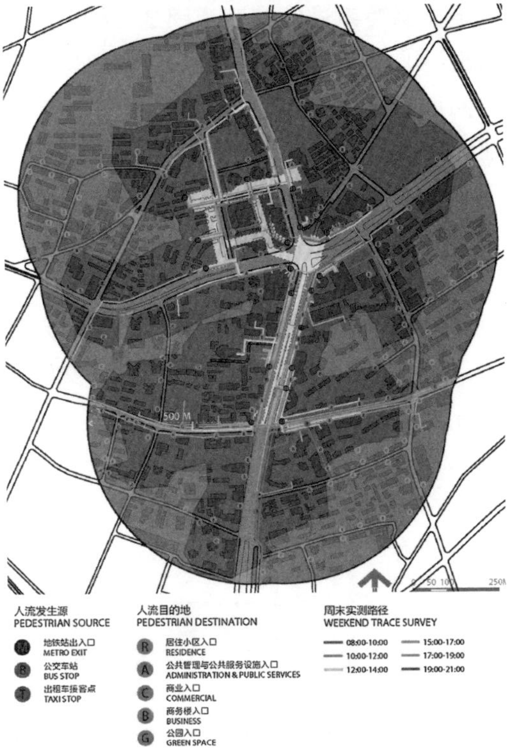

图 3-15　上海徐家汇站域的周末动线观察
（资料来源：课题组）

1）工作日轨交出行者的目的地观察

对每个站域轨交出行者目的地（结束点）的空间属性进行统计①，然后将这 10 个站域轨交出行者的目的地比例进行整理（图 3-16），可以看出：① 样本站域轨交出行目的地均值以商业空间所占比例最大，达到 31.03%，其次是办公和居住空间，分别为 25.14% 和 18.76%，其他功能空间都低于 10%，但超时超域的比例达到约 10.11%；② 但是在工作日期间乘坐轨交出行到达办公或者居住空间的轨迹总和约为 45%，由于这两种人群构成了通勤人群主体，因此工作日以通勤为目的的轨交出行者超过消费出行者而成为最主要的出行群体。

2）周末轨交出行者的目的地观察

同样将周末这 10 个站域轨交出行者目

① 由于工作日在 8：00—9：00 以及 17：00—19：00 两个时段为通勤峰值时段，而动线跟踪调查采用的平均取样法，为避免该方法的系统性误差，因此按照峰值和平常时段的比值数据，即早高峰办公和居住空间轨迹数提高 2.5 倍，晚高峰提高 2.0 倍进行加权修正，使其更符合实际状况。

的地比例关系进行整理（图 3-17），可以看出：① 轨交出行目的地均值依旧是商业空间所占比例最大，约为 39.85%，除商业和居住空间外其他功能空间的比例都低于 10%，同时超时超域超过工作日而达到 16.30%；② 除商城路-东昌路站域外（其居住空间作为目的地比例更高），其他 9 个站域以商业空间作为目的地的比例均为最高，这说明周末以消费为目的地的轨交出行者占主体。

3）工作日、周末轨交出行者的目的地比较

将样本站域轨交出行目的地的总体状况进行整理分析[①]（图 3-18），通过均值图可以看出：① 商业空间所占比例最大，达到 33.44%，其次是办公和居住空间，分别为 21.10% 和 17.01%，其他功能空间的比例都低于 10%，超时超域到达 11.91%；② 如果将工作日和周末的通勤比例汇总后其均值约为 34.72%[②]，比例略高于消费人群，

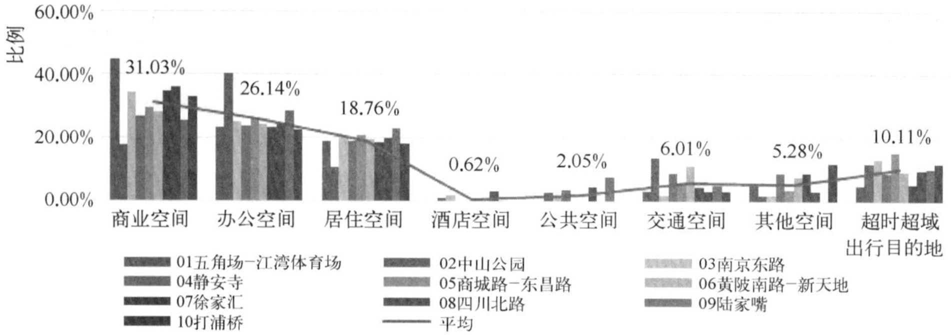

图 3-16　工作日样本站域轨交出行群体目的地观察

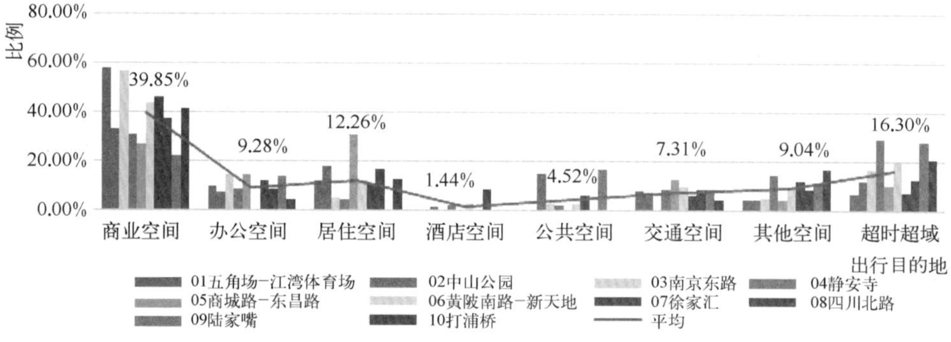

图 3-17　周末样本站域轨交出行群体目的地观察

① 总体状况是将工作日和周末轨交出行者比例按照（工作日 ×5 + 周末 ×2）/7 进行加权平均，以下研究类似数据的处理均按照此方法。

② 均值计算方法为：[工作日通勤（26.14% + 18.76%）×5 + 周末通勤（9.28%）×2] /7 = 34.72%。

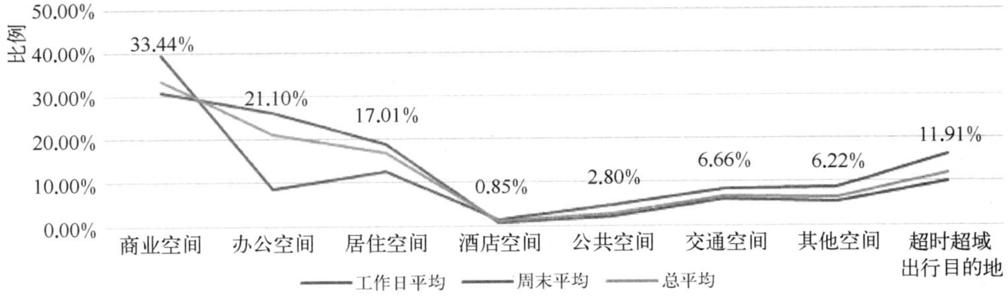

图 3-18　样本站域轨交出行群体的工作日和周末目的地比较

因此总体而言轨交出行者是以通勤和消费人群为主体，其中通勤人群略大于消费人群。

对工作日和周末曲线进行比较还可以看出：① 无论工作日还是周末以商业空间为目的地的轨交出行者比例均为最高，这说明轨交消费者群体较为稳定，受到时段影响较小；② 相比而言办公空间的变化幅度更大，分别为 26.14%和 9.28%，两者相差近 3 倍，其次为居住空间，分别为 18.76%和 12.26%，两者相差近 1.5 倍，其他空间的比例变化相对不大。比较后初步可推断如果一个站点通勤人群占主体，则会导致站点运营过程中客流量起伏较大，峰谷差异明显，引导轨道交通多元的出行人群结构将有利于降低轨交运营的峰谷差，提高轨道交通使用效率。

3. 比较与讨论

1）轨交出行者的群体结构

统计结果显示轨交出行是以消费（到达商业空间比例）和通勤（办公和工作日到达居住空间比例）人群为主体，其中通勤略大于消费人群；这里进一步基于 SPSS 软件通过方差分析对商业、办公、居住和酒店等 8 种空间的出行者比例进行检验[①]，以讨论结果的统计学意义（表 3-6）。可以看出其显著性 *sig* 值为 0.000，*F* 为 66.720，*sig* 值 < 0.01、*F* 值远大于 1，因此结果具有统计学意义，可初步认为样本站域轨交出行群体是以消费者、就业者、当地居民为主体，同时包括换乘者、城市游客、休憩者等构成的多样化出行群体，周末轨交站域出行者的群体结构更加丰富和均衡化。

表 3-6　单因素方差分析 1（ANOVA）
出行者比例

	平方和	*df*	均方	*F*	显著性
组间	0.846	7	0.121	66.720	0.000
组内	0.130	72	0.002		
总数	0.977	79			

2）轨交出行者的行为特征

轨交出行者作为站域内最主要最基本

① 这里将超时超域也作为一种特殊的出行目的。

的一类人群，行为在整体上呈现一定的规律性：① 以一天为周期来看，有效出行时段从上午 6:00 持续到晚上 11:00，其出行量随时间呈现较稳定的分布结构，表现出 8:00—9:00 以及 17:00—19:00 这两个明显的峰值区间，可达到其余时段出行量的 2～2.5 倍。② 消费出行行为相对稳定，受到工作日和周末的影响较小，而通勤出行行为受时段的影响很大，工作日相对周末、通勤时段相对非通勤时段差异明显，最高能够达到 5 倍左右。

3）出行者需求分析

对于轨交出行群体及呈现的行为特征，根本上仍然源于出行者的内在需求，CIAM 早在 20 世纪 30 年代就提出城市的 4 种基本活动：消费、就业、居住和休憩；在高密度城市中心区，消费是人们最重要的生活需求，以商业空间为出行目的地的消费活动是最基本的一种活动，人群涉及面广，因此商业空间不仅对人群的聚集效能最大，而且出行量在不同时段分布也相对稳定；其次，就业和居住活动作为基本活动也同样具有很强的聚集效能，其绝对量甚至大于消费活动，但特定的工作节奏决定通勤出行的强波动性；而其他人群及活动比例相对较小，一般情况下并不是轨交出行的主体人群。总体而言，城市日常生活工作的特点及需求决定了轨交出行者的群体和行为特征，由于轨交出行者是轨交站域的基本类型，未来所占比例还会更大，因此其群体结构和行为特征是站域空间使用分布和绩效研究的重要基础，以下将进一步对轨交出行的消费者群体和行为进行实证分析。

3.3.2 轨交消费出行者群体与行为特征

顾名思义，轨交消费出行者是以消费作为主要目的的轨交出行群体，本实证研究中轨交出行群体中消费出行者占到 33% 左右，略次于通勤者，比重很大，其次消费者涉及商业和公共空间等使用，相对通勤者的瞬时出行而言消费出行在时间分布上更为均衡，对站域空间使用的影响更持续，对站域整体活力等影响亦很大，因此具有重要的研究价值。本书以 10 个样本站域中的消费者动线为基础，为保证每个站域数据的准确性，剔除样本量较少的 4 个站域，选取超过 30 条动线的 6 个站域进一步对轨交消费出行者进行深入分析[①]。

1. 年龄结构调研

1）工作日轨交消费出行者的年龄观察

对工作日轨交消费出行者不同年龄的比例进行统计（图 3-19），可以发现青年群体

① 在 10 个样本站域收集的消费者动线轨迹均值为 37 条，动线样本数从高到低分别是徐家汇（81 条）、五角场–江湾体育场（56 条）、中山公园（41 条）、南京东路（44 条）、黄陂南路–新天地（34 条）、静安寺（30 条），其他低于 30 个样本量的 4 个站域分别为商城路–东昌路（29 条）、打浦桥（21 条）、四川北路（19 条）、陆家嘴（17 条）。

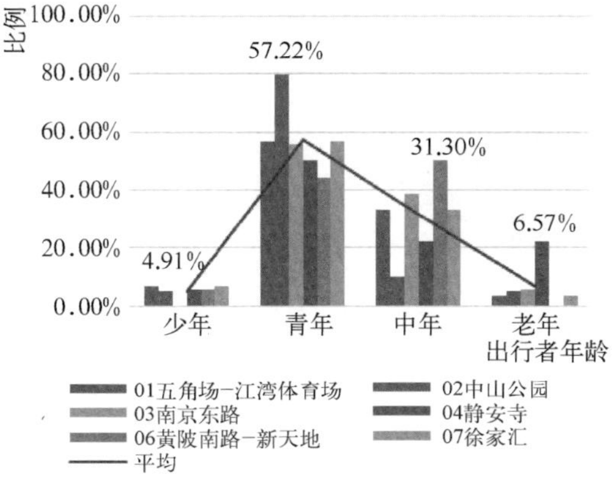

图 3-19　工作日轨交消费出行者的年龄观察

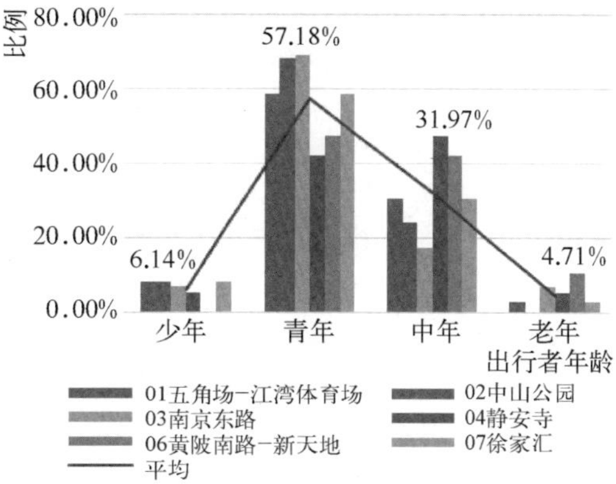

图 3-20　周末轨交消费出行者的年龄观察

所占比例最大，达到 57.22%，其次中年群体达到 31.30%，少年和老年群体比例显著偏低，两者的均值总和为 10%左右。

2）周末轨交消费出行者的年龄观察

对周末轨交消费出行者不同年龄的比例进行统计（图 3-20），发现其年龄分布规律与周末较相似，仍然是青年群体最大，为 57.18%，中年群体达到 31.97%，少年和老年群体比例显著偏低，两者总和同样为 10%左右。

3）工作日、周末的年龄结构比较

将工作日和周末数据加权平均后得到轨交消费出行者年龄的总体状况（图 3-21），可以发现：① 无论是工作日还是周末青年消费者的比例均是最大，其次为中年，老年和少年在消费者中所占比例很小，两者总和约 10%；② 在工作日和周末对每个年龄结构的消费者出行者进行同比后可看出比例基本不变，说明轨交消费出行者的年龄结构较为稳定，不大受工作日和周末影响。

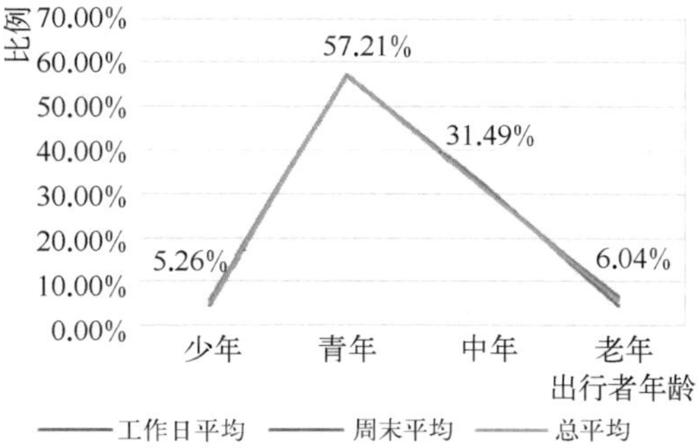

图 3-21　轨交消费出行者的年龄比较

2. 目的地调研

1）工作日轨交消费出行者的目的地观察

对工作日消费出行者的目的地比例进行统计（图 3-22），可以发现零售空间到达比例最大，达到 45.05%，其次是餐饮空间，除休闲娱乐外其他几种功能的到达水平较为均衡，在 10%左右。

2）周末轨交消费出行者的目的地观察

对周末消费出行者的目的地比例进行统计（图 3-23），同样发现零售空间的比例

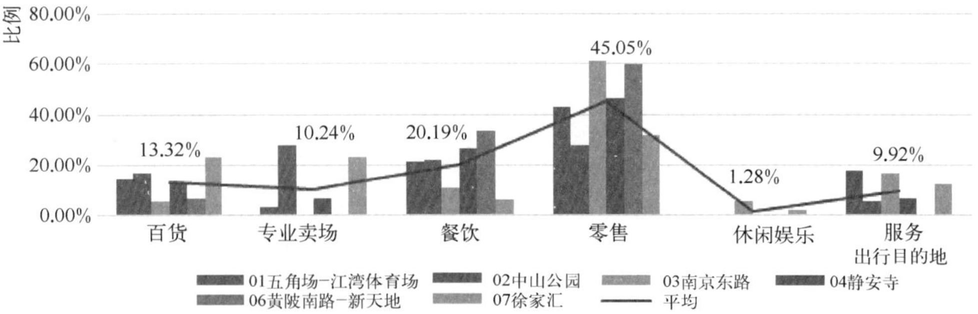

图 3-22　工作日轨交消费出行者的目的地观察

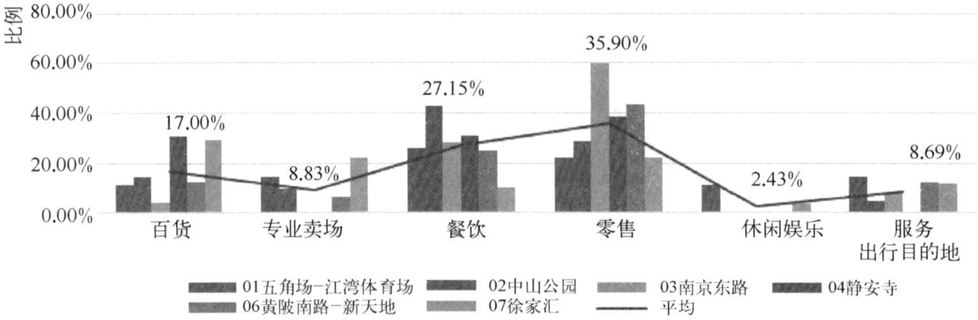

图 3-23　周末轨交消费出行者的目的地观察

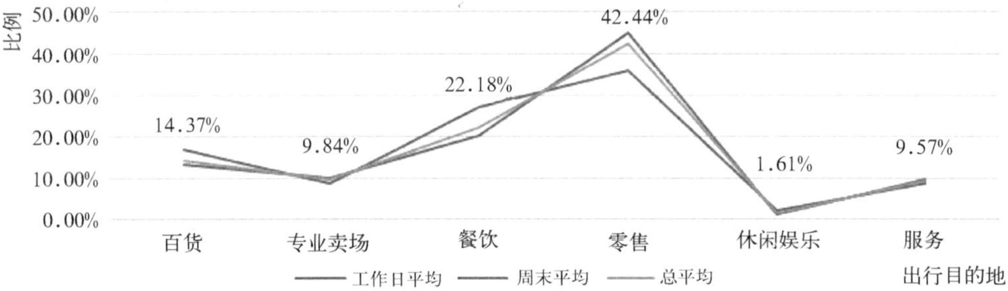

图 3-24　轨交消费出行者的目的地比较

最大，达到 35.90%，其次是餐饮空间，除休闲娱乐外其他几种功能的到达水平较为均衡，这与工作日的统计结果较为相似。

3）工作日、周末的目的地比较

将工作日和周末数据加权平均后得到轨交消费出行者的活动目的地总体状况（图 3-24），可以发现零售空间比例最大，其次是餐饮和百货，休闲娱乐最低，而且三条曲线的变化形态较为接近。进一步对不同类型空间在工作日和周末两个时段进行同比，发现工作日期间消费目的地主要集中在零售空间上，而周末曲线较为平缓，意味着轨交消费出行的目的地更为多样和均衡，相比较餐饮比例提高最为明显，其次是百货，其他几种商业空间的变化幅度不大。

3. 出行时段调研

1）工作日轨交消费出行者的出行时段观察

对工作日轨交消费出行者在不同时段的出行比例进行统计（图 3-25），可以发现处于波谷的时段为 17：00—19：00，其次是 8：00—10：00，而这两个时段属于工作日期间的通勤高峰时段，而其他时段比例总体较为均衡。

2）周末轨交消费出行者的出行时段观察

对周末轨交消费出行者在不同时段的出行比例进行统计（图 3-26），可以发现波谷时段仅为 8：00—10：00，而其他几个时段虽然有所波动，但总体水平显著高于 8：00—10：00，其中最高时段出现在 10：00—12：00，表明周末消费者一般选择在 10：00 以后出行并迅速达到一个峰值，然后呈现小幅波动。

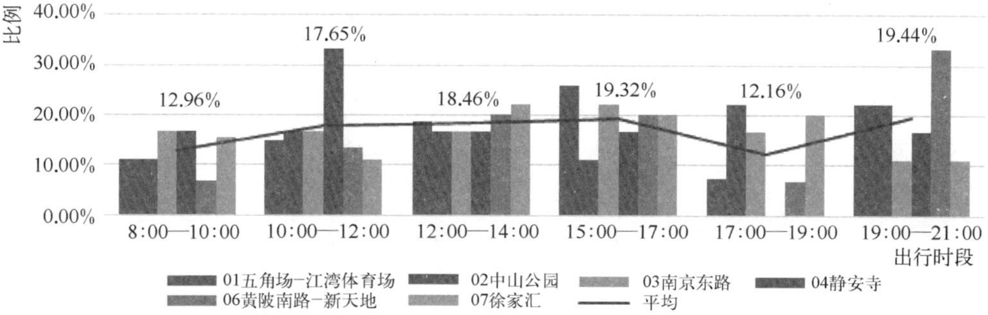

图 3-25　工作日轨交消费出行者的出行时段观察

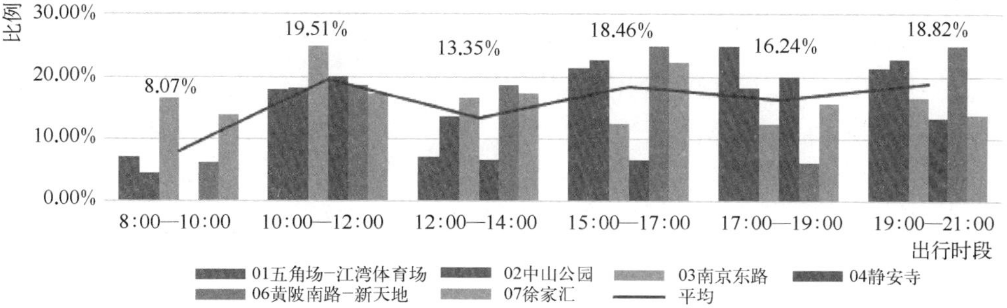

图 3-26　周末轨交消费出行者的出行时段观察

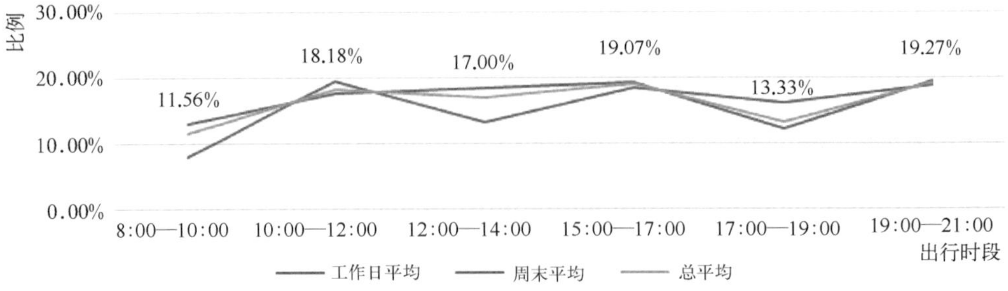

图 3-27　轨交消费出行者的出行时段比较

3）工作日、周末的出行时段比较

将工作日和周末数据加权平均后得到出行时段的总体分布状况并比较（图 3-27），可以发现波谷时段仍为 8:00—10:00，其次为 17:00—19:00，其他几个时段高于这两个时段，虽然统计的峰值出现在 19:00—21:00，但与其他几个时段差别不大，因此总体而言除两个通勤高峰时段消费的比例较小外，其他时段较为均衡。

对不同时段比例进行同比后发现，工作日和周末的消费活动具有不同特点：① 工作日受到通勤高峰（8:00—10:00、17:00—19:00）的影响，其消费活动水平较低，低于其余时段约 5%；② 周末消费出行者一般在 10:00 以后出行并迅速达到一个高峰，后续时段呈现小幅波动；③ 工作日和周末相比，与通勤关系密切的时段（8:00—10:00、17:00—19:00 为上下班时段，12:00—14:00 为就餐和休憩时段），消费活动波动幅度较大，其余时段波动较小。

4. 步行时间调研

1）工作日轨交消费出行者的步行时间观察

对工作日轨交消费出行者的步行时间[①]比例进行统计（图 3-28），可以发现花费 0～3 min 步行时间的出行者比例最大，占到 45.79%，随着步行时间的增加，其消费出行者比例逐渐减少。

2）周末轨交消费出行者的步行时间观察

对周末轨交消费出行者的步行时间比例

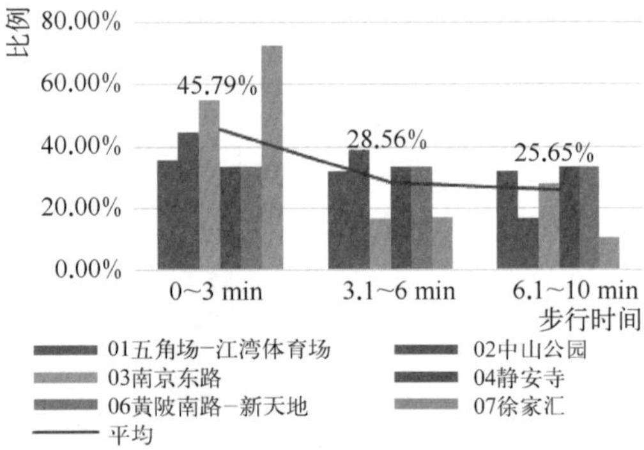

图 3-28　工作日轨交消费出行者步行时间观察

① 步行时间是指轨交消费出行者通过步行从轨交站点闸机口到达活动目的地所花费的时间。

进行统计（图 3-29），可以发现与工作日的统计结果较为相似，仍然以 0～3 min 步行时间所占比例最大，为 42.11%，随着步行时间的增加消费者的比例逐渐减少。

3）工作日、周末的步行时间比较

将工作日和周末的数据加权平均后得到轨交消费出行者步行时间的总体状况（图 3-30），结果表明步行 0～3 min 的比例最大，随着步行时间增加消费者比例逐渐下降。对 3 种不同步行时间进行同比后发现，工作日期间消费者更偏好较短步行时间到达目的地，而周末在 3.1～6 min 的比例增多，说明工作日消费者步行活动更强调效率，而周末消费活动受到时间限制较小，但无论工作日还是周末，轨交消费出行者步行 6.1～10 min 的比例偏低。

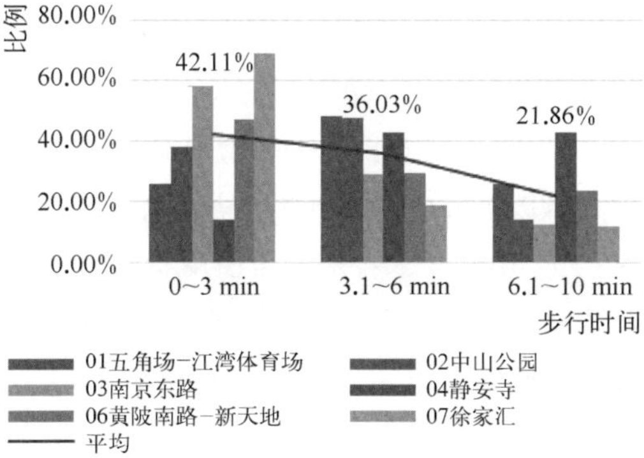

图 3-29　周末轨交消费出行者步行时间观察

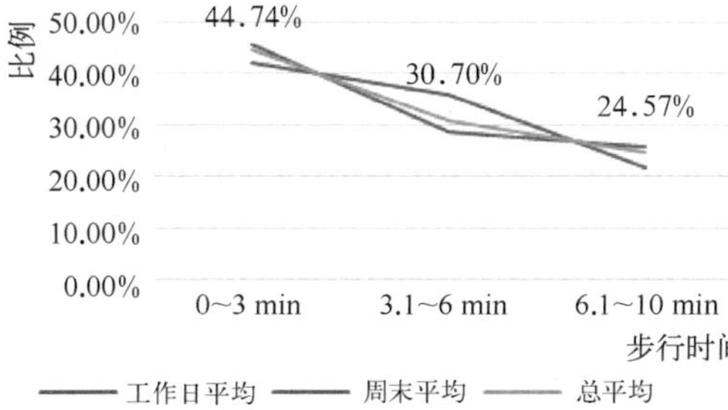

图 3-30　轨交消费出行者的步行时间比较

5. 比较与讨论

1）样本数据的方差分析

以下进一步通过方差分析检验结果的统计学意义。

（1）年龄结构的方差分析结果（表 3-7）显示其显著性 *sig* 值为 0.000，*F* 值为 53.250，*sig* 值 <0.01、*F* 值远大于 1，说明不同样本均值之间的差异性显著。

表 3-7　单因素方差分析 2（ANOVA）
出行者比例

	平方和	*df*	均方	*F*	显著性
组间	1.086	3	0.362	53.250	0.000
组内	0.136	20	0.007		
总数	1.223	23			

（2）活动目的地的方差分析结果（表 3-8）显示其显著性 *sig* 值为 0.000，*F* 值为 16.516，*sig* 值 <0.01、*F* 值大于 1，说明不同样本均值之间的差异性显著。

表 3-8　单因素方差分析 3（ANOVA）
出行者比例

	平方和	*df*	均方	*F*	显著性
组间	0.626	5	0.125	16.516	0.000
组内	0.227	30	0.008		
总数	0.853	35			

（3）出行时段的方差分析结果（表 3-9）显示其显著性 *sig* 值为 0.077，*F* 值为

2.231，说明其不同样本均值之间的差异性不显著。

表 3-9　单因素方差分析 4（ANOVA）
出行者比例

	平方和	*df*	均方	*F*	显著性
组间	0.031	5	0.006	2.232	0.077
组内	0.083	30	0.003		
总数	0.114	35			

但进一步观察发现时段差异性主要体现在 8：00—10：00 及 17：00—19：00 上，因此将这两个时段归为一类再进行检验（表 3-10），可以看出其显著性 *sig* 值为 0.002，*F* 值为 11.100，*sig* 值 <0.01、*F* 值大于 1，不同样本均值之间的差异性较为显著。

表 3-10　单因素方差分析 5（ANOVA）
出行者比例

	平方和	*df*	均方	*F*	显著性
组间	0.028	1	0.028	11.100	0.002
组内	0.086	34	0.003		
总数	0.114	35			

（4）步行时间的方差分析结果（表 3-11）显示其显著性 *sig* 值为 0.034，*sig* 值 <0.05、*F* 值为 4.277，*F* 值大于 1，说明不同样本均值的差异性较为显著。

表 3-11　单因素方差分析 6（ANOVA）
出行者比例

	平方和	*df*	均方	*F*	显著性
组间	0.128	2	0.064	4.277	0.034
组内	0.225	15	0.015		
总数	0.353	17			

2）轨交消费出行者的人群结构

可以看出轨交消费出行者的年龄结构是青年最多，其次为中年，两者比例达到 90% 左右；而从出行目的地观察看，零售为主的消费者最多，其次是餐饮和百货消费者，但总体看周末出行目的地更为丰富和均衡。

3）轨交消费出行者的行为特征

就出行时段的分布看，工作日消费活动在两个通勤高峰时段较低，其余时段比例变化幅度不大，周末的消费活动特点是在 10：00—12：00 区段逐步达到峰值，然后围绕这个峰值小幅波动；而从步行时间来看，出行者总体更偏好在距离站点较近的商业空间中活动，且工作日消费过程中的步行更注重效率，而周末消费活动范围更大，受到步行时间因素影响较小。

4）轨交消费出行者的需求分析

从以上分析也初步看出轨交消费者的需求：① 功能需求：那些与使用者日常生活联系紧密的商业空间可以获得更多的使用机会，因此轨交消费出行者使用零售、餐饮、百货空间的概率更大；② 空间需求：从消费者的步行时间调研中可看出使用者同样关注步行所花费时间，商业空间在站域的空间分布也影响其使用绩效，一般越靠近站点主要出入口的商业空间其使用概率越高。

3.3.3　小结

以上以轨交（消费）出行者为对象，通过对上海中心城区以及核心城区 10 个重点样本站域的观察，对轨交（消费）出行者的人群结构和行为特点及需求等进行了初步分析，当然，在动线采集过程中由于研究者主观局限性等因素限制，一定程度影响到实证数据的信度，后续还需要对这些问题及初步结论进行反复验证，但总体而言，以上结论能在一定范围内描述轨交出行者的主要群体特征。

轨交出行者虽然构成了轨交站域空间使用群体的主体，但两者之间并不能够等同，特别是在当前公交和轨交出行比重并不高的情况下，尤其需要注意加以区分，因此下一步将对轨交站域典型空间的使用者进行详细研究。

3.4 轨交站域空间使用者的典型类型与特征

高密度大城市中心区作为城市公共生活和就业活动的中心，一般轨交站域人群结构相对其他城市区域更为复杂和多样化，邱玲（2007）①以广州为例分析后表明：使用者以本地住家、年轻、文化程度较高、收入中上的公司职员为主，主要的出行目的是通勤和购物娱乐，……约有 1/3 的周边居民在地铁开通后使用地铁作为通勤方式，超过 76% 的居民使用其作为购物出行方式，地铁成为居民购物出行的首选方式。笔者在前期问卷调查后，已经初步发现轨交站域存在 3 类主要使用者群体②；这里进一步结合 10 个样本站域，研究轨交站域商业、办公、居住和酒店这 4 类典型空间的使用者，分别为消费者、就业者、当地居民以及蓄留游客③，并主要从人群特征、活动行为链以及空间需求等三方面展开详细分析。

3.4.1 轨交站域使用者的类型和特征

1. 活动行为链

本书以活动行为链为核心对 4 种使用者进行详细分析，行为链分析是使用者行为研究的重要内容之一，是对使用者在一定周期内主要活动过程的抽象化描述。由于每个人都要根据自己的意愿安排活动，把各活动之间基于出行连接起来就形成了活动行为

① 引自：邱玲．轨道交通对居民出行的影响研究——以广州市为例［D］．广州：中山大学，2007：125-126.

② 问卷调查的结果表明轨交站域主要包括 3 种使用者：（a）当地居民：比如马当路、中兴路等 3 个站点居民数量能够占 160 位受访者的 40%～50%，该类型站域占总数的约 20%；（b）就业者：比如金沙江路、东宝兴路等 8 个站点就业者占 160 位受访者的 40%～50%，该类型站域占总数的约 54%；（c）消费者：比如花木路、天潼路 2 个站点消费者占 160 位受访者的 40% 以上，占到站域总数的约 13%；（d）混合人群：即 160 位受访者中 3 类人群和其他数量大致相当，并没有一类人群占绝对主导，比如江浦路、宝山路等 2 个站点，该类型站域占总数的约 13%。

③ 这里使用就业者而非通勤者，主要因为通勤者从交通角度而言，其涵盖的人群范围更广，如包含了部分换乘者以及当地居民人群，相对就业者来讲其交叉部分更多，因此就业者概念更为准确。

链（图 3-31），行为链分析有利于在时空维度上较为整体地把握研究对象的行为特点及其附属行为，并作为空间使用分布和绩效研究的重要基础；例如朱玮、王德、齐藤参郎（2005）[①]在对消费行为研究后指出，商业设施的配置和布局将影响消费者在此场所的行为方式，而符合消费者行为的商业空间结构能够更好地吸引消费者停留驻足；韩晶（2012）[②]则总结了 7 种典型的消费活动系列。

行为链理论的核心观点认为活动决定出行，基于活动链出行理论的基本思想可以总结为以下 4 点[③]：① 出行的需求源于社会经济活动的需要；② 人的行为受时空的限制，要在不同时间和地点进行不同活动，并且去各个活动地点都要花费时间；③ 家庭影响个人的活动和出行决策，许多决策都作为家庭决策的一部分，受家庭中其他成员的限制，所以家庭类型和生活方式都影响个人的选择；④ 活动和出行决策是动态的，一次决策受过去和预期事件的影响。该理论主要包括基于出行、基于往返行程和日活动计划 3 种计量经济学模型系统，以及包括分类和选择（STARCHILD）、搜寻满意计划（AMOS）、有序地建立计划（SMASH）的 3 种混合仿真模型，以下将以往返行程活动链为基础，从城市设计的视角对 4 类使用者进行分析。

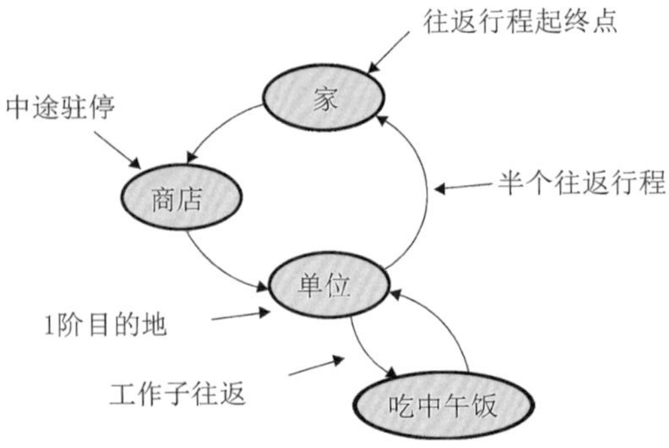

图 3-31　活动行为链示意图

资料来源：隽志才，李志瑶，宗芳．基于活动链的出行需求预测方法综述［J］．公路交通科技，2005，22（6）：110.

2. 消费者

1）*人群类型*

消费者是指轨交站域中各类商业空间的使用者，由于其他几种人群本身也会成为消费者，因此，这里侧重指以消费为直接出行目的且不在该轨交站域居住的目的型消费者，他们以轨交站域的目的型消费空间（如大型百货、购物中心、专业卖场等）作为主要使用空间。高密度城市中心区轨交站域的目的型商业空间一般多为城市级或者区域级的商业配套设施，其服务范围更

① 引自：朱玮，王德，齐藤参郎．南京东路消费者的入口消费行为分析［J］．规划研究，2005，29（5）：14.

② 作者提出的消费活动系列类似于消费行为活动链，7 种活动链分别为：购物休闲消费活动、文化（艺术）休闲消费活动、体育娱乐消费活动、博览度假消费活动、滨水休闲消费活动、通勤日常生活消费活动、地方民俗消费活动。详见：韩晶．基于城市设计视角的城市消费空间研究［D］．上海：同济大学，2012：139-148.

③ 引自：隽志才，李志瑶，宗芳．基于活动链的出行需求预测方法综述［J］．公路交通科技，2005，22（6）：109.

大、档次定位也多为中高档次（如太平洋百货、梅陇镇广场、钱柜等），不是普通社区型商业空间所能相比，基于以上两方面背景，轨交站域目的型消费者的年龄特征以青年和中年为主，在消费层次上也偏中高档次。

2）*活动行为链*

由于轨交站域便利的公共（轨交）出行条件以及中心区停车数量的不足，目的型消费群体选择轨道交通和其他公共交通出行的比重较大，当然不同类型消费群体也存在一定差异性，消费档次越高的消费者选择机动车出行的可能性更大，而中档次消费者则以轨交和公交出行为主。

消费者以公交与轨交出行为主，因此其行为特点比较符合上节分析的轨交消费出行者行为特征，在工作日期间对商业空间的使用多会避开通勤高峰时段，其余时段差别不大，而周末一般 10：00—12：00 时段消费群体出行显著增加，而后基本围绕这个峰值小幅波动；当然无论是工作日还是周末，目的型消费者在出行过程中会附带较多其他类型的顺路型消费活动，如就餐、逛小型零售店等（图 3-32）。

3）*空间需求*

（1）商业空间

功能需求上，消费者出行的直接目的是以层级较高的商业空间（如大型高档商业中心、专业卖场）为主，在出行过程中他们更希望多配套与消费活动联系紧密的餐饮、休闲、零售等，以增加消费出行的效率和多样化体验；就空间分布需求而言，消费者一方面希望商业空间靠近轨交、公交车站等交通换乘点或者出行路径周围，同时也希望那些顺路型商业消费空间与目的型商业空间适当混合，以减少不必要的步行路程，垂直层面而言消费者更偏好在近地面层或者主要人流到达层活动，这对于顺路型消费活动尤其明显。

（2）公共空间

消费者对公共空间的使用主要是增加城市公共生活体验和休憩，在消费过程中常使用一些人气足或活动丰富的场所，一般包括商业步行街、广场、中庭等；他们在使用过程中多考虑就近性原则，特别是与商业空间结合紧密的准公共空间相对较孤立的公共空间更易获得消费者青睐。

图 3-33 简要归纳了消费者的典型空间需求。

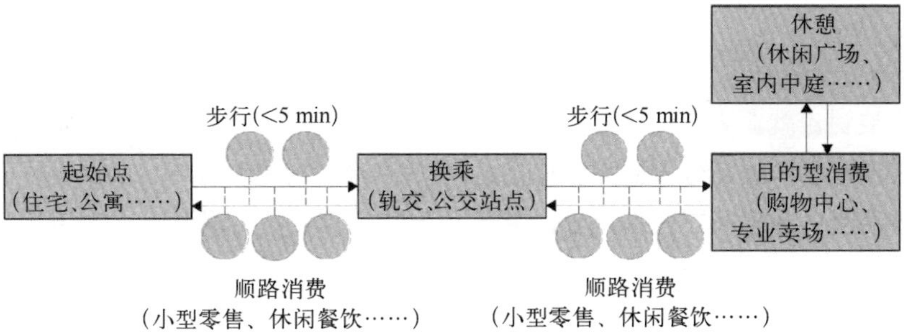

图 3-32　消费者的活动行为链

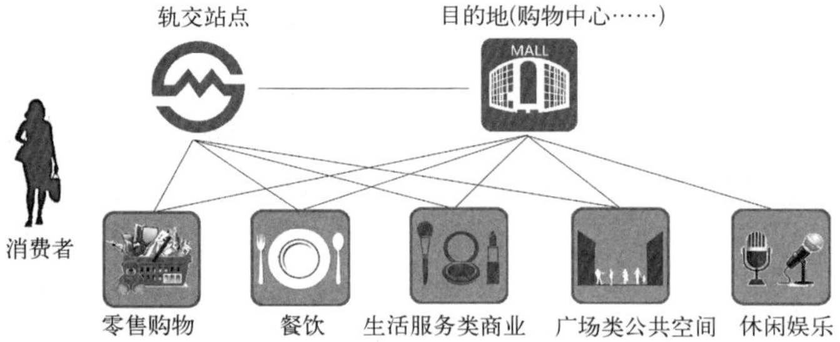

图 3-33　消费者的典型空间需求

3. 就业者

1）*人群类型*

高密度大城市中心区轨交站域作为主要就业区聚集着大量就业者，为尽可能避免与其他使用者研究交叉，这里所指的就业者是指通过不同交通方式从其他区域到达轨交站域并以办公和商业空间作为工作目的地的使用群体，根据 3.2 节对空间使用组群的范围限定，办公空间的就业者是商务型办公人群[①]，其他空间的就业者本书暂不做讨论；这两类空间的就业者作为城市的主要就业人群，其年龄上以青年和中年群体为主；而从消费层次上看，在市场机制作用下能够入住城市中心区的商务型办公行业一般平均利润率相对较高，因此就业者的消费层次基本位于中高档次。

2）*活动行为链*

这里主要讨论就业者在工作日的活动行为链，而在周末期间这部分人群大多转化为其他类型使用者，就出行方式选择看，由于轨交站域便捷的出行条件以及中心区停车数量的相对不足，就业者选择轨道交通和其他公交方式出行的比重仍然相对较大。

就业者在工作日上班高峰时段（8 : 00—9 : 00）主要通过公共交通（如轨交、公共汽车等）到达办公地点，在此期间一般会发生顺路型消费活动，如短暂光顾早餐店、停留书报亭等；而中午（12 : 00—13 : 00）主要是餐饮、交流等休憩活动，偏好使用办公区周围且方便步行可达的商业空间或公共空间；下班高峰过程中（17 : 00—19 : 00）同样会伴随一些顺路消费活动（如逛超市、菜场等），下班后除回到居住地外，也以餐饮、休闲娱乐、服务类（如个人护理、外语培训等）消费活动为主（图 3-34）。

在就业者的活动行为链中还存在产业行为链，主要针对就业者在工作过程中的大量活动而言，因此对于办公空间周围的附属空间其邻近性和分布研究同样重要；在主导产业的生产或交易过程中，需要有不同的上下游产业与之匹配，保证产业类行为链顺利发生，

① 政务型办公空间中的使用者在本书中暂不做讨论。

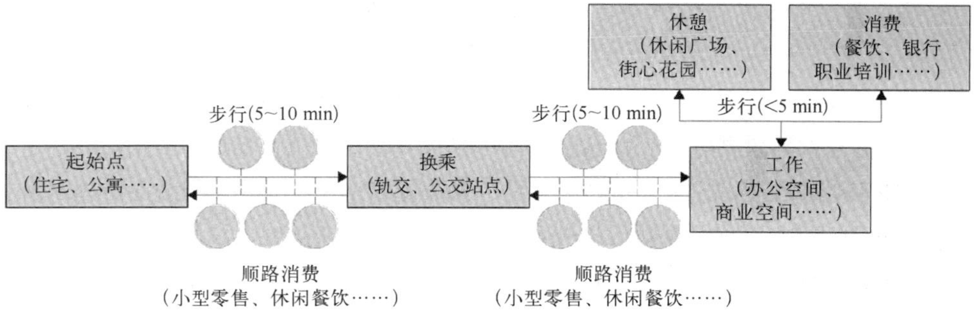

图 3-34　就业者的活动行为链

以支撑产业活动高效率开展，并降低换乘频率和避免不必要的长距离通勤（图 3-35）。

（1）金融证券业主导的行为链：主导功能空间包括各类银行、证券和基金信托公司等，一般与之相关的主要上游产业如各类集团总部、投资公司，下游产业如律师事务所、会计事务所等。

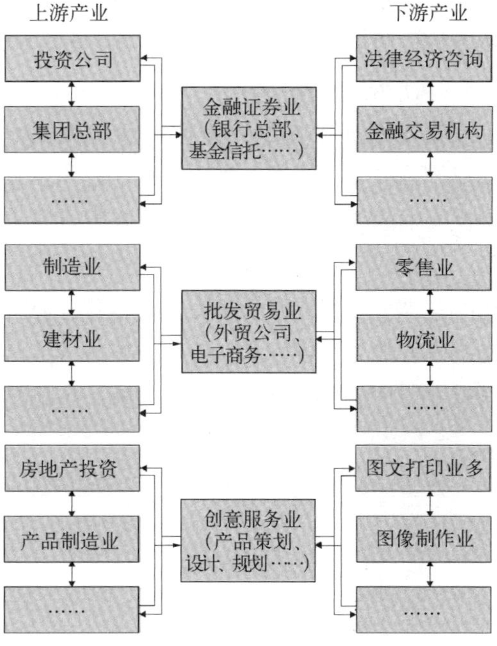

图 3-35　典型产业活动行为链

（2）批发贸易业主导的行为链：主导功能空间包括各类商业贸易机构和公司等，与之相关的主要上游产业如生产加工、建材业，下游产业如零售业、物流业等。

（3）创意服务业主导的行为链：主导功能空间包括以创意为主的各类服务咨询结构，如创意产业园和设计公司等，与之相关的上游产业包括房地产投资公司、产品制造业，而下游产业如图文印刷制作、数字图像制作公司等。

3）空间需求

（1）商业空间

总体而言在轨交站域的就业者以中青年为主体，在消费层次上偏向中高档次，更注重性价比以及出行的便捷度。在商业功能需求上对餐饮特别是商务休闲餐饮、零售购物、服务（如外语培训）等空间的需求较多，空间分布一般希望靠近办公点或者主要出行路径上，尽量在步行方便可达的范围内；另外，就业者出行过程的重要特征是伴随顺路型消费活动（如休闲餐饮、零售购物、菜场等），因此一般希望这些空间能够布置于出行路径（连接站点与办公、居住空间的路径）或者交通节点（轨交或公交站点）周围。

（2）办公空间

办公空间需求则需要结合不同产业分类讨论，这里仅以金融证券业、批发贸易业、创意服务业为例进行分析。金融证券行业一般希望周边配置与日常工作相关度较高的会计事务所、律师事务所、跨国总部等空间；批发贸易行业由于本身与商业具有紧密关系，因此更希望周边配置一些商业加工或者展示空间[①]，而对创意服务业而言，更偏好周围布置与产业密切相关的图文制作工作、多媒体制作公司、文化艺术策划公司等，总体而言，无论哪种行业都希望配置有利于形成完整产业行为链的配套空间，以提升工作效率。就空间分布需求而言，城市中心区就业者多以轨交和公交出行为主，因此偏好出行方便，特别是靠近轨交站点的办公空间，而对于部分管理层人员来讲以自驾车或者出租车等机动交通出行为主，对办公空间的车行可达性要求也很高，因此办公空间分布需要根据行业特点同时考虑公交（轨交）及机动车出行的便捷性；其次办公相对商业空间而言，对于环境品质等也有一定要求，因此在垂直层面一般偏好于较高楼层，特别是高档办公多希望位于交通方便且视野宽阔、环境优质的高层区域。

（3）居住空间

虽然根据本书对就业者的界定，居住空间并不位于其就业的轨交站域内，但就未来发展趋势而言，更希望就业者同时成为站域的当地居民群体，以从功能结构层面去减少通勤造成的交通压力，也更有利于轨交站域本身的全时活力营造，因此仍对居住空间需求进行分析；其中青年就业群体一般消费能力有限，对居住面积需求不大但希望离办公较近，还有部分青年由于职业发展并未成型，购房欲望并不强烈而偏好租赁，一般多会选择酒店式公寓或者小户型住宅；而中年群体由于家庭居住改善性需求及消费能力的提高，则以中等面积的商品住宅甚至高档住宅为主，部分企业高管的消费需求较为特殊但不是主体人群。由于居住空间不位于其就业的轨交站域内，就业者需要通过公交（轨交）或者其他交通方式穿梭在两地之间，因此一般希望居住空间能够与办公空间有便捷的交通联系，特别是通过较少的轨交换乘能快速往返两地。

（4）公共空间

就业者在工作期间更偏好使用靠近就业点周围的公共空间，由于多以休憩和小范围交流活动为主，因此一般对规模要求并不高，多偏好空间品质较高的小型城市绿地、街心花园等，就业者也较为青睐结合办公空间的一些准公共空间，在空间分布需求上对与就业点之间的出行距离较为敏感，步行花费 3～5 min 的时间较受欢迎。

图 3-36 简要归纳了就业者的典型空间需求。

① 这里商业空间主要是作为商务办公产业行为链的一部分，而非针对日常的消费行为链而言。

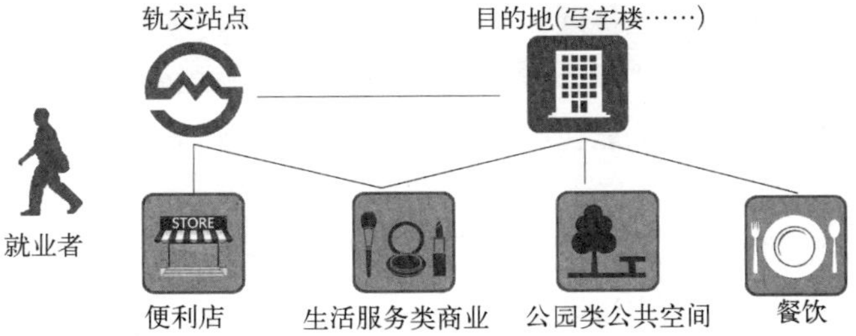

图 3-36 就业者的典型空间需求

4. 当地居民

1）人群类型

当地居民是指居住在该轨交站域的人群，不同轨交站域的居民特征受所处城市区位及住宅现状条件影响差异性较大，在对上海核心城区初步调研后发现，根据核心城区的房价水平显示一般新建小区居民的平均收入和消费水平更高，是以中青年为主的核心和主干家庭；而在那些老旧小区或里弄中部分居民的收入和消费水平偏低，中老年偏多且生活条件较差。

2）活动行为链

当地居民的出行方式仍以轨交和其他公交为主，部分消费层次较高的群体结合自驾车出行；工作日期间中青年居民以上班为主，他们对站域商业或公共空间的使用主要集中在工作日晚间和周末，而老人和小孩多在非通勤高峰时段活动，以商业、公共服务、公共空间的使用为主；周末当地居民以日常生活消费与休憩活动居多，其活动范围当然并不局限在站域内；而对于站域的中老年居民，大部分已经退休，因此其外出就业的比重一般较小，总体而言活动多发生在轨交站域内，以日常消费和休憩活动为主，多在非通勤高峰时段活动（图 3-37）。

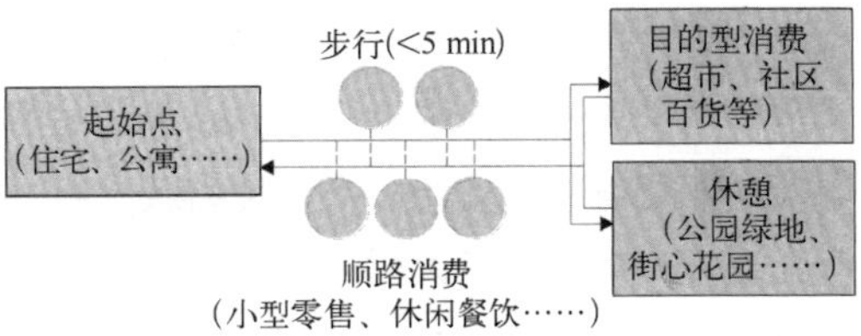

图 3-37 当地居民的活动行为链

3）空间需求

（1）商业空间

当地居民对站域内商业空间的需求多希望是与日常生活相关度较高的社区型商业类型，如零售购物、休闲娱乐、服务等，在空间分布需求上，对社区型商业空间的就近使用是他们考虑的重要因素，一般希望位于居住空间周围或者主要出行路径和换乘点上。

（2）办公空间

与就业者类似，虽然根据研究界定当地居民所就业的办公空间并不位于站域内，但是未来发展趋势是希望当地居民中在本站域内就业的比重更多，因此有必要单独进行分析。当地居民一方面希望办公空间位于换乘点（如轨交站点）周围，通过轨道交通或者步行（非机动车）能够方便达到；另一方面希望办公空间与居住空间尽可能接近，从根本上避免长距离通勤的可能性，减少出行时间和换乘次数，当然目前这也只能在小部分人群中实现。

（3）公共服务空间

公共服务空间是轨交站域内当地居民日常生活重要的配套空间，功能需求上主要包括社区活动中心、中小学校、医院等这些在日常生活中需求量较大的空间；而对这些空间的分布需求看，总体而言中小学校、社区活动中心倾向于能够就近使用，而医院和派出所这类配套空间由于使用人群的特殊性以及使用频率相对较低，居民并不希望距离住宅太近。

（4）公共空间

除居住区内部的公共空间外，当地居民也大量使用城市中的各类公共空间，在功能需求上以公园类和中小型广场类公共空间为主；就空间分布需求而言，均需要更多考虑就近性原则，特别是近年来广场舞盛行现象，使得越靠近居住空间附近的公共空间使用概率越大，而对于其面积规模等要求并不高①。

图 3-38 简要归纳了当地居民的典型空间需求。

5. 蓄留游客

1）人群类型

这里所指的蓄留游客是城市游客的一部分，是指轨交站域酒店空间的使用群体，大多数是以参观游览为主要出行目的，多在重要的文化自然景观、公共空间或商业场所活动，当然也包括一些因商务目的出行的办事人员；蓄留游客虽然在大部分轨交站域中所占比例不大，但是他们是站域中除当地居民以外最重要的蓄留人群②，而蓄留人群的数量对轨交站域的全时活力提升尤其重要。

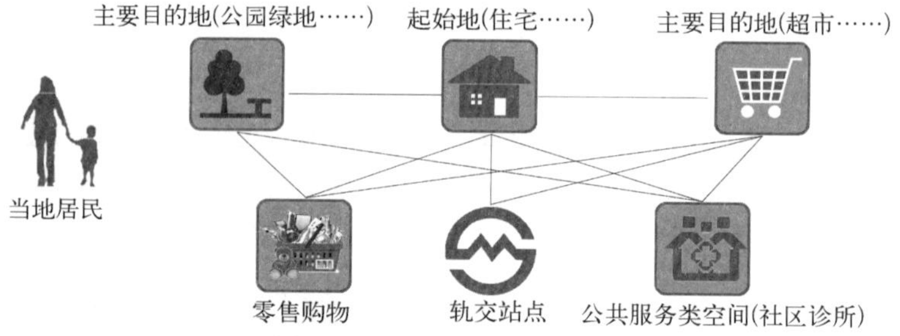

图 3-38　当地居民的典型空间需求

① 近几年广场舞作为一种重要的城市公共生活现象风靡全国，特别在中老年人中非常流行，但是由于缺乏合适的活动场地，很多人只能使用办公区前广场、城市转角零碎空地等，这很容易影响到其他人的正常休息而导致邻里纠纷；笔者认为，这种活动既锻炼身体又能够促进人们交往，提升城市生活品质，本身是值得提倡的，但是亟需规划和建设大量满足中老年居民需求但同时又不扰民的广场类公共空间。

② 蓄留人群主要是指夜间 9：00 以后至次日 8：00 在轨交站域居住和活动的使用者，他们是轨交站域非上班期间的重要使用人群。

2）活动行为链

本书将以游览为出行目的的游客作为主要讨论对象，蓄留游客的出行方式较为多样化，除旅游巴士以外，对多数自助游客来讲公共交通仍然是他们最愿意选择的方式，他们多以重要城市旅游景点为活动目的地，选择在非通勤高峰时段出行，在活动过程中一般伴随着较多的顺路消费活动，如就餐、休憩、土特产购物等，其活动行为链可持续到晚间 12：00 以后，蓄留游客在工作日和周末的行为链差异不大（图 3-39）。

3）空间需求

（1）商业空间

蓄留游客对商业空间的需求较关注本土性和特色性，一般的社区类超市、专业卖场并不受到他们的青睐，其次是游览过程中伴随着顺路消费活动，如逛休闲餐饮或便利店等；他们对购物环境的要求同样较高，偏好中高档次并体现当地文化特色的商业空间；在空间分布需求上，便捷性是蓄留游客的主要考虑因素，他们希望商业空间在出行路径、游览活动节点及所居住的酒店周围。

（2）酒店空间

酒店是蓄留游客使用的最重要空间，由于游客本身身份多样化，因此对酒店的类型需求较为多样化，需要结合不同蓄留游客的特点具体分析；同样不同蓄留游客对空间分布的需求也存在较大差异性，一般高档酒店（4～5 星级）的蓄留游客偏好环境优美且车行交通方便，而经济酒店或廉价酒店的游客由于其自身的消费档次所限，则偏好那些轨交或公共交通出行方便的酒店，对于景观和车行条件要求并不高。

（3）公共空间

主要讨论那些自然文化游览景点以外的公共空间，包括城市广场、步行街、公园绿地和街心花园，蓄留游客总体偏好能够凸显城市特色且人气较足的广场类公共空间，比如上海南京东路、北京王府井等，有利于对城市公共生活的体验；而在空间分布需求上同样侧重考虑使用的便捷性，一般希望公共空间能够与主要活动的酒店或商业空间有机结合，其次还需要具有良好的轨交或公交出行条件。

图 3-40 简要归纳了蓄留游客的典型空间需求。

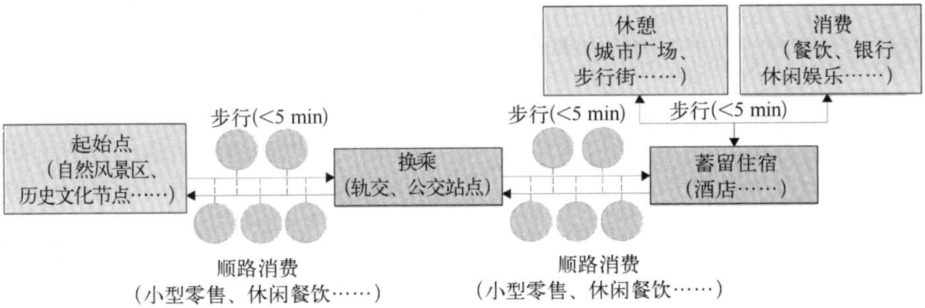

图 3-39　蓄留游客的活动行为链

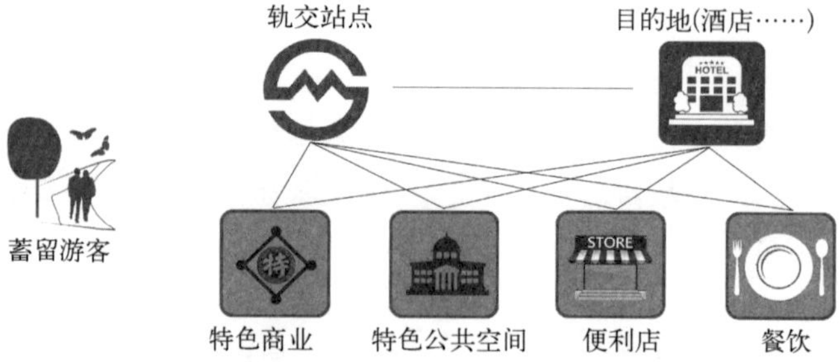

图 3-40　蓄留游客的典型空间需求

6. 比较与讨论

1）工作日和周末的使用者构成比较

在不同轨交站域或不同使用时段，城市中心区轨交站域的使用者构成类型存在结构性差异，总体而言工作日期间以就业者最多，消费者和蓄留游客次之，当地居民并不是空间使用的主体人群，而在周末站域内的主要活动人群则是当地居民，其次是消费者和蓄留游客，而就业者所占比例相对最少，周末的使用者构成比例更加均衡化和丰富，图 3-41 对工作日和周末使用者的结构性构成进行了排序；当然不同轨交站域由于多种因素影响其人群构成特征还需要具体分析，特别是受到站域所提供空间供应量大小的影响，比如上海陆家嘴地区由于居住空间的容量很小，因此使用者构成中当地居民比重自然很小。

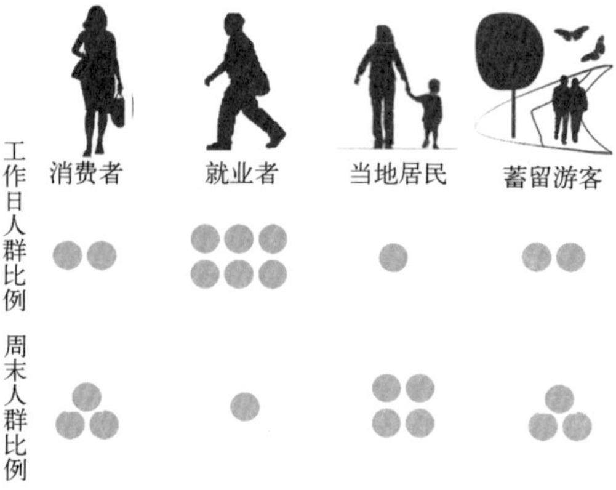

图 3-41　工作日和周末使用者的结构性比例比较

2）使用者的典型生活行为链讨论

这里对不同使用者活动行为链进行比较，在每条行为链中导致出行发生的目的活动一般是使用者的必要性行为，这由工作生活过程的内在需求所驱动，受到外部环境因素的影响较小；而伴随必要活动发生的附加活动，如顺路消费或者休憩活动则是自发性活动，一般受外部环境因素的影响较大，当提供有力的环境支持时活动才得以发生，其次 4 种活动链发生的时段存在一定差异，特别是就业者相对于其他 3 类更单一，因此活动链之间的适当交叉对于提高轨交站域的整体绩效具有重要价值（图 3-42）。

3）使用者的典型空间需求讨论

基于人群类型和活动行为链的不同，导致使用者对功能类型和空间分布呈现差异性需求（表 3-12），总体而言在功能层面上使用者对商业空间和公共空间的需求最大，其中零售、餐饮和服务是商业需求量

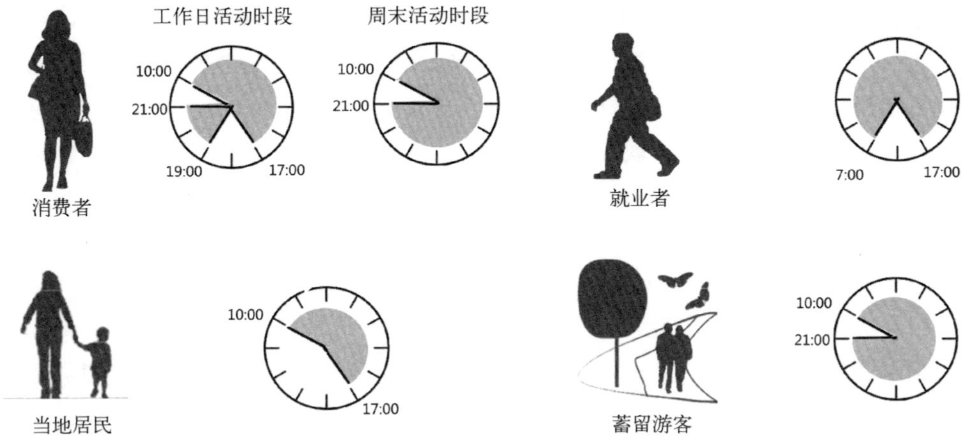

图 3-42　不同使用者的活动时段比较

表 3-12　轨交站域不同使用者的主要空间需求比较

空间 \ 典型需求 \ 类型		消费者	就业者		当地居民	蓄留游客	
商业空间	功能类型	以目的型商业为核心的配套商业组群	零售、餐饮服务		社区型商业组群	零售、餐饮服务	
	空间分布	出行路径、换乘节点周边步行 <5 min	出行路径、换乘节点周边 办公空间周边		出行路径、换乘节点 周边居住空间周边	出行路径、换乘节点周边 游览、酒店空间周边	
办公空间	功能类型	—	主导产业	配套产业	—	—	
	空间分布	—	换乘节点、居住空间周边	主导产业周边	换乘节点周边 居住空间周边	—	
居住空间	功能类型	—	普通商品住宅 酒店式公寓		普通商品住宅 酒店式公寓	—	
	空间分布	—	换乘节点步行 5～10 min 办公空间周边		换乘节点步行 5～10 min 办公空间周边	—	
酒店空间	功能类型	—	—		—	经济、廉价酒店	高级酒店
	空间分布	—	—		—	换乘节点周边	车行方便 优质景观
公共空间	功能类型	城市广场 步行街	公园绿地 街心花园		公园绿地 街心花园	城市广场 步行街	
	空间分布	目的型商业空间周边	办公空间周边		居住空间周边	游览、酒店空间周边	

更多的类型；而公共空间需求则相对均衡，就业者和居民倾向使用公园绿地和街心花园，而消费者和蓄留游客倾向使用城市广场和步行街。空间分布需求主要体现在可达性（Accessibility）和邻近性（Proximity）两方面，一般公共性较强的商业和公共空间希望可达性越高越好，如位于换乘点和主要出行路径上；其次邻近性需求主要指不同空间在使用过程中相互依赖的紧密程度，办公空间需要考虑与城市景观的邻近性需求，居住空间对日常生活配套和空间私密性的要求更高，因此在站域中更侧重与社区类商业、优质景观的邻近性；不同类型的蓄留游客对酒店的邻近性也存在差异化需求，价格实惠的经济酒店或者廉价酒店一般考虑与公共交通主要换乘节点的邻近性，而高级酒店则对周边商业空间、公共空间或优质环境的邻近性均有所侧重。

3.4.2 轨交站域使用者流量的估算方法

在对轨交站域 4 种典型使用者特征初步分析的基础上，如何相对定量地对站域使用者的结构性构成状况进行分析将是研究的重点问题，这里提出从轨交站域主要空间容量①出发来对其使用者流量进行初步估算，以作为半定量分析轨交站域使用者组合状况的一种方法。

1. 消费者流量估算

轨交站域商业空间每天的人流量会受到业态、区位、时段等多种因素的影响，本书以上海 10 个轨交站域中商业空间人流量的实证分析②为基础，并结合经济学角度的商业空间效益分析③，可初步估算高密度城市中心区轨交站域商业空间所吸引的消费者平均流量：消费者人数 = 商业面积 /（15～50）。

2. 就业者流量估算

相关数据显示④：我国规定公务员人均办公面积为 20～24 m^2，中国 80%的企业其办公面积在 13～15 m^2；世界范围内部分金融中心城市人均办公面积：香港 20 m^2、多伦多 25 m^2、伦敦 20 m^2、纽约 18.6 m^2、上海和深圳 20 m^2。按照以上数据，这里以人

---

① 这里的使用者流量估算是针对站点整体区域进行，从而获得站域层面的结构性人群构成，因此各功能空间容量均指站域内的整体容量，估算并不侧重针对具体的某个空间单元。

② 通过上海 10 个重点样本站域实证数据的统计，商业空间单位面积的人流量在 2.7～6.3 人 / 百平方米，详见第 5 章，因此单位消费者的人均面积为 15～40 m^2。

③ 按照戴德梁行数据：普通人群的人均消费金额为 1 300～1 500 元 / 月，而高端人群的人均消费金额为 2 500～3 000 元 / 月，而根据课题组在上海中心区进行的问卷调研数据显示，消费者集中的购物频率平均为 2～4 次 / 月；而不同业态的地效数据，商业空间的地效在 30～40 元 /m^2，商业人数 = 商业面积 ×（30～40）/（800～1 500）= 商业面积 /（20～50）。

④ 资料来源：百度文库——办公楼需面积预测。

均 15～20 m^2 估算办公空间的就业人数①，即办公空间容纳的就业者为：办公就业者人数 = 办公面积 / (15～20)。

同时商业空间也提供了一定数量的就业岗位，上海典型的高密度城市中心区商业空间带动的就业数据②研究表明：商办区域提供的就业岗位平均可按照 30～40 m^2 进行估算，因此，以此为基础对商业空间容纳的就业者估算方法为：商业就业者人数 = 商业面积 / (30～40)。

3. 当地居民流量估算

国家居住区设计规范的规划指标一般为 3.2 人 / 套③，由于轨交站域的居住套数相对较难获取，这里同样基于居住面积对当地居民人数进行估算，目前普通住宅的户均面积在 80～140 m^2，国内家庭结构④主要为核心家庭户，结合全国主要省份住宅人均住宅面积和上海中心城区人均住宅面积的实证数据 (表 3-13)，以及上海统计局 2013 年的统计显示"城镇居民人均住房建筑面积 34.4 m^2，折合人均住房居住面积 17.5 $m^2$⑤"，因此按照人均 40～60 m^2 估算当地居民人数，即：当地居民人数 = 住宅面积 / (40～60)。

4. 蓄留游客流量估算

对于蓄留游客的估算主要基于酒店空间的面积，与居住空间类似，轨交站域的酒店标准间总数相对较难获取，这里通过酒店面积初步估算蓄留游客。其中城市商务型四、五星级酒店人均使用面积处于中等区间的

表 3-13　全国主要省份和城市人均居住面积 (数据来源：2008 年国家统计年鉴)　(m^2)

浙江	上海	福建	重庆	江苏	西藏	云南	四川	广东	山东	全国
37.18	34.83	32.56	31.36	29.96	28.5	28.24	28.15	27.75	27.63	27.06

① 可根据轨交站域位于不同城市的具体状况，在此范围内合理浮动。

② 上海北外滩商务聚集区是典型高密度城市中心区组成部分，因此这里以《北外滩交通测算》研究报告作为参照依据。

③ 引自：国家技术监督局，中华人民共和国建设部 . 城市居住区规划设计规范 GB 50180—93 (2002 年版) [S] . 北京：中国建筑工业出版社，1993：8。

④ 家庭分类是以家庭代际层次和亲属关系为标准的，包括核心家庭、主干家庭、联合家庭和其他家庭等 4 种类型。(a) 核心家庭：有父母和未婚子女组成的家庭，仅有夫妻组成的家庭也叫核心家庭；(b) 主干家庭：父母和一对已婚子女组成的家庭；(c) 联合家庭：父母和多对已婚子女组成的家庭，如果已婚子女在父母去世后仍不分家，也叫联合家庭；(d) 其他家庭：包括单亲家庭、残缺家庭等。

⑤ 人均住房面积包括人均住房居住面积和人均住房建筑面积，居住面积指的是住宅的实际使用面积，即住房套内面积，而建筑面积指房产证的标注面积，内含公摊等。数据引自：上海市统计局 .2013 年上海市国民经济和社会发展统计公报 [J] . 统计科学与实践，2014 (3)：24.

水平，根据仲量联行[①]和戴德梁行[②]的统计数据，酒店客房面积按 100～110 m²/ 间计算（包含客房面积及所有的酒店配套服务设施等共建部分的面积），标准客房按照 1～2 人估算；参照上海中心城区四星级、五星级酒店的平均入住率在 50％～60％；因此，综合以上数据，轨交站域蓄留游客的估算为：蓄留游客 =（酒店面积 /100）×2×（50%～60%）= 酒店面积 /（80～100）。

3.4.3 样本轨交站域的使用者构成分析

1. 样本站域的使用者估算

根据以上估算方法对上海 10 个重点样本站域的人群结构性构成状况进行分析，为便于统计这里均取各区间的中间值，其中消费者取 30 m²/ 人、商业空间的就业者取 35 m²/ 人、办公空间的就业者取 17 m²/ 人、当地居民取 50 m²/ 人、蓄留游客取 90 m²/ 人，整理样本站域的典型使用者构成状况（图 3-43），并对使用者的结构性比例进行计算（图 3-44），可以看出就业者在 10 个站域中均为最大构成比例，均值为 61％，其次是当地居民和消费者，分别为 22％和 14%，蓄留游客的比重很小，仅为 3%；其中消费者、就业者和当地居民的结构性比值为 1 ∶ 4 ∶ 1.5。对不同站域的构成关系进行分析，可以看出陆家嘴站域的构成最为单一，其中就业者达到了约 87%，是其他 3 类使用者总和的 4.5 倍左右，可以算作一个特例。

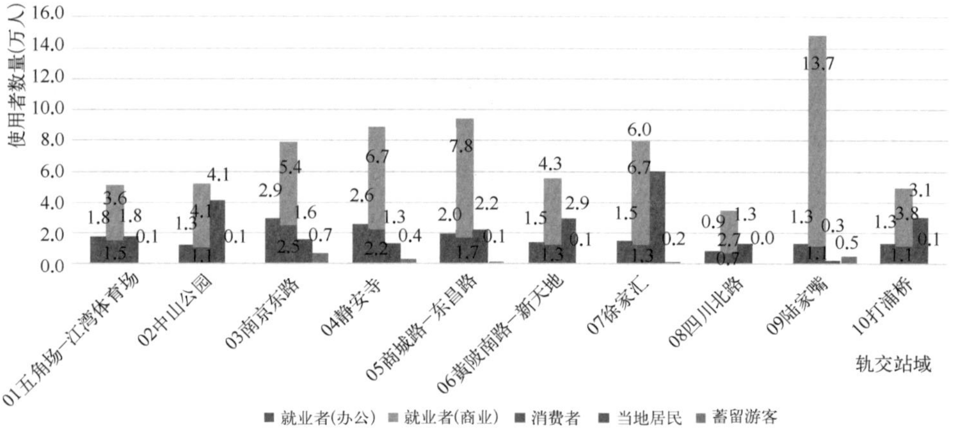

图 3-43　轨交站域使用者的流量估算

① 2006 年，上海五星级酒店的平均入住率略高于 70％，平均价格约为每晚 1 700 元；2007 年入住率为 68%～69%，平均房价为每晚 1 600 元左右；2008 年底，平均房价为 1 500 元，但入住率已经下跌到 59%。资料来源：酒店类物业入住率下降颓势初显期待突围 .http: //shop.focus.cn/news/2009-06-08/689857.html.

② 2010 年受世博会影响，上海市五星级酒店平均入住率达 66%，四星级酒店平均入住率达 68%，世博会过后入住率回落三成左右，故四星级在 50%左右，引自：戴德梁行“青浦地铁 17 号线沿线产业定位中期报告”。

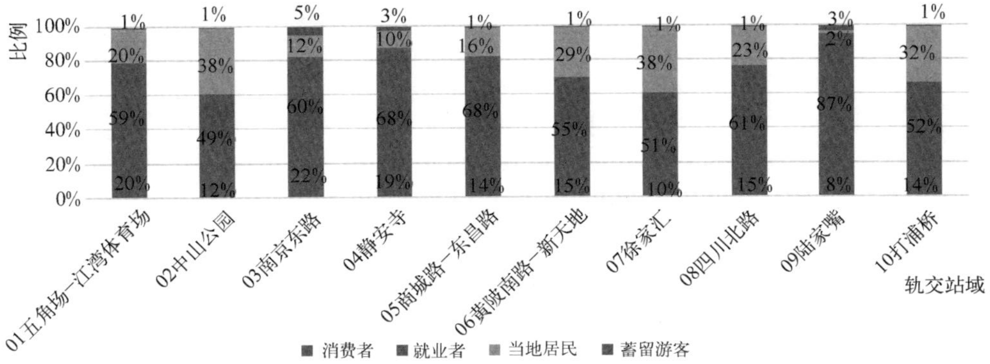

图 3-44　轨交站域使用者的结构性构成比例比较

2. 比较与讨论

1）使用者构成复合度比较

为更量化地理解这 10 个站域人群构成状况，这里引入“复合度”概念，复合度的计算方法为$\sum_{i=1}^{n} U_i / U_k$，U_i 表示各人群类型的数量，U_k 表示比例最大的人群类型数量，n 表示人群类型个数。

对每个站域消费者、就业者、当地居民和蓄留游客的复合度进行计算，从大到小的排序[①]为：中山公园（2.06）> 徐家汇（1.96）> 打浦桥（1.91）> 黄陂南路-新天地（1.81）> 五角场-江湾体育场（1.70）> 南京东路（1.66）> 四川北路（1.63）> 静安寺（1.48）> 商城路-东昌路（1.46）> 陆家嘴（1.14），而按照 10 站域 4 种使用者的构成比例的均值进行计算，得到的复合度均值为 1.60。

2）轨交站域的蓄留人群比较和全时活力讨论

当地居民和蓄留游客是轨交站域蓄留人群的主要构成群体，蓄留人群即夜间 9：00 以后至次日 8：00 居住在轨交站域的使用者，他们是轨交站域非上班期间的重要使用人群，这里对全时活力的讨论主要指轨交站域在不同时段使用者的变化状况，当变化越小表示站域全时活力程度越高，因此蓄留人群构成状况对轨交站域的全时活力支撑至关重要，将 10 个站域的蓄留人群所占比重进行统计，如图 3-45 所示。

通过比较可看出结果与复合度类似，仍然是陆家嘴蓄留人群的比例最低，只有 4.77%，而中山公园、徐家汇站域达到 40% 左右，这表明陆家嘴站域在一天中使用者的变化非常大，工作日上班期间的使用者流量能够达到晚间和周末的 20 倍左右，

① 站域名称后面括号内的数值表示复合度。

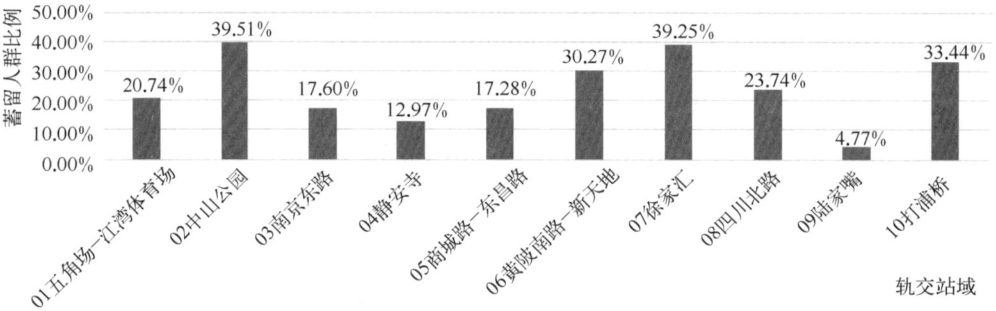

图 3-45 轨交站域蓄留人群的结构性比例比较

而中山公园和徐家汇工作日晚间和周末的人流量能够占到总体的 40%。本书再借用百度数据平台的热力图进行初步验证（图 3-46）①，可以看出：① 对每个站域的工作日和周末进行比较，陆家嘴工作日的总体密度显著大于周末，而其他两个站域波动幅度相对较小；② 将 3 个站域工作日进行比较，可以看出由于陆家嘴就业者比例高导致暖色范围最大，因此人群密度最大；③ 无论工作日还是周末，陆家嘴人群密度呈现显著的圈层递减分布趋势，办公核心区的密度最大，而其他两个站域变化趋势相对平缓；④ 中山公园样本站域由于北侧为规模较大的中山公园，因此一定程度上影响了人群的分布，相对而言徐家汇人群分布更均衡。结合热力图的分析来看，蓄留人群比例与区域的全时活力具有较显著的正相关性，但也应注意由于某些特殊环境因素（如规模较大的城市公园广场等）对人群分布的影响。

3.5 轨交站域的典型行为、特征与空间模块

人有两种行为，一种是视觉行为，另一种是活动行为，我们要照顾这两个行为，目前我们偏向于视觉行为，只是考虑了建筑设计好看或者难看，但忽略了活动行为，其实活动行为是最重要的，应该把二者结合起来（卢济威，2012）②。由于轨交站域汇聚了大量使用者，也涵盖了丰富多样的各类公共活动，因此研究站点所引发的活动行为是周边空间使用分布和绩效研究的基础。轨交站域空间使用（特别是公共空间）主要是以

① 热力图（Thermodynamic Diagram）原本是通过统计网页中访客的点击率，以特殊高亮的方式来显性直观地将流量数据分布通过不同颜色呈现，给网页优化与调整提供参考依据；后来在电子地图中应用，主要显示城市的人群时空分布状况，颜色越暖表示人群越多，颜色越冷代表人群较少，可为人们出行等提供参考。本书借用此技术平台辅助分析轨交站域的全时活力，热力图原始数据采集于百度地图，并经过课题组整理而成。

② 2012 年 12 月 7 日四川省建筑设计院建筑规划所成立 5 周年之际，卢济威教授在“影响成都”城市设计研讨会上的讲话，详见：同济大学新闻网 news.tongji.edu.cn/classid-16-newsid-37650-t-show.html.

	工作日人流热力分布图	周末人流热力分布图
中山公园	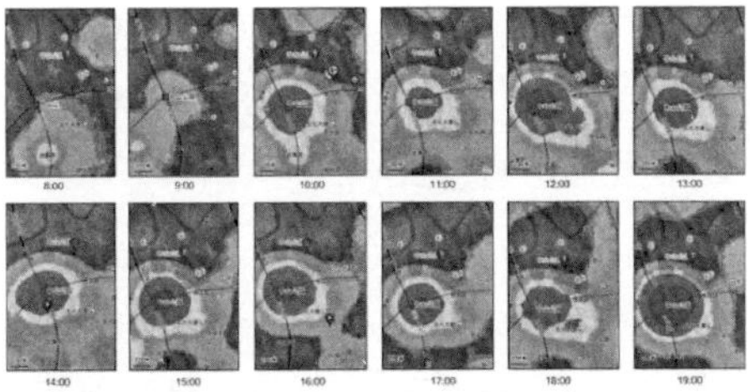	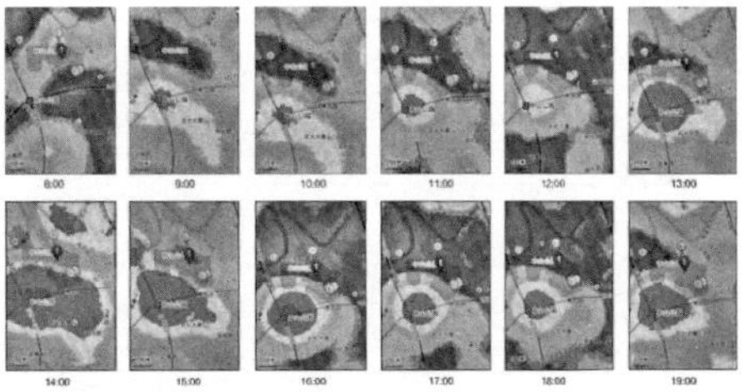
徐家汇	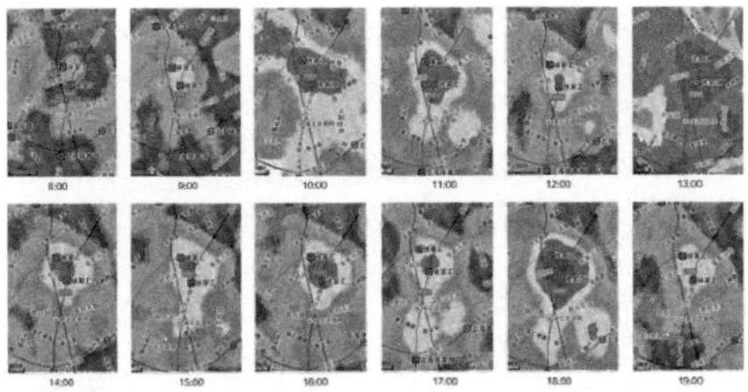	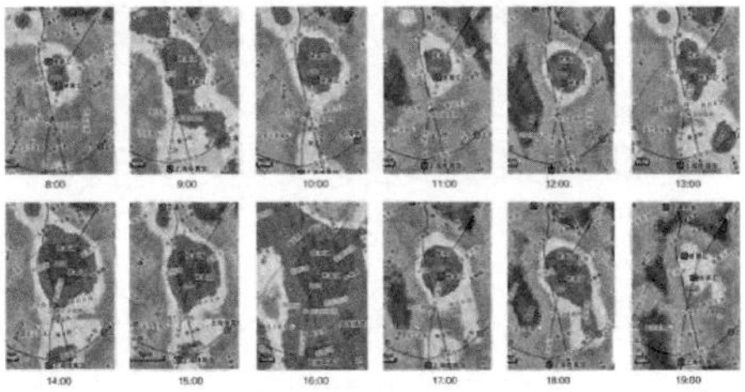
陆家嘴	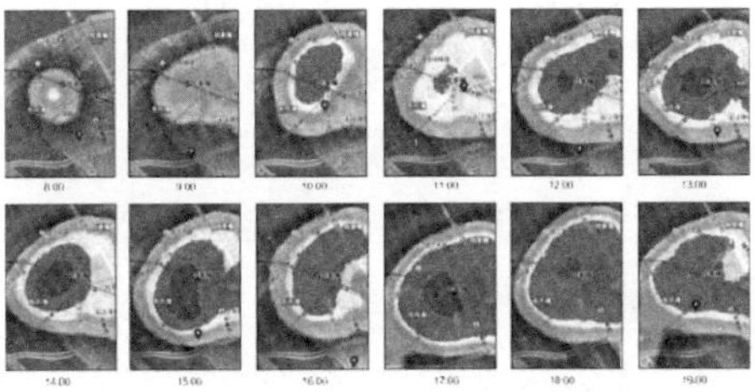	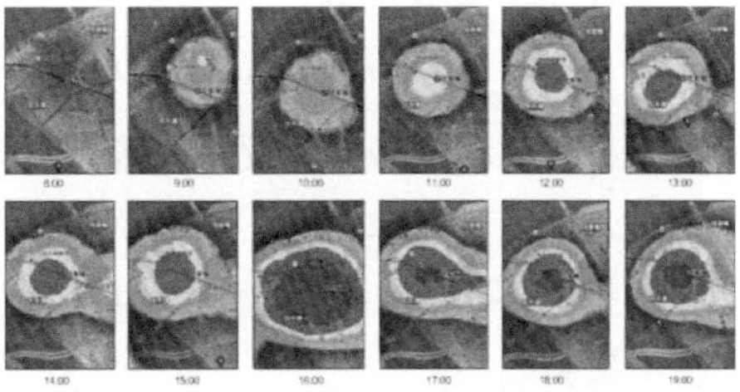

图 3-46　轨交站域人群分布的热力图比较（资料来源：课题组）

步行支撑的几类基本活动行为共同作用的结果，包括通勤、换乘、消费和休憩行为（表 3-14），其中换乘和通勤是两种最基本的必要行为，并随着周边区域可达性改善和经济发展逐渐衍生出更多消费和休憩行为；比如城市早期出行结构中通勤出行占很大比重，而随着经济发展和居民人均可支配收入提高，居民的非工作出行，即娱乐、购物等出行日益增加，针对北京市的调查显示通勤比例已经从 1986 年的 30.17％下降到 2000 年的 22.2％，而 2002 年的数据更是下降到 18.3%[①]。

① 详见：江玉林，韩笋生，彭唬，等 . 公共交通引导城市发展——TOD 理念及其在中国的实践［M］. 北京：人民交通出版社，2009：65-66.

表 3-14　轨交站域基本活动行为的特征描述

行为类型	主要活动描述
换乘行为	寻找公交车站、寻找出租车等
通勤行为	上班、下班回家等
消费行为	购物、娱乐、看电影、就餐等
休憩行为	散步、晨练、晒太阳等

3.5.1　群体行为的典型类型

1. 支撑站域基本活动的步行行为

步行对个人而言是一种健康运动和生活习惯，对城市来讲也是绿色低碳的出行方式，更有利于增进不同人群的交流并提升城市活力；在大多数站域，由于车站引入使得区域的步行活动增多，它逐渐成为站域大部分日常活动的最基本支撑，由于轨交站点是以地铁为主，因此又以对地下公共空间活动的支撑最为明显。

1）步行活动的耐受性及分级

人们一般对步行活动具有耐受性要求，耐受性主要是衡量人群在不同状况下选择步行的偏好和接受程度，可作为判断人群是否选择步行的重要依据，对耐受性的分析主要体现在步行距离和步行时间两个指标上，结合既有研究成果和上海 10 站出站人流的步行时间观察[①]，在一般情况下人们对步行的接受程度可分为 3 个等级，步行 5 min（或者 200～250 m）为适宜，10 min（400～500 m）为合理，15 min（600～750 m）为忍耐。

2）影响步行活动耐受性的因素

在外部信息[②]的刺激下会引起耐受性的变化，比如地下步行路径的壁画、电视广告墙或者灯光展示等能够提高步行耐受性的阈值，日本大阪地下商业街的壁画、东京地下公共通道的沿街零售商铺、加拿大蒙特利尔地下步行路径的广告墙、上海徐家汇站绚烂的“七彩换乘通道”等，这些设施和空间可有效地提高使用者对步行时间和距离的耐受性（图 3-47—图 3-50）。

其次不同活动类型也会适度影响耐受性的阈值，对于通勤活动而言人们的步行活动以“合理”为主，但也可以接受到“忍耐”等级；对于目的性较强的消费活动，如到达服务类业态、大型购物中心人们多接受到“合理”等级；但是对于换乘、目的性较弱的顺路消费和休憩活动，人们大多只能接受到“适宜”这个等级。比如针对上海徐家汇站域工作日和周末轨交出行者步行活动进行动线跟踪，调查表明到达办公和住宅这类通勤点的时间分别为 7 min 和 8 min，大于到达商业及换乘空间的 3 min 时间（图 3-51）。

① 丁娟，徐磊青等对上海徐家汇地铁商城的人流步行速度进行了实证分析，结果表明其步行平均速度在 50～70 m/min，详见：丁娟，徐磊青，汤众 . 地下公共空间的群集流动规律研究——以上海市徐家汇地铁商场为例［J］. 建筑科学，2008，24（9）：74-78. 本书也对 10 站 500 m 内步行时间进行了实证分析，详见 3.3.2 节。

② 影响步行者耐受性的外部因素除出行目的外，也包括天气、步行环境、周围人群活动、步行者个人心态等多种因素。

图 3-47 日本大阪地下街通道边的壁画

图 3-48 日本东京地下公共通道周边的零售商铺

图 3-49 加拿大蒙特利尔地下公共通道边的广告墙

图 3-50 上海徐家汇站绚烂的“七彩换乘通道”

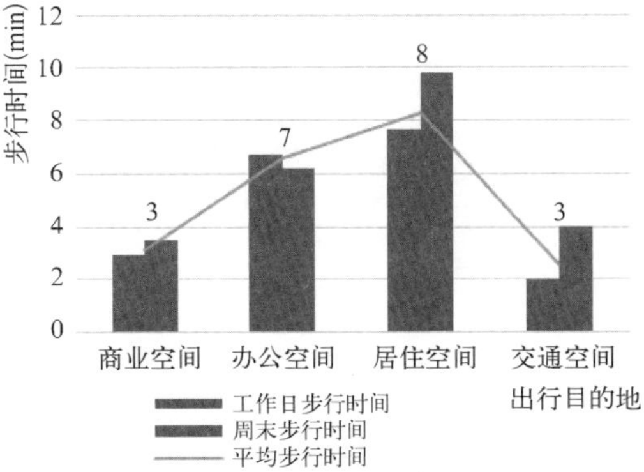

图 3-51 上海徐家汇工作日和周末使用者到达典型功能节点的步行时间比较

正是由于不同出行目的导致人们对步行活动的耐受阈值差异，这就要求在轨交站域空间分布时需结合使用者的步行耐受性进行合理布局。

2. 四类基本活动行为

1）通勤活动

通勤是工业化社会和现代主义城市规划理论指导下的必然现象，市民通过各种交通方式，如轨道交通、公共汽车、自行车或者步行上下班。通勤活动[①]是站域最基本和大量的活动之一，是人们在轨交站域内以工作为出行目的一种必要性活动，既包括上班时从其他地区到达轨交站域的写字楼、学校和其他办公场所等，也包括下班后回到该站域居住空间的过程（图 3-52）；通勤活动通常以点到点的方式呈现，行为目的性明确，不易受其他目的地（如大型商场）的干扰。

以地下公共空间的通勤活动为例，由于轨交站点在通勤活动中的关键作用，使得人们会大量进入地下公共空间（图 3-53），但时间和距离的长短则主要依赖于地下公共空间网络的发达程度；一般而言，由车站延伸到目的地在步行耐受性“合理”等级（10 min 或 400～500 m）的通勤活动受到欢迎，在特定条件下可接受“忍耐”等级（步行 15 min 或 600～750 m），超过这个距离人们会感觉距离过长和疲劳，但是，如果在地下步行区段内有相关的积极信息和场所（如商业街、景观中庭等），这个距离则可能根据空间和信息的吸引力大小而相应增加，因此轨交站域内办公、学校、医院等与就业密切相关的目的型空间布置要充分考虑通勤活动的特点，引导人们在合理耐受性阈值区间到达。

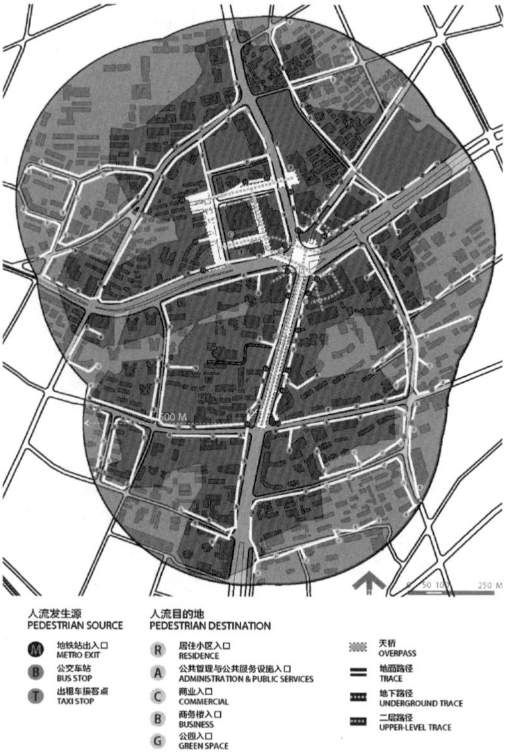

图 3-52　上海徐家汇轨交站域的通勤、消费活动
（资料来源：课题组）

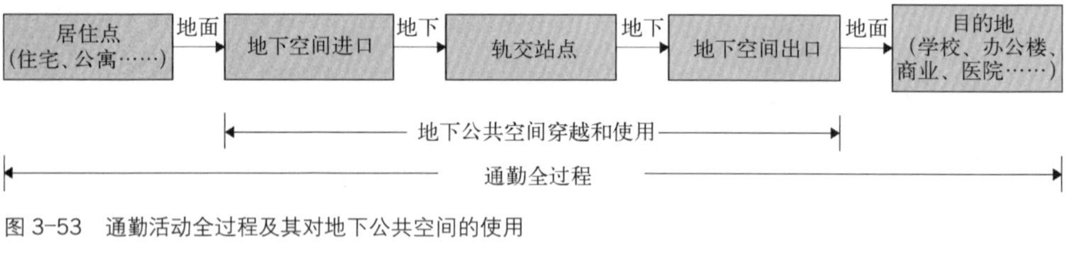

图 3-53　通勤活动全过程及其对地下公共空间的使用

① 轨交站域通勤活动的研究有时也俗称“最后一公里”问题，人们在这最后一公里步行活动的发生概率和舒适程度将直接影响到轨道交通的使用效率。

2）换乘活动

换乘主要指人们在不同交通方式之间的转换，既包括更换不同性质的交通工具，也可指更换同一交通工具的不同线路。换乘活动是轨交站域的基本行为，同时也是一种必要性活动，主要发生在公共汽车站、停车场和轨道交通站点这些节点和路径之间，如上海徐家汇地铁站点周边的换乘点分布（图 3-54），它对于轨道交通的利用效率影响很大。

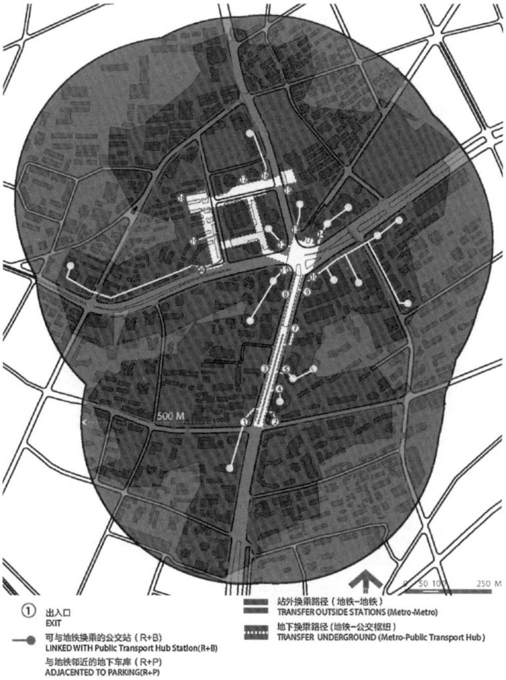

图 3-54　上海徐家汇轨交站点周边的换乘点分布（资料来源：课题组）

作为一种必要性活动，换乘活动的顺畅与否对轨道交通的利用效率有至关重要的影响，一般情况下站点之间的换乘在“适宜”等级内（3～5 min），而站点与其他交通工具的换乘不超过“合理”等级（10 min 以内），当超过这个限度后人们选择步行换乘的可能性就大大降低①；但是，如果在那些积极信息（如顺路消费活动的吸引、步行环境的改善）等刺激下，这个尺度可扩大到 10 min（400～500 m），但这样换乘效率也随之降低，这对于那些以交通换乘为主导功能的站点将产生不利影响（图 3-55）。

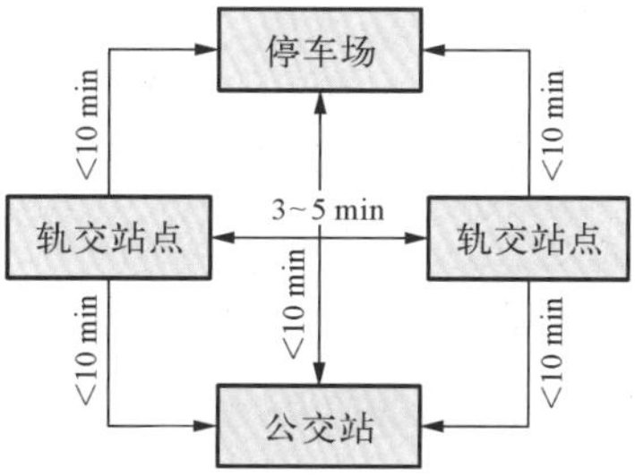

图 3-55　换乘活动的组成与步行耐受性

3）消费活动

消费是人们通过消费品或其他形式的消费服务满足自身欲望的一种经济行为，经济学中一般将消费分为“生产消费”和“个人消费”，本书主要讨论个人消费，指人们以日常购物、休闲娱乐等为目的的自发性活

① 行业标准指出，在换乘车站的建设中，一般要求换乘距离计算是从站台到站台（任意一点），换乘时间控制在 5 min 内比较合理，步行速度按 50 m/min，距离为 250 m。详见：中华人民共和国建设部．建标 104—2008．城市轨道交通工程项目建设标准［S］．北京，2008：57.

动。韩晶（2008）[①]指出消费作为社会中最普遍的活动和最主要的价值观，深刻地改变了使用者的生活行为和观念，并通过使用者在城市空间中的活动将其影响清晰地投射到城市空间形态；消费活动呈现出组合化、系列化、体验化、主题化等特征，也是传统城市功能活动的媒介，改变着人们对空间的认知和运用。

电商时代使得消费活动的内涵大大拓展，从被消费对象角度可把消费活动分成3类：① 空间内的物品消费（俗称口袋消费），主要是指以实际物品作为消费对象，如传统的零售业等；② 空间体验类消费，主要是指以在空间中的各种体验或者活动作为消费对象，如休憩玩耍、演艺观影、展示活动等；③ 空间产品型消费，主要是指将空间本身作为消费对象，除传统的购买住宅、租赁写字楼以外，也拓展到以观赏游览其空间本身的消费活动，很多明星建筑师的作品已转化为重要的类消费化城市空间，如西班牙毕尔巴鄂古根海姆博物馆，目前中国也日渐明显呈现出"刻意生产"的空间消费品状态，建构视觉形态差异性的"新奇地标"将层出不穷（韩晶，2012）[②]。当前传统零售业已经面临着较为严重的危机，"空间内的物品消费"比重大大降低，商家将越来越重视"空间体验类消费"和"空间产品型消费"。

消费活动是轨交站域中最具弹性和诱发性的活动，本书将消费活动进一步分为顺路型消费和目的型消费活动，并形成与之相匹配的各种公共空间；前者是由通勤和换乘活动衍生而来的，比如上下班途中进行的消费，后者是以消费为直接出行目的，如逛购物中心等，消费活动特别是顺路型消费是轨交站域公共空间活力提升的有效途径，同时对提升区域总体活力也具有重要价值。由于消费活动的发生状态最容易受到天气、距离等多种外界因素的影响，因此在站域中一般结合消费活动形成的地下公共空间深受各年龄段群体欢迎，当然活动发生强度也与站点出入口距离有正相关关联（在可比业态情况下），以下结合轨交站域中最具代表性的地下公共空间对两种消费活动进行分析（图3-56）。

（1）顺路型消费：在地下公共空间网络中主要呈现通道式和地下步行街式两种空间布局方式，它们都是沿着地下步行路径两侧发展，但商业空间进深和通道宽度有明显差别，前者以较小进深（通常为2～3 m，极限时甚至仅有0.6 m），依附在宽度有限的通道两侧，通道式商业业态主要集中在休闲餐饮、快餐、饰品、小百货等低消费能级商业，布置在轨交站厅内及换乘路径上

---

① 引自：韩晶．城市消费空间——消费语境中建构和谐城市形态的城市设计策略［C］//2008年全国博士生学术会议（建筑·规划）学术委员会，同济大学建筑与城市规划学院．和谐人居环境的畅想和创造——2008全国博士生学术会议（建筑·规划）论文集．北京：中国建筑工业出版社，2008：57.

② 引自：韩晶．基于城市设计视角的城市消费空间研究［D］．上海：同济大学，2012：320.

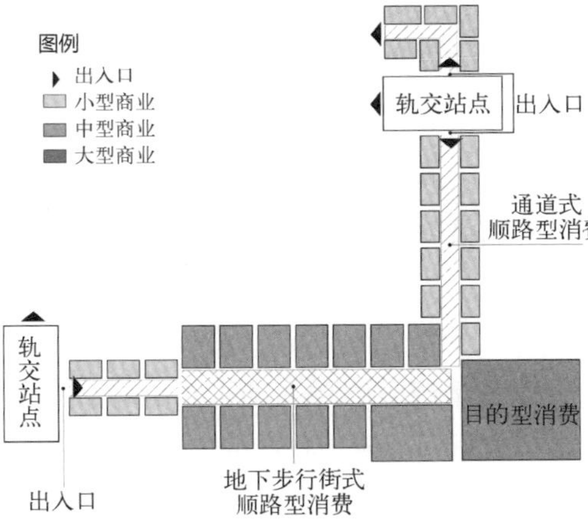

图 3-56　通道式、地下步行街式顺路型消费和目的型消费对地下公共空间的使用

（图 3-57、图 3-58）；后者则以较大进深（4～10 m）与较为宽敞的步行街和地下街（6～8 m）相对应，商业业态范围更广，主要为中小型餐饮、专卖、服饰等中低消费能级商业，也会布置在主要通道或专设路径上（图 3-59、图 3-60）；在日本和中国香港很多地下空间中，通道和地下街模式是地下主要空间布局方式。

（2）目的型消费：在地下公共空间网络中以占主导地位的大型商业空间出现，即便邻近 18 h 开放的公共通道，也多以橱窗方式与之毗邻相隔，确保自身的 12～15 h

图 3-57　上海的通道式顺路型消费

图 3-58　大阪的通道式顺路型消费

图 3-59　上海的地下步行街式顺路型消费

图 3-60　东京的地下步行街式顺路型消费

的营业时间与轨交站域公共空间 15 h 以上使用各自独立；目的型消费往往呈现大百货、家电、娱乐城、影城等核心业种或综合业态，以大块面地下或地上空间呈现，消费能级也属中高级。

总之，新消费时代下多模式的消费活动（空间内的物品消费、空间体验类消费以及空间产品型消费）可以大大催化轨交站域的各类空间出现，特别是以地下公共空间为代表的特色型公共空间涌现，地下步行通道、下沉广场、庭院、垂直中庭等均可作为消费活动的载体甚至消费对象，使得这些空间与消费活动紧密结合，创造出丰富的城市消费文化，在充分发掘站域地下空间价值的同时也提升了地下空间和区域的整体活力。

4）休憩活动

休憩一般是指在非工作时间内以各种“玩”的方式使使用者获得身心调节与放松，既具有锻炼身体、恢复体能和愉悦身心等作用，也是家庭、朋友等沟通交流的一种生活方式。休憩是城市的四大功能之一，有关休憩行为的研究以及城市公共休憩空间的营造，已成为当代城市设计不容忽视的领域。本书所指的休憩行为是指在轨交站域内以散步、晨练、晒太阳等为目的的活动，主要发生在城市广场、街道、绿地公园等室外公共节点和路径中，如上海商城路站域的准公共空间（某小型城市广场）以及上海静安寺站域的静安公园（图 3-61、图 3-62）。

一般情况下休憩活动可类似于消费活动，分为目的型休憩活动和顺路型休憩活动两种。目的型休憩活动是指直接以休憩为出行目的的活动，在轨交站域中一般以当地居民为主体，出行过程中的步行耐受性在“适宜”等级内（3～5 min）受到欢迎，很少通过其他交通方式或者跨越轨交站域出行；而顺路型休憩活动则是伴随着消费或通勤等其他目的型出行而发生的，如购物过程的驻足停留、观赏表演等。

3.5.2 群体行为的整体特征

由于受到站点带来的大规模人流效应影响，轨交站域的活动行为呈现出三方面较

图 3-61 上海商城路站域的顺路型休憩活动

图 3-62 上海静安寺站域的目的型休憩活动

为明显的整体性特征，即时间特征、地区特征、人群特征。

1. 时间特征

通勤活动、消费活动是轨交站域最基本的两类城市活动类型，它们在出行时段上一般存在着差异性，将第 3.3.1 节上海中心城区 185 个站点和核心城区 10 个中心型站点在不同时段的站均人流量分布数据进行比较（图 3-63），它们均表明轨交站域群体行为在时间上亦呈现出规律性的波动特征，一般分为高峰时段和平常时段（有时也呈现出明显的波谷时段），高峰主要集中在早上 8：00—9：00 与傍晚 5：00—7：00，这个时段是以换乘、通勤活动等必要性活动为主，强调活动的高效性，而平常时段除少量的换乘活动外，大多则以自发性的消费活动为主；这种时间特征不仅体现在一天的不同时段，在一周的工作日和周末其群体行为也呈现出差异性，工作日以通勤活动为主体，而周末以消费或休憩活动为主体。总之，为避免在一天或者一周中出现明显的波谷时段，需要通过合理的功能配置和空间布局来尽可能避免较大起伏的波谷出现，把握好峰谷兼顾的原则。

2. 地区特征

正如第 3.4.3 节的研究结果所示，不同类型站域的主要使用者在组合上存在差异性，而这些使用者由于年龄、职业或目的不同而呈现出各自的行为特征，对空间分布或品质等诉求也不同，这就导致了整体上表现出一定的地区特征，按照轨交站域的主导功能特征可分为商务主导型、居住主导型、商业主导型、交通主导型等几种基本类型，在商务主导型的站域，由于就业者比重较大，则其活动以通勤活动为主，并兼有消费或休憩活动等，如上海 2 号线陆家嘴站、世纪大道站；在以商业为主的站域，空间活动以各种消费活动为主，如上海 10 号线南京东路站、天潼路站（图 3-64、图 3-65）；在交通主导的站域则是以换乘活动为主，也诱

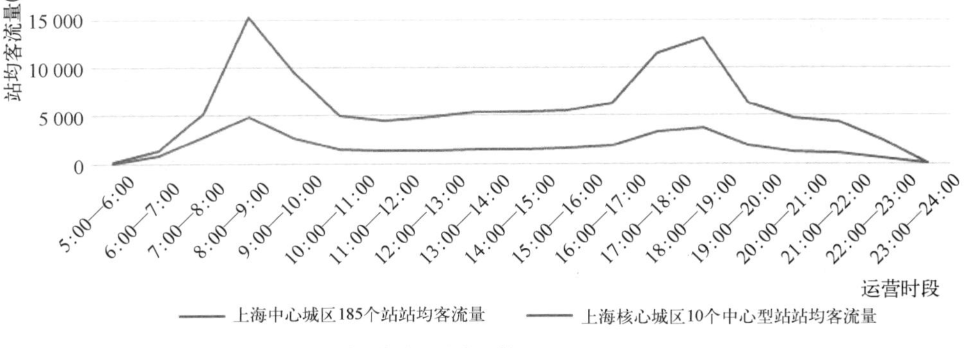

图 3-63　上海中心城区和核心城区的站均客流量分布比较

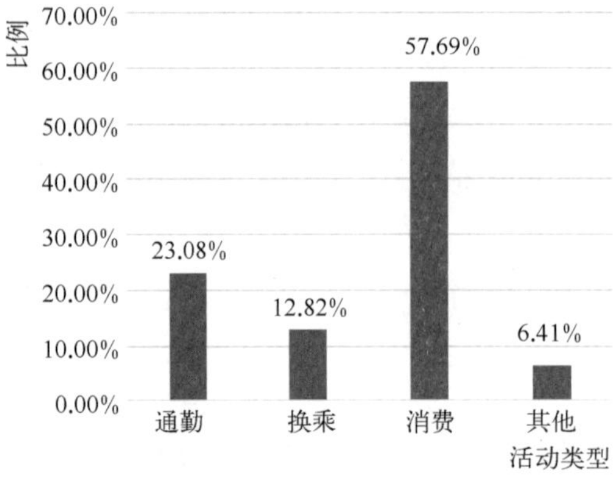

图 3-64　商业主导站域（天潼路站）的活动调查

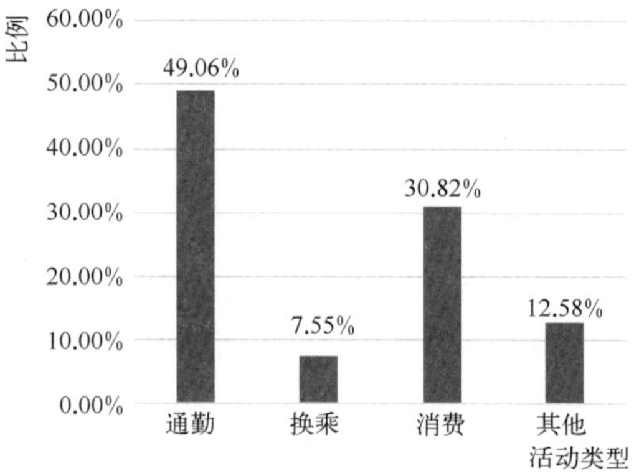

图 3-65　办公主导站域（世纪大道站）的活动调查

发出顺路型消费活动，如 1 号线上海火车站站、10 号线虹桥火车站站；在以居住为主的站域以通勤、休憩活动为主，而消费活动更多是顺路型消费活动，如 4 号线临平路站、鲁班路站。总体而言，在那些功能专门性较强的站点，如办公或换乘功能主导的站域，空间活动是以效率和目的性活动为主要特征；除了这 4 种基本站点类型外，还有大量二元主导或者混合使用的站点地区、这些站域的人群活动呈现出高密度、多类人群、峰谷结合的综合特征。

3. 人群特征

轨交站域的使用者可按照年龄分为老年、中年、青年和少年等 4 种群体，年龄差异也导致轨交站域的活动呈现出一定的整体特征（图 3-66）。如果站域出行群体中老年人居多，则其活动是以换乘和消费活动为主，如逛超市、拜访亲友等，活动时段主要集中

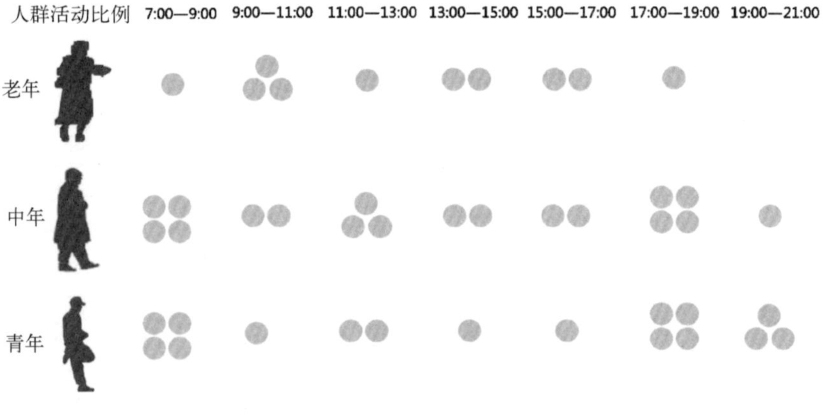

图 3-66　不同年龄使用者活动的时段特征分析

在非通勤高峰时段；而中年人在站域的活动以通勤活动为主，时段主要集中在上下班高峰时段，消费活动多以顺路型消费活动为主；青年人在通勤活动上与中年人群体的特点类似，但是在消费活动上类型更加广泛，目的型消费和顺路型消费兼有，活动时段选择也更为灵活，一般在 19：00—21：00 期间甚至更晚时段站域商业空间的使用以青年为主；少年群体由于数量较少，这里暂不做讨论。

3.5.3 支撑行为链的空间模块

不同类型使用者的出行过程并非仅由单一行为构成活动出行链，而是在主导行为和不同附属行为组合下而形成完整的行为链，J. Jacobs（1961）早已提出功能空间的“基本使用”（Primary Uses）和“从属使用”（Secondary Uses）概念[①]，基于行为链必然有一系列与之相关的空间组合支撑这些活动。

1. 支撑消费者活动行为链的空间组合模块

这里主要讨论目的型消费者，在轨交站域中其出行链以目的型消费活动为主，并伴随各种顺路型消费以及休憩、就餐等典型活动，按照活动发生的次序为：换乘—顺路型消费（零售、休闲餐饮等）—目的型消费（购物、休闲娱乐等）—休憩（与商业结合的准公共空间）—顺路型消费（零售、休闲餐饮等）—换乘；在这个行为组合系列中，提供活动支撑的典型空间包括：交通换乘点、目的型商业空间（百货、专业市场、KTV 等）、顺路型商业空间（零售、服务、餐饮）、公共空间（商业步行街、商业广场），它们组合成支撑消费者活动行为链的空间模块（图 3-67）。

2. 支撑就业者活动行为链的空间组合模块

就业者主要是以通勤为主并伴随着各种顺路型消费活动的一阶活动链，在工作过程中还衍生出休憩、就餐等二阶行为链，其主要活动次序为：换乘—顺路消费—工作—消费（就餐）—休憩—工作—顺路消费—换乘；与之匹配的典型空间包括：小型零售、休闲餐饮、服务类商业空间（如早餐店、菜市场、便利店等）、办公空间、交通换乘点、公共空间（如步行街、广场），它们组合成支撑就业者活动行为链的空间模块（图 3-68）。

3. 支撑当地居民活动行为链的空间组合模块

当地居民在轨交站域的出行链主要讨论工作日的非通勤行为链以及周末的休憩行为链，并伴随着各种顺路消费以及休憩、生活服

① 基本使用就是因特定目的吸引人们出行使用某城市功能，如办公、上学、娱乐等；而在基本使用过程中为其提供各种服务或顺带使用的功能则属于从属使用，如购物过程的零售店、餐饮使用等。

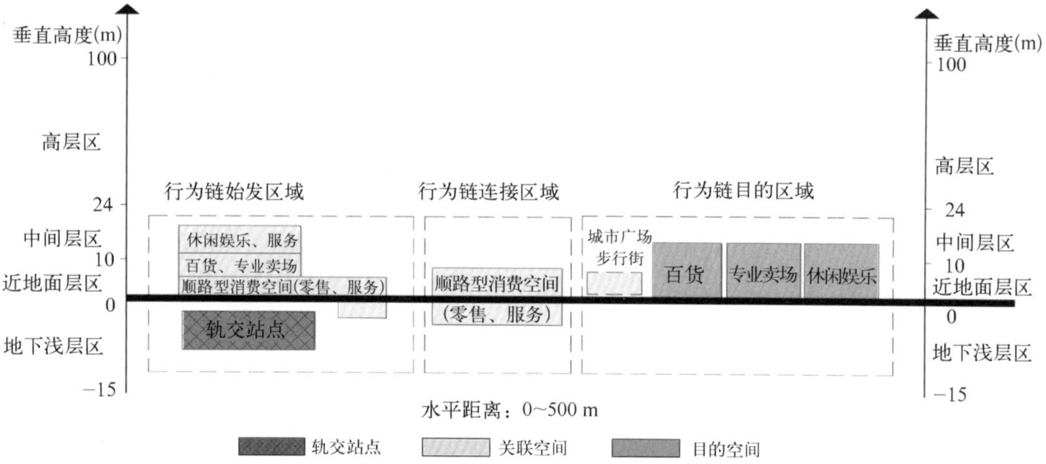

图 3-67　支撑消费者活动行为链的空间组合模块

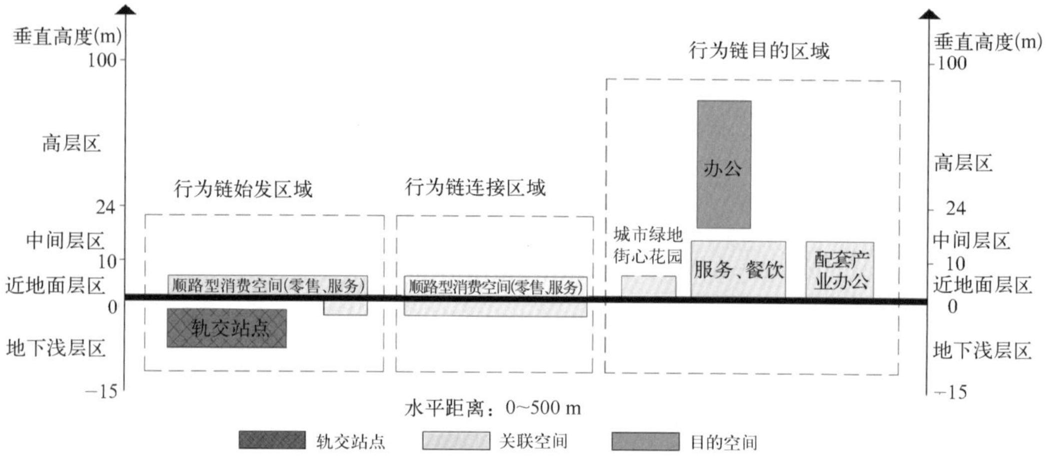

图 3-68　支撑就业者活动行为链的空间组合模块

务等典型活动，主要发生次序为：顺路消费—休憩或社区类目的型消费—顺路消费；空间使用组合包括：社区类目的型商业空间（超市、社区购物中心）、顺路型商业空间（零售、服务、餐饮）、公共空间（如公园绿地、街心花园），并组合成支撑当地居民在站域内消费或休憩行为链的空间模块（图 3-69）。

4. 支撑蓄留游客活动行为链的空间组合模块

蓄留游客在轨交站域的活动主要是以住店为主，伴随着各种顺路型消费以及休憩、娱乐休闲等典型活动，行为链主要活动次序为：游览—换乘—顺路消费—消费（就

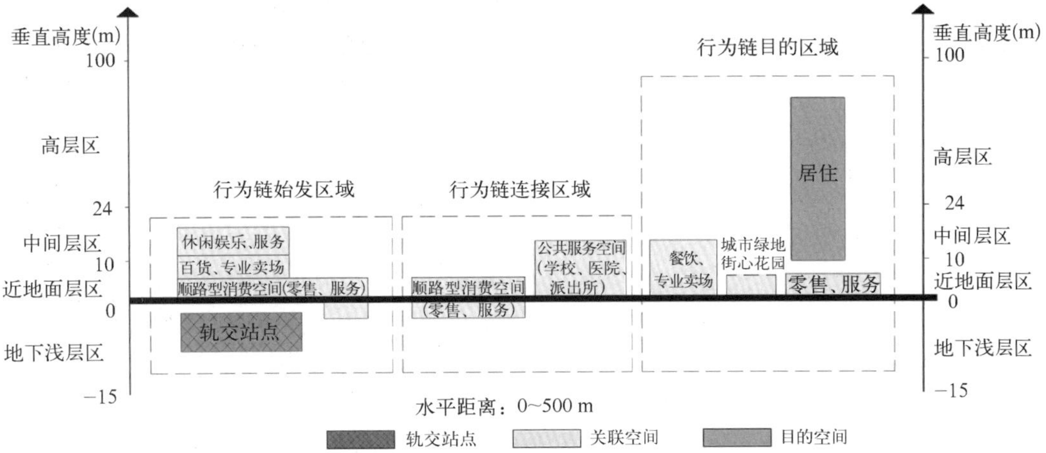

图 3-69　支撑当地居民活动行为链的空间组合模块

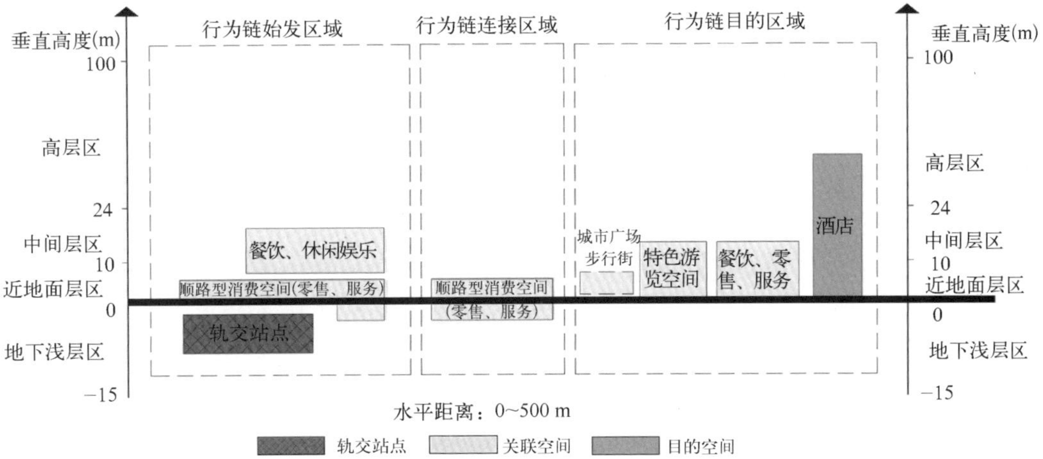

图 3-70　支撑蓄留游客活动行为链的空间组合模块

餐、购物）—休憩—住店；支撑行为链发生的空间组合包括：交通换乘点、公共空间（如广场、步行街）、酒店、目的型消费空间（餐饮、购物中心）、顺路型消费空间（零售、服务），这个空间组合模块相对完整地支撑蓄留游客在轨交站域内的活动行为链（图 3-70）。

5. 比较与讨论

以上以轨交站域 4 类典型使用者的生活行为链为基础，对支撑活动的空间组合模块进行了初步归纳，可以看出基于不同行为链形成的空间组合模块虽存在差异性，但整体上又表现出两点共性：① 由于每种活动行为链中均包含了顺路消费行为，因此支撑顺路型消费的商业空间在不同模块中频繁出现，如休闲餐饮、零售购物、服务等，这也表明了商业空间特别是顺路型商业空间对轨交站域各活动行为链发生具有重要支撑价值；② 公共空间也在各模块中频繁出现，当然不同使用者对广场类或公园类公共空间的使用有所侧重，但总体上公共空间也是支撑轨交站域各典型活动发生的基本空间。

以上分析表明支撑顺路型消费的商业空间（小型零售、休闲餐饮等）和公共空间是轨交站域中不同空间组合模块的基本构成要素，对轨交站域多样化的活动行为具有重要价值，而与它们关联的活动往往具有自发性，这些活动的发生数量和质量更多依赖外部空间状态而非使用者本身，因此合理规划和建立高品质的顺路型商业空间和公共空间并结合站域活动行为链有机结合，将是轨交站域空间使用分布与绩效研究的关键。

3.6 本章小结

本章主要通过动线观察和比较分析等方法，对轨交站域的使用者及群体行为特征等进行系统性研究；首先指出使用者是轨交站域空间使用的决定因素，并在空间使用组群分类的基础上对使用者范围进行界定，然后基于样本数据积累从轨交出行者、站域使用者及群体行为等三方面展开研究。

轨交站域使用者从轨交出行者和典型使用者两个角度展开，研究表明轨交出行群体是以消费者、就业者、当地居民为主体，并对三者的行为特点和空间需求进行了分析，研究也表明上海中心城区内轨交日出行状况仍然面临较大问题，通勤时段站均峰值能达到 1.5 万 /h，峰谷落差能达到 5 倍左右。而轨交消费出行者的年龄结构是中青年，两者之和达到 90% 左右，以零售为主的消费者最多，其次是餐饮和百货消费者，研究也对出行时段及步行时间等进行了分析。

但轨交出行者并不等同站域使用者，研究接下来以活动行为链为基础，进一步分析了站域的消费者、就业者、当地居民以及蓄留游客等 4 类典型使用者的特征，提出针对使用者流量的结构性估算方法，其中消费者 = 商业面积 /（15～50）、办公类就业者 = 办公面积 /（15～20）、商业类就业者 = 商业面积 /（30～40）、当地居民 = 居住面积 /（40～60）、蓄留游客 = 酒店面积 /（80～100），对 10 个重点站域的人群构成状况分析显示其消费者、就业者和当地居民的结构性比值为 1∶4∶1.5，接下来还提出人群构成的“复合度”概念并对各站域排序，表明中山公园、徐家汇的人群复合度最高而陆家嘴最低，同时也基于蓄留人群的构成状况讨论了站域的全时活力问题，同样显示中山公园、徐家汇最高而陆家嘴最低，结论表明复合度与全时活力呈正相关。

在对群体行为的研究上，首先分析了支撑轨交站域基本活动的步行行为以及耐受性问题，指出外部环境刺激和出行目的会影响耐受性阈值；并分别对通勤、换乘、消费和休憩活动进行研究，将消费和休憩活动分为顺路型和目的型两种。由于不同使用者的人群类型、行为特点和需求不同，因此研究也归纳出轨交站域群体行为存在时间、地区和人群等三方面整体特征，最后基于使用者的生活行为链初步建立了相应的空间组合模块。

本章对轨交站域使用者和群体行为进行了初步研究，为后续的空间使用分布和绩效研究打下基础，以下将从这两方面进一步揭示轨交站域空间使用主客体之间的互动作用规律。

第 4 章　轨道交通站域空间使用的分布

伴随我国高密度大城市或特大城市的快速发展，以地铁为主的轨道交通成为解决城市低碳高效出行的重要方式，是这些城市发展到较高阶段的必然产物①，对城市土地和空间使用带来巨大影响，使站域逐渐产生特有的空间结构②分异现象；本章的空间使用分布研究就是对其特征加以认识，并在此基础上以“使用者需求—空间价值分布—功能空间分布—公共空间分布”为主线分析站域的空间使用分布规律，最后归纳典型类型。

4.1 轨交站点：站域空间使用的发动机

自 1863 年世界第一条用蒸汽机车牵引的地铁在英国伦敦建成后，至今轨道交通发展已有 150 多年的历史，站点周边区域伴随轨交引入，并主要依赖步行路径和公共空间将人流有序带向各活动目的地，特别是地下或地上二层空间基本不受地面交通的干扰；站点犹如人流发动机一样催生了各类空间尤其是地下空间在站域的成长，其发展清晰地呈现出站点对空间使用催化的 4 个主要阶段，也可初步推断未来站域空间使用发展的三大趋势。

4.1.1 结合轨交站点的空间使用早期探索

1. 轨交站点：城市人流发生源

城市由建筑和空间集聚在多“基面”上构成，人、物、资金或信息等“城市流”在各基面上不停运动，既有产生城市流的源点也有聚集城市流的目的地，于是形成若干城市流的集聚中心，或称为结节点③；人流发生源就是一种典型的结节点，它是能聚集产生大量人流并深刻影响周围城市空间发展的节点或区域，广义上包括交通节点、购物中心、中央 CBD 区、大型居住社区等④，由于区位、地形或交通等条件的差异，人流发生源在城市并非均匀分布。

---

① 陆锡明．亚洲城市交通模式［M］．上海：同济大学出版社，2009：24-27.

② Bourne（1982）对城市空间结构解释分为 3 个组成要素：第一，城市形态（urban form），可以定义为城市地区内那些固定要素（fixed elements）的空间构造；第二，城市的相互作用（urban interaction），是指人、商品物资以及信息知识在不同区位之间的流动；第三，规定前两者之间关系的一系列组织原则。Bertaud Alain（2004）对空间结构的考察总结了三方面的因素：建成区平均密度、密度剖面的梯度、日常的出行模式。转引自：韦亚平，赵民．都市区空间结构与绩效——多中心网络结构的解释与应用［J］．城市规划，2006，30（4）：10.

③“城市结节理论”将结节点定义为城市中那些具有聚集性能的特殊地段，轨交站点是城市中典型的结节点。引自：于洪俊，宁越敏．城市地理概论［M］．合肥：安徽科学技术出版社，1983.

④ 与“人流发生源”概念相对应的是“人流目的地”，从运动的角度看发生源和目的地本身可相互转化，本书将聚集人流的交通节点定义为“人流发生源”，而将那些满足特定人群需求的功能性空间或公共空间定义为“人流目的地”，如购物中心、中央 CBD 区、居住组团、市民广场等；每天大规模人流在这些节点或区域间穿梭流动，构成了丰富的城市生活。

轨道交通作为城市的重要人流发生源，每天大量人流从站点进出并在周围工作生活，比如上海人民广场站平均日客流量已达到 25 万～30 万人次；其次，轨交站点也对周围的空间结构和使用分布产生着重要影响，以地下空间为例，早期城市的地下空间主要以地下通道或独立的地下商业街为主，相互之间并没有太多联系，基本呈现各自独立的片段，随着轨道交通的快速发展，以站点为核心的周边区域大规模人流被激发，各层面空间特别是地下空间逐渐由碎片化状态转化为互通乃至发展成整体网络，并最终形成以站点带动站域、整合而成体系的发展趋势（Shelton 等，2013；韦恩·奥图等，2013）[①]。因此，轨交站点当之无愧地成为城市中最典型的“人流发生源”，比如香港九龙站就是一个功能混合、高密度、立体化的城市人流发生源（图 4-1）。

图 4-1　城市轨交站点

资料来源：http: //www.baidu.com

2. 结合站点空间使用的早期探索

1）轨道交通发展的 3 个主要阶段

轨道交通发展大致可分为 3 个阶段，1863 年第一条地铁在伦敦建成后缓解了当时已非常拥挤的城市地面交通，其后约 30 年间英国的伦敦和格拉斯哥、美国的纽约和波士顿、匈牙利的布达佩斯、奥地利的维也纳以及法国巴黎等 5 个国家 7 个城市先后建成轨道交通；第二阶段是 20 世纪 30 年代后，小汽车逐渐在英美等发达国家普及，公共汽车也因其灵活性及低费用等优势逐步取代了轨道交通，轨道交通发展缓慢，同时也伴随着带来了很多经济与社会问题[②]；因此第三阶段是在 20 世纪 60 年代后，英美

① 详见：（澳）Shelton Barrie, Karakiewicz Justyna, Kvan Thomas. 香港造城记：从垂直之城到立体之城［M］. 胡大平，吴静，译. 北京：电子工业出版社，2013.（美）韦恩·奥图，帕特里夏·亨德森. 公共交通、土地利用与城市形态［M］. 龚迪嘉，译. 北京：中国建筑工业出版社，2013.

② 以美国为例，到 20 世纪 20 年代末轨道交通几乎被完全取代，而对于小汽车的依赖带来了低密度的城市蔓延，居住区、商业区以及工业区纷纷走向郊区化，并逐渐出现城市中心区的衰落、税收外流以及社会隔离等经济与社会问题。

等发达国家开始反思对小汽车过度依赖带来的逆城市化、中心城衰败以及能源危机等问题，并通过多项法案引导城市交通向大容量轨道交通转向，轨道交通又重新进入快速发展时期，许多发达国家的大城市如纽约、华盛顿、芝加哥、伦敦、巴黎、柏林、东京、莫斯科等在这一时期开展了大量的轨交建设。

2）站域空间使用的早期探索

实际上，随着轨交带来大量人流资源，结合轨交站点的空间使用探索从未停止；纽约中央火车站的综合开发可以认为是最早将轨道交通、城市空间与建筑整合在一起的有益探索[①]，工程师 Wilgus 将 50 街以后的铁路站场垂直划分为两层铁路平台成为改变纽约城市发展的重要决定，这个扇形双层站场是 Park Avenue 上高层公寓和办公楼的地基，几十层的巨型建筑直接架在 100 多年前的钢柱和钢梁上，使得土地上空权（Air Right）与财产权分割交易；如果剥离中央车站的古典外皮，这是一个功能主义的钢骨架机器，在地面华贵的宫殿下隐藏着 4 层的巨型地下交通系统，散开的地下站场渐渐向北沿着 Park Avenue 收缩，在 97 街才从 Park Avenue 的地下回到地面（图 4-2）。

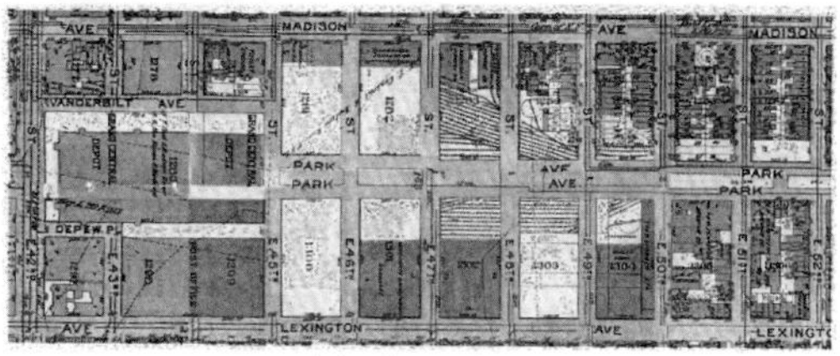

(a) 总平面图

(b) 剖面图

图 4-2　纽约中央火车站

资料来源：纽约中央火车站：一段城市地表的消弥史 .http: // www.douban.com/note/191326459.

20 世纪 30 年代以后虽然轨道交通发展放缓，但是面对现代城市环境的恶化和拥堵混乱，柯布西耶等早期建筑师也提出了结合轨道交通的城市发展构想，他在 1922 年草拟了一份 300 万居民的“当代城市”方案，将城市交通与巨构式的摩天大楼相结合，并结合摩天楼建造城市交通枢纽中心——中央车站[②]

① 项目位于纽约第 4 大道和 42 街的交叉口处，当时为满足几十个列车组同时调配，中央车站占了近 10 个街区，发展到 20 世纪初与 Park Avenue 平行的第 5 大道已成为纽约最黄金的地段之一，为了合理高效使用这一地段，中央铁路公司决定对中央车站及其周边站域进行综合改造。详见：纽约中央火车站：一段城市地表的消弥史 .http: // www.douban.com/note/191326459.

② 从地下至空中共分 5 层（另外包含 1 个夹层），地下三层为外省铁路线，地下二层为郊区铁路，地下一层为服务城市的地铁网络，地面层作为站厅层和公共空间，夹层是供汽车使用的快速高架干道，二层（平台层）是供出租飞机使用的机场，交通港四周布置超高层摩天楼，通过地面架空层和地下层与交通港相连，酒吧、餐馆和精品店等商业设施，宏大的文化广场和广袤的花园围绕在中央车站周边。详见：（瑞士）博奥席耶 W，斯通诺霍 O. 勒柯布西耶全集（第一卷，1910—1929 年）[M]. 牛燕芳，程超，译 . 北京：中国建筑工业出版社，2010：33.

（图 4-3），主要采用多层面垂直分层的做法，这是第一个由建筑师提出的城市和交通一体化垂直开发模型，对后来新陈代谢派、库哈斯、MVRDV 等学派和大师的城市设计思想产生了深刻影响。

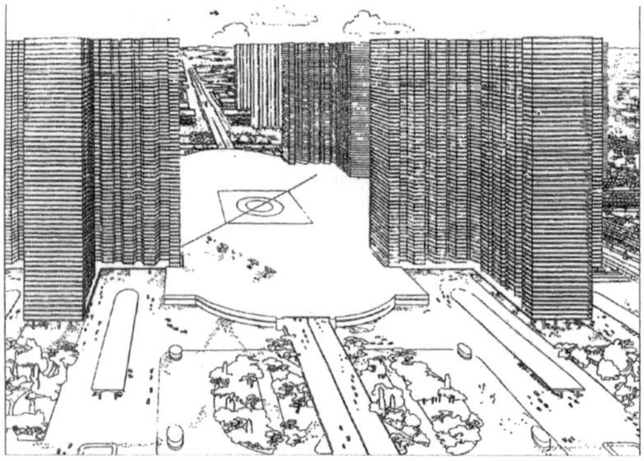

图 4-3 “当代城市”的中央车站模型

资料来源：（瑞士）博奥席耶 W，斯通诺霍 O. 勒柯布西耶全集（第一卷，1910—1929 年）[M]. 牛燕芳，程超，译. 北京：中国建筑工业出版社，2010：33.）

20 世纪 60 年代轨道交通又迎来新的发展阶段，以日本为例，随着经济发展和社会变革等原因，东京等大都市开始走向扩张，人口大量向城市集聚，最终达到了饱和状态并引发局部拥挤，在此背景下新陈代谢派应运而生①，并进行了大量理论探索和部分实践，如丹下健三的东京湾规划、菊竹清训的海上城市、黑川纪章的空间城市和桢文彦的群造型等。其中新宿车站是由桢文彦和大高正人提出的构想，他们在铁路上方运用巨大的混凝土人造地面建造一个平台，并以此为活动基面建设商场、娱乐广场和办公大楼等，而平台下方则是围绕站点聚集的高速路、停车场、站点等市政公用设施，平台周边通过高架坡道和城市连为一体，该项目对当前很多结合轨道交通车辆段的上盖物业开发具有重要影响（图 4-4）。

图 4-4 日本东京新宿车站

① 该运动主要由丹下健三指导，包括菊竹清训、桢文彦、黑川纪章等大批建筑学者，他们主张建构一种城市的生长机制而非最终形态，即城市可以遵循某种特定模式持续增长；他们讨论了利用基础设施等公共财产构成城市的主体结构，而私人空间则自由建设在人造地面上，这是新陈代谢派的核心思想，该学派的大多数构想都包含了人造地面和其上的各类空间使用。详见：（美）林中杰. 丹下健三和新陈代谢运动——日本现代城市乌托邦 [M]. 韩晓晔，丁力扬，张瑾，等译. 北京：中国建筑工业出版社，2011.

以上对轨道交通的主要发展阶段以及站域空间使用的早期探索活动进行了简要回顾，虽然这里面的大部分构想并没有变成现实，但正是由于这些有益的探索，使得70～80年代后轨道交通周边区域的空间使用实践变得更为多元与成熟，以下进一步探讨在轨交人流效应影响下对空间使用的催化过程。

4.1.2 轨交人流对站域空间使用的催化过程

伴随着轨交站点这个重要人流发生源的出现，依赖站点的大规模人流效应，围绕站点周边的空间使用现状逐渐呈现出新的分布特征，这种影响甚至可以扩大到整个城市街区层面；一般而言它对周边地区多层面空间使用的催化过程呈现出4个不同阶段，也基本形成不同的整体空间分布结构（图4-5）[①]。

1. 以步行为核心的交通环境和多层次换乘体系的建立

轨交站点引入后首先影响周边区域的交通环境，步行化逐渐成为区域交通环境的核心特征，舒适高效且不受机动车干扰的步行环境是站域建设的基本条件，在此基础上不

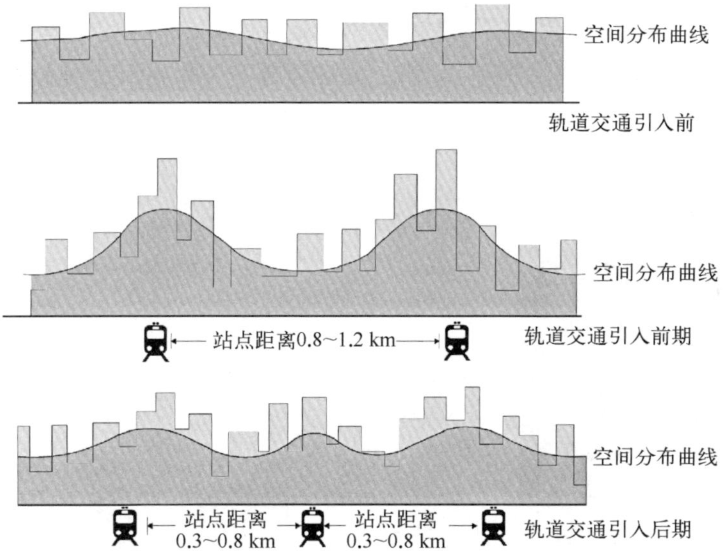

图4-5 轨道交通引入对城市空间分布的影响示意图

① 对上海核心城区各轨交站点之间的直线距离调研后发现，目前大部分站点之间的直线距离在1 km左右，在上海的市级公共活动中心区轨交发展较成熟的区域，站点直线距离已经达到0.5 km左右，其中最近的上海图书馆和衡山路两站之间仅0.3 km；因此，这里取0.8～1.2 km和0.3～0.8 km两个区间。

同交通工具（不同机动速度）之间的转换得以实现，逐步形成区域的换乘体系，换乘成为该阶段交通空间尤其是地下空间的主要活动。

特别在与轨交站点关系密切的地下公共空间中，以站点为中心延伸出的若干步行路径与周边各功能空间相互联系，换乘体系的连接点或转换点往往是地上地下之间的中介和过渡空间，同时也是城市公共活动的聚集地，包括半地下广场、城市中庭等多种类型；比如上海五角场站通过一个椭圆形半地下广场作为组织换乘活动的中介空间，连接了站点与周边的万达广场、百联又一城等功能节点，使得轨交人流既能够有序流向目的地，它本身也成为城市公共生活的重要场所，在周末往往有大量市民或部分商家在此聚集，呈现出丰富多彩的户外公共活动（图 4-6）。

2. 小型灵活的服务性商业和日常消费活动逐渐增多

在简明高效的城市步行环境和便捷的换乘体系建立后，一些小型灵活的服务性空间伴随着换乘体系见缝插针地结合起来，同时在这些步行通道上依托界面产生的媒介（如电视墙等）传播也逐渐增多（图 4-7），进而在一些可达性较高的公共路径和节点上出现了较大面积、能够吸引人群停留下来进行餐饮、零售购物等顺路型消费空间，如小型商业网点、营业厅、商业街等；于是结合换乘的一些顺路型消费活动在站域中呈现增长趋势，特别是地下大规模人流进一步促进了这些业态在站域的地下化分布趋势，在靠近站点的区域，小型零售等消费业态结合各种地下公共空间引导人流的进入和使用（图 4-8）。

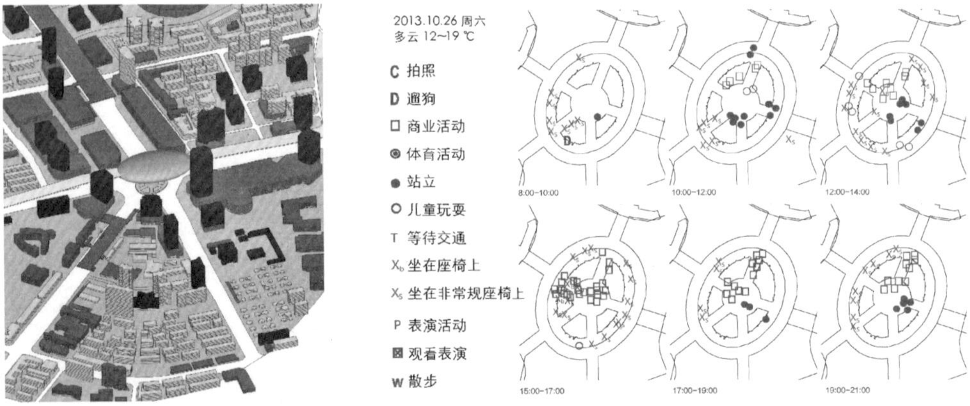

(a) 空间示意图　　　　(b) 周末活动调查

图 4-6　上海五角场站下沉广场
资料来源：课题组

图 4-7　上海徐家汇站地下的商业信息传播

图 4-8　上海打浦桥站地下的小型零售空间

3. 与公共生活密切的城市功能群相继在各空间层面展开

当小型灵活的商业业态和日常性消费活动增多后，区域的商业氛围得到改善，城市活力进一步提升，于是一些对大规模人流敏感且依赖性强的综合商业功能也紧随而来，在轨交站点周边和地下区域布局甚至形成专门针对轨交目的人流的特定消费空间，如地下综合超市和中高档百货等，轨交反而成为它们的重要到达工具，同时各种写字楼、休闲娱乐、商务型酒店甚至艺术中心等与公共生活密切关联的功能也逐渐在站点各层面展开；伴随着多层面的空间使用，使得一些大型商业综合体开发更趋于向地下发展，甚至延伸到地下 3～4 层，把地下商业街、下沉广场等公共节点逐渐连接起来并形成网络，这一阶段站域的开发强度大大增加、城市活动进一步丰富、空间使用绩效也获得较大提升。

比如毗邻上海 10 号线新天地站的新天地时尚广场，它的商业部分共 4 层，其中有两层位于地下，在负二层设置了综合超市，在负一层形成 3 层通高的室内步行街，并有机地连接了站点地上和地下空间，市民可以通过这个立体步行街方便地到达北侧的新天地南里、北里休闲区。加拿大多伦多的伊顿中心，其内部结合轨交换乘体系的城市中庭也成为站域的重要公共空间节点（图 4-9、图 4-10）。

4. 地下空间网络逐渐形成并呈现双站或多站的区域网络效应

当以单个轨交站点为核心的空间体系逐渐形成后，伴随着城市活动的丰富以及市民新的空间需求，距离较近的两个或者多个站点之间产生进一步便捷换乘的需求，于是围绕单站点的空间网络通过步行路径的连接而逐渐整合成更大区域的地下空间

图 4-9　上海新天时尚广场室内步行街

图 4-10　加拿大多伦多的伊顿中心

网络（Zacharias 2007）[①]，以换乘网络为核心的双站和多站的区域网络效应对整个地区空间使用发展逐渐起到决定性的引领作用。

特别是在那些比较成熟站域的地下空间开发中，随着人流的大量出现，地下不再仅仅是原有纯粹交通或者辅助的空间，城市公共活动开始不再局限于地面，一些休憩、消费或服务活动逐渐转移到地下空间网络中，地下活动人流占站域总人流的比重甚至超过地上人流，比如日本东京银座地下空间人流占总体人流的比例达到约 44%，池袋达到 58%，新宿为 69%；大量人流也带动了站域内地下空间的深层次开发，地下空间的单位面积营业额往往高于地面，如银座地下和地上营业额比值为 1.1 ∶ 1，新宿为 1.2 ∶ 1[②]。中国台湾地区台北地铁站的地下商业城同样如此，它位于三条城市主干道的地下，连接着丰达、中山和台北车站 3 个站点，每天大量人流在地下商业城购物、聚餐等，地下层商业面积和人流活动量远远高于地面层（图 4-11、图 4-12）。

① 详见：Zacharias J. 地下空间规划的决策支持系统［J］. 汤芳菲，译 . 国际城市规划，2007，22（6）：11-15.

② 详见：日建设计站城一体开发研究会 . 站城一体开发：新一代公共交通指向型城市建设［M］. 北京：中国建筑工业出版社，2014.

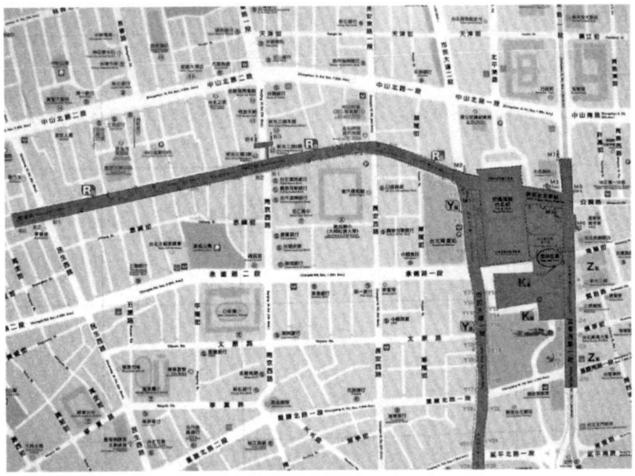

图 4-11　台北车站轨交站域地下商业城总平面

图 4-12　台北车站轨交站域地下步行商业街

4.1.3　由轨交站点催化的空间使用发展趋势

伴随着轨交人流对站域空间使用的 4 个主要催化阶段，未来这些人流在影响和刺激对人流敏感的功能空间（如商业、办公等）和（准）公共空间节点过程中，空间使用将会呈现三方面主要发展趋势。

1. 以商业、办公等为主的功能组群“复合化”

轨交站点的引入使得周边土地（空间）价值上升，特别是吸引了那些高度依赖轨交人流的空间开发，逐渐导致站域周边的功能构成趋向于复合化，尤其凸显出以办公商业为主，娱乐、商务酒店和公寓等为辅的多功能组群（Function-group）发展趋势。

比如上海静安寺站域伴随着轨交 2 号线和 7 号线的引入，功能进一步复合，在原有南京西路以商业休憩为主的基础上，逐渐形成以久光百货、嘉里广场、越洋广场、会德丰写字楼等为主的办公商业功能组群，同时还包括了静安寺、静安公园等城市公共空间，使得区域使用者涵盖就业者、当地居民、消费者、城市游客等多种群体，因而城市活动也更加多样复合化（图 4-13）。

2. 以车站为核心、多产权协作与多要素整合的“一体化”

随着轨交站域交通和服务区位的提升，地块之间和地下开发不再各自为政，而是要兼顾市场、交通和活力等多方面因素，逐渐催化出以车站为核心，地下空间与地上空间、市政交通与建筑景观、功能空间与公共空间的多要素（Multi-project）整合的一体化趋势，以公共空间为例，多要素整合的一体化趋势主要体现在三方面。

一是伴随着部分私人开发地块开放性的增强，促使了准公共空间的增多，一定规模的准公共空间对市民限时开放，会同时有利

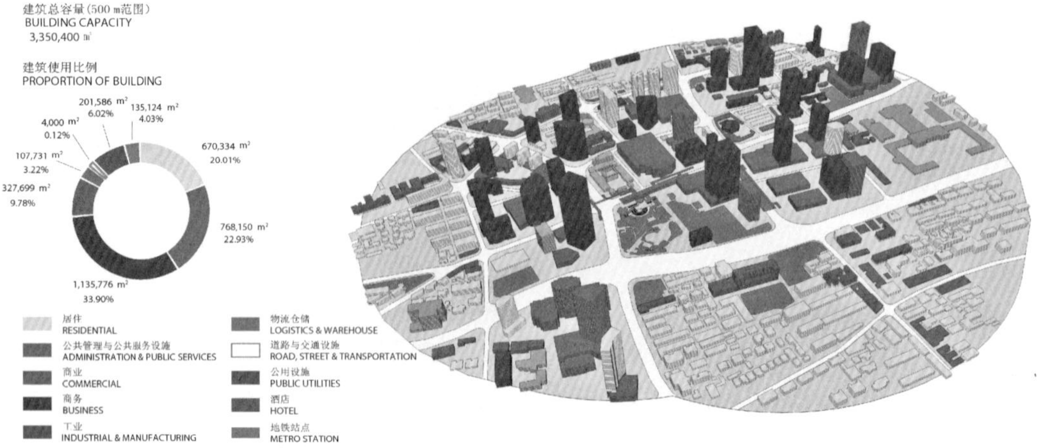

图 4-13　上海静安寺轨交站域空间使用的功能组群构成与分布
资料来源：课题组

于两者使用绩效的提升；比如上海陆家嘴国金中心的下沉广场与苹果旗舰店、国金中心地下商场统一规划，使得城市空间与地下商场有机结合，有效避免了周末该区域空间活力的下降（图 4-14）。

二是体现在垂直层面空间的有机结合，通过公共空间与功能空间的叠合进一步挖掘轨交站点周边空间的使用价值，比如上海 2 号线、7 号线换乘的静安寺站下沉广场区，在下沉广场的上部是静安公园，而公园下部则为伊美地下商业广场，这大大提高了城市中心区土地和空间的使用效率，也将不同类型的城市活动有机融合（图 4-15）。

第三方面体现出伴随不同功能组群的

图 4-14　上海陆家嘴国金中心下沉广场

图 4-15　上海静安寺站下沉广场
资料来源：卢济威. 城市设计机制与创作实践［M］. 南京：东南大学出版社，2005：34.

图 4-16　法国雷・阿莱半地下商业广场

使用者需求差异，公共空间与功能空间的匹配度增强，比如在商业主导的轨交站域，公共空间以室外休闲广场、地下中庭、地下步行街等为主，公共空间规模也能够满足大量人群的集散，它不仅作为交通转换点更成为城市公共生活的场所；法国的雷・阿莱半地下商业广场就结合了城市中心区商业组群的使用者行为和空间需求，为他们的日常活动提供了大量尺度适宜、环境舒适的户外场所（图 4-16）。

3. 以多层面步行路径为纽带的公共空间“体系化”

随着轨交站域步行为核心的交通环境和多层次换乘体系的建立，以步行路径为纽带，通过步行活动的串联使得购物广场、市民中心等内部对市民限时开放的准公共空间进一步得到联系，这些公共空间也成为步行路径的有机组成部分，逐渐呈现出以多层面步行路径和公共空间节点为核心骨架的公共空间体系化（Public Network）趋势，并依据这一趋势带动整个站点区域地下地上功能空间的整体设计和分步开发。

比如在上海五角场-江湾体育场轨交站域中，以五角场站和江湾体育场站两个站点之间换乘体系为基础形成了多层面步行网络，使得周边百联又一城、万达广场、苏宁电器、东方商厦和合生汇国际广场内部的准公共空间联系更加紧密并形成网络，该网络与周边功能空间形成“体系化”发展趋势，逐步推进五角场区域功能性空间地上地下整体开发的局面（图 4-17）。

总之，从国内外轨交站域空间使用的发展经验来看，功能组群复合化、多要素一体化和公共空间体系化将会是我国大城市中心区轨道交通站点区域空间开发和再开发的必然趋势，也将深刻地影响着城市管理和决策，更需要通过城市设计来整合建筑学、地下工程、城市景观、城市交通等多学科领域，形成无缝合作的设计团队，创造高密度、高效能的紧凑型站点区域。

4.2　上海核心城区样本站域空间使用的分布特征

以上从城市空间资源高效使用和发展绿色公共出行的视角，归纳了高密度大城市中心区轨交站域空间被催化的 4 个阶段，并初步推断了未来站域空间发展的三大趋势；以下将结合上海核心城区 10 个重点样本站域的实证调查，并借助 SPSS 软件进一步对轨交站域空间使用的结构性分布进行数理分析。

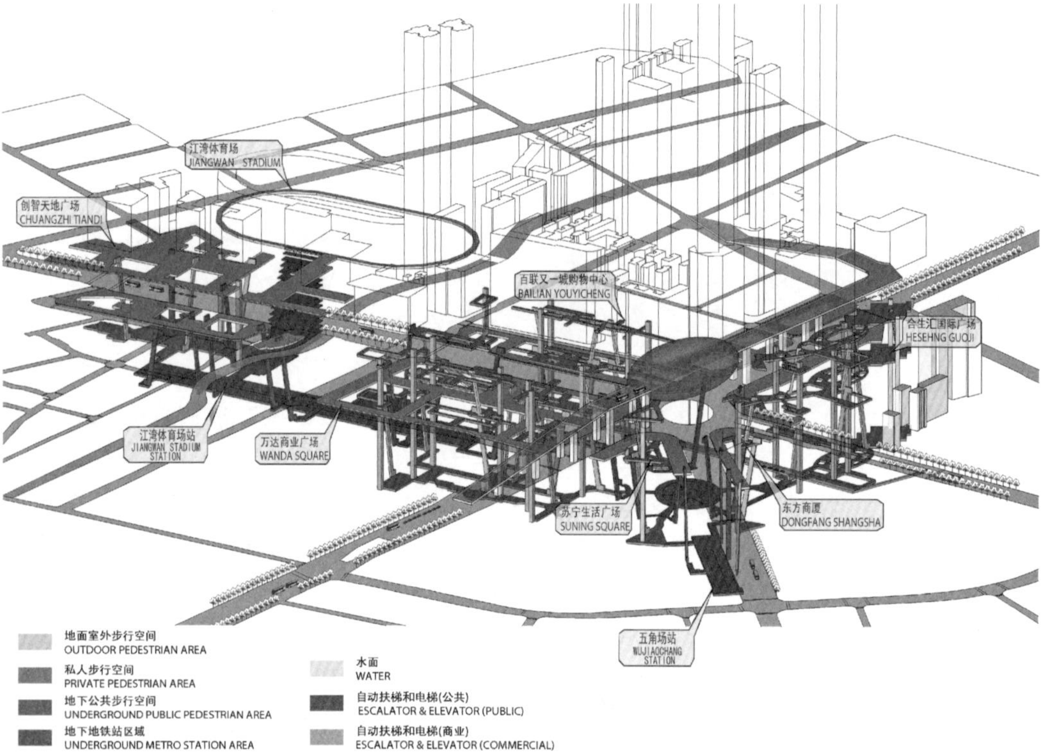

图 4-17　上海五角场–江湾体育场站域的多层面步行网络分析
资料来源：课题组

4.2.1　功能空间的结构性分布特征

1. 功能组群构成

1）地上空间的功能构成调查

基于现场调研整理出 10 个样本站域地上空间组群的功能构成比例（图 4-18），初步可以看出：① 这些站域以居住和办公作为主导功能，并包含了商业、酒店、公共管理和公共服务设施等多种空间类型，复合程度较高；② 10 个站域中，虽然居住空间比重最大的站域占到 6 个，办公空间比重最大的仅占 4 个，但是如果将办公和商业作为公共性功能合并统计，则商办比重最大的占到 7 个，由此可以看出这些站域逐渐形成了以商办为主的功能空间组群。以上探索性观察基本证实了轨交站域空间使用发展的“复合化”趋势。以下将进一步从地上、地下功能构成及其多层面分布等三方面进行详细分析。

2）地上空间的功能构成分析

将 10 个站域的地上空间功能构成比例进行比较（图 4-19）可以看出：① 不同功能构成比例的均值中居住和办公比例最大，

超过30%；其次是商业，为16.4%；比例最小的酒店空间仅有6.3%；其他类型平均占到9.0%，这表明样本站域空间组群是由居住和办公为主的复合化功能组群构成；② 虽然数据显示出居住所占比例最高，但办公比例也只比它低约6%，二者已经非常

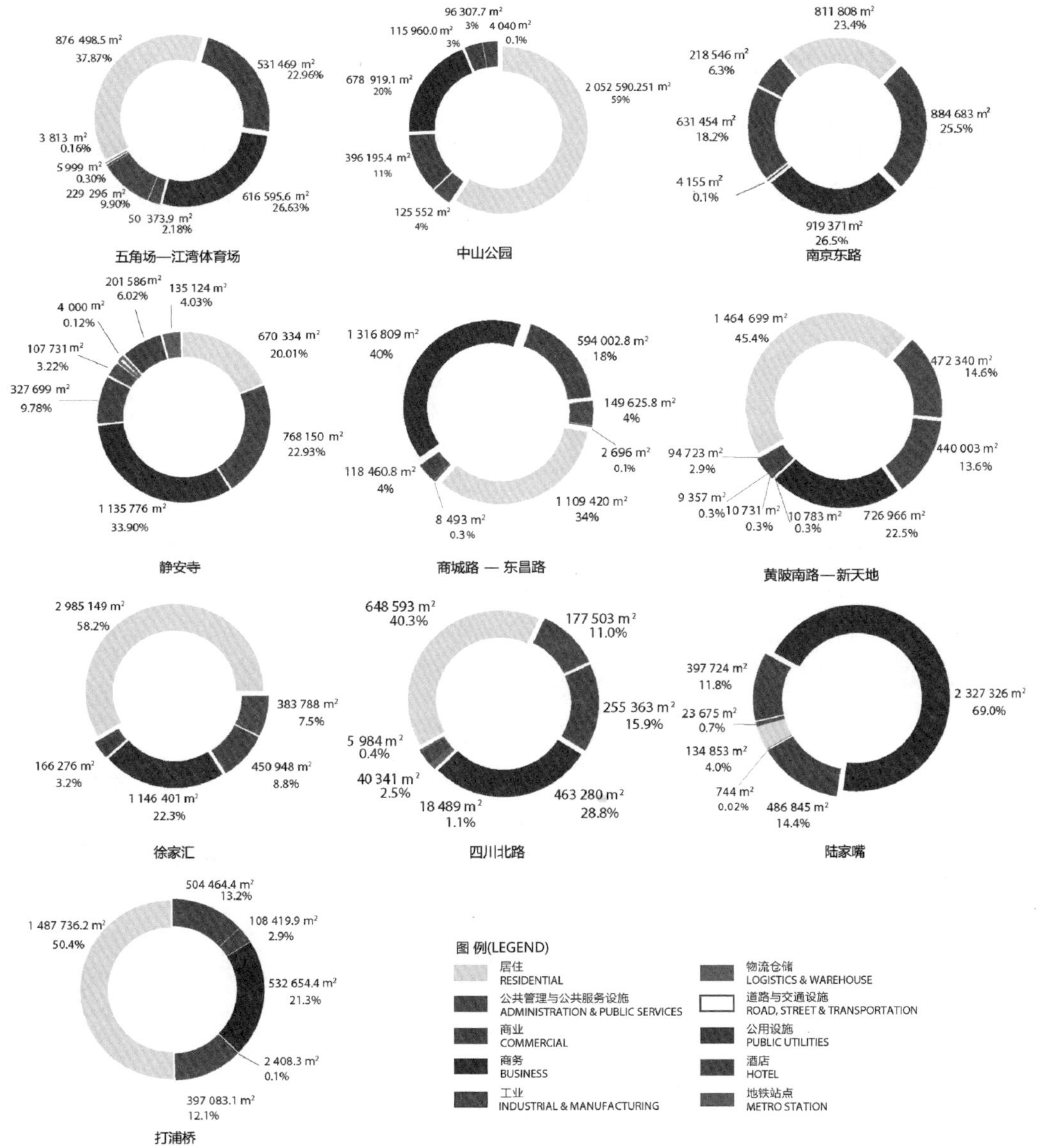

图 4-18　样本站域的地上空间功能构成调查

资料来源：课题组

接近，显示出以商业和办公为主的公共功能组群成为站域的主导功能；③ 不同类型空间在组内进行同比，可以看出不同站域中商业比例的波动幅度不大，而办公和居住由于站域不同呈现较大差异，比如陆家嘴的办公比例远大于其他 9 个站域。

3）地下空间的功能构成分析

对 10 个站域地下商业和公共停车空间开发强度（毛容积率）[①]进行统计（图 4-20）后可以看出：① 地下公共性功能空间达到约 0.15 的开发强度；② 商业和停车空间的平均开发强度分别为 0.04 和 0.11，约为 1 ∶ 3 的构成关系；③ 对于商业和停车空间在组内进行同比，可以发现打浦桥站域和五角场-江湾体育场站域的地下商业开发强度更大，反而那些相对靠近市中心的站域（如南京东路、静安寺）地下商业的开发强度偏小，地下公共停车开发强度呈现同样类

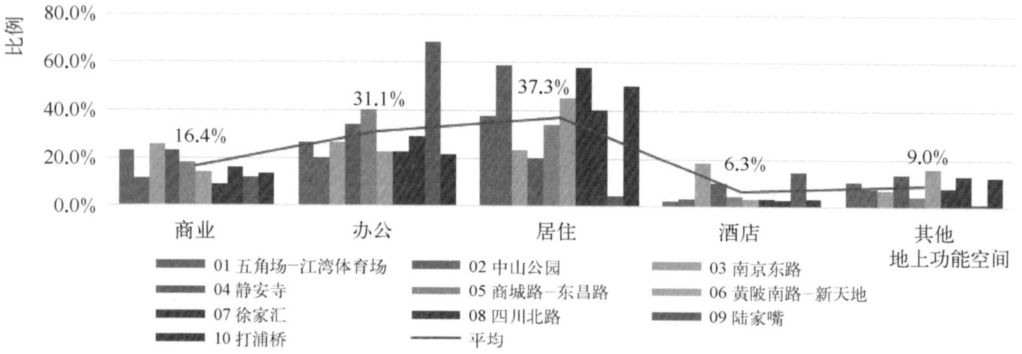

图 4-19　样本站域的地上功能构成现状分析

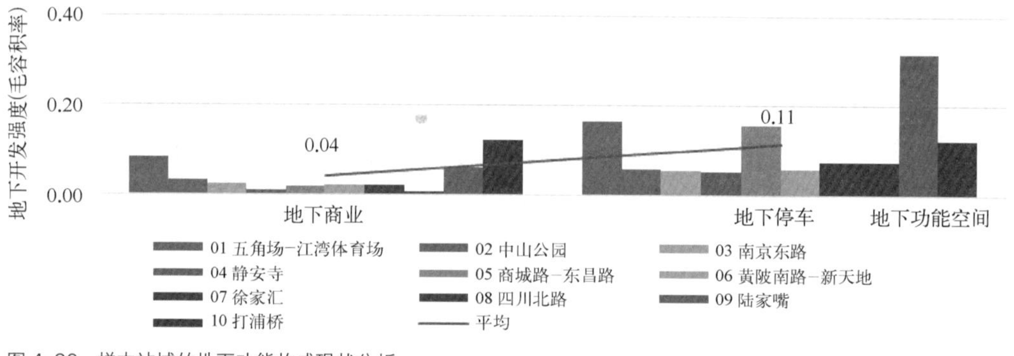

图 4-20　样本站域的地下功能构成现状分析

① 初步调查后发现，轨交站域地下公共性功能空间主要集中在商业空间和公共停车场上，因此对地下空间实证分析仅统计这两类，那些不对外开放的地下停车场不做统计；由于数据采集的是部分地下空间进行分析，因此研究采用地下开发强度（地下毛容积率）作为分析指标，而不采用各功能的相对比例。

似的状况，越是发展成熟的地区其开发强度越小。

4）功能构成的分布分析

将样本站域不同水平圈层的功能构成均值进行统计（图 4-21）后可以看出：① 在靠近站点的圈层区域（0～100 m）其办公和商业比重较大，比例排序从高到低为办公 > 商业 > 居住 > 酒店空间；② 而在远离站点的圈层区域（400～500 m）其居住空间显著增加，商业比重显著减小，其比例排序从高到低为居住 > 办公 > 酒店（商业）空间；③ 其比例构成相对均衡的区域在 200～300 m 圈层，其商业、办公和居住的比例最为接近。

垂直层面的功能构成分布进行统计（图 4-22）后可以看出：① 在高层区办公所占比重最大而商业最小，比例排序从高到低为办公 > 居住 > 酒店 > 商业空间；② 而近地面层区的构成中居住空间所占比重最大，其次为商业，比例排序从高到低为居住 > 商业 > 办公 > 酒店空间；③ 在地下商业空间的开发比重加大，占到公共性功能空间的 1/3 左右。

5）比较与讨论

（1）关于样本数据的方差分析

实证结果基本表明空间构成比例或地下开发强度构成呈现出较显著差异性，证实了站点催化下轨交站域空间使用的复合化趋势；这里进一步通过 SPSS 分析软件对商业、办公、居住和酒店等空间的构成比例进行方差检验①，讨论其统计学意义（表 4-1、

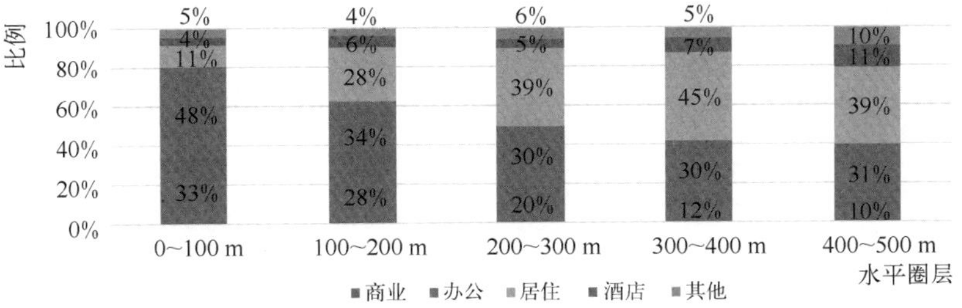

图 4-21　样本站域水平层面功能构成的分布分析

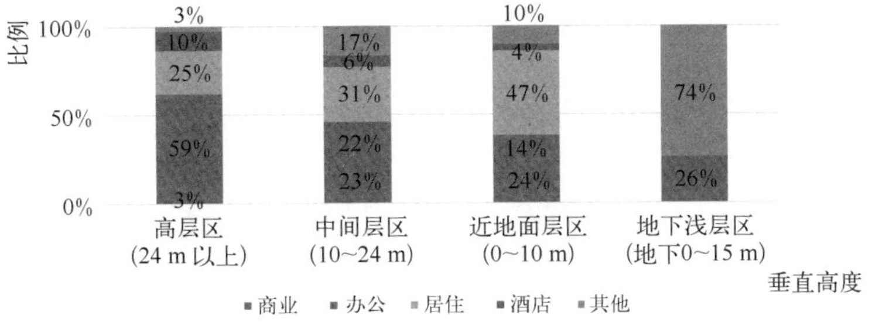

图 4-22　样本站域垂直层面功能构成的分布分析

① 检验过程中将超时超域也作为一种特定类型。

表 4-2)。结果表明地上各功能空间比例的方差显著性 *sig* 值为 0.000，*F* 为 15.212，*sig* 值 <0.01、*F* 值大于 1，因此样本数据具有统计学意义；地下商业和公共停车空间开发强度的方差分析其显著性 *sig* 值为 0.018，*F* 为 6.969，*sig* 值 <0.05、*F* 值大于 1，同样具有统计学意义。

表 4-1　地上功能构成比例的单因素方差分析（ANOVA）

	平方和	*df*	均方	*F*	显著性
组间	0.743	4	0.186	15.212	0.000
组内	0.550	45	0.012		
总数	1.293	49			

表 4-2　地下开发强度的单因素方差分析（ANOVA）

	平方和	*df*	均方	*F*	显著性
组间	0.013	1	0.013	6.969	0.018
组内	0.029	16	0.002		
总数	0.042	17			

（2）功能组群构成及其分布特征小结

对轨交站域多层面的功能组群构成状况进行了初步分析后表明：在地上空间中商业在不同站域中的比例变化幅度较小，基本维持在 15%～20%，受到外部其他因素影响较小，而其他功能特别是居住和办公由于区域不同导致变化幅度较大；在地下无论是商业还是停车空间，处于城市中心发展相对成熟的区域（如南京东路、静安寺）相比前期发展不够成熟并进行整体开发的区域（如五角场-江湾体育场、打浦桥）其地下开发强度偏小，初步分析主要是由于现状和产权等方面的原因，越是发展较早且成熟的区域地下开发难度越大；功能构成分布在水平层面上呈现差异，靠近站点的圈层区以商业和办公为主，而远离站点的圈层中居住比重显著增大，商业比重显著减小，在垂直层面上高层区以办公占最大比重，近地面层区则以住宅和商业比重较大。

2. 总体开发强度①

1）总体开发强度调查

轨交站点引入大量人流导致空间价值进一步提升，使得在城市宏观层面上站域总体开发强度高于其他区域，并围绕站点形成整体的结构性分布特征②，在对 10 个样本站域总体开发强度及其分布（图 4-23）调查后可以看出：① 其均值的取值范围在 1.5～3.0 之间；② 强度分布上大部分并非

① 开发强度指地区开发总量与建设基地总面积的比值，以容积率为控制指标，容积率指建筑物地面以上计容建筑面积总和与建筑基地面积的比值。引自：上海市规划与国土资源管理局．上海市控制性详细规划技术准则［S］，2011：4. 本书的总体开发强度即指轨交站域 500 m 范围内的容积率。

② 第二轮调查对样本站域总体开发强度的 3 种典型分布进行初步归纳：（a）上升趋势，随着与站点距离增加开发强度增加，如宝山路站、中兴路站等 4 个站点，占到 27%左右；（b）下降趋势，随着与站点距离增加开发强度减小，如马当路站、花木路站等 6 个站点，占到 40%左右；（c）U 形趋势，中间低两边高，距离站点最近的区域和最远的区域容量接近，而强度最低区域分布在整个站域范围的中部，比如东宝兴路、江浦路等 5 个站点，占到 33%左右，但总体而言以下降趋势为主。

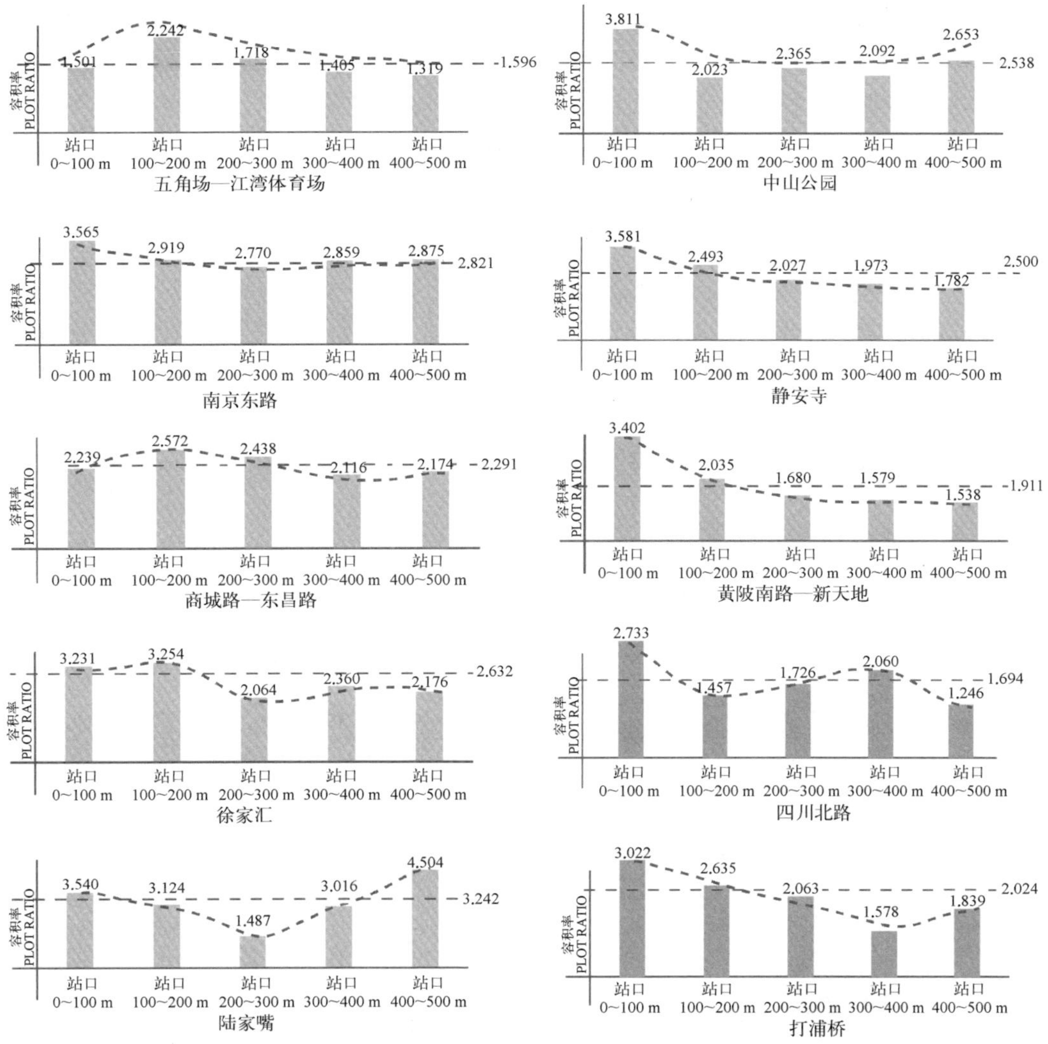

图 4-23　样本站域的总体开发强度及其分布

资料来源：课题组

是标准的圈层递减分布趋势，而表现出各种U形变化，以下将对这两方面进行详细分析。

2）总体开发强度与日均客流量的比较

一个城市区域的开发强度取值受到诸多复杂因素的影响，如经济、交通、政策等，对于轨交站域同样如此；但是，既有文献的分析初步表明站点引入后对周边开发强度产生了显著影响，详见第2.1.3节，由于轨道交通站点作为城市重要的人流发生源，相对而言交通因素的影响所占权重较大，课题组初步发现轨交网络和车行网络对开发强度的影响较大，Calthorpe 等（2014）[①] 也在 TOD 设计的八项原则中指出需要“根据公共交通容量确定城市密度”；因此，本书尝试相对定量地分析日均客流量与站域开发强度的影响关系，初步观察后看出：总体开发强度与日均客流量（实测）在变化趋势上呈现较强的正相关性，即站点日均客流量越大的轨交站域总体开发强度也越大（图 4-24）。

3）水平层面的分布分析

对水平层面[②] 10 个站域的总体开发强度均值分布统计（图 4-25）后表明：① 分布并未完全呈现出随圈层距离增加强度逐渐减小的递减分布趋势，而是在 200～300 m 形成一个拐点，在 0～200 m 范围内越靠近站点的区域其强度越高，然后 300～500 m 区间的强度又呈略微上翘趋势；② 其次通过折线斜率变化可以看出，无论是上升段还是下降段，随着与站点的水平距离的增加其变化幅度逐渐递减，说明随距离增加总体开发强度变化受站点的影响逐渐减小。

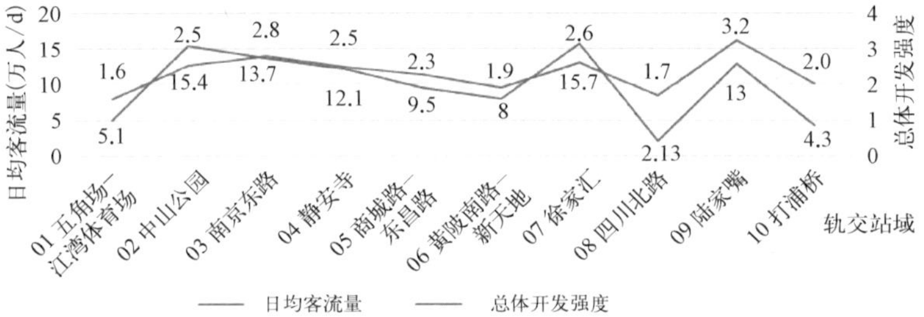

图 4-24　样本站域的日均客流量与总体开发强度比较

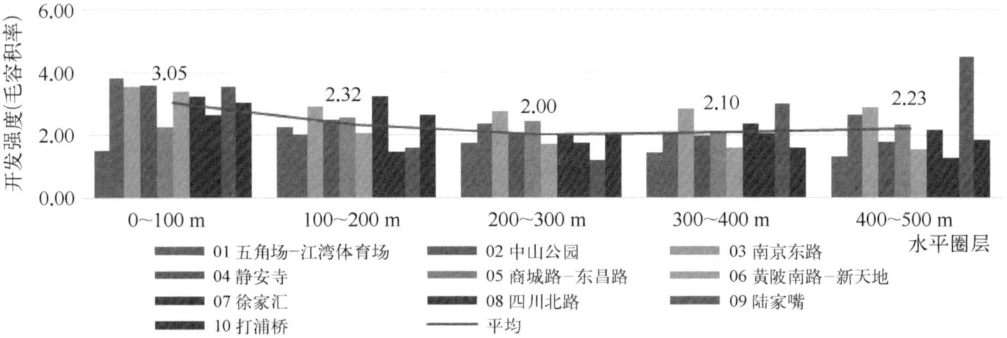

图 4-25　样本站域总体开发强度的水平分布分析

---

① 详见：（美）彼得 · 卡尔索普，杨保军，张泉，等 .TOD 在中国——面向低碳城市的土地使用与交通规划设计指南［M］. 北京：中国建筑工业出版社，2014：35.

② 水平层面的总体开发强度分析仅限定在地上空间部分，对地下空间的商业暂不做讨论。

4）垂直层面的分布分析

对垂直层面[①]10个站域的总体开发强度均值分布统计（图4-26）后表明：① 近地面层区（0～10 m）的开发强度最高，高层区和中间层区的开发强度变化幅度较小，前者略大于后者，地下浅层区也有0.15左右的公共性空间开发强度；② 其次通过折线斜率可以看出，随着离开站点的垂直距离增加其变化趋势逐渐递减，同样表明随离开近地面层距离增加开发强度变化受站点的影响越小。

5）比较与讨论

（1）基于客流量的总体开发强度取值模型

以上初步对日均客流量和总体开发强度的关联性进行了探索分析，这里再通过SPSS软件进行相关和线性回归分析，推导函数方程模型；并在此基础上选取核心城区其他15个站域进行验证，将基于日均客流量计算的开发强度与调查获得的实际开发强度进行比较，来讨论方程的适用性（图4-27）。

通过SPSS软件对两个变量进行相关分析（表4-3），结果显示Pearson相关系数为0.833，显著性（双侧）为0.003，表明总体开发强度与日均客流量在0.01水平（双侧）呈现显著正相关。

表4-3 日均客流量与总体开发强度相关性分析

		日均客流量	总体开发强度
日均客流量	Pearson相关性	1	0.833**
	显著性（双侧）		0.003
	N	10	10
总体开发强度	Pearson相关性	0.833**	1
	显著性（双侧）	0.003	
	N	10	10

** 在0.01水平（双侧）上显著相关。

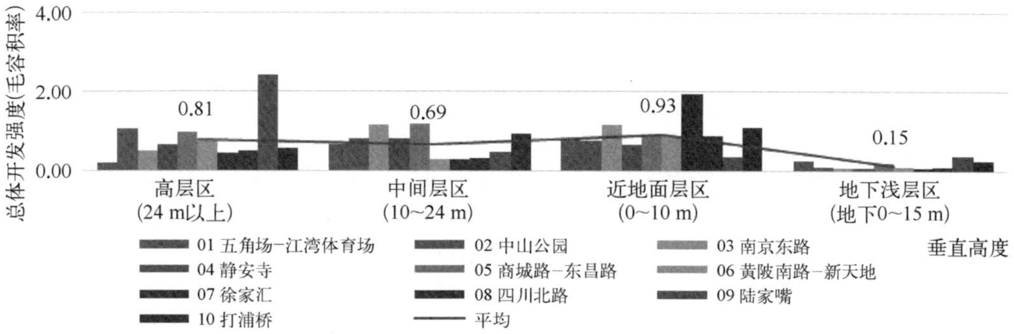

图4-26 样本站域总体开发强度的垂直分布现状分析

① 垂直层面分析的地下空间包括地下商业和公共停车空间这两种公共性功能空间。

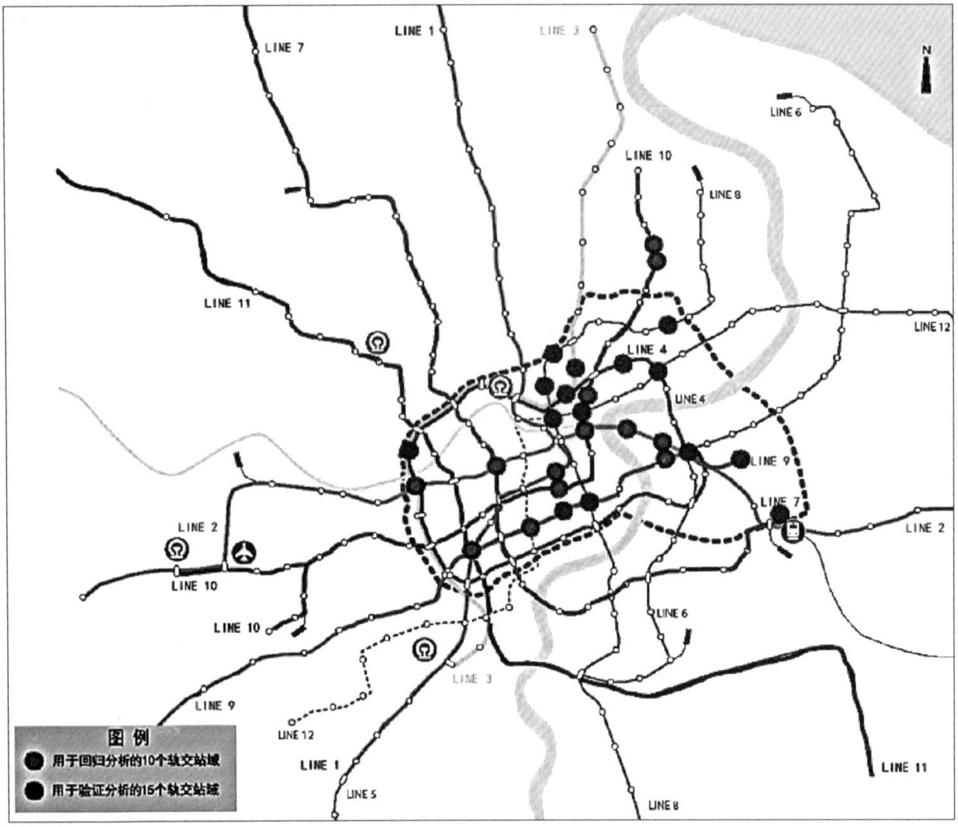

图 4-27　分析和验证的样本站域区位分布图

根据相关分析结果进一步对两者进行线性回归分析（表 4-4、图 4-28），从结果看其 R 方为 0.694，因此模型的拟合度较高，表明轨交站域的总体开发强度是日均客流量的线性函数，其关系式为：$Y = 1.438 + 0.090X$（Y 代表总体开发强度，X 代表日均客流量，单位：万人）。

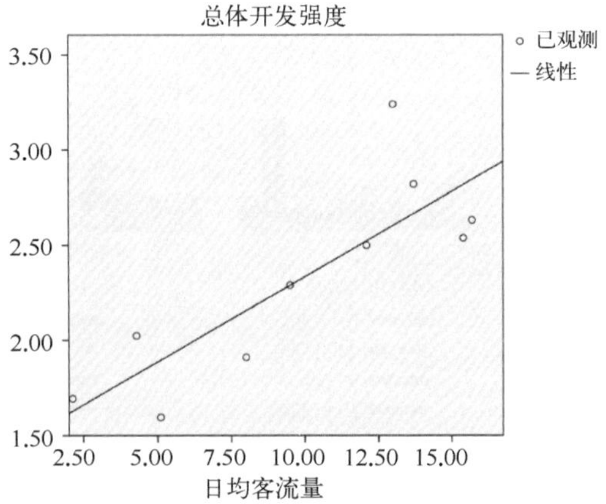

图 4-28　样本站域总体开发强度与日均客流量线性回归图

由于回归模型以上海 10 个轨交站域为基础，因此研究再借助初步调查中其他 15 个站域的数据对方程进行适用性检验，把基于轨交日均客流量所预测的总体开发强度与实际调查的开发强度进行对比（图 4-29）

表 4-4　模型汇总和参数估计值

方程	模型汇总					参数估计值	
	R 方	*F*	*df*1	*df*2	*Sig.*	常数	*b*1
线性	0.694	18.127	1	8	0.003	1.438	0.090

注：因变量为总体开发强度，自变量为日均客流量。

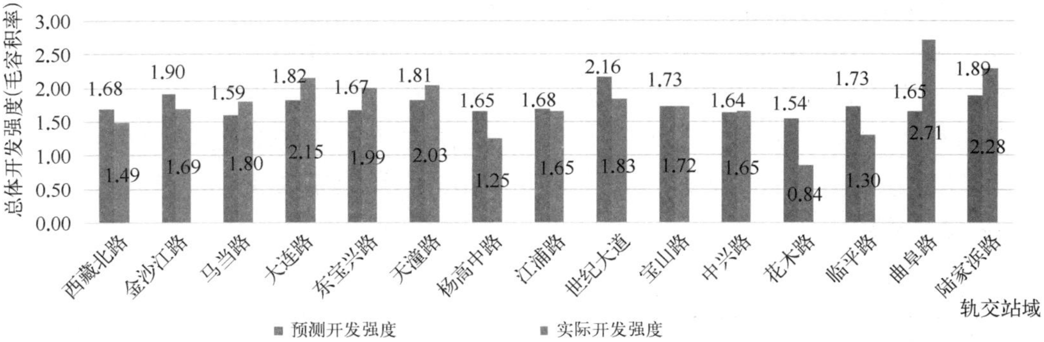

图 4-29　其他 15 个轨交站域的预测开发强度与实际开发强度对比图

后可以看出：① 通过函数方程求得的预测值和实际调查值吻合程度较高，除曲阜路外其余 14 个站域预测值与实际值之间的误差较小，准确率在 80%以上的站域为 11 个，约占到总样本的 73%，而宝山路和中兴路两者的强度误差值只有 0.01；② 预测值大于实际值的站域为 8 个，在一定程度上说明这些站域的开发强度仍然具有一定的发展潜力；③ 越靠近城市中心区且功能组群构成关系中较为混合的样本站域，其预测准确性高，如中兴路、天潼路站，而功能关系较为单一，特别是商业办公等公共性功能空间比重较小的站域，则其预测准确性偏低，如花木路站、曲阜路站；但总体看方程模型在上海核心城区的轨交站域中具有较强适用性。

本书在完成之际，结合新的数据对于该模型进行了补充验证和边际效应讨论，再次证明方程在上海核心城区的轨交站域内具有较强适用性（附录 C）。

预测值和实际值误差的原因主要可归纳为 3 点：① 部分样本站域在轨道交通引入后周边空间使用还没有结合站点充分开发，空间使用现状较为粗放，特别是部分站域对地下空间的使用不够充分；② 空间使用整体性不够，部分站域中相邻地块还存在较多各自为政的现象，也缺乏多层面的叠加整合，因此强度没得到有效提升，而这正是未来轨交站域在有限土地上获得更多开发强度的重要途径；③ 模型推导使用的 10 个站域是上海核心城区的重要发展区域，功能构成复合化程度高且规模更大，而用于验证的部分轨交站域虽然也位于核心城区，但其城市定位以及规模相对略小，功能空间组群构成也相对单一。

（2）关于总体开发强度分布的讨论

对样本站域总体开发强度在水平和垂直层面的分布均值进行方差检验（表 4-5、表 4-6），可以看出水平层面分布的方差其 *sig* 值为 0.009，*F* 为 3.826，*sig* 值 <0.01、*F* 值大于 1，因此样本数据具有统计学意义，垂直层面的方差其 *sig* 值为 0.001，*F* 为 7.483，*sig* 值 <0.01、*F* 值大于 1，数据同样存在统计学意义。

表 4-5　总体开发强度水平层面的单因素方差分析（ANOVA）

	平方和	*df*	均方	*F*	显著性
组间	6.932	4	1.733	3.826	0.009
组内	20.382	45	0.453		
总数	27.314	49			

表 4-6　总体开发强度垂直层面的单因素方差分析（ANOVA）

	平方和	*df*	均方	*F*	显著性
组间	3.738	3	1.246	7.483	0.001
组内	5.994	36	0.167		
总数	9.732	39			

（3）总体开发强度及其分布特征小结

研究推导了基于客流量的总体开发强度函数方程并进行了适用性验证，并通过不同距离下开发强度分布的方差检验表明，日均客流量是轨交站域总体开发强度的重要影响因素，并且线性回归方程具有较高拟合度；函数方程也表明每增加 1 万人的日均客流量，其总体开发强度可提高 0.09～0.1，反之，也可换算出轨交站域每增加 0.1 的总体开发强度，其日均客流量可提高 1.0～1.1 万人。而总体开发强度在站域水平和垂直层面的分布受到与站点距离的显著影响，水平层面是在圈层递减基础上尾部略微回升的变化趋势，而垂直层面上高层区和地下空间获得明显开发。

3. 功能空间分布

在前期探索性调查中已初步发现商业办公等空间分布的结构性分异现象①，研究进一步对轨交站域商业、办公、居住和酒店这 4 类典型功能空间的分布进行实证分析。

1）商业空间

对不同站域商业空间的水平分布进行现状整理（图 4-30a），初步发现 10 个样本中除陆家嘴以外，其余 9 个样本基本呈现圈层递减分布趋势；进一步进行均值分析（图 4-30b）后可以看出：① 商业空间围绕站点的分布呈现明显的圈层递减趋势，即越靠近站点的圈层开发强度越大，越远离站点其开发强度越小；② 从相邻圈层之间折线

① 第二轮的初步调查表明：（a）商业空间 15 个站点中 9 个站点呈现圈层递减分布趋势，2 个站点与之相反，另有 4 个站点容量分布较均匀；（b）办公空间有 6 个站点呈现圈层递增趋势，6 个站点呈圈层递减趋势，还有 3 个站点分布较均匀；（c）居住空间共有 12 个站点呈现圈层递增分布趋势，3 个站点呈与之相反的趋势；（d）酒店空间并没随站点距离变化呈现出明显趋势，分布较均匀，只有花木路和打浦桥路 2 个站点呈现容量下降的趋势。

变化斜率看，越靠近站点圈层之间的变化越大，远离站点的圈层变化趋势趋于平缓，说明随着距离的增加站点对商业空间分布的影响越小。

对不同站域商业空间的垂直分布进行现状整理（图 4-31a），初步发现 8 个样本地上基本呈现随高度增加显著递减的趋势，各样本地下开发强度差异较大；进一步进行均

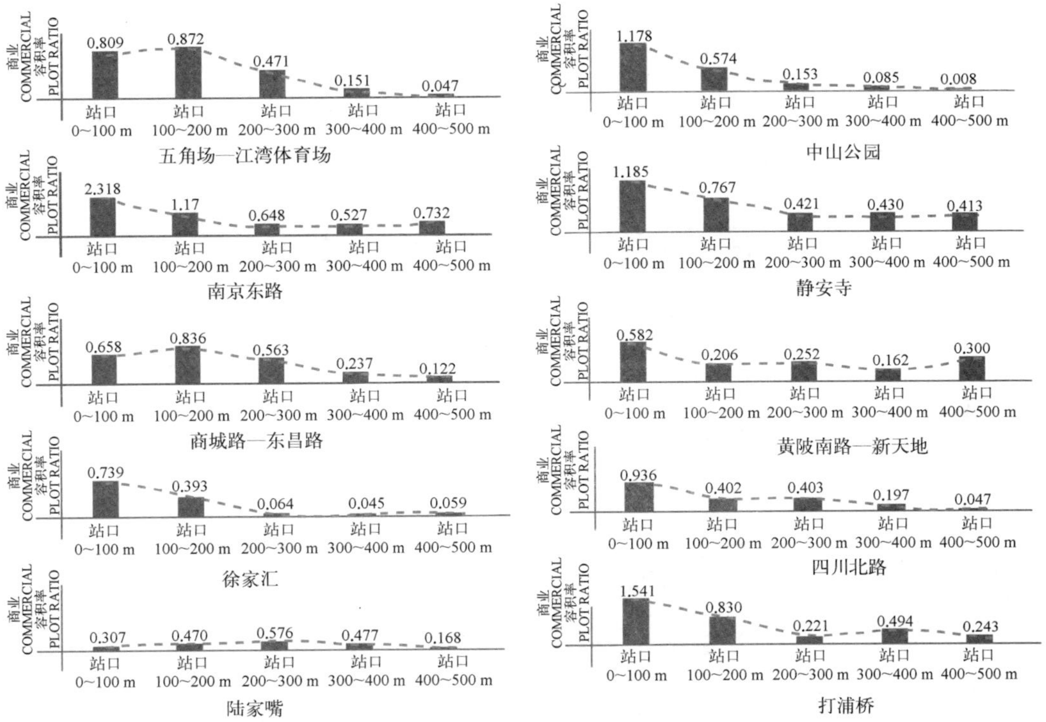

（a）水平分布现状（资料来源：课题组）

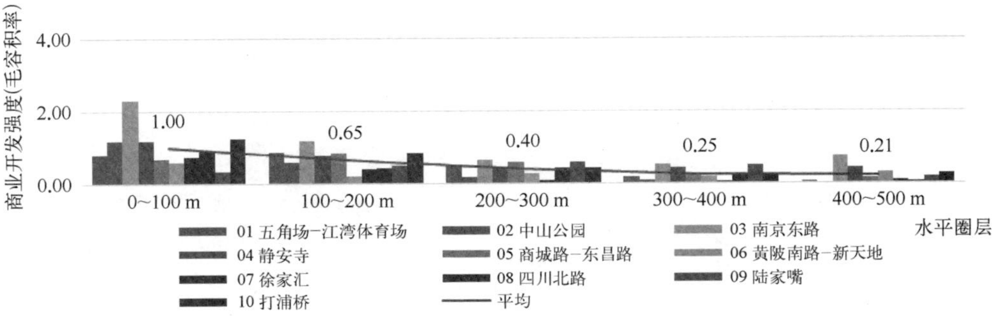

（b）均值分析

图 4-30　样本站域商业空间的水平分布分析

值分析（图 4-31b）后可以看出：① 商业空间在近地面层（0～10 m）的开发强度最大，高度越高其开发强度显著降低，样本站域地下商业空间达到 0.04 左右的开发强度；② 从相邻区域之间的变化趋势看，近地面层和中间层之间变化幅度较小，而高层区相对中间层，地下浅层区相对近地面层区的变化幅度较大，这表明垂直层面上商业空间分布主要集中在近地面层区和中间层区，其他区域商业空间分布较少。

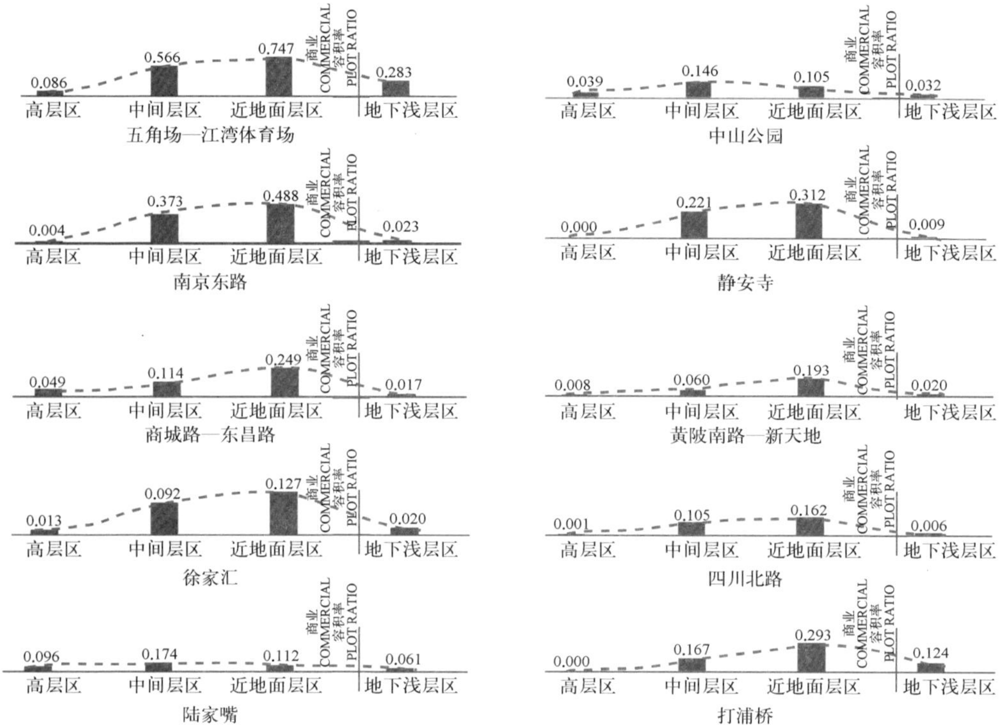

（a）垂直分布现状（资料来源：课题组）

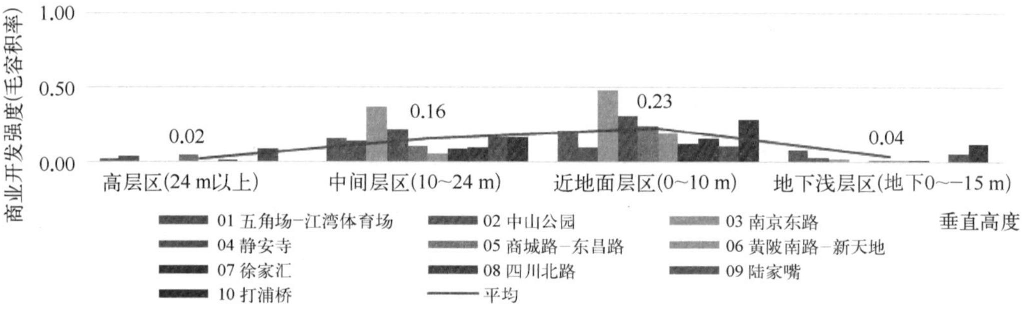

（b）均值分析

图 4-31　样本站域商业空间的垂直分布分析

2）办公空间

对不同站域办公空间的水平分布进行现状整理（图 4-32a），初步发现 5～6 个样本分布呈现较明显的圈层递减趋势，其他虽不明显但也表现出近站点圈层大于远站点圈层的特征；进一步进行均值分析（图 4-32b）后可以看出：① 越靠近站点区域办公开发强度越大，但在 300～500 m 圈层内强度呈缓慢上升趋势；② 通过不同线段的斜率也可以看出，无论上升段还是下降段，

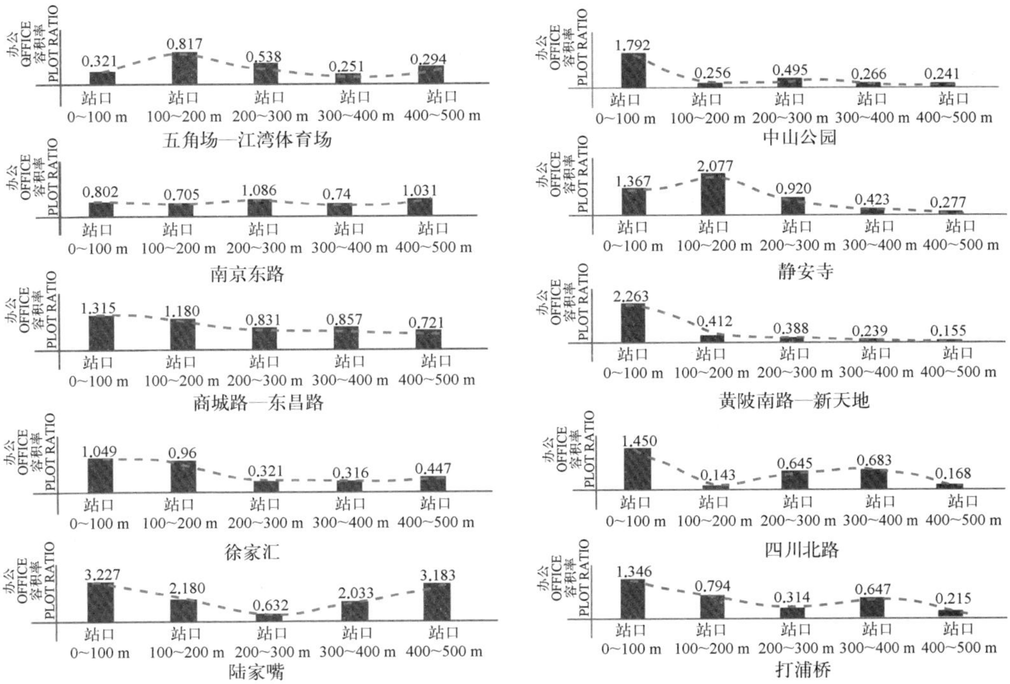

（a）水平分布现状（资料来源：课题组）

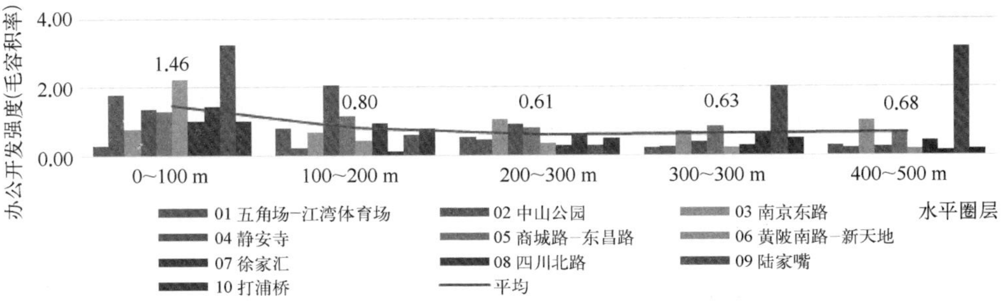

（b）均值分析

图 4-32　样本站域办公空间的水平分布分析

随着与站点距离的增大相邻圈层变化趋势减小，意味着强度变化受站点的影响越来越小。

对不同站域办公空间的垂直分布进行现状整理（图 4-33a），初步发现呈现显著的随高度增加开发强度递增分布趋势，而且 6～7 个样本的高层区显著大于其他区域；进一步进行均值分析（图 4-33b）后可以看出：① 办公空间随着垂直高度的增加其开发强度增大；② 通过不同线段的斜率变化也可以看出，高度越高的区域其变化幅度越大。

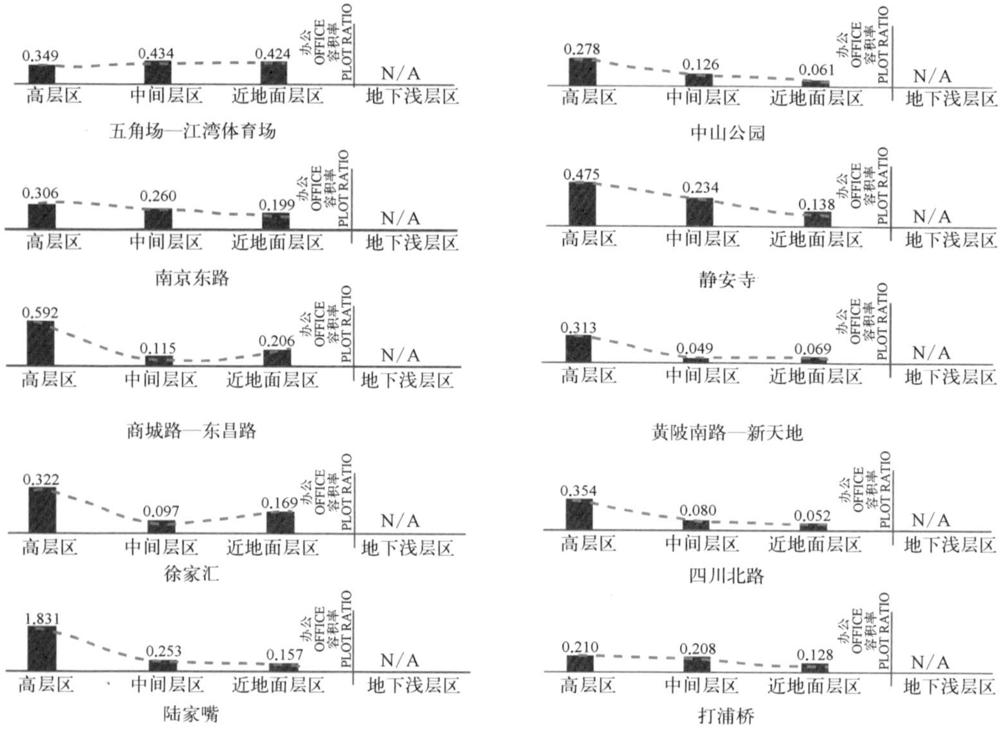

（a）垂直分布现状（资料来源：课题组）

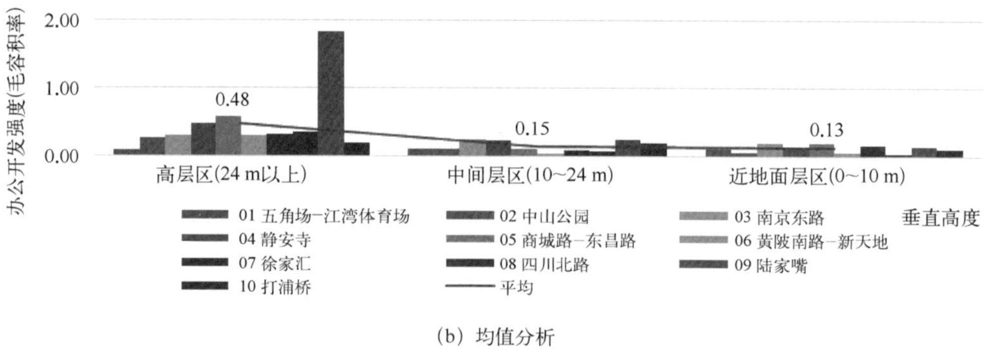

（b）均值分析

图 4-33　样本站域办公空间的垂直分布分析

3）居住空间

对不同站域居住空间的水平分布进行现状整理（图 4-34a），初步发现除陆家嘴和南京东路外，其他 8 个样本呈现显著的圈层递增分布趋势；进一步进行均值分析（图 4-34b）后可以看出：① 居住空间随着与站点距离的增加开发强度呈现圈层递增的分布趋势，离站点越近其开发强度越小，离站点越远开发强度越大，在 400～500 m 圈层强度略微下降；② 通过各线段斜率变化

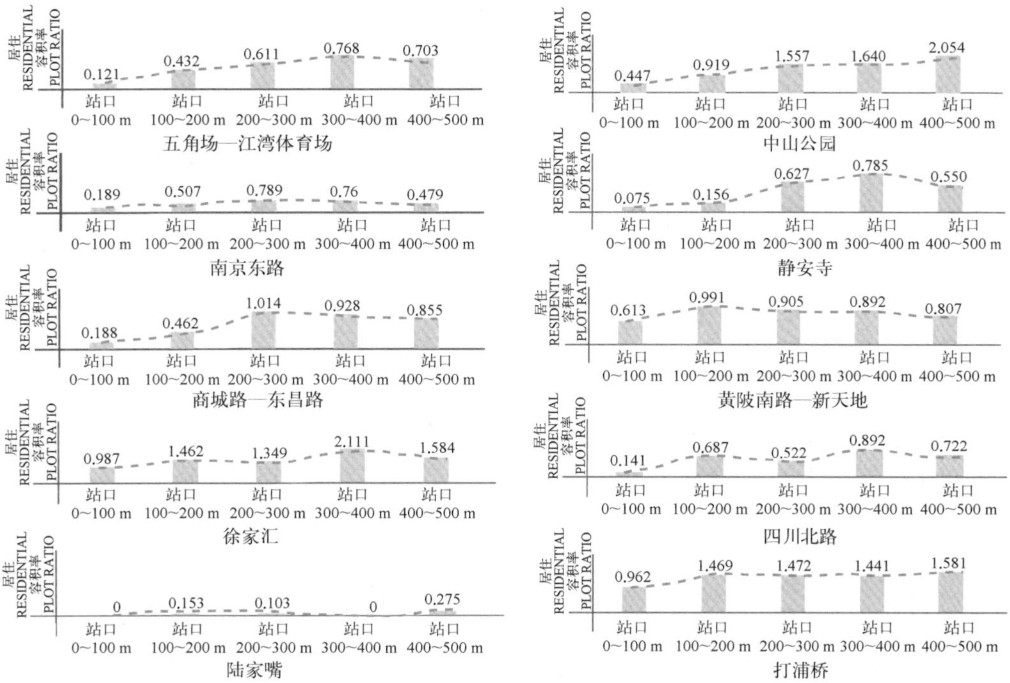

(a) 水平分布现状（资料来源：课题组）

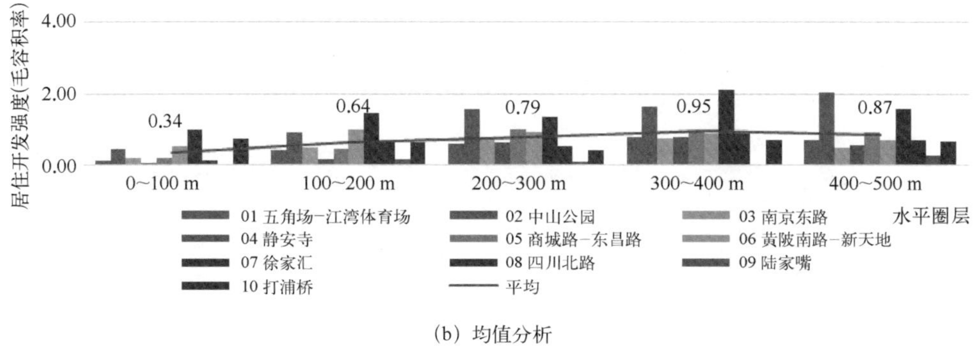

(b) 均值分析

图 4-34　样本站域居住空间的水平分布分析

可以看出无论上升段还是下降段，随着与站点距离的增加变化趋势越来越小，也意味着空间分布受到站点的影响越来越小。

对不同站域居住空间的垂直分布进行现状整理（图 4-35a），初步发现除陆家嘴外，其他样本总体呈现随高度增加开发强度递减的分布趋势，其中中间层和高层区差异不明显；进一步进行均值分析（图 4-35b）后可以看出：① 居住空间随着空间的高度增加其开发强度越小；② 通过各线段斜率变化

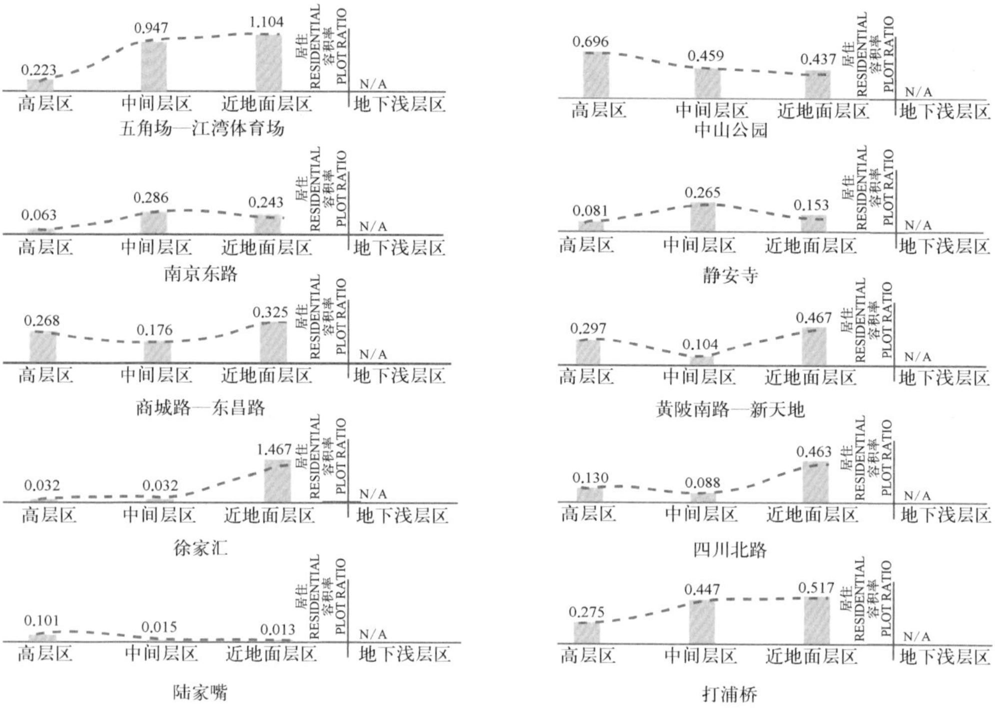

（a）垂直分布现状（资料来源：课题组）

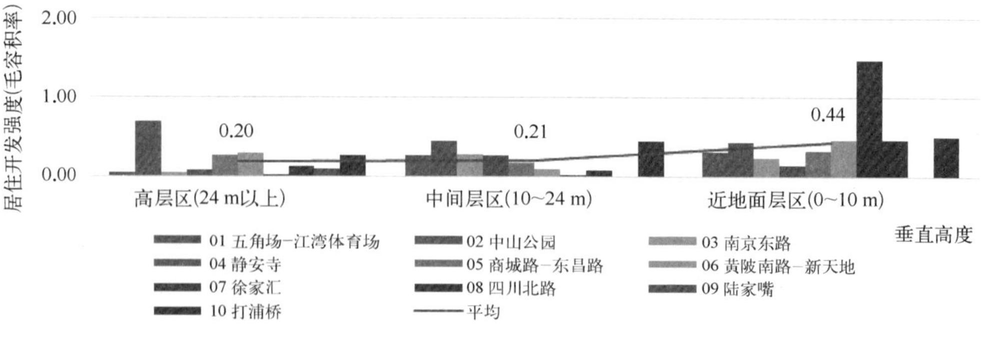

（b）均值分析

图 4-35　样本站域居住空间的垂直分布分析

也可看出随着空间高度增加，开发强度的变化幅度越来越小。

4）酒店空间

对不同站域酒店空间的水平分布进行现状整理（图 4-36a），初步发现并不呈现明显的分异特征；进一步进行均值分析（图 4-36b）后可以看出：① 随着离开站点水平距离的增加，酒店空间的开发强度呈现小幅上升的趋势，但其变化趋势并不明显；② 各样本站域不同圈层组内酒店开发强度

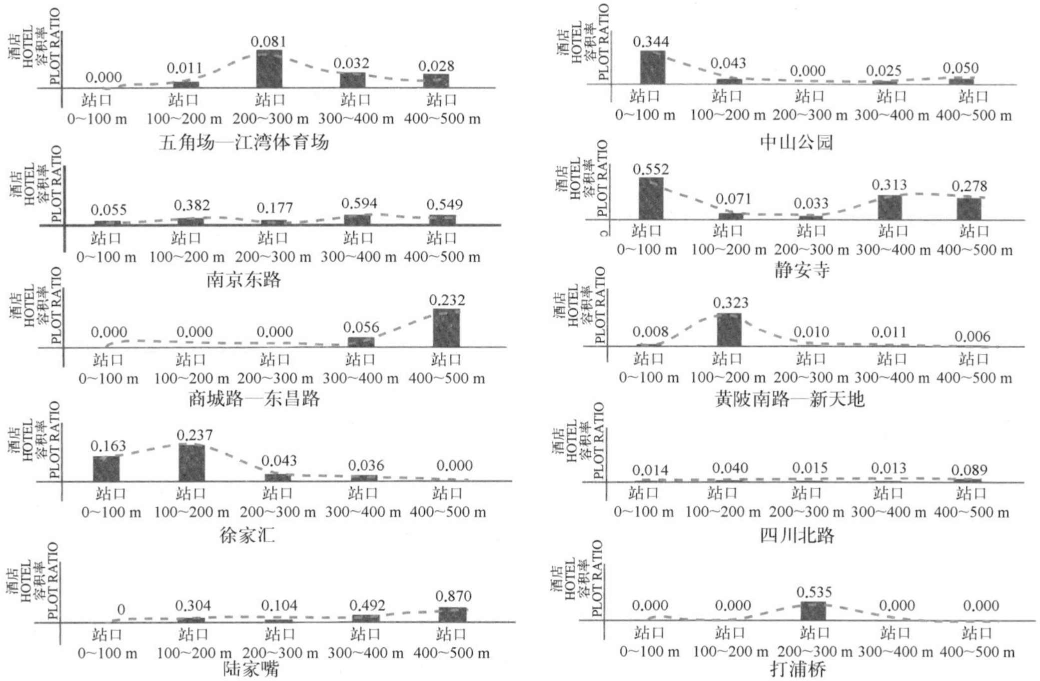

（a）水平分布现状（资料来源：课题组）

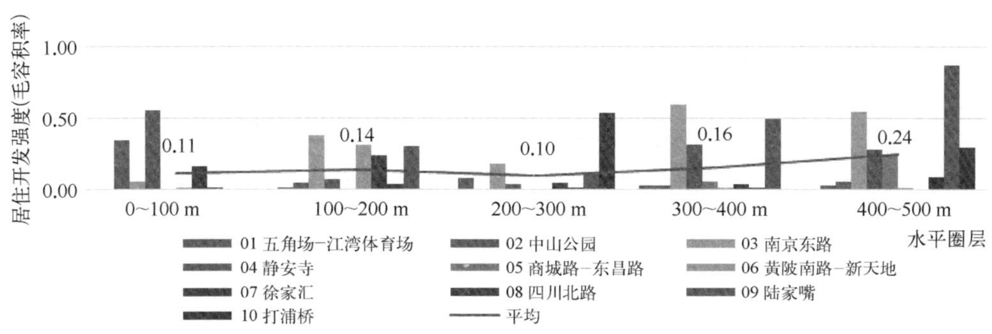

（b）均值分析

图 4-36　样本站域酒店空间的水平分布分析

的差异性较大。

对不同站域酒店空间的垂直分布进行现状整理（图 4-37a），同样发现并不呈现明显的分异特征；进一步进行均值分析（图 4-37b）后可以看出：① 酒店空间随着空间高度增加开发强度增大；② 通过各线段斜率变化可以看出随着空间的高度增加，开发强度变化趋势越来越大；③ 在不同高度组内各样本站域酒店开发强度的差异性较大。

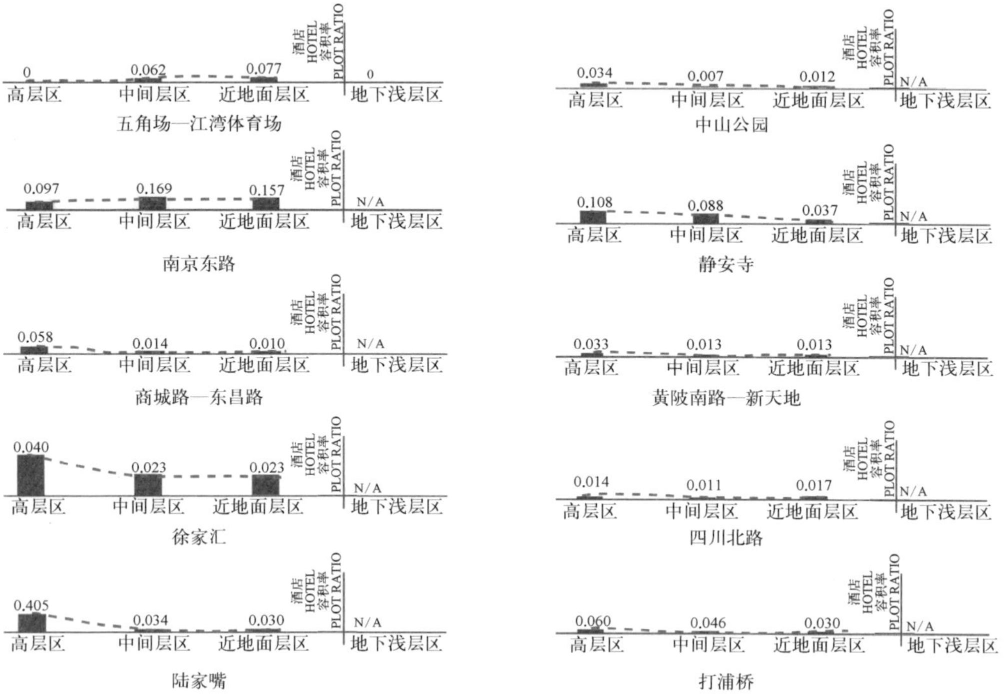

(a) 垂直分布现状（资料来源：课题组）

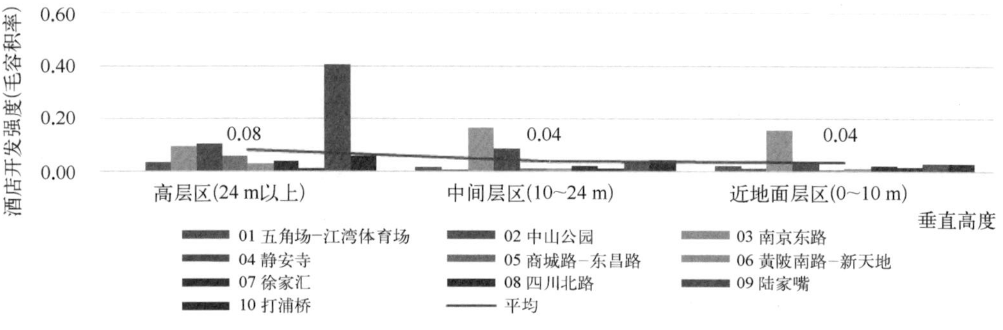

(b) 均值分析

图 4-37　样本站域酒店空间的垂直分布分析

5）比较与讨论

（1）水平层面的空间分布比较

对 4 种典型功能空间的水平分布均值线进行比较分析（图 4-38）后可以看出：商业空间和办公空间随着与站点的距离减小，其空间开发强度减小；居住空间则随着与站点的距离增大开发强度增大；酒店空间随站点距离的变化趋势不明显；商业、办公和居住这 3 类空间无论呈递减还是递增变化趋势，均呈现越靠近站点的区域其变化幅度越大，即站点对其分布变化影响更大。

（2）垂直层面的空间分布比较

对 4 种典型功能空间的垂直分布均值线进行比较分析（图 4-39）后可以看出：商业和居住空间随着空间高度的增加，其空间开发强度减小；办公和酒店空间则随着空间高度的增加开发强度增大；就变化趋势来看商业和居住随高度增加变化幅度减小，而办公和酒店正好相反。

（3）水平层面数据的方差分析和影响排序讨论

进一步对 4 类典型功能空间的水平分布进行方差检验（表 4-7—表 4-10）可以看出：在水平层面上，离开站点距离是商业、办公和居住空间分布的主要影响因素，而对酒店空间分布并没有明显影响；从影响程度看，商业的 *sig* 值最高，因此空间分布受站点的距离因素影响最大，其次为办公和居住空间。

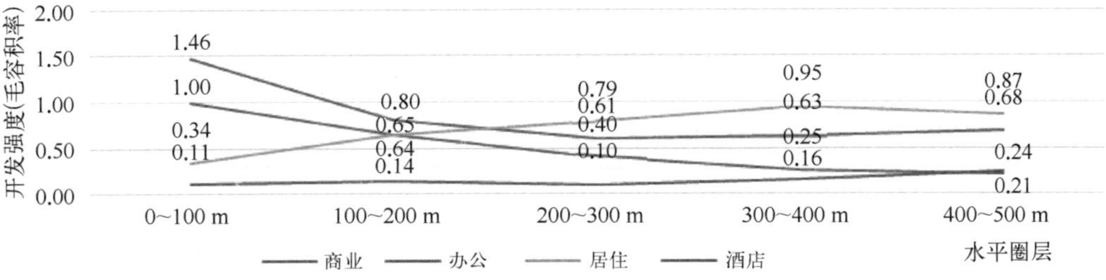

图 4-38　样本站域典型空间的水平分布比较

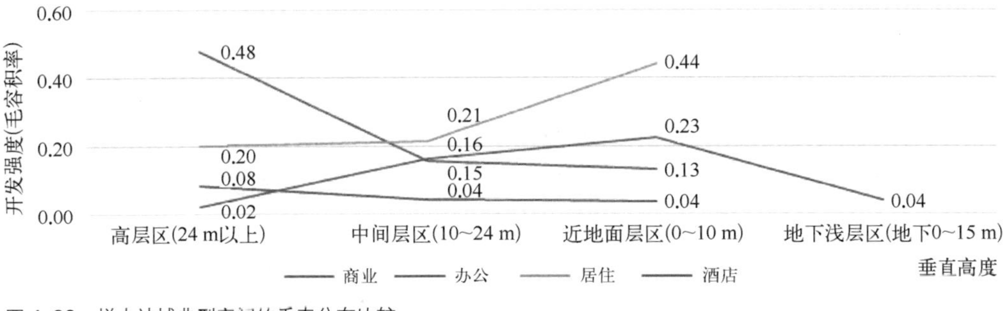

图 4-39　样本站域典型空间的垂直分布比较

表 4-7　商业开发强度水平层面的单因素方差分析（ANOVA）

	平方和	*df*	均方	*F*	显著性
组间	4.244	4	1.061	10.560	0.000
组内	4.521	45	0.100		
总数	8.765	49			

表 4-8　办公开发强度水平层面的单因素方差分析（ANOVA）

	平方和	*df*	均方	*F*	显著性
组间	5.146	4	1.287	2.962	0.030
组内	19.542	45	0.434		
总数	24.688	49			

表 4-9　居住开发强度水平层面的单因素方差分析（ANOVA）

	平方和	*df*	均方	*F*	显著性
组间	2.305	4	0.576	2.704	0.042
组内	9.591	45	0.213		
总数	11.897	49			

表 4-10　酒店开发强度水平层面的单因素方差分析（ANOVA）

	平方和	*df*	均方	*F*	显著性
组间	0.125	4	0.031	0.725	0.579
组内	1.938	45	0.043		
总数	2.063	49			

表 4-11　商业开发强度垂直层面的单因素方差分析（ANOVA）

	平方和	*df*	均方	*F*	显著性
组间	0.213	2	0.107	14.295	0.000
组内	0.202	27	0.007		
总数	0.415	29			

表 4-12　办公开发强度垂直层面的单因素方差分析（ANOVA）

	平方和	*df*	均方	*F*	显著性
组间	0.755	2	0.377	4.479	0.021
组内	2.275	27	0.084		
总数	3.030	29			

表 4-13　居住开发强度垂直层面的单因素方差分析（ANOVA）

	平方和	*df*	均方	*F*	显著性
组间	0.361	2	0.180	2.459	0.104
组内	1.981	27	0.073		
总数	2.342	29			

表 4-14　酒店开发强度垂直层面的单因素方差分析（ANOVA）

	平方和	*df*	均方	*F*	显著性
组间	0.015	2	0.007	1.192	0.319
组内	0.164	27	0.006		
总数	0.179	29			

（4）垂直层面数据的方差分析和影响排序讨论

对 4 类典型功能的空间垂直分布进行方差检验（表 4-11—表 4-14）可以看出：在垂直层面上，高度是商业、办公空间分布的系统性影响因素，而对于居住、酒店空间分布并没有明显影响；从影响程度看，商业的 *sig* 值最高，因此其空间分布受高度影响最大，其次为办公空间。

4.2.2　公共空间的结构性分布特征

对公共空间的结构性分布主要从公共空间构成、公共空间密度、典型公共空间及其分布三方面进行分析。

1. 公共空间构成

1）公共空间的空间构成调查

对 10 个样本站域公共空间构成进行调查（图 4-40）后初步发现：① 这些站域中公园绿地和商业类准公共空间为基本主导功能，并包含了步行街、街心花园、街头广场、办公类准公共空间等，复合程度较高；② 还可以看出准公共空间（商业类、办公类）在轨交站域的比例显著增加，甚至大于公园绿地的比重，以下将进一步进行详细分析。

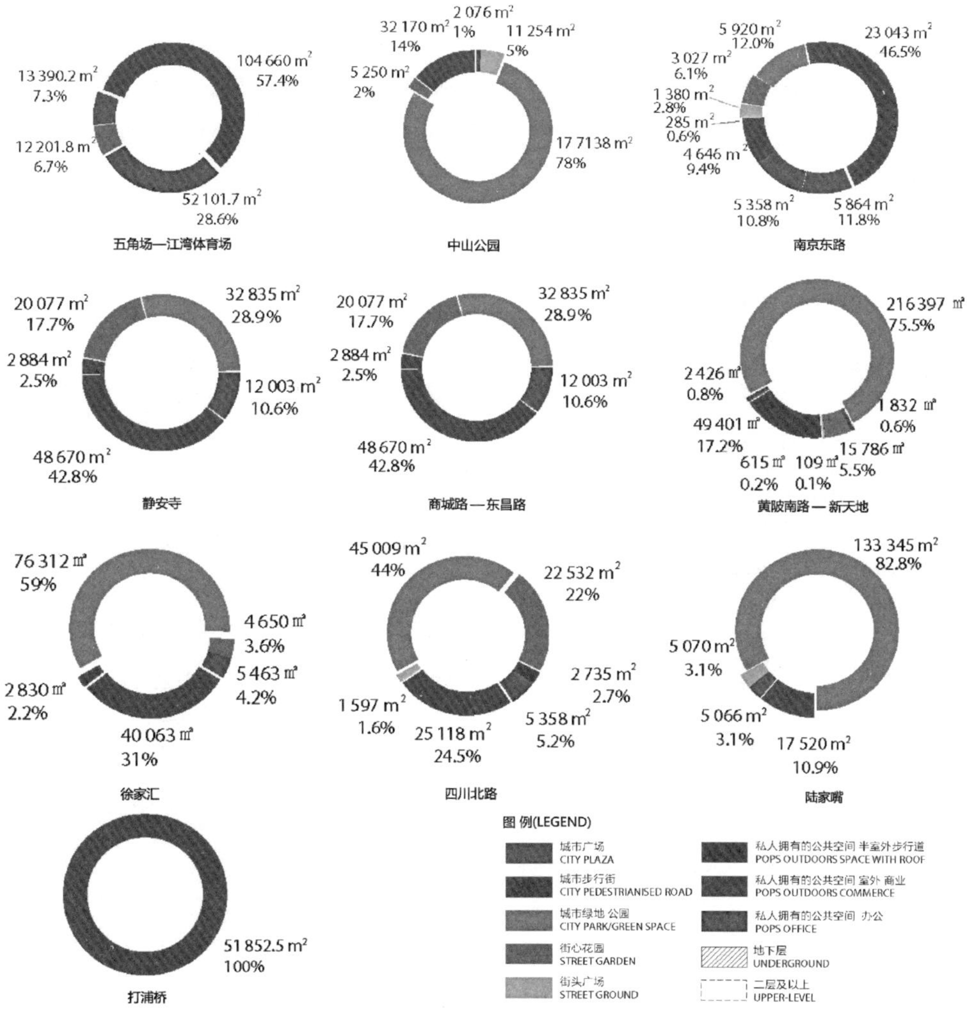

图 4-40 样本站域公共空间的构成比例调查

资料来源：课题组

2）公共空间的空间构成比例

整理出 10 个样本站域公共空间的构成比例（图 4-41）后可以看出：① 所有空间类型中公园绿地的比例最大，为 38%，但如果将城市广场[①]与商业类、办公类等准公共空间合并后[②]，其比例为 48.5%，则城市广场最大；② 广场类公共空间中比例最大是私有产权的商业类准公共空间，为 24.3%，其次是办公类准公共空间，而公共产权的城市广场较小，仅占 5%；③ 公园类公共空间中小规模的街心花园比重较小，仅占 8.5%，大部分还是较大规模的公园绿地。

3）公共空间的空间构成分布

对水平层面上不同圈层内的公园类公共空间、一般性广场类公共空间（公共产权的空间）、准公共空间（私有产权的广场类公共空间）进行分析（图 4-42），可以看出：① 在靠近站点的圈层中以广场类空间为主，如 0～100 m 圈层中广场类公共空间达到约 90%，而在远离站点的圈层中则以公园类公共空间为主，如 400～500 m 圈层比例达到 60%左右；② 在 200～300 m 圈层中，公园类和广场类比例较为均衡；③ 准公共空间在近站点区域的比例显著增大。

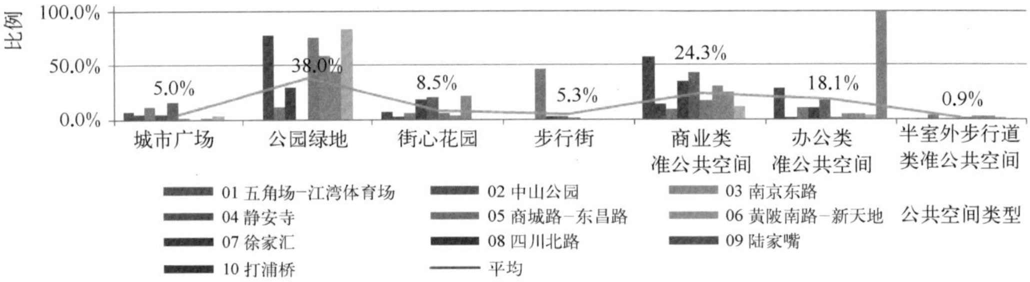

图 4-41　样本站域公共空间的构成比例分析

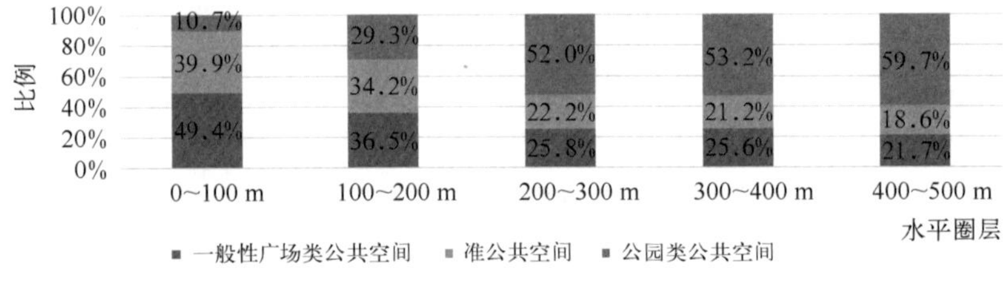

图 4-42　样本站域公共空间的构成比例的分布分析

① 本书的城市广场统计仅指产权公有、完全开放、未与商业或办公结合的较大规模广场空间，不含规模较小的一些街头广场。

② 由于准公共空间的特殊性，这里将广场类公共空间的准公共空间分布，即商业 POPS 和办公 POPS 分开统计。

4）比较与讨论

对典型公共空间进行方差检验（表 4-15）的结果 *sig* 值为 0.001，*F* 值为 4.670，具有统计学意义，表明：① 在轨交站域中城市广场（含商业类和办公类准公共空间）和公园绿地在公共空间之中占有很大比例；② 准公共空间在轨交站域的比例大幅增大，数据显示能够达到约 40%。

表 4-15　公共空间比例构成的单因素方差分析（ANOVA）比例构成

	平方和	*df*	均方	*F*	显著性
组间	1.082	6	0.180	4.670	0.001
组内	2.433	63	0.039		
总数	3.516	69			

2. 公共空间密度

本文所指的公共空间密度是公共空间面积与轨交站域的总占地面积之比值，其中公共空间既包括一般性公共空间，也包括与商业办公等结合的准公共空间。

1）公共空间的密度调查

将 10 个站域的公共空间密度统计（图 4-43）后可以看出：① 中山公园和陆家嘴站域的比例最大，这主要在于它们包含两个较大规模的城市公园；② 较小的为南京东路和黄陂南路-新天地，主要由于它们位于上海核心城区的中心，且属于开发较早和成熟的区域；③ 10 站域的公共空间密度均值约 10%。

2）公共空间的密度分布

本书仅对水平层面的公共空间密度进行分析，对不同圈层公共空间密度均值进行统计（图 4-44）后可以看出：① 公共空间在水平层面上呈现圈层递减的总体变化趋势；② 从不同线段的斜率变化看，越远离站点的圈层之间其斜率变化越小，说明受到站点的影响越小。

3）比较与讨论

对 10 个站域的公共空间密度值与站域总体开发强度、总使用者人数以及消费者、

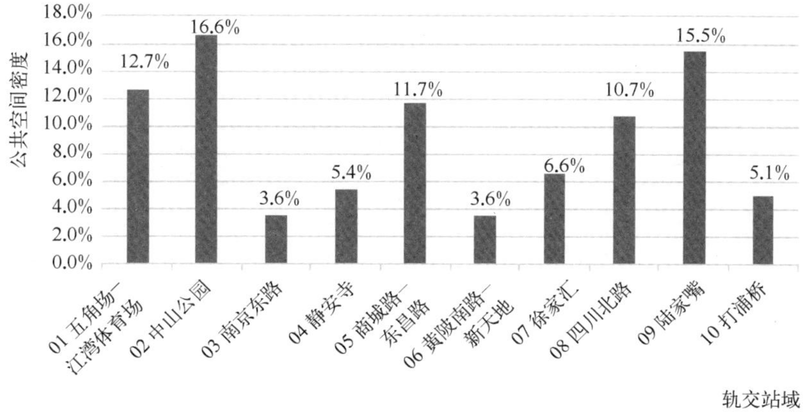

图 4-43　样本站域公共空间的密度分析

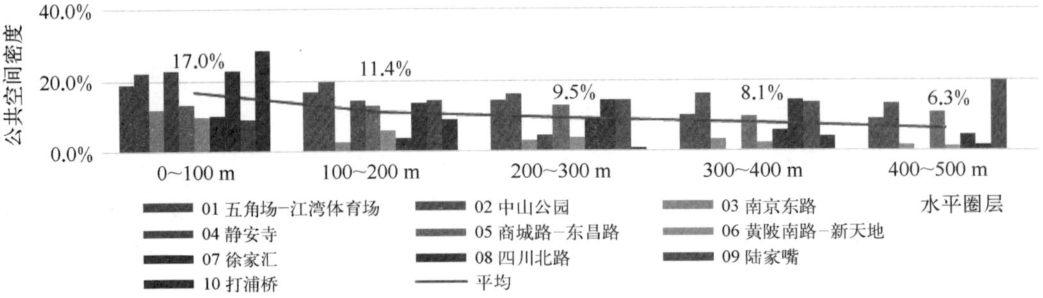

图 4-44　样本站域公共空间密度的分布分析

就业者和当地居民等指标进行相关性分析，结果并没有明显的相关关系，对其公共空间密度的分布进行方差检验（表 4-16），结果表明 *sig* 值为 0.004，*F* 值为 4.556，因此公共空间在站域的密度分布呈现出圈层递减趋势，具有一定的统计学意义。

表 4-16　公共空间密度的单因素方差分析（ANOVA）

	平方和	*df*	均方	*F*	显著性
组间	0.069	4	0.017	4.556	0.004
组内	0.170	45	0.004		
总数	0.238	49			

3. 公共空间分布

1）广场类公共空间

对样本站域的广场类公共空间分布均值进行统计（图 4-45）后可以看出：① 广场类公共空间呈现出明显的圈层递减分布趋势，特别在 0～200 m 范围内达到了 50% 的递减比例；② 同样从线段的斜率看，随站点距离的增加变化趋势趋于平缓，说明受到站点的影响变小。

2）公园类公共空间

对公园类公共空间分布进行统计（图 4-46）后可以看出：① 公园类公共空间呈

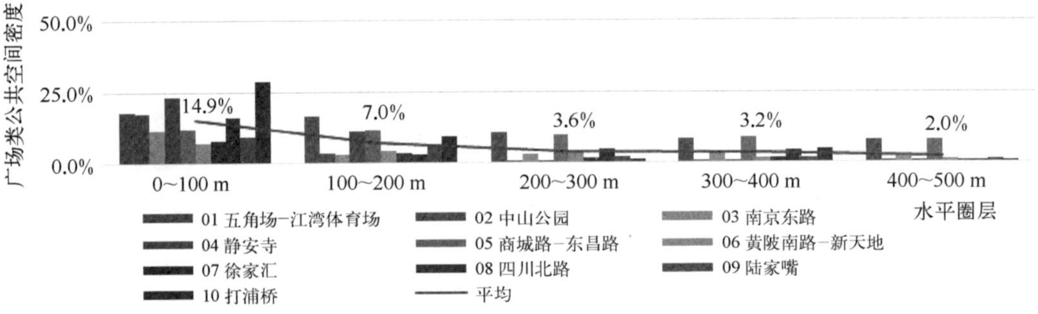

图 4-45　样本站域广场类公共空间密度的分布分析

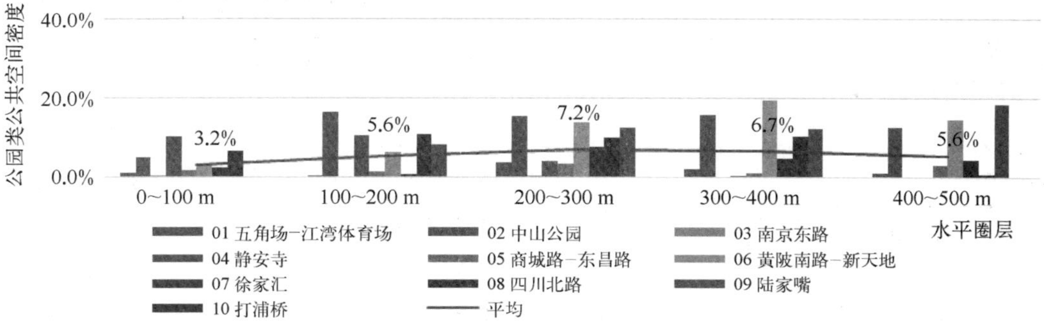

图 4-46　样本站域公园类公共空间密度的分布分析

现先递增再缓慢递减的分布趋势；② 同样从线段的斜率看，随站点距离的增加其变化趋势并未呈现一定相关性，说明距离对公园类公共空间的影响程度不大，初步观察发现它与商业空间和办公空间分布呈负相关性，与居住空间分布曲线呈正相关性，后续将结合开发强度进行讨论。

3）准公共空间

由于准公共空间在轨交站域公共空间中所占比例达到了 30%左右，因此这里将其从广场类公共空间中分离出来再单独进行分析（图 4-47），可以看出：① 它的分布与广场类公共空间类似，同样呈现圈层递减分布趋势；② 从不同圈层之间的线段斜率变化看，基本呈现出随站点距离增加其变化幅度减小，说明受到站点的影响越小。

4）比较与讨论

进一步对 3 类公共空间的密度分布进行方差检验（表 4-17—表 4-19），可以看出：① 广场类公共空间和准公共空间其 *sig* 值为 0.000，具有统计学意义；② 而公园类公共空间其 *sig* 值为 0.592，不具有统计学意义，与前面根据统计数据的初步观察结果基本一致。比较后可以看出与站点的水平距离对广

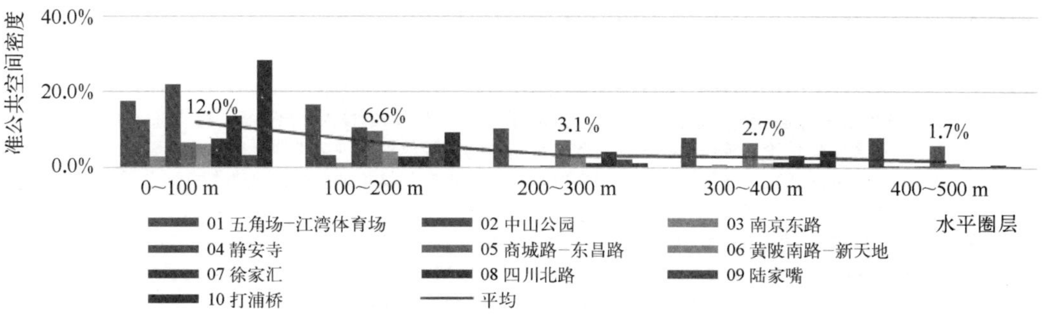

图 4-47　样本站域准公共空间密度的分布分析

场类公共空间分布的影响较大，而对于公园类公共空间基本没有系统性影响，并能初步判断与功能空间开发强度的分布关系密切。

表 4-17　广场类公共空间密度分布的单因素方差分析（ANOVA）

	平方和	*df*	均方	*F*	显著性
组间	0.109	4	0.027	13.327	0.000
组内	0.092	45	0.002		
总数	0.201	49			

表 4-18　公园类公共空间密度分布的单因素方差分析（ANOVA）

	平方和	*df*	均方	*F*	显著性
组间	0.010	4	0.003	0.706	0.592
组内	0.167	45	0.004		
总数	0.177	49			

表 4-19　准公共空间密度分布的单因素方差分析（ANOVA）

	平方和	*df*	均方	*F*	显著性
组间	0.072	4	0.018	7.333	0.000
组内	0.110	45	0.002		
总数	0.181	49			

4.3　使用者需求决定下的空间价值分布

宏观层面的城市空间结构形成及其动力历来是城市研究的中心，其解释机制主要包括经济学解释、社会学解释、文化-政治学的解释、政治经济学的理论①，本书从空间经济学角度，在轨交站域中侧重将使用者内在需求和空间价值结合起来分析空间价值影响下的使用分布规律。

4.3.1　微区位价值的界定及主要影响因素

1. 空间微区位价值的界定

城市空间由于在水平和垂直层面的区位差异而具有不同的使用价值，比如交通条件好、人流量大的区域对商业的使用价值更高，而环境优美、人流量小的区域则更适合高档住宅或酒店使用，这种由空间区位不同而产生的使用价值就是本书所指的空间价值。白光润（2003）②指出区位研究可以分为宏观、中观和微观 3 个尺度，微区位就

① 其中经济学解释包括土地经济学理论、经济规模效应理论、经济活动的投入产出分析、经济基础决定论；社会学解释包括新马克思主义理论、族裔迁移理论；政治经济学的解释包括促进增长的战略、管理城市发展的战略、维持现状的战略、激进的战略。详见：张庭伟 .1990 年中国城市空间结构的变化及其动力机制［J］. 城市规划，2001，25（7）：7-14.

② 宏观层面是研究跨国公司等在国家以及更大范围的选址布局问题，涉及国家或地区的经济水平、政策导向、资源条件、文化背景等内容；中观层面的区位研究是在城市所辖区域内涉及的城市规模、各项发展水平、城市地位、地价水平、基础设施等内容；微观层面的研究对象则是街区层级，即具体的区位条件，如规划条件、街区地价、在街区的位置、与周边交通设施的关系、与周边城市功能的关系、建筑层数等内容。详见：白光润 . 微区位研究［J］. 上海师范大学学报（自然科学版），2003，32（3）：79-82.

是在城市微观尺度下的区位，微区位不同于宏观和中观区位在于它呈现出明显的三维性，不仅包含水平层面的区域位置，还包括垂直层面的高度定位，如对零售商业而言水平层面上街道转角空间的区位优势大于街区腹地，在垂直方向上地面层的空间优势远大于非地面层，这就是商业空间的微区位价值体现。多层面空间由于三维区位不同会产生不一样的使用价值，不同的功能依据自身区位需求和对租金的承载能力来竞争并转化为租金或价格，最终形成不同功能空间的竞租曲线，由空间价值差异形成的租金或价格差深刻地影响着功能组群的分布。

高密度大城市轨交站域逐渐从低密度水平发展转化为水平垂直同时展开的多层面发展，功能也从单一水平排列变为竖向空间叠加，具有稀缺性的立体空间与平面空间一样有其自身的区位价值，因此其空间价值不仅由水平区位也由垂直区位决定，本书的微区位价值研究限定在轨交站域的多层面范围中。

2. 微区位价值的主要影响因素

微区位价值受到多方面因素影响，德国史基墨滚动法（Schirmer Entwickekten Methods）①就是一种对建筑物各楼层空间微区位价值进行评估的方法，在史基墨各楼层经济价值表中（表 4-20、表 4-21），均以地上一层的价值为最高，将地上一层效用比率设定为 100%，结果表明自地上一层向上及向下的楼层效用比率依次递减，其中繁

表 4-20　史基墨各楼层经济价值表

楼　层	权重系数	百分比
地上五层	0.9	13%
地上四层	0.9	13%
地上三层	1.0	14.5%
地上二层	1.0	14.5%
地上一层	2.5	36.2%
地下一层	0.3	4.4%
地下二层	0.3	4.4%
合　计	6.9	100%

资料来源：肖艳 . 土地空间使用权的评估［J］. 中国资产评估，2008，11：38.

表 4-21　史基墨各楼层效用比率

楼　层	混合商业区域	繁华商业区域	办公场地
地上五层	35.91%	33.33%	33.23%
地上四层	35.91%	33.33%	33.23%
地上三层	10.06%	49.81%	33.23%
地上二层	40.06%	66.67%	50%
地上一层	100%	100%	100%
地下一层	12.15%	83.52%	50%
地下二层	12.15%	16.48%	16.77%

资料来源：肖艳 . 土地空间使用权的评估［J］. 中国资产评估，2008，11：39.

① 该评估法以七层建筑物为基准来确定各楼层单位平方的价值权数，并根据价值评估的目的、建筑物的土地位置、用途和外观等条件，由有关部门对价值表进行调整。详见：肖艳 . 土地空间使用权的评估［J］. 中国资产评估，2008（11）：37-40.

华商业区域的地下一层、地上二层及地上三层的效用比率较其他地区高。由于本书的样本选定在上海核心城区，它们与城市中心的距离、交通设施关系、区域经济发展水平等中宏观背景较为一致，因此仅限于微观层面区位价值的讨论而不做延伸。

其他学者对微区位价值也进行了大量研究，白光润（2003）认为它的制约机制包括结构、聚集和关联机制；吴铁流（2004）[①] 认为土地价值（价格）可通过基准地价进行衡量，同时要考虑利用方式的影响，影响多层面空间微区位的相对价值应具体案例具体分析，但绝对价值（基准地价）受到空间可达性、公共性和舒适性影响；康晓培（2014）基于这 3 个因素对轨交站域的多层面空间价值进行了初步研究；由于本书着眼于轨交站域层面的微区位价值研究，因此以这三方面属性为基础对微区位价值的主要影响因素进行深入分析[②]。

1）可达性[③]

A. Z. Guttenberg（1960）[④] 定义可达性（Accessibility）为“社区居民用以克服距离的努力”，通常情况下交通便捷的位置空间价值高，难以到达的位置区位价值低。各类功能空间中商业对可达性具有较强的依赖性，主要源于三方面：① 可达性较高的区位人流、信息流和资金流集散量大，有利于商家交流、决策和经营；② 可达性是聚集经济效应的基础，高可达区域的商业空间可以拥有较大的市场平台，相关基础设施的聚集也能强化规模效应；③ 商业空间整体上具有较强的承租能力，在区位竞争中有较大优势。

2）公共性

公共性（Public）在《新华汉语词典》、《当代汉语词典》等主流词典中，“公共”解释为“属于社会的、公有公用的”，在空间的公共性研究中，并不侧重强调产权的公有或私有，更强调对使用者的开放程度，如

① 基准地价是影响空间价格最主要的因素，除宏观和中观的影响，基准地价取决于地块在微观层面的区位条件，如与轨交站点的关系、与周边大型公共空间的关系等；利用方式是指不同功能空间产生的收益不同，如地表层空间用作商业功能所产生的收益是大于居住功能的，为使空间价格更加符合实际情况，需要在基准价值上考虑功能使用收益的差异以进行修正。详见：吴铁流 . 关于建筑功能“杂交”现象的初步研究［D］. 广州：华南理工大学，2003：51.

② 这主要从微观层面对微区位价值进行分析，在城市中观宏观层面上，还存在若干影响区位价值的因素，如宏观层面的地理区位（如是否位于城市中心区）、经济区位（如是否位于主要商业商务区）、交通区位（宏观层面的交通可达性）等。

③ 德国学者 R. M. Hurd（1903）在《城市土地价值原理》中首次提出可达性（Accessibility）概念，认为城市土地价值的高低取决于区位条件，而决定区位条件好坏的重要因素是可达性，从而产生不同级差地租。

④ 他在《城市结构与城市发展理论》中把空间使用分为“分散性设施”（Distributed Facilities）和“非分散性设施”（Undistributed Facilities），并指出“如果交通运输条件不好，则工作场所、消费场所、社区服务场所等倾向于分散的模式，反之，如果交通运输条件好，则倾向于集中的模式”。城市中的空间使用与可达性有密切关系，交通系统在一定程度上掌握着城市空间发展的方向，当一个区域的可达性改变则相应的空间使用需要改变，因此空间使用应与其可达性相匹配。

当前城市大量的准公共空间。总体上看开放程度高的空间其区位价值越高，比如当可达性一样时公共场所周边的商业价值更高；零售、娱乐等对公共性的依赖程度大，而居住、高档写字楼等则需要一定的私密性；在城市垂直层面上不同高度的公共性差异更为明显，越接近地面或人流到达层的区域使用阻力越小，活动人群密度越高，因此空间开放性越强；而越远离地面层或者人流到达层的区域由于垂直输送压力越大，使用阻力大且人群密度一般较低，因此公共性减弱而私密性增强。

3）舒适性

舒适性（Comfort）主要是指使用者在使用空间中的一种主观感受，既涉及声、光、热等物理性能指标，也涉及空间周围景观、城市配套家具等使用的满意度等，比如那些靠近公园或景观水面的空间舒适性较高，垂直层面上高度越高视野越开阔，较少受周边噪声的干扰且采光好，因此一般在垂直层面空间舒适性与高度呈负相关趋势。

3. 微区位价值的空间需求分析三角形

基于以上分析，本书在城市微观层面结合以上 3 个主要空间影响因素，初步建立了不同空间微区位价值的需求分析三角形（图 4-48），可相对直观地分析和表达针对不同类型功能空间微区位价值对空间因素（可达性、公共性和舒适性）的需求程度，三角形越倾向哪侧，表明对相应空间属性的需求程度越高。

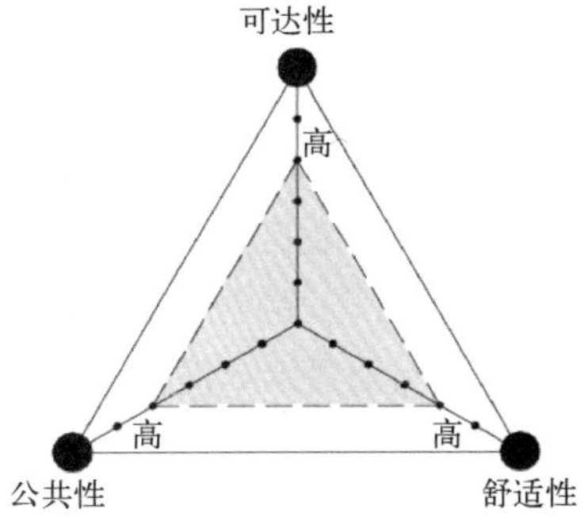

图 4-48　空间微区位价值的需求分析三角形

4.3.2　不同功能空间微区位价值的需求分析

微区位价值主要受可达性、公共性和舒适性三方面因素的影响，而不同类型的功能空间由于使用者的构成类型、行为特点等方面差异，使它们对空间产生不同需求，导致在轨交站域中不同空间的微区位价值分布呈现结构性分异，以下对商业、办公、居住、酒店的多层面微区位价值的空间需求进行深入讨论。

1. 商业空间

商业空间是消费者的主要活动空间，消费活动对空间可达性、公共性和舒适性均有较高需求，空间“三性”会深刻地影响商业空间的微区位价值分布。

1）水平层面

（1）轨交站点是站域的重要公共交通节点和换乘点，因此在水平层面上越靠近站点其可达性越高，空间的商业价值也越高，其次站域人车路径的可达性差异也同时影响着商业空间的价值分布。

（2）城市中的广场、步行街等公共空间一般是人流密度较高的区域，具有较高的公共性，因此这些节点周边的空间商业价值较高。

（3）能够为消费活动提供优美微环境、高品质休憩设施、便捷服务的空间节点周围其商业价值更高，比如座椅、凉亭、绿化都有利于提升周边商业空间价值。

2）*垂直层面*

（1）在垂直层面上越靠近地面层或者公共交通换乘点的区域其可达性高，因此空间的商业价值更高，大多轨交站域的地下浅层区（0～-15 m）往往为站点出入口所在区域，因此该区域的商业空间价值增加。

（2）随着轨交站域空间的立体化发展趋势，也存在着大量空中（地下）公共空间，这些空间改变了垂直层面的空间公共性，也带动了商业价值的提升，比如香港朗豪坊将酒店的大堂设置在高层区，从而使得该区域的公共性增强，其商业空间价值增大。

（3）在垂直层面上由于高度增加产生了较高的景观价值，虽然可达性不高但具有特殊的商业价值，类似上海东方明珠电视塔上的高层空中旋转餐厅，就是依赖其特有的景观优势挖掘出商业价值。

3）*子系统微区位价值的需求差异*

不同商业类型同样由于自身消费活动特点差异而对可达性、公共性和舒适性的需求程度不同，从而进一步产生针对商业子系统内部的空间价值差（图 4-49）；比如顺路型消费（如零售购物或早餐店等）对可达性和

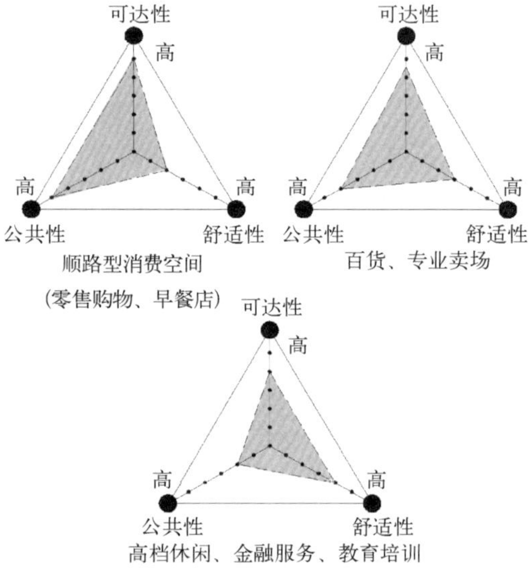

图 4-49　商业空间子系统微区位价值的空间需求分析

公共性具有更高需求，这两者高的空间区位具有更高的商业价值，对于百货或专业卖场而言，那些开放性强、人流活动量的广场和步行街周边商业价值更高，而对部分休闲娱乐空间（高档会所）、服务类商业（教育培训），则舒适性对商业价值的影响更为明显。

2. 办公空间

办公空间是城市就业者的主要活动空间，根据就业者的典型日常行为链，他们对空间可达性、公共性和舒适性同样具有差异化需求，从而导致了站点周围办公空间微区位的价值差异。

1）*水平层面*

（1）在上海这样的高密度城市中，就业者工作花费于出行往返的时间平均可达

到 2 h 左右，因此可达性对办公空间价值的影响较大，轨道交通是他们最基本的出行工具，所以在水平层面上越靠近站点由于可达性高，办公空间的价值越高，其次站域人车路径导致的可达性差异也影响着办公空间价值分布。

（2）空间公共性与办公价值并非呈正相关性，对于就业者而言，并不希望工作环境处于人流密集的区域，因此公共性适中的城市节点（一些小规模的公共空间）周围往往比那些大规模城市广场周围的办公价值更高。

（3）能够提供优美空间环境、高品质休憩设施、便捷服务空间的节点周围其办公价值更高，比如一些城市公园绿地、街心花园由于有利于就业者日常休闲和交流，因此通过舒适度提高带来周边办公空间价值的提升。

2）垂直层面

在垂直层面办公空间的空间价值主要受公共性和舒适性两方面影响：① 正如水平层面所呈现的那样，那些公共性适中或私密性高的区域，由于能够提供工作安全、管理方便的环境，因此办公价值更高，这在高档次办公空间上体现更为明显；② 在垂直层面上对办公空间价值影响更大的是舒适性，视野开阔、景观价值高的区域虽然可达性较低，但由于空间舒适性提升使得办公价值更高，比如高档写字楼的楼层越高其租金越贵，那些顶层全景办公空间多是全楼租金最高的区域。

3）子系统微区位价值的需求差异

不同办公空间对可达性均具有较大需求，相互之间差异不大，但由于各自就业者类型差异而对公共性和舒适性的需求不同，从而进一步产生了办公空间子系统的价值差异（图 4-50）；比如金融证券类办公空间相对创意服务业和批发贸易业而言，对于私密性、舒适性具有更高需求，因此私密性高且环境舒适的空间对于金融证券业更具有价值；而批发贸易其服务群体相对固定，对 3 种需求较为均衡；创意服务类行业面对服务群体更为广泛，因此对公共性具有较高需求，且对办公环境的舒适性或者特色性更为关注，那些具有特殊景观价值的空间，如历史建筑、产业建筑等特色环境更能吸引创意服务类行业入驻。

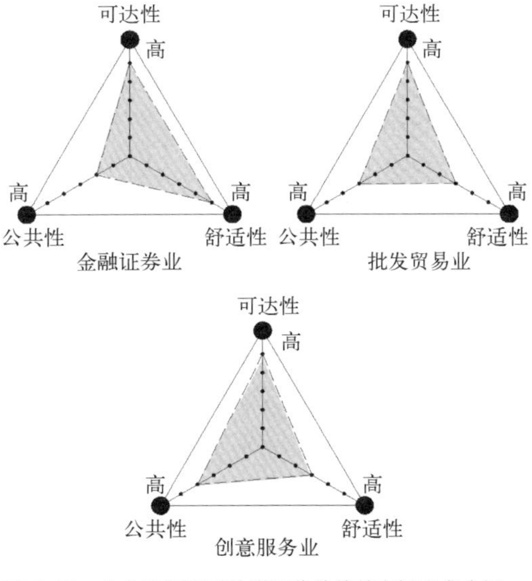

图 4-50　办公空间子系统微区位价值的空间需求分析

3. 居住空间

轨交站域的居民在选择居住空间时，一方面要考虑到日常通勤出行的便捷性，其次居住空间的环境品质也很重要，根据当地居民的典型日常行为链，他们对空间可达性、公共性和舒适性的差异化需求导致站点周围居住空间的微区位价值差异。

1）*水平层面*

（1）在工作日当地居民的典型活动行为是通勤行为，主要通过轨道交通往返两地，因此居住空间价值与轨道交通或周边人车路径的可达性具有密切关系，但是由于居住空间本身的私密性需求，那些与轨交站点或公交换乘点既相对独立又能通过步行便捷到达的区域其居住价值更高。

（2）一般情况下居住价值与空间的公共性呈负相关，居民并不希望居住空间位于人流量过于密集的区域，往往与繁华的城市广场或步行街适当隔离，私密性较好的空间其居住空间价值更高。

（3）那些环境品质较高的公园绿地、街心花园、湖面周围或者生活配套较为齐全的区域，由于能够较好地满足居民的日常生活需求，因而其居住价值更高。

2）*垂直层面*

居住空间在垂直层面的空间价值主要受到公共性和舒适性两方面影响。

（1）正如水平层面所呈现的那样，私密性高的区域（高层区的 24～60 m 范围）由于能够提供生活安全、便于管理的环境，因此其居住价值更高，特别对高密度区域的居住空间更为明显。

（2）在垂直层面上对居住空间价值影响更大的是舒适性，一般情况下居住价值呈现两端低中间高的分布状态，即兼具可达性和舒适性的中间层价值最高，但是由于高层住宅的电梯提升了楼层的垂直可达性，以及高密度背景下随着楼层的升高受到外界的干扰更小、景观价值提升且通风采光效果好，因此居住空间价值随着楼层升高而增长。

3）*子系统微区位价值的需求差异*

居住空间子系统也由于居住者类型差异而对可达性、公共性和舒适性的需求程度不同（图 4-51），不同类型住宅空间对可达性均具有较高需求，酒店式公寓主要针对暂住人群或者青年群体，因此那些结合商业或城市广场的区域由于拓展了居民的生活和休闲空间，对酒店式公寓而言其空间价值更高；而高档居住空间由于居民的消费层次、年龄层次以及家庭结构等关系，更会关注于私密性强、环境品质高的区域，同时车行交通的可达性对这类空间价值的提升明显；而对于保障性住宅、经济适用房由于居民

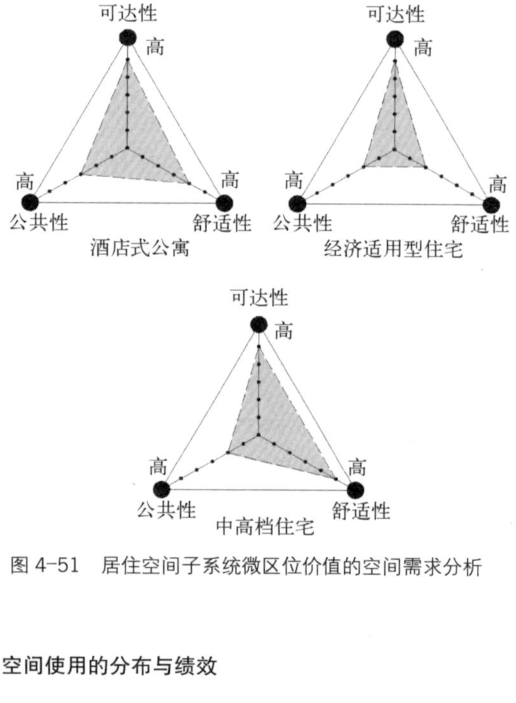

图 4-51　居住空间子系统微区位价值的空间需求分析

群体的消费水平限制，其出行方式以轨道交通或者其他公共交通为主，因此更关注空间与公交或轨交站点的关系，且对空间公共性和舒适性的总体需求偏低。

4. 酒店空间

酒店空间的主要使用者是各类蓄留的城市游客，该群体对空间的可达性、公共性以及舒适性的不同要求导致站点周围酒店空间微区位的价值差异。

1）*水平层面*

（1）总体而言，酒店空间价值与所在区域的可达性具有密切关系，那些与轨交站点或公交转换点便捷联系的空间一般酒店价值更高。

（2）城市中心区的酒店空间价值与公共性存在一定程度正相关，在该区域的蓄留游客一般希望能更多地体验城市生活，因此开放程度高、人流密集的区域（如繁华的城市广场、步行街）其酒店空间价值更高。

（3）酒店周边优美的空间环境、高品质休憩活动空间、便捷配套服务空间（如商场或餐厅）等会影响到酒店空间价值，那些环境品质好、周边配套服务设施齐全的空间价值更高。

2）*垂直层面*

垂直层面的私密性和舒适性也会影响到酒店空间的价值，那些景观价值高、视野开阔的区域往往价格更高；在城市中心区的高档次酒店中，总统套房、豪华包房往往处于较高层，从而能充分发挥高层区位的价值。

3）*子系统微区位价值的需求差异*

经济酒店或者廉价酒店由于蓄留游客的消费水平限制，出行方式往往仅以轨交或者其他公共交通为主，因此这类酒店对空间公共性和舒适性的总体需求程度偏低；而高档酒店由于使用者消费水平较高，因而会更关注私密性高、环境品质高的区域，同时车行交通（多为出租车出行）的便捷性也能提升酒店空间价值（图 4-52）。

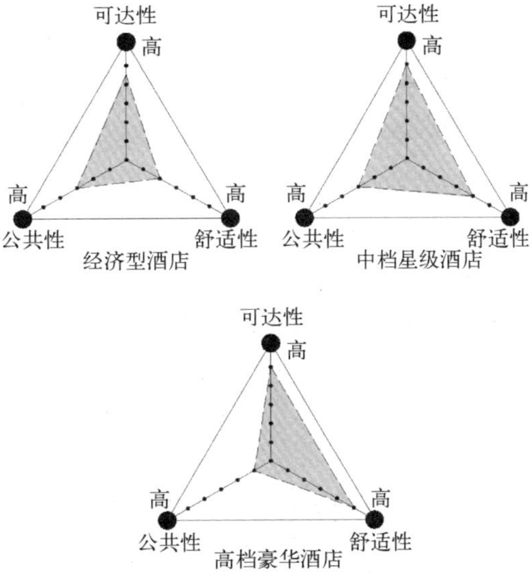

图 4-52　酒店空间子系统微区位价值的空间需求分析

5. 比较与讨论

以上对 4 种典型功能空间微区位价值的需求进行了初步讨论，并通过它们的子系统分析可以看出不同类型空间价值对 3 种属性的需求程度差异较大。基于以上分析，进一步对 4 种功能空间的需求差异进行初步比较（图 4-53），相对而言商业空间人流量

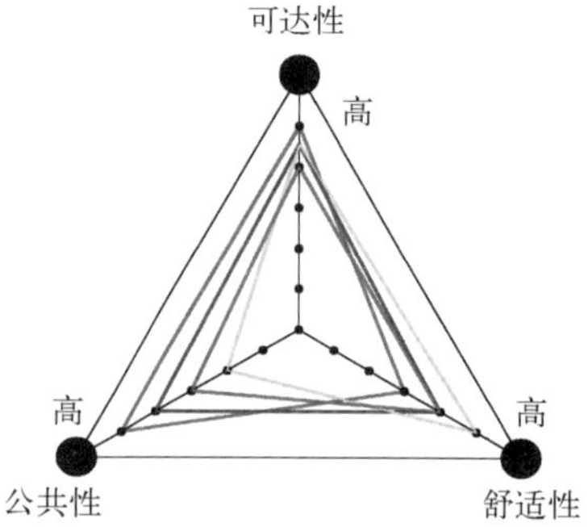

图 4-53 微区位价值的空间需求比较

大且时段分布较均匀，因此对可达性的需求最大，办公和居住空间由于通勤活动次之，酒店相对偏小；商业对空间公共性的需求最大，办公和酒店次之，住宅对私密性需求更高；对舒适性而言，住宅对舒适性需求最高，办公和酒店次之，商业由于子系统类型较多且差异较大，因此相对偏低；总体上这 4 种空间对可达性均具有较大需求，相互之间差异不明显，因此它们也成为轨交站域的典型空间类型。

4.3.3 轨交站域的空间价值分布与竞租曲线

1. 轨交站域多层面微区位价值的分布

以上分别对不同功能微区位价值的空间需求进行了分析，这里进一步依据多层面空间区位差异引起的可达性、开放性和舒适性不同，对其微区位价值进行比较[①]。站点引入后在不考虑其他因素的影响下，将水平和垂直层面的空间价值进行均匀叠加，可初步得到城市中心区轨交站域不同类型功能空间其多层面微区位价值的结构性分布特征（图 4-54a），可以看出相对于未叠加前更均衡，呈现以站点为核心，在三维空间中平缓的圈层递减分布趋势。在不考虑垂直层面空间使用的前提下，水平层面价值由于受到站点引起的可达性、公共性等提升，总体呈现圈层递减分布特征，而不同空间其区位价值分布也存在差异：① 商业空间由于对可达性的依赖度最高，因此随着与站点距离的增加呈现显著的圈层递减分布趋势；② 办公和居住空间对轨交可达性的依赖程度同样也较大，但是考虑到开放性和舒适性需求，因此递减的变化趋势相对平缓；③ 酒店空间对可达性的依赖程度最弱，因此水平层面变化不明显。在垂直层面上空间价值随高度增加总体上呈现缓慢递减分布特征，而地下浅层区价值得到增加，同样不同空间价值分布也有差异：① 由于商业对可达性的依赖程度最大，使得近地面层的商业空间价值最大，并随高度增加呈现显著的递减分布趋势；② 在高密度城市环境下，由于高层区有利于办公、居住和酒店的使用需求，因此随高度增加它们的空间价值均呈现递增趋势，而在近地面层区域靠近站点的圈层办公价值大于酒店，居住相对最低。

① 导致可达性、开放性和舒适性不同的影响因素还有很多，以可达性为例，除轨交网络外，还包括站域内的车行和步行网络，本书除微区位外暂不涉及其他因素。

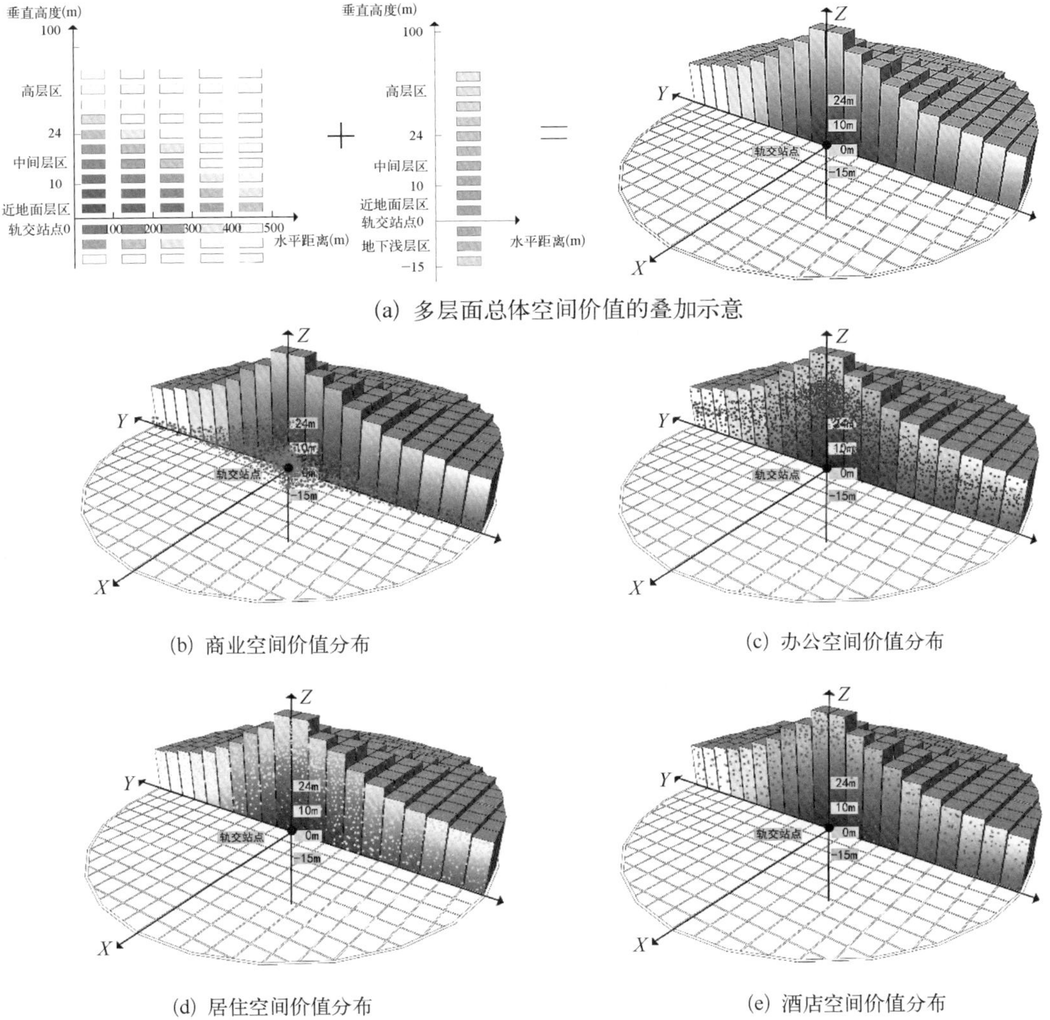

(a) 多层面总体空间价值的叠加示意

(b) 商业空间价值分布

(c) 办公空间价值分布

(d) 居住空间价值分布

(e) 酒店空间价值分布

图 4-54　轨交站域不同功能空间多层面的微区位价值分布

同时也应看到，在轨交站域多层面空间使用背景下，为了更大地挖掘近地面层的商业价值，一些项目将酒店、办公、居住等功能从地面层移至区位价值相对偏低的中高层区域，使商业价值最大的近地面层不被其他非商业类功能过多占用，中间层同时转变为能够承载城市公共活动的基面层，使原本呈现明显向上递减趋势的区位价值发生变化，提升中间层的商业价值；比如香港朗豪坊的商业空间在垂直层面分布更广泛，位于四层的美食广场是购物中心、写字楼和酒店的主要公共活动面，七八层以上是电影院及十三层是酒店空中大堂，它们显著地提升了中间层区和高层区的空间价值（图 4-55）。

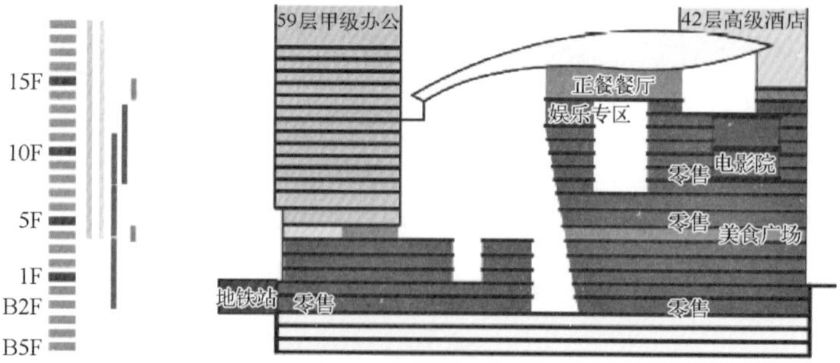

图 4-55　香港朗豪坊垂直层面的空间分布示意图

资料来源：康晓培．基于微区位价值的轨交站域主要功能三维分布特征分析［D］．上海：同济大学，2014：78.

2. 轨交站域多层面的空间竞租曲线

1）传统的竞租曲线

在区位论中最具代表性的是 Alonso（1964）提出的“竞标地租与土地资源配置模型”①（图 4-56），竞租是指在“理性人”和“市场均衡”假设下②，土地使用者对不同位置的土地彼此竞争，根据所能支付的地租和在该地块上可能获得的最大收益权衡决定愿支付的价格，这个价格决定土地的最终用途，因此竞租理论是以土地价格的高低决定土地利用方式的竞争机制，而竞租曲线就是在城市土地使用选址过程中区位与地租的函数，不同曲线表示不同的土地使用，同一

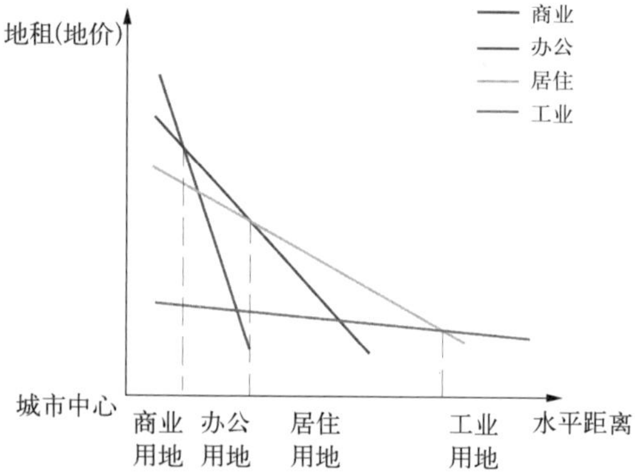

图 4-56　传统地租理论的竞租曲线

资料来源：笔者根据传统竞租曲线重新绘制，原始资料详见：（美）威廉·阿隆索．区位和土地利用——地租的一般理论［M］．梁进社，李平，王大伟，译．北京：商务印书馆，2007.

曲线上任何一种选择方案的经济效益（土地成本和区位成本之和）都是相同的，曲线上

① 该部分内容参考（美）威廉·阿隆索．区位和土地利用——地租的一般理论［M］．梁进社，李平，王大伟，译．北京：商务印书馆，2007，并结合相关资料整理而成。模型运用微观经济学原理，通过受区位影响的地租和不同功能的承租能力建立区位与土地使用的联系，阐述区位、地租与土地使用之间的关系，从而解释城市土地功能的分异现象，但此模型以土地为对象而侧重在城市宏观层面，因此需不断完善以对城市中微观层面的空间使用分异提供经济学依据。

② 理性人假设是指“作为经济决策的主体都是充满理智的，既不会感情用事，也不会盲从，而是精于判断和计算，其行为是理性的”；市场均衡假设是指“市场交易行为中，当买者愿意购买的数量正好等于卖者所愿意出售的数量”。

任何一点表示一种选址可能性①。

劳动生产率决定竞租曲线的截距，对交通的依赖程度决定曲线的斜率；竞租曲线表明在完全竞争条件下零售业的竞价斜率最大，它在市中心产生的级差地租居首；服务业、轻工业和批发业的竞价曲线斜率较零售业小；住宅的级差地租与容积率相关，多层或高层住宅在单位而积上产生的价值比低密度住宅高，其斜率也相对较大；农业的竞价曲线斜率在各类经济活动中最小，因而分布于郊区。

2）轨交站域的多层面竞租曲线

通过以上对轨交站域典型功能空间微区位价值的分类讨论，可以看出不同功能空间的价值受到空间因素的影响，这里进一步以多层面的空间价值为基础，结合不同类型空间的盈利能力（体现为租金或价格），对轨交站域的多层面竞租曲线进行初步定性分析。

在水平层面的竞租曲线为离开站点的水平距离和空间租金的函数关系，由于站点引入后导致靠近站点区域的可达性显著增加，并呈现圈层递减分布趋势，在微区位空间价值分析中可以看出 4 种功能空间对可达性的依赖度排序依次为商业 > 办公 > 居住 > 酒店，因此各空间的竞租曲线的斜率变化幅度同样遵循这个顺序，商业的租金提升最显著，办公空间次之；另一方面，行业的盈利水平排序为商业 > 办公 > 居住 > 酒店，在轨交站域内同样办公和商业的盈利水平显著大于居住和酒店。综合以上两方面推导出轨交站域水平层面上的空间竞租曲线（图 4-57a），总

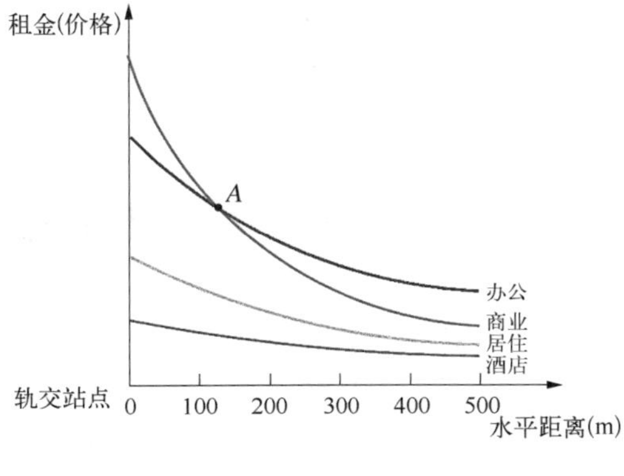

注：交叉点A表示基于空间可达性需求商业和办公空间出现的微区位价值平衡点，A点左侧商业价值大于办公价值，右侧办公价值大于商业价值。

（a）水平层面

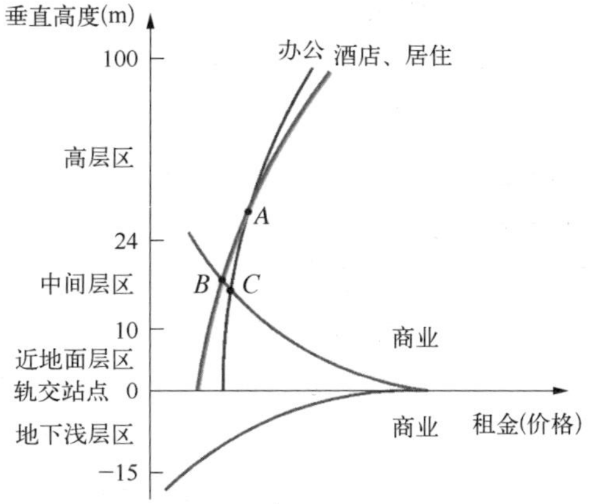

注：(1) 交叉点A表示基于空间开放性和舒适性需求，办公空间和居住(酒店)空间出现的微区位价值平衡点；(2) 交叉点B、C表示基于空间可达性和开放性需求，商业空间和办公、居住(酒店)空间出现的微区位价值平衡点。

（b）垂直层面

图 4-57　轨交站域功能空间的竞租曲线

① 该理论中城市被设定为一个无任何特征的均质平原，所有的就业中心、商品和服务都在市中心；土地区位是用到市中心的距离表示，地租是为使用土地所付的代价，由于模型中的城市土地量是固定的，因此地租完全取决于需求者之间的竞争。

体上仍然遵循传统地租理论的竞租曲线。该图中商业、办公的交叉点形成原因主要在于：第一档零售租金在 5～8 元 / (m^2 · d)，甲级办公为 5～6 元 / (m^2 · d)，靠近站点商业租金最高，在站点的第二圈层两者租金出现平衡点［5～6 元 / (m^2 · d)］。

在垂直层面的竞租曲线为空间高度和租金的函数关系①，高度增加带来了可达性和公共性的降低，以及对办公居住等空间舒适性的适度提升，空间因素对微区位价值的影响，使得商业空间的曲线随高度增加呈现显著降低，而办公、居住和酒店随着高度增加租金水平逐渐增加，特别是由于居住和酒店相对而言对私密性和舒适性的需求大，而办公对公共性的需求更大，因此导致高层区办公的租金水平小于居住和酒店；另一方面，遵循行业的盈利水平排序为商业 > 办公 > 居住（酒店），综合以上两方面推导出轨交站域垂直层面上的空间竞租曲线，如图 4–57b 所示。该图中商业与办公的交叉点形成原因主要在于：办公的高租金区域位于高层区（ > 24 m)，而在中间层（10～24 m）商业以百货或专卖店类型为主，该区域两者租金［3～4 元 / (m^2 · d)］出现平衡点。办公和居住（酒店）交叉点的形成主要在于，在可比面积段（100～200 m^2 区间）中办公售价在高层区 4万～5 万元 /m^2，住宅在 11F～18F 区域内 5万～6 万元 /m^2，它们在 30～50 m 高度区域内出现平衡点（数据采集于上海核心城区，且暂不考虑目前住宅市场的较大溢价)。

为更加直观地理解这种竞租关系，可将每一种空间的租金分布在空间中通过疏密不同的散点进行示意，点数越密表示租金越高，反之亦然，如图 4–58 所示。

4.4 空间价值影响下的空间使用分布规律

以上从使用者活动需求入手，对轨交站域微区位空间价值分布的特征及其需求进行了分析，并建立了微区位价值的空间需求分析三角形，归纳了站域多层面微区位价值的结构性分布特征及竞租曲线；以下将以此为基础分析空间价值影响下的功能空间结构性分布规律，以及在功能空间分布影响下的公共空间结构性分布规律。

4.4.1 功能空间组群的承租能力分析

体现轨交站域空间微区位价值分布的竞租曲线，反映出微区位在不同空间使用方式下空间的潜在盈利能力，但另一方面，多层面空间使用方式的最终确定还依赖于不同类型功能空间的承租能力，两方面因素在市场机制背景下相互作用逐渐形成站域空间使用的结构性分布特征。

① 这里为了方便读者阅读，将自变量（高度）设置在 *Y* 轴，而将因变量（空间价值）设置在 *X* 轴。

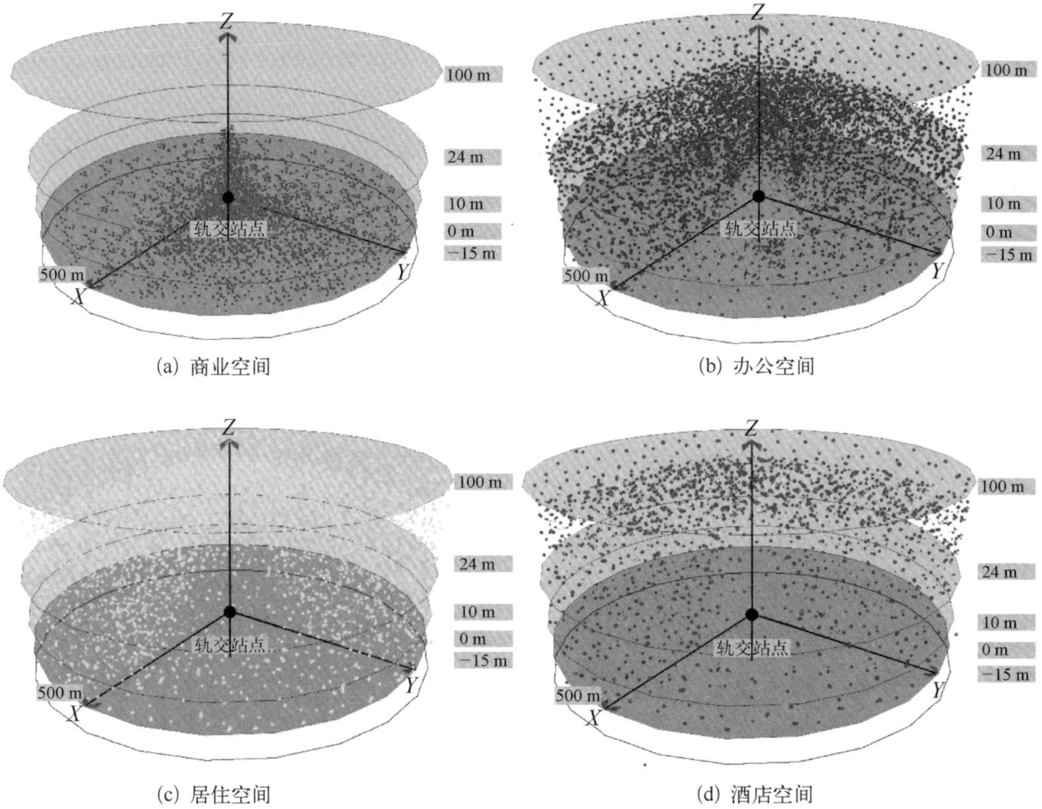

(a) 商业空间　(b) 办公空间　(c) 居住空间　(d) 酒店空间

图 4-58　轨交站域多层面空间竞租的示意图

功能空间的承租能力主要指不同功能对于租金的承受能力[①]，不同类型空间由于使用者、经营成本与盈利方式等不同导致行业之间的利润差异，在空间竞争时这种行业盈利能力就体现在承租能力上，形成不同功能对租金的承受能力差异；基于行业的盈利差异，可以初步对几种典型承租能力排序为：商业 > 办公 > 居住 > 酒店，由于商业和办公类型多样且受到市场机制的影响较大，在功能子系统内部其承租能力亦有一定的差异，这里进一步对商业和办公空间子系统的承租能力进行详细分析。

1. 商业空间的承租能力

商业空间主要分为百货、专业卖场、零

① 一般酒店式公寓和公寓式酒店可通过租金进行衡量，而住宅和酒店主要通过单位面积（套间）房价进行衡量，虽没有租金的概念，但也体现出行业或功能使用者对空间价值的承载能力。

售、餐饮、休闲娱乐和服务6种类型，本书以目前市场的城市综合体租金统计数据[①]为基础，对商业空间子系统的承租能力进行分析和比较。

（1）百货：其租金受承租面积的影响较大，其中大型综合百货业态承租金额通常为2～5元/（m^2·d），精品百货的承租力略高，最高时可达6.5元/（m^2·d）。

（2）专业卖场：在城市中心区的专业卖场往往以主力店或旗舰店的形式引入，如沃尔玛、百安居等都会以较低的租金入驻，此类专业卖场主要是目的型消费，经营方式对面积需求较大，租金一般在2～3元/（m^2·d）。

（3）零售购物：其承租面积较小且布局相对灵活，租金承受能力在商业功能中相对最高，多在5～8元/（m^2·d），但研究中也发现其租金受到可达性等因素影响较大而导致波动幅度较大，使同业态在不同位置租金差异性较大。

（4）餐饮：这是吸引消费的主力业态，其中正餐餐饮[②]和西餐馆的承租能力最高，一般都大于4～5元/（m^2·d），而中餐相对较低，平均在2～3元/（m^2·d），快餐（如KFC、麦当劳）承租能力介于两者之间，租金主要根据整个区域实现营业额的一定比例确定，其他小型休闲餐饮因为对区位要求高同时面积小，一般在5～6元/（m^2·d）。

（5）休闲娱乐：其租金是所有商业业态中相对最低的一种，大型娱乐业的承租力尤其很低，比如KTV为1～1.5元/（m^2·d）、溜冰场为1元/（m^2·d）左右、电玩游乐或电影院为1～1.5元/（m^2·d），但是由于它们是目的性较强的商业空间，因此很多综合体开发在前期为集聚人气甚至给出1～2年的免租期。

（6）服务：服务类商业又可分为生活服务（便利店等）和金融服务（银行网点等）两种，生活服务类主要分布在居住人群集中、生活消费频繁的区域，以社区底商或临街商业形式出现，属于相对薄利的业态，承租能力一般较弱，平均租金在2～3元/（m^2·d），而金融服务型多分布在区位较好的商务中心或商业地段，以大型商业和写字楼的底层商铺形式出现，平均租金在4～5元/（m^2·d），承租能力相对生活服务类商业而言更高。

总体来看，商业空间子系统承租能力可分为3个等级：承租能力较高的业态为精品百货、零售、西式（休闲）餐饮、金融服务商业，平均租金在5～6元/（m^2·d），承租能力居中的业态为普通百货、专业卖场、中餐（快餐），平均租金在3～4元/（m^2·d），而承租能力较低的业态为休闲娱乐和服务类商业，平均租金在1～2元/（m^2·d）。

---

① 数据来源：为尽可能避免外部宏观因素（如城市区位、环境品质、交通条件）等对租金分析的影响，有效提高数据信度，本书采集了城市综合体的不同业态数据进行比较，主要通过世联地产、21世纪不动产商业地产市场研究中心的综合体租金数据为基础。

② 很多时候大型正式餐饮的引入是通过联营合作的方式采取保底租金加营业额提成作为租金。

2. 办公空间的承租能力

办公空间主要分为甲级、乙级和丙级办公 3 种类型①，本书对上海中心城区及核心城区 10 个样本站域的甲、乙级办公平均租金进行整理，在宏观层面上中心城区租金最高的位于陆家嘴区域，约达到 10 元 /（m^2 · d），最低的金桥地区在 3 元 /（m^2 · d）左右，平均租金在 6 元 /（m^2 · d）左右（图 4-59a）；而核心城区 10 个样本站域的调查②显示甲级办公

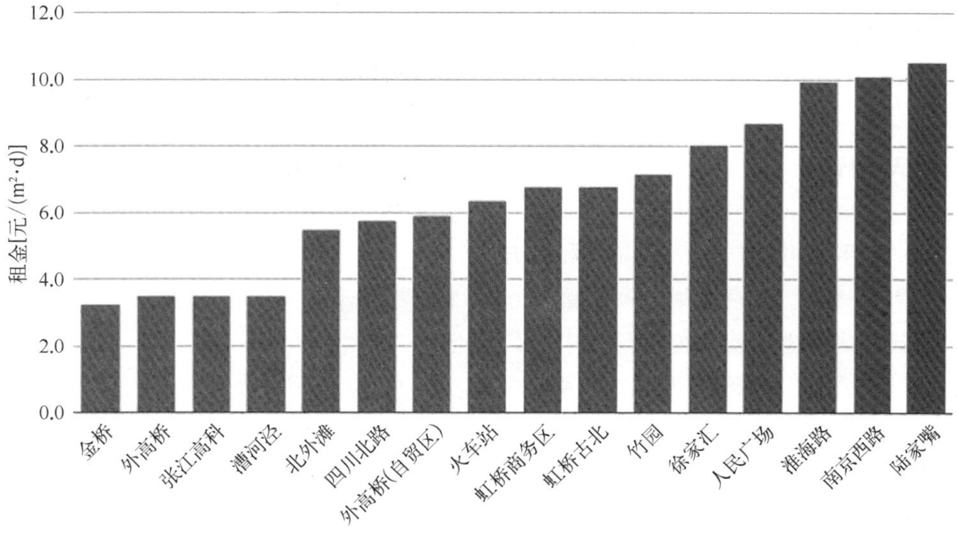

（a）2013 年上海中心城区主要商务区的平均租金水平（资料来源：移动网络资源）

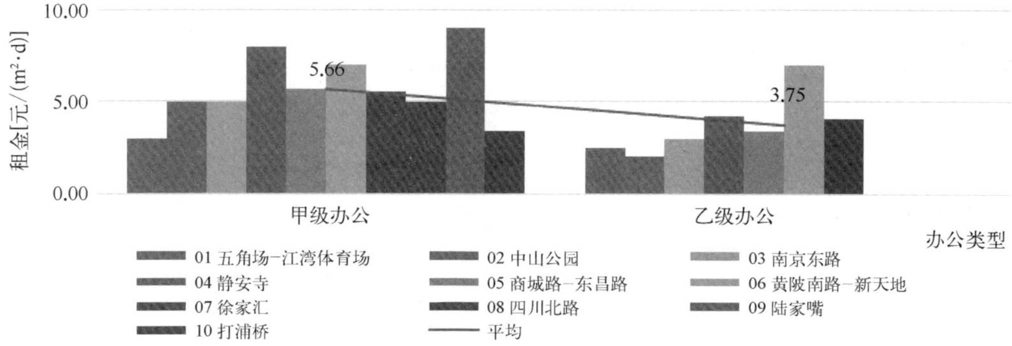

（b）上海核心城区样本站域的平均租金

图 4-59　上海中心城区和样本站域甲、乙级办公空间的租金分析

① 丙级办公楼在高密度城市中心区数量相对较少，这里不做专门统计。

② 课题组通过对 10 个样本站域办公楼租金数据的现场采集，并结合搜房网提供的网络数据进行整理。

楼的租金均值在 5.66 元 / (m^2 · d)，乙级办公楼的租金均值在 3.75 元 / (m^2 · d)，因此甲级办公的承租能力更高，站域办公空间的平均租金在 4.5 元 / (m^2 · d) 左右[①]（图 4-59b），综合而言目前办公空间的平均水平在 4～8 元 / (m^2 · d)，其中甲级办公在 6 元 / (m^2 · d) 以上，乙级办公在 2～4 元 / (m^2 · d)。

3. 比较与讨论

通过对两种功能空间子系统的承租能力分析可看出，即使同一系统由于业态盈利水平不同导致的承租能力差异也较显著，将办公和商业进行横向比较后表明：商业中承租能力较高的业态其平均租金在 5～6 元 / (m^2 · d)，和甲级办公的承租能力基本相当，商业中承租能力居中的业态其平均租金在 3～4 元 / (m^2 · d)，和乙级办公的承租能力基本相当（表 4-22）。以上分析在一定程度上呈现了各业态承租能力的差异，空间类型承租能力差异作为重要内因，并在多层面竞租曲线体现出的城市空间价值分异影响下，形成了轨交站域功能组群的结构性分布规律，以下将讨论在轨交站域空间价值影响下的功能空间分布以及功能空间影响下的公共空间分布规律。

4.4.2 空间价值影响下的功能空间结构性分布

1. 空间组群的功能构成及分布

1）功能构成比例

高密度城市中心区轨交站域的高密度、立体化发展成为必然趋势，宏观层面上使站域空间价值相对其他区域得到提升，而商业办公等空间具有更高的承租能力，因此，在

表 4-22　不同类型商业和办公空间的租金比较

	商　业 [元 / (m^2 · d)]						办　公 [元 / (m^2 · d)]	
	百货	专业卖场	零售购物	餐饮	休闲娱乐	服务类	甲级办公	乙级办公
平均租金	2～5	2～3	5～8	2～5	1～2	2～3	5～6	3～4
高位租金[②]	6～8	4～5	10～15	8～10	4～5	5～6	10～15	7～8

资料来源：笔者结合世联地产、21 世纪不动产商业地产等的租金数据整理而成。

① 通过分析可以看出目前样本站域办公楼的平均租金低于上海中心城区 1.5 元 / (m^2 · d) 左右，显示了站域的办公空间价值并未得到充分挖掘，由于它们处在核心城区和轨交站点周围，这个租金水平还有很大的提升余地。
② 由于不同区域商业和办公租金受到的影响因素很多，因此高位租金的分析并不针对具体店铺，而是讨论某类业态中的子类，如百货类的精品百货、餐饮类的西餐、服务类的金融类服务等，同时以上海核心城区的数据为例，商业选取相对高端的徐家汇、南京东路、淮海路等市级商圈，办公选取陆家嘴、静安寺、淮海路商务区分析其高位租金。

轨交站域内商业与办公空间的比重逐渐增大，并随着商业空间的增加，人群类型和活动行为进一步丰富，因此功能构成呈现出复合化特征，上海核心城区 10 个站域的实证分析验证了城市中心区轨交站域以商办等公共性功能空间为主的组群“复合化”发展趋势。

轨交站域不同功能空间的构成存在一定规律，典型功能的构成排序为居住 > 办公 > 商业 > 酒店，从 10 个站域的量化分析来看：① 在地上层面商业：办公：居住：酒店：其他的结构性构成比例约为 1：1.7：2.1：0.3：0.8，同时商业、办公之和大于居住空间约 1.3 倍；② 地上商业空间的变化幅度较小，比例基本维持在 15%～20%；③ 在地下层面以商业和公共停车空间为主体的公共性功能空间的开发强度也进一步加大，总体开发强度均值在 0.1～0.2，其中商业和停车的结构性构成比例约为 1：3。

2）功能构成分布

功能构成的分布也呈现出一定规律性，在水平层面上靠近轨交站点的区域以商业和办公为主，其构成排序为办公 > 商业 > 居住 > 酒店，远离站点的区域以居住和办公为主，其构成排序为居住 > 办公 > 商业（酒店）；垂直层面上，近地面层以商业和居住为主，其构成排序为：居住 > 商业 > 办公 > 酒店，而高层区的功能构成排序以办公和居住为主，其排序为办公 > 居住 > 酒店 > 商业。

量化分析显示在水平层面上靠近站点的区域（0～100 m）中办公：商业：居住：酒店空间约为 12：8：3：1，而在远离站点的区域（400～500 m）居住：办公：酒店（商业）约为 4：3：1；在垂直层面上高层区办公：居住：酒店：商业约为 20：8：3：1；而近地面区居住：商业：办公：酒店为 12：6：3：1。

2. 总体开发强度取值及分布

1）开发强度取值

（1）基于客流量的开发强度函数模型

本书表明在城市中心区轨交站域，其地上层面的总体开发强度与站点日均客流量的函数关系式为：$Y = 1.438 + 0.090X$（Y 代表总体开发强度，X 代表日均客流量，单位：万人），也验证了其具有较高的适用性，详见第 4.2.1 节和附录 C；这对以上海为代表主要依赖公共交通和轨道交通作为城市主导出行方式的高密度城市中心区，提供了一条评价控制轨交站域总体开发强度的有效途径，数据显示上海核心城区站域的总体开发强度均值为 1.5～3.0，以下就该模型对未来轨交站域的适用前提和实践应用价值进行讨论。

（2）所在城市中心区的出行结构分析

轨道交通对站域总体开发强度的影响主要源于站域人口（使用者）密度的变化，而密度又主要受到城市出行结构和轨道交通客流量两方面因素的影响，因此出行结构差异会影响方程的适用性，由于研究以上海核心城区为对象，因此使用该模型评价控制开发强度的重要前提是需要有相似的出行结构，《2014 年上海市综合交通年度报告》显示 2013 年度上海中心城区的出行结构中公共交通出行比例为 35.4%，公交出行中轨道交通的分担率约为 39%，即轨交占中心城区出行总量的约 14%；如果出行结构中公交和轨交比例低于这个范围，其通过模型获得的开发强度预测值一般情况下将会整体上低于实际值，反之亦然；故而对所在区域出行结构的考察是重要前提。

以徐家汇、五角场-江湾体育场和陆家嘴 3 个站域为例简要比较，作为重要的城市商务区其周边空间与交通结构不同，目前陆家嘴出行结构中车行所占比重相对而言要大于徐家汇和五角场，在两种不同出行结构下按照函数模型进行预测后表明，陆家嘴预测开发强度相对低于实际值，而其他两个区域的预测值要高于实际值（图 4-60）。

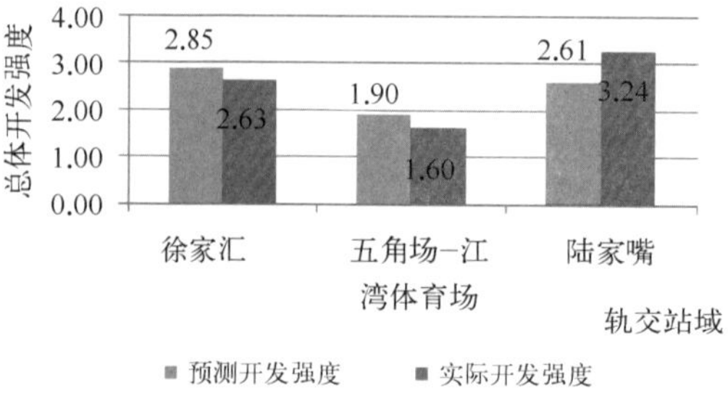

图 4-60　不同出行结构下的开发强度预测比较

（3）日均客流量与总体开发强度的相互影响

函数模型初步表明每增加 1 万人的日均客流量，其开发强度可提高 0.09～0.1，反之通过模型也可换算出轨交站域每增加 0.1 的总体开发强度，其日均客流量可提高 1.0 万～1.1 万人；同时，日均客流量对总体开发强度的影响具有边际递减效应，初步发现在客流量 20 万人左右开发强度达到峰值，详见附录 C。这为未来科学评价两者之间的相互影响提供了依据，可有效地根据客流量变化动态控制总体开发强度，或者基于总体开发强度的变化对轨交的结构性流量变化进行科学评价和预测。

当在考虑不同站域出行结构差异的基础上，一方面如果两个轨交站点结构性日均客运量同比提升，则一般公交和轨交出行比重较大的轨交区域，其开发强度相对而言提升幅度要小于公交和轨交出行比重较小的轨交区域；反之如果在提升同样的开发强度状态下，一般公交和轨交出行比重较大的轨交区域站点的结构性日均客流量增加更大，相应地对轨道交通的运营压力也更大。

2）开发强度分布

在城市中心区轨交站域，随着站点引入，总体开发强度在原有相对均衡的基础上，水平层面呈现以站点为中心尾部略微提升的圈层递减分布特征①，最高值出现在 0～100 m 圈层，最低值在 200～300 m 圈层（图 4-61a），样本站域实证分析表明 0～100 m 至

① 在外围圈层出现开发强度略微提升的分布特征，笔者主要认为有两方面原因：（a）在高密度城市中心区，由于发展较为成熟因而区域本身已经具有较高的总体开发强度；（b）在未引入站点前，周边开发强度相对均衡，引入站点后由于可达性增加导致站点周边空间价值的增加，使得功能空间逐渐向站点周边聚集，但是影响程度随着站点距离的增加而逐渐减小，因此，在相对靠近站点的 300 m 范围内影响更大，从而导致中间区的开发强度逐渐向站点集聚。办公和居住开发强度的分布特征同样在尾部呈现反向变化趋势，其主要原因与之相同，如果在新建的城市区域，站点周边的这种强度分布特征则不明显。

400～500 m 这 5 个圈层的结构性开发强度比值约为 1.5：1.2：1：1.05：1.1。

一般由于地下和高层区的总体开发强度很小，城市空间呈现出从近地面层沿各高度显著减小的趋势，但在城市中心区轨交站域高密度空间使用背景下，总体上地上呈现以站点为中心多层面缓慢波动的分布规律，高层区分布甚至超过中间层区（图 4-61b），实证数据显示高层区（24～100 m）至地下浅层区（−15～0 m）这 4 个区域的结构性开发强度比值约为 5.3：4.5：6.1：1。

3. 典型功能空间取值及分布

1）商业空间

（1）商业开发强度

轨交站点引入使得站域的商业开发强度在城市宏观层面要高于周边其他区域，按照地上总体开发强度[①]与日均客流量之间的函数关系式，同时结合功能组群的结构性比例构成商业均值在 17%左右，其取值区间定为 10%～25%；因此基于客流量的站域商业开发强度 Y_c =（0.1～0.25）×（1.438 + 0.090X）（Y_c 代表商业开发强度，X 代表日均客流量，单位：万人）；上海核心城区轨交站域商业开发强度均值在 0.3～0.6 之间。

（2）商业开发强度分布

在城市中心区轨交站域，水平层面呈现以站点为中心的圈层递减分布规律[②]，越靠近站点的区域衰减越强（图 4-62a），实证分析显示 0～100 m 至 400～500 m 这 5 个圈层的结构性开发强度比值约为 4.7：3.1：1.9：1.2：1；商业开发强度在地下浅层区到高层区呈现以站点为中心多

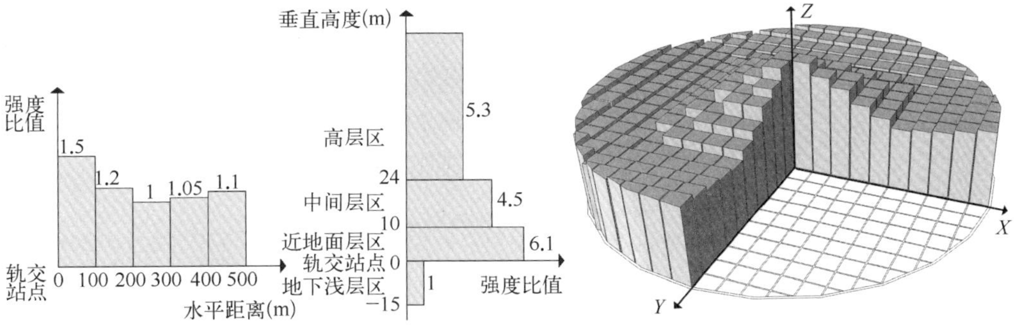

(a) 水平层面　(b) 垂直层面　(c) 开发强度三维分布示意图[③]

图 4-61　城市中心区轨交站域的总体开发强度分布特征

① 这里商业开发强度计算不含地下部分，地下商业空间开发强度在垂直层面上结合公共性停车单独分析。

② 商业空间并没有像总体开发强度以及办公和居住开发强度那样，在尾部产生反向变化趋势，主要在于：（a）一般商业空间本身在功能配比中比重较小，约 15%～25%，因此在站点建设前外围圈层本身强度较小；（b）站点对商业开发强度的影响程度相对办公和居住而言更大，因此，外围圈层的商业也逐渐向中间圈层集聚。

③ 为了便于效果展示，垂直方向进行了一定比例的拉伸。

层面显著递减的分布特征（图 4-62b），高层区（24～100 m）至地下浅层区（−15～0 m）这 4 个区域的结构性开发强度比值约为 1∶6.9∶9.6∶1.7。

进一步对 6 种典型商业空间的分布进行分析，由于各自的承租能力不同，越靠近站点的区域零售百货类业态所占比重越大而娱乐和专业卖场比重较小；随距离增加各业态开发强度所占比重趋于均衡；从衰减速率来看，对可达性敏感的零售购物、百货、服务类衰减最快；餐饮、娱乐和专业卖场由于消费目的性较强，租金衰减较为平缓。在垂直层面由于大多站点位于地下，地下浅层的可达性和公共性均高于中间层，因此近地面层和地下浅层区主要以休闲类零售、休闲餐饮或者快餐、服务类商业为主；中间层区域以百货类、高档零售、正餐等为主；而高层区主要以休闲娱乐、专业卖场以及部分服务类商业空间为主。

2）办公空间

（1）办公开发强度

功能组群的结构性构成分析中办公空间均值约 30%，考虑不同区域办公构成差异，其取值区间定为 20%～40%；因此城市中心区站域的办公开发强度 $Y_b = (0.2～0.4) \times (1.438 + 0.090X)$（$Y_b$ 代表总体开发强度，X 代表日均客流量，单位：万人）；上海核心城区轨交站域的办公开发强度均值在 0.5～1.0 之间。

（2）办公开发强度分布

在城市中心区轨交站域的大量办公空间先于站点而存在，由于办公容量本身较大同时受站点的影响程度相对商业空间小，因此随着站点引入办公开发强度在原有相对均衡的基础上，水平层面呈现以站点为中心尾部略微提升的圈层递减分布特征（图 4-63a），在 0～100 m 至 400～500 m 这 5 个圈层的结构性开发强度比值约为 2.4∶1.3∶1∶1.05∶1.1。从垂直层面的竞租曲线可以看出高层区办公空间价值更大，因此办公开发强度从近地面层区到高层区呈现以站点为中心缓慢递增的分布特征（图 4-63b），高层区（24～100 m）至近地面层区（0～10 m）这 3 个区域的结构性开发强度比值约为 3.7∶1.2∶1。

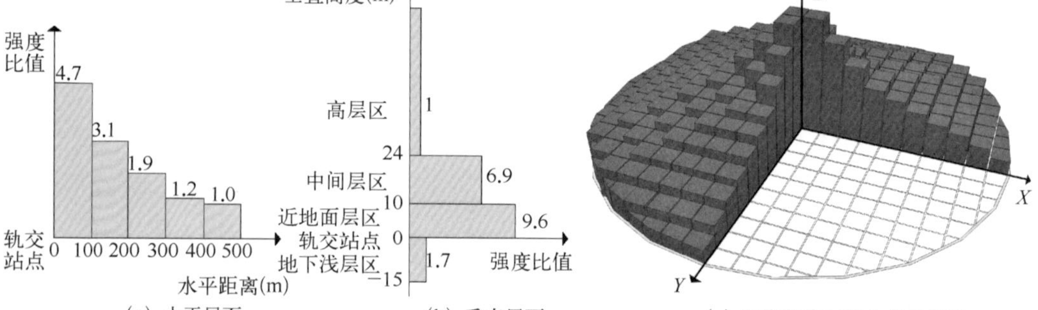

（a）水平层面　（b）垂直层面　（c）开发强度三维分布示意图

图 4-62　城市中心区轨交站域的商业开发强度分布特征

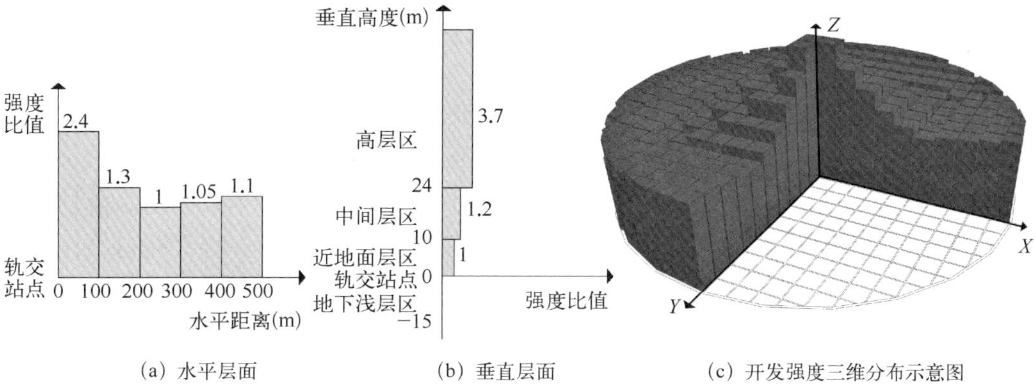

图 4-63　城市中心区轨交站域的办公开发强度分布特征

进一步对 3 种典型办公空间的分布进行分析，由于使用者承租能力从高到低的平均排序是甲级办公 > 乙级办公 > 丙级办公，行业盈利能力排序为金融证券 > 商业贸易 > 创意服务。因此水平层面的结构性分布特征为越靠近站点的区域，其甲级办公或金融证券行业办公所占比重越大，而乙级、丙级办公或者创意服务办公比重较小；随距离的增加，各类办公业态其开发强度逐渐减小，所占比重趋于均衡；从衰减速率来看，对空间可达需求度最高的甲级办公或者金融证券业办公衰减最快。在垂直层面上在近地面层和地下浅层区主要为承租能力较低的行业如创意服务业等，而在高层区则是承租能力较高的行业如金融证券业。

3）居住空间

（1）居住开发强度

居住空间类似办公空间由于每天大量居民有日常通勤的出行需求，所以轨交站点引入也会显著地提升居住空间价值①；功能组群结构性构成中居住空间均值约为 35%，其取值区间定为 30%～40%；因此站域的居住开发强度 Y_r =（0.3～0.4）×（1.438 + 0.090X）（Y_r 代表居住开发强度，X 代表日均客流量，单位：万人）；上海核心城区轨交站域的住宅开发强度均值在 0.6～1.2 之间。

（2）居住开发强度分布

在城市中心区轨交站域居住量较大，同时由于对私密性和舒适性有较高需求，使得在站域范围内居住空间价值随距离增加呈递增趋势，因此居住开发强度在原有相对均衡的基础上，水平层面呈现以站点为中心尾部略微下降的圈层递增分布特征（图 4-64），在 0～100 m 至 400～500 m 这 5 个圈层的结构性开发强度比值约为 1∶1.9∶2.3∶2.8∶2.5。在高密度背景下

① 城市居住空间所占容量最大，如果在总体开发强度未显著提升的情况下，由于轨交站域的复合化发展趋势，因而居住开发强度所占比重会小幅下降，因此最终状况主要表现在房价在城市宏观层面要高于其他区域，使得承租能力较高的中高档住宅或者较大面积住宅出现，而不是开发容量的增加。

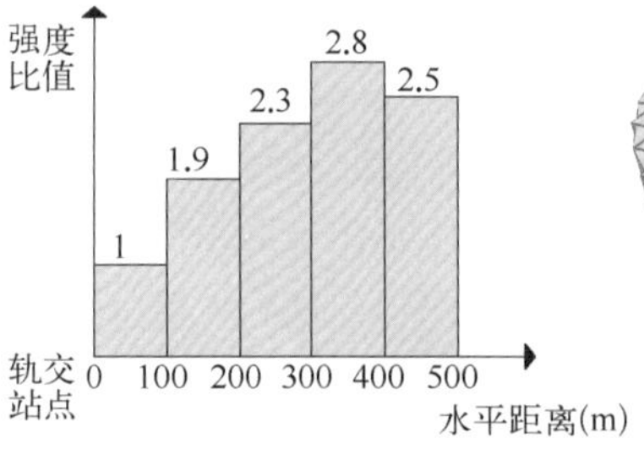

(a) 水平层面

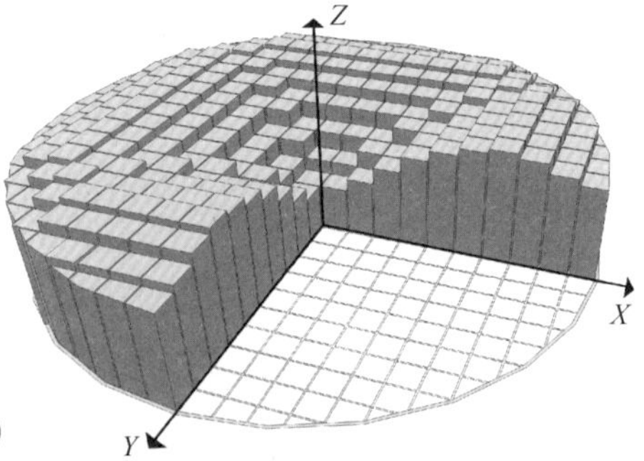

(b) 开发强度分布示意图

图 4-64 城市中心区轨交站域的居住开发强度分布特征

的城市中心区轨交站域，高层区的居住空间价值也在一定程度上增大，增加了高层区域的空间容量，而由于居住空间大部分仍处于近地面层和中间层，因此居住空间在 3 个高度区域中开发强度处于均衡化，使得垂直层面无明显分异现象[①]。

进一步对 3 种典型居住空间的分布进行分析，可以看出由于使用者承租能力从高到低的平均排序为商品住宅 > 酒店式公寓 > 保障住宅，同时考虑居住空间的私密性和舒适性需求，因此水平层面的结构性分布特征为越靠近站点的区域其商品住宅所占比重最大且以中端为主，同时包含酒店式公寓；随着距离的增加住宅开发强度逐渐增大，各种类型住宅所占比重趋于均衡，而高档商品住宅往往位于轨交站域的中区（300～400 m），从强度的增长速率看，对私密性和舒适性要求最高的高档住宅递增速度最快。

4）酒店空间

（1）酒店开发强度

酒店空间主要针对各类蓄留游客，它们作为站域的重要蓄留人群，对站域周边空间经济绩效和空间活力都具有重要价值，随着站点的引入其出行便捷度增加，也在一定程度上提升了酒店空间价值，其中功能组群的结构性构成中酒店均值约 5%，但在实证统计中发现不同站域酒店空间比例差异性较大[②]，因此这里设定较大的取值区间为 1%～15%，则站域的酒店开发强度 Y_h = （0.01～0.15）×（1.438 + 0.090X）（Y_h 代表酒店开发强度，X 代表日均客流量，单位：万人）；上海核心城区轨交站域的酒店开发强度均值在 0.03～0.3 之间。

（2）酒店开发强度分布

在水平层面酒店空间分布的方差分析

① 本书主要针对近地面层区（0～10 m）、中间层区（10～24 m）以及高层区（>24 m）3 个区域进行方差分析，由于高层区的高度范围较大，开发强度的累计使得这 3 个区域开发强度值相对均衡。

② 10 个站域中酒店空间所占比重最小的为陆家嘴，仅为 1%左右，而最大的南京东路站则达到 18%左右，相差约 18 倍。

中，其 *sig* 值为 0.579（表 4-10）；垂直层面酒店空间分布的方差分析 *sig* 值为 0.319（表 4-14），表明无论水平还是垂直层面，站点与酒店空间的分布并未显现明显的分异现象①。

4.4.3 功能空间影响下的公共空间结构性分布

在功能空间的结构性分布影响下，不同使用者在站域呈现时间和空间的分异现象，在时段上工作日就业者比重大而周末当地居民和消费者居多，通勤高峰时段就业者比重大而非高峰时段消费者和游客居多；在空间上由于办公商业主要呈现圈层递减的分布趋势，因此就业者和消费者也会呈现出圈层递减分布趋势，而伴随居住空间的圈层递增分布趋势，当地居民也呈现出同样趋势。

而公共空间主要为轨交站域的各类使用者服务，不同类型空间有特定的使用者，比如各类城市广场和步行街，特别是与商业结合的准公共空间以消费者和游客使用居多；而公园绿地、街心花园则以当地居民和就业者的使用居多，因此，本书认为，伴随轨交站域典型使用者的空间分异现象，公共空间在其影响下逐渐显现结构性分布特征；研究也结合 10 站域 5 个圈层的公共空间密度等公共空间变量与总体开发强度等功能空间变量进行了相关性分析（表 4-23），初步发现

表 4-23 轨交站域各圈层公共空间密度指标与开发强度指标相关性分析

		总体开发强度	商业开发强度	办公开发强度	居住开发强度	酒店开发强度
公共空间密度	Pearson 相关性	0.301*	0.365**	0.323*	−0.224	−0.108
	显著性（双侧）	0.034	0.009	0.022	0.118	0.455
	N	50	50	50	50	50
公园类公共空间密度	Pearson 相关性	−0.065	−0.284*	−0.005	0.170	−0.014
	显著性（双侧）	0.651	0.046	0.974	0.239	0.923
	N	50	50	50	50	50
广场类公共空间密度	Pearson 相关性	0.293*	0.618**	0.293*	−0.417**	−0.149
	显著性（双侧）	0.039	0.000	0.039	0.003	0.301
	N	50	50	50	50	50
准公共空间密度	Pearson 相关性	0.176	0.487**	0.186	−0.339*	−0.148
	显著性（双侧）	0.222	0.000	0.195	0.016	0.305
	N	50	50	50	50	50

* 在 0.05 水平（双侧）上显著相关。
** 在 0.01 水平（双侧）上显著相关。

① 垂直层面无明显分异现象其主要原因类似居住空间；而水平层面则是由于酒店分布的多层次空间需求，使得各区域酒店分布均衡化。

不同空间，特别是商业空间开发强度与广场类公共空间密度相关性最高，以下同样从公共空间构成、公共空间密度和典型公共空间三方面对其分布规律进行系统分析。

1. 公共空间构成及分布

1）公共空间构成比例

伴随着城市中心区轨交站域商业与办公空间的比重逐渐增大，其人群呈现以就业者和当地居民为主，包含目的型消费者、蓄留游客等构成的复合化结构特征，公共空间构成上则呈现出：① 由于站点多位于地下，使得轨交站域中地下公共空间比重显著增大；② 站域中结合办公和商业的准公共空间比重显著增大；③ 广场类公共空间的比重略大于公园类公共空间比重。

将两类公共空间细分后其构成排序为公园绿地 > 商业类准公共空间 > 办公类准公共空间 > 街心花园 > 步行街 > 城市广场，可以看出未与商业办公结合的城市广场比重较小。基于 10 站域的量化分析表明：① 广场（含 POPS）：公园绿地：街心花园：步行街的结构性构成比例约为 9.0 : 7.2 : 1.6 : 1；② 准公共空间比重占公共空间的 25%～30%，它与一般性城市广场空间的结构性构成比例为 1 : （1.2～1.5）。

2）公共空间构成分布

公共空间构成的分布也呈现出一定规律性，在靠近轨交站点的区域以广场类为主，其构成排序为一般性广场类公共空间 > 准公共空间 > 公园类公共空间，远离站点的区域以公园类公共空间为主，其构成排序为公园类公共空间 > 一般性广场类公共空间 > 准公共空间。量化分析显示在水平层面上靠近站点的区域（0～100 m）一般性广场类公共空间 : 准公共空间 : 公园类公共空间比值约为 1 : 3.7 : 4.6，而在远离站点的区域（400～500 m）其比值约为 1.2 : 1 : 3.2。

2. 公共空间密度取值及分布

1）公共空间密度取值

虽然将样本站域的公共空间密度与第 3.4.3 节的使用者流量以及第 4.2.1 节的总体开发强度等指标进行分析，并未呈现显著的相关性结果[①]，但笔者基于使用者需求分析，仍然初步推断公共空间的密度取值与站域使用者流量和总体开发强度存在正相关性。这里通过 10 站域的实证数据，归纳出公共空间密度的取值区间为 5%～15% 作为参考，总体上讲，在使用者的需求影响下，以商业办公为主导的轨交站域其公共空间密度一般在 5%～10% 区间波动，而以居住为主导的轨交站域其公共空间密度偏大，在 10%～15% 区间波动。

需要指出的是，轨交站域正逐渐走向多

① 笔者认为主要在于样本站域站点与周边功能和公共空间的建设时序存在差异，特别是公共空间变化受到经济效益等多种复杂因素影响，因此其变化相对缓慢，从而导致实证分析中与使用者流量和总体开发强度相关性不高。

层面的空间综合使用，并且公共空间的类型也丰富多样，由于空间范围和样本数据等因素限制，本文提出的公共空间密度取值计算暂没细化考虑这两方面因素，而它们特别对广场类公共空间的计算影响更为明显，比如全时开放的公共空间和限时开放的公共空间在面积计算时是否根据使用时段的差异区分权重，在计算站域总基面面积时是根据多层面基面面积还是占地面积，这都有待于在后续研究中深化；部分学者也正在开展类似研究①。

2）公共空间密度分布

城市中心区轨交站域随着站点引入，公共空间的分布也呈现出一定的分异规律，水平层面呈现以站点为中心的圈层递减分布特征，通过比较会发现这条曲线与总体开发强度的分布曲线基本一致；正是由于站点周边开发强度的增加导致使用者流量增加，因此使得公共空间的密度也相应增加，样本站域实证分析表明 0～100 m 至 400～500 m 这 5 个圈层的结构性空间密度比值约为：2.7：1.8：1.5：1.3：1。从表 4-23 可以看出，公共空间密度分布与总体开发强度，商业、办公空间两类空间的强度分布相关性显著，与总体开发强度在 0.05 水平（双侧）上显著正相关，*R* 值为 0.301，其中商业是在 0.01 水平（双侧）上显著正相关，*R* 值为 0.365，办公是在 0.05 水平（双侧）上显著正相关，*R* 值为 0.323。

3. 典型公共空间的分布

1）广场类公共空间的密度分布

（1）空间密度的取值

广场类公共空间（含 POPS）与公园类公共空间的比值约为 1.1：1，前者略大于后者，根据样本站域公共空间密度的取值区间，结合商业办公类公共空间的比例，实证表明其均值在 6%左右，因此一般取值区间在 4%～8%的范围。

（2）空间密度的分布

广场类公共空间在水平层面上呈现明显的圈层递减分布特征，特别是与商业空间的分布曲线较一致，同样由于办公和商业空间使用者对于这类空间的需求量大，实证表明 0～100 m 至 400～500 m 这 5 个圈层的结构性空间密度比值约为：7.3：3.4：1.8：1.6：1。从表 4-23 可以看出，广场类公共空间密度分布与总体开发强度，商业办公空间及居住空间的强度分布相关性显著，与总体开发强度在 0.05 水平（双侧）上正相关，*R* 值为 0.293，其中商业是在 0.01 水平（双侧）上显著正相关，*R* 值为 0.618，办公是在 0.05 水平（双侧）上正相关，*R* 值为 0.293，与居住空间则是在 0.01 水平（双侧）上显著负相关，*R* 值为 0.417。

2）公园类公共空间的密度分布

（1）空间密度的取值

根据样本轨交站域公共空间密度，可看

① 详见：徐磊青，刘念，卢济威．公共空间密度、系数与微观品质对城市活力的影响——上海轨交站域的显微观察［J］．新建筑，2015（4）：21-26.

出公园类公共空间密度最大的中山公园和黄陂南路-新天地在 13% 左右，而最小的南京东路站域还不到 1%，实证表明其均值在 5% 左右，平均取值区间在 3%～7% 的范围。

（2）空间密度的分布

公园类公共空间在水平层面上呈现明显的圈层递增分布特征，样本站域的实证分析表明 0～100 m 至 400～500 m 这 5 个圈层的结构性密度比值约为：1∶1.8∶2.3∶2.1∶1.8，但是方差分析结果显示分布随水平圈层系数变化的统计学意义不明显。然而从表 4-23 可以看出，公园类公共空间密度分布仅与商业空间的强度分布相关性显著，在 0.05 水平（双侧）上显著负相关，*R* 值为 0.284，也能够看出它是 3 种公共空间密度中受开发强度影响最小的公共空间。

3）准公共空间的密度分布

（1）空间密度的取值

研究进一步将准公共空间从广场类空间中抽离单独分析，根据样本轨交站域准公共空间密度可看出密度最大的五角场-江湾体育场在 11% 左右，而最小的南京东路站域还不到 1%，实证表明均值在 4% 左右，其取值区间在 2%～6% 的范围。

（2）空间密度的分布

准公共空间在水平层面上呈现明显的圈层递减分布特征，样本站域的实证分析表明 0～100 m 至 400～500 m 这 5 个圈层的结构性空间密度比值约为 6.9∶3.8∶1.8∶1.5∶1.0，方差分析结果也显示在水平圈层具有统计学意义。从表 4-23 可以看出，准公共空间密度分布与商业、居住空间的强度分布相关性显著，其中与商业空间在 0.01 水平（双侧）上显著正相关，*R* 值为 0.487，与居住空间在 0.05 水平（双侧）上显著负相关，*R* 值为 0.339。

4.5 轨交站域空间使用分布的典型类型

4.5.1 不同功能主导站域的典型空间分布类型

基于对上海核心城区特别是 10 个重点站域的分析，按照第 2.2.2 节的分类方法可初步将 10 站分为 3 种功能主导型站域，即办公空间为主的一元主导型站域，如陆家嘴，居住和办公为主的二元主导型站域，包括中山公园、商城路-东昌路、黄陂南路-新天地、徐家汇、四川北路、打浦桥；以及以办公、居住和商业为主的混合使用型站域，包括五角场-江湾体育场、南京东路、静安寺。

研究对 3 类站域的空间分布类型归纳，将以 10 个站域的功能构成均值、总体开发强度以及各功能空间水平层面分布曲线为基础，对功能空间构成、总体开发强度及各功能空间开发强度与分布进行归纳，具体方法为：① 首先确定 3 种类型的典型功能空间构成比例，并将其与 10 站域功能构成的结构性比例进行比较，求得各自的比值，作为基准系数；② 在总体开发强度均值为

2.3[①]左右水平上，以各功能空间的基准系数为基础，按照它们在水平层面的分布曲线，求得每类功能空间在水平圈层的开发强度分布；③ 然后基于新的功能空间分布，推导各圈层的功能构成状况，以及总体开发强度的结构性分布状况。

1. 一元（办公）主导型

办公主导型站域多为城市中心区的各类商务聚集区、CBD 区，如陆家嘴站域，典型的功能构成比例按照取值：商业为 15%、办公为 60%、居住为 15%、酒店为 9%，其他为 1%，通过以上技术路线对不同圈层的功能构成、总体开发强度以及各功能空间推导其结构性分布（图 4-65a），可以看出由于办公比重较大，因此在各圈层比例构成中办公均为主导地位，如 0～100 m 圈层以办公和商业为主，在远离站点的 400～500 m 圈层中，则以居住和办公为主，对总体开发强度的结构性比值进行排序为 1.88：1.20：0.92：0.94：1.00（图 4-65b）。

2. 二元（办公+居住）主导型

办公 + 居住主导型站域典型的功能构成比例按照取值：商业为 15%、办公为 30%、居住为 40%、酒店为 5%，其他为 10%，对不同圈层的功能构成、总体开发强度以及各功能空间推导其结构性分布（图 4-66a），可以看出由于办公和居住比重较大，各圈层中的功能构成比例差别较大，如 0～100 m 圈层以商业所占比重最大，且功能构成较为混合，在远离站点的 400～500 m 圈层中，则以居住空间为主，进一步对总体开发强度的结构性比值进行排序为 1.20：1.03：0.93：0.98：1.00（图 4-66b）。

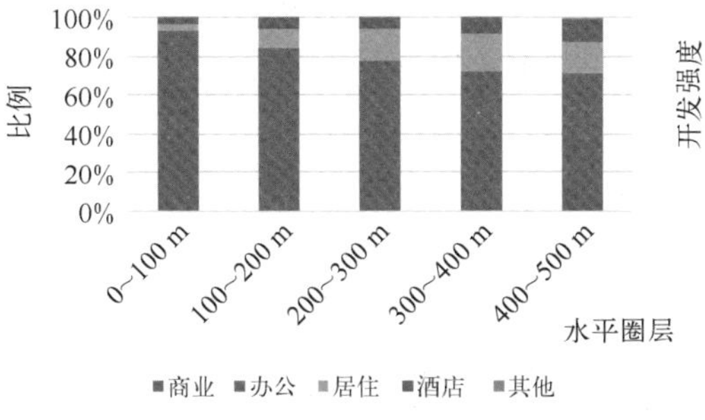

(a) 功能构成的分布示意图

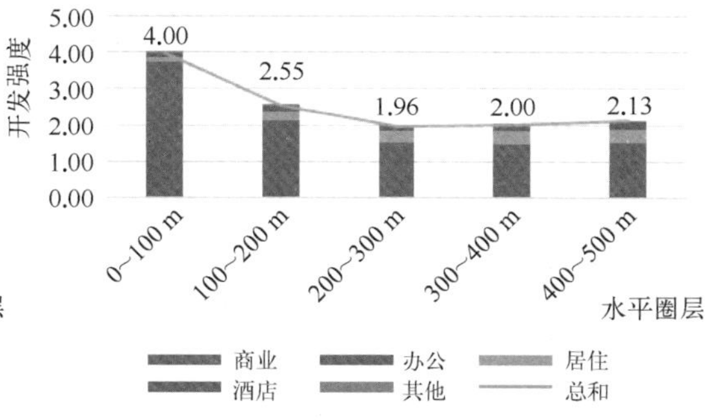

(b) 开发强度分布示意图

图 4-65　办公主导型站域

① 该值为 10 个样本站域总体开发强度的均值。

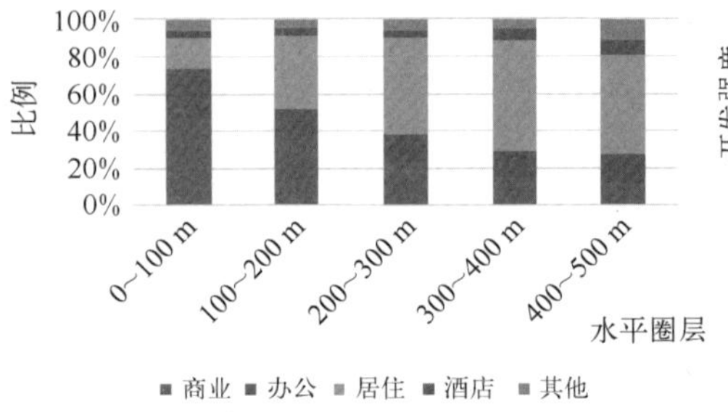

(a) 功能构成的分布示意图

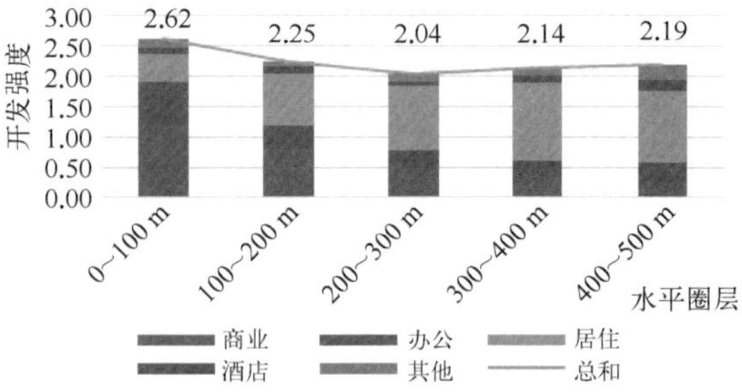

(b) 开发强度分布示意图

图 4-66 办公 + 居住主导型站域

3. 混合使用（商业＋办公＋居住）型

以商业 + 办公 + 居住为主的多元主导型站域，其典型的功能构成比例按照取值：商业为 20%、办公为 30%、居住为 35%、酒店为 5%、其他为 10%，对不同圈层的功能构成、总体开发强度以及各功能空间推导其结构性分布（图 4-67a），可以看出由于 3 种比例关系较混合，各圈层中的功能构成与前两种类型差别较大，如 0～100 m 圈层以商业和办公为主，前者略小于后者，在后续各圈层中比例构成均较混合，在远离站点的 400～500 m 圈层中，则以居住和办公空间为主，进一步总体开发强度的结构性比值进行排序为 1.43：1.09：0.91：0.95：1.00（图 4-67b）。

4.5.2 轨交站域核心区的典型空间分布类型

以上结合样本站域的调查从站域整体层面初步归纳了 3 种典型站域的空间分布类型，以下将侧重对轨交站域核心区功能组群的分布归纳 3 种典型类型。

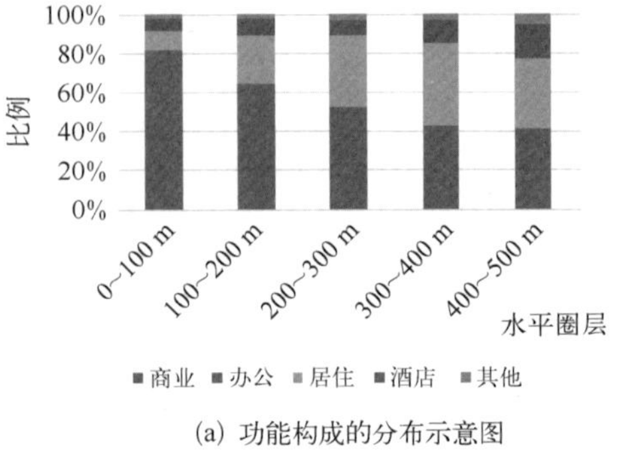

(a) 功能构成的分布示意图

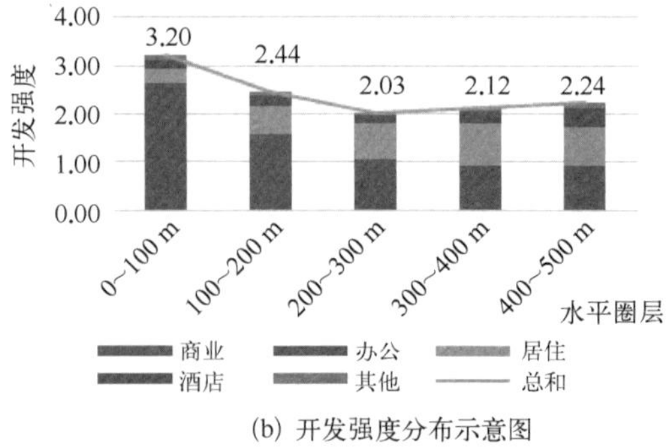

(b) 开发强度分布示意图

图 4-67 商业 + 办公 + 居住主导型站域

1. 整体式

整体式是指轨交站点与功能组群“一体化”的空间分布方式，主要表现为整体开发的站点综合体，类似通常所指的“地铁上盖”；整体式空间组合的典型特点是站点与周边空间的高度整合，这种组合方式一般需要站点和功能组群在规划设计、施工建设上同步进行，多适应于投资充足且城市现状条件允许的新建站域（图 4-68）。

香港九龙联合广场区①以环球贸易广场为核心组合而成，项目在水平维度上形成了内院式布局，轨交出入口和商业位于内院中心，其余业态围绕着中央共享平台布置，在垂直层面地下 1～2 层主要是交通空间和停车场，地面是城市道路和公共交通站点，包括部分底层架空；地上 2～4 层是商场和部分车站空间；中央平台是九龙站面向联合广场的出入口和空中花园，也是整个项目的公共活动空间；平台以上是各种功能空间，第 10～99 层为甲级办公楼，顶层 15 层为六星级酒店，在第 100 层设有公众观景层，让游客可以欣赏维多利亚湾的景色（图 4-69），总高 6 层的交通空间使车站与各功能（商业、停车、住宅、酒店和办公）均取得便捷的联系，这种分布方式也体现出在垂直层面的空间价值影响。

2. 依附式

依附式是指以独立的轨交站点为核心，各功能组群在水平层面上与站点毗邻连接的分布方式，乘客出站后可方便到达各空间，并能与换乘人流适度分流，站点和功能空间的建设也不用同步进行，较为灵活，但容易形成一些零散的地下消极空间，目前很多站域核心节点的空间分布均采用这种方式（图 4-70）。

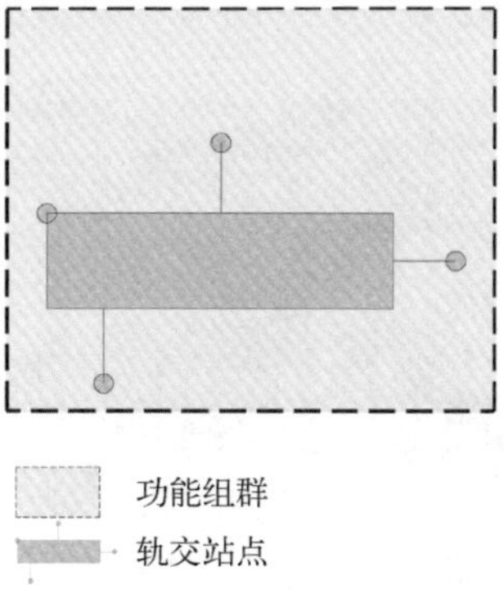

图 4-68　整体式空间分布示意图

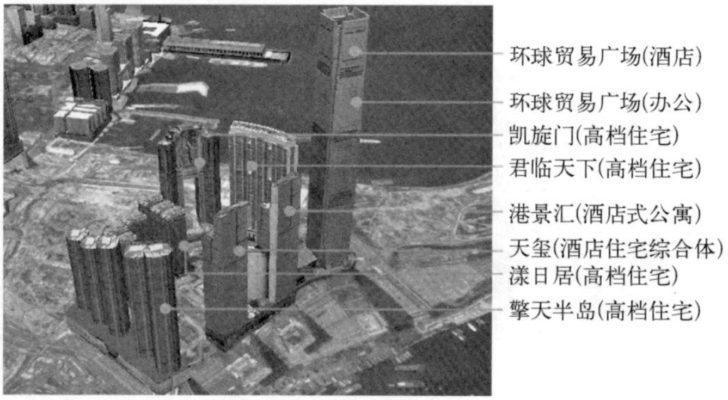

图 4-69　九龙联合广场的整体式空间分布

① 项目占地约 13.54 hm^2，总建筑面积 109 万 m^2，净容积率约 8.05，是香港九龙地区的购物、餐饮、休闲娱乐中心。

上海静安寺站位于静安区南京西路尽端，除了已经投入运营的地铁 2 号线、7 号线外，还将建成 14 号线，它地处上海市东西发展主轴上，区内商贸功能发达，中西文化交融，历来是上海中心商业商务和对外交流的重要窗口；站点周边有静安公园、静安寺、公交换乘枢纽、久光百货、嘉里中心，以及会德丰广场和越洋广场等高档写字楼；

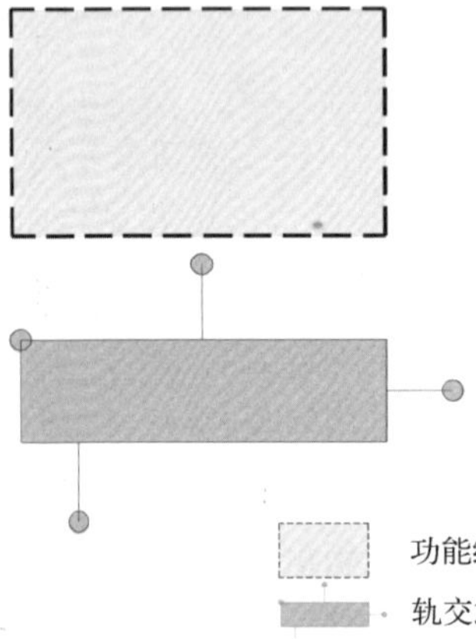

图 4-70　依附式空间分布示意图

由于地处核心城区，站点和周边建筑都是在不同时期建设，因此主要采用依附式分布方式，有利于不同功能组群的独立建设，使用上也在适度联通的基础上保持相互独立性（图 4-71）。

日本涩谷核心区是东京重要的商业办公和公共活动中心区（图 4-72），轨交站点在地下三层穿梭运行，众多的过街天桥连接起各个街区，“未来之光”文化中心在地上直接连接明治大道，在地下三层直通地铁副中心线，连接立交桥二层平台的步行道在通往地铁银座线的同时，与宫益坂·青山道路处于同一标高，如此复杂的动线，通过连接地下三层和地上四层的公共动线空间“都市核心”与南北两边上下穿梭的电梯连接（图 4-73、图 4-74）；特别在涩谷车站忠犬八公出口处，著名的百货店、时装专卖店、饮食店、咖啡店、游乐设施等密集如云，这里逐渐发展为与新宿齐名的“24 小时不眠之街”。

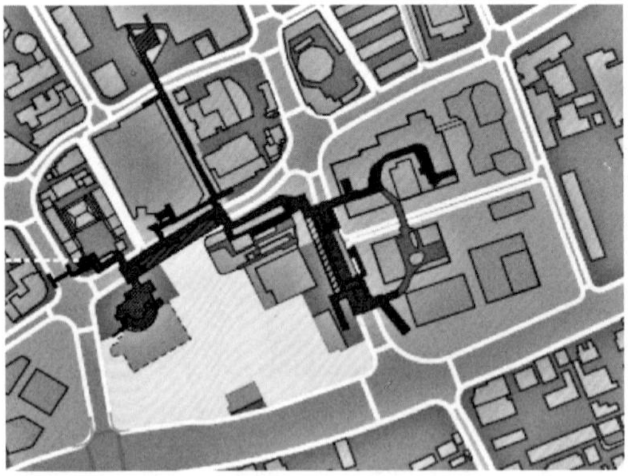

图 4-71　上海静安寺站依附式空间分布
资料来源：课题组

图 4-72　日本涩谷轨交站域核心区鸟瞰图
资料来源：宫川浩．都市的建筑化［J］．建筑创作，2013（11＋12）：181.

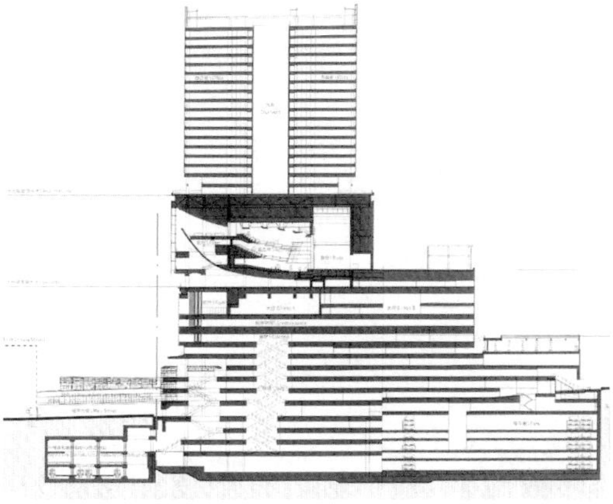

图 4-73　涩谷站域“未来之光”文化中心剖面图
资料来源：吉野繁 . 人、文化、物的混杂后所产生的协同共存的立体都市［J］. 建筑创作，2013（11 + 12）：197.

图 4-74　涩谷站域的“都市核心”剖视图
资料来源：吉野繁 . 人、文化、物的混杂后所产生的协同共存的立体都市［J］. 建筑创作，2013（11 + 12）：202.

3. 中介式

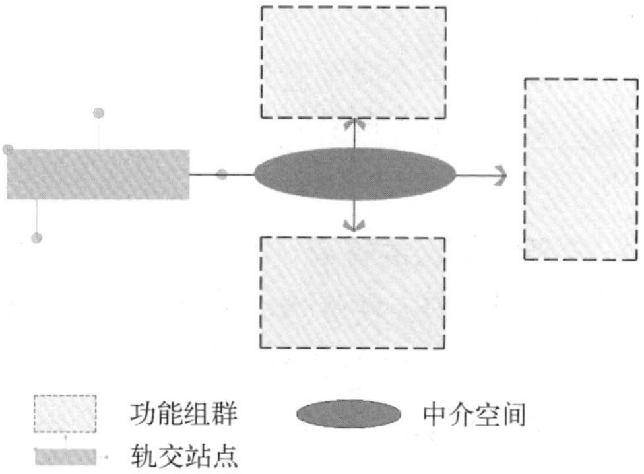

图 4-75　中介式空间分布示意图

中介式是以公共空间为媒介将站点与功能空间进行组合的方式，中介空间形式包括城市广场、地下商业街（网络）、空中步行系统等 3 种基本类型，这种组合方式能在更大的空间范围内使站点与功能空间有机整合，并且站点与中介空间以及功能空间组群可整体设计、分期实施，其操作更灵活，由于涉及的范围更大，组合的空间更多，因此需要通过强有力的城市管理保障措施进行管控（图 4-75）。

1）*以城市广场作为中介*

上海五角场轨交站域主要通过一个面积约 6 300 m^2 的椭圆形下沉广场作为中介，连接周边的万达广场、百联又一城、合生汇等城市综合体和商业街区，使得站点周边成为集休息、购物、办公、休闲娱乐为一体的混合使用区域，地下公共广场既起到了高峰时段疏散组织各种人流的作用，平常更是市民活动休闲、商家展销的活力空间（图 4-76）。

2）*以地下步行街（网）作为中介*

加拿大蒙特利尔 32 km 的地下步行网络与市中心 42 个区块相连，面积达到 12 km^2，该系统包含约 2 000 家商店、40 家电影院和 8 个地铁站，每天客流 50 万人左右，该地下空间网络早已成为蒙特利尔的重要景点（图 4-77）。上海中山公园轨交站域在城市主干道长宁路下也建设了地下步行街

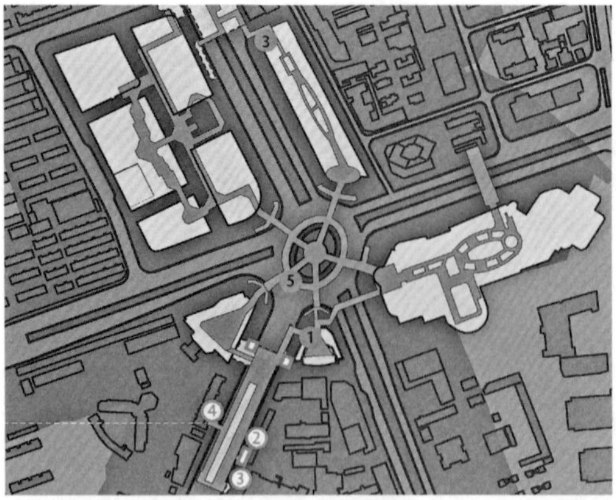

图 4-76　上海五角场站以下沉广场为中介的空间分布示意图

资料来源：课题组

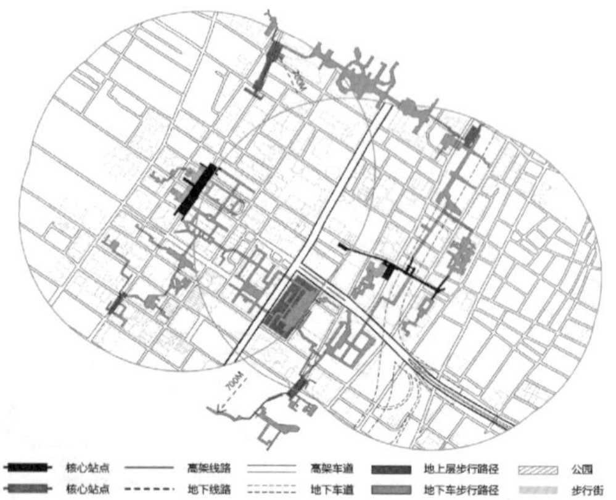

图 4-77　加拿大蒙特利尔以地下步行网络为中介的空间分布示意图

资料来源：陆文婧．轨道交通站域人车路径的模式与分析［D］．上海：同济大学，2015：45.

区，并以此为中介联系道路两边的办公、商业和公园，使乘客能够快捷地到达周边区域。

3）以空中步行系统作为中介

香港中环区的香港-中环轨交站域则是以二层空中步行系统作为中介的站点核心区空间分布形式，站域使用者从香港站和中环站出站后，可以全天候到达周边的国金中心、皇后像广场等主要使用空间，空中步行系统的建立使人们的活动基面更加立体化，也在一定程度上增加了二层空间的商业价值（图 4-78）。

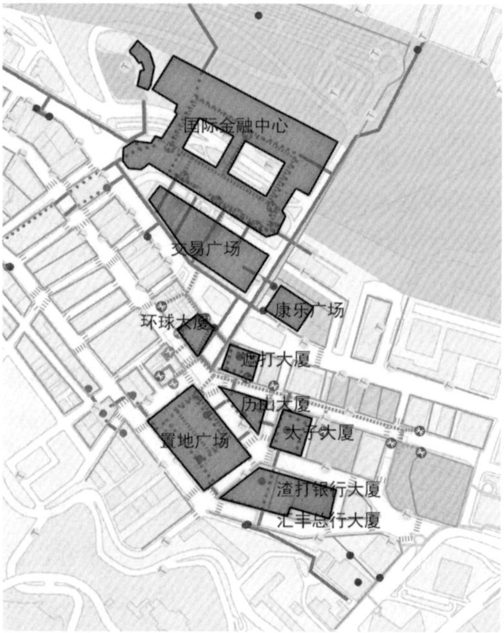

图 4-78　香港站-中环站以二层步行系统为中介的空间分布示意图

资料来源：祝狄峰．地铁站域多层面步行路径的密度和转换分析——以沪港城市中心区的四个案例为样本［D］．上海：同济大学，2012：30.

4.6　本章小结

本章针对上海核心城区轨交站域空间使用的分布问题，首先提出轨交站点是城市重要人流发生源的观点，并分析它对站点周边空间使用的 4 个催化阶段、初步归纳站域空间使用的三大发展趋势。

然后通过对10个样本站域的实证调查，基于SPSS分析归纳轨交站域的功能空间和公共空间分布特征，包括功能组群（公共空间）的构成与分布、总体开发强度（公共空间密度）与分布、典型功能空间（商业、办公、居住、酒店）、典型公共空间（城市广场、步行街、公园绿地、街心花园）的多层面分布特征；研究表明，上海核心城区轨交站域功能构成是以商业和办公为主导的公共性功能组群为主，总体开发强度与站点的日均客流存在显著相关性，线性函数关系为 $Y = 1.438 + 0.090X$（Y 代表总体开发强度，X 代表日均客流量，单位：万人），两者影响存在边际递减效应；并初步归纳影响模型适用的3个主要条件：① 上海核心城区；② 以各级中心型站域类型为主；③ 流量要求在20万人以内且不宜过大或过小；针对不同功能空间而言，随着站域日均客流量变化，商业空间开发强度的影响范围主要集中在0～200 m的近站点圈层，办公空间相对次之，而居住空间主要集中在站点400～500 m的外围圈层。就强度分布而言，在水平层面呈现出尾部略微提升的圈层递减分布趋势，垂直层面在高层区和地下浅层区开发强度得到一定程度提升；表现在各功能空间中，水平层面商业空间是显著的圈层递减分布，办公空间为尾部略微提升的圈层递减分布，居住空间为尾部略微降低的圈层递增分布，酒店空间分布与站点的关系不大，垂直层面上商业沿高度增加呈现显著递减分布，办公则是显著递增分布。

其次在空间经济学原理和传统竞租曲线的基础上，从使用者角度研究对可达性、公共性和舒适性的需求以及呈现的站域不同空间微区位价值，初步归纳出轨交站域的多层面空间价值差异和竞租曲线；研究表明不同空间及其子系统微区位价值对空间可达性、公共性和舒适性的需求不同，使得轨交站域呈现出微区位价值的分异特征，并在此基础上形成关于站域多层面区位和空间租金（价格）的竞租曲线，结果显示在水平层面基本遵循传统竞租曲线，垂直层面商业竞租曲线随高度增加租金显著降低，其他3条随高度增加租金缓慢升高，高层区由于景观价值和私密性的提升，居住和酒店的提升幅度大于办公空间；接下来在对功能业态承租能力分析的基础上，讨论了空间价值影响下的功能空间分布以及功能空间影响下的公共空间分布规律，研究认为：轨交站域的功能空间和公共空间使用分布围绕站点呈现了多层面的分异特征，这主要是由于使用者需求不同决定了多层面的空间价值分布差异，而空间价值影响功能空间的结构性分布，功能空间分布又进一步影响公共空间的结构性分布。

最后，从两个不同角度对轨交站域的空间使用分布类型进行初步研究，首先结合样本站域调查，对一元（办公）主导、二元（办公 + 居住）主导和混合使用（商业 + 办公 + 居住）3种类型的结构性分布进行分析，然后从站域核心区节点层面归纳功能组群分布的3种典型方式；研究认为：无论从整体站域角度抑或站域核心节点层面，轨交站域都呈现出不同的空间分布类型。

第 5 章　轨道交通站域空间使用的绩效

城市空间资源配置的目的是服务于社会、经济、交通和生态等多领域发展，空间绩效就是研究空间资源对这些发展目标的影响，在后续轨交站域规划和建设不断开展的背景下，空间绩效问题已成为城市规划和设计领域十分关注的课题。本章以轨交站域典型功能空间和公共空间的使用绩效为对象，基于城市设计的视角初步建立评价框架和方法，并对上海核心城区的 10 个站域空间使用绩效进行评价；然后通过对影响使用绩效的主要因素进行分析和权重排序，揭示站域使用绩效的影响机制；最后进一步建立基于影响机制的空间使用绩效预测方法，并对 4 个可比站域的空间绩效进行预测和比较。

5.1 空间使用绩效的评价框架与方法

5.1.1 空间使用绩效及其评价的界定

1. 空间使用绩效

“绩效”一般可理解为成绩和效益，不同领域对绩效的理解各有侧重，在城市规划设计领域一般多关注城市或建筑空间在使用过程中的投入产出，依据目标不同可分为经济绩效、生态绩效或社会绩效等，比如 1930 年美国康奈尔大学制订了土地经济效益分级方法，1994 年世界可持续发展工商理事会（WBCSD）率先提出了“生态效率”。在城市设计的视角下，轨交站域空间使用的绩效研究侧重于关注站点人流资源的利用问题，因此本书对空间使用绩效界定为“功能空间（如商业）或公共空间在使用过程中的日常状态”，将在既有侧重投入产出的绩效研究基础上更关注使用者对空间的实际使用状态及其影响因素。

总体而言，空间绩效是一个相对复杂且意义重大的问题，它一方面深刻地反映空间作用于城市社会经济等方面的内在机制，避免城市设计研究“就空间论空间”而忽视空间的经济社会或人文属性，另一方面也坚守了城市设计研究关注空间问题的“立命之本”，避免将研究泛化到其他领域。

2. 空间使用绩效评价

空间使用后评价（全称为 Post Occupancy Evaluation，简称 POE）在欧美国家已经形成一套较完整的评价反馈方法，Friedman（1990）①把 POE 定义为一个“度”的评价：建成后环境如何支持和满足人们明确表达或暗含的需求；Preiser（1988）②则把 POE 界

① 引自：Friedman A, Zimring K, Zube O. 环境设计评估的结构——过程方法［J］. 薄曦，韩冬青，译 . 新建筑，2007，22（6）：66-69.
② 引自：Preiser W F E, Rabinowitz H Z, White E T. Post-Occupancy Evaluation［M］. New York: Van Nostrand Reinhold, 1988：39-46.

定为“在建筑或户外空间建造和使用一段时间后，对其进行系统的严格评价过程，重点关注使用者及其需求，通过深入分析以往设计决策的影响及建筑或户外空间的实际使用情况，为将来的建筑或户外空间设计提供依据”。一般而言，POE 对城市空间的评价可分为客观环境品质评价、空间主观认知评价、空间使用绩效评价①，本书的绩效评价主要是对使用者在日常空间使用过程中的使用程度进行科学系统的评价，为未来空间优化和设计预判提供依据。

5.1.2 基于层次分析法的绩效评价框架

这里借用评价研究中常用的层次分析法（Analytic Hierarchy Process，简称 AHP），将轨交站域的空间使用绩效评价分成多准则和多指标，并建立相对系统的评价框架。

1. 层次分析法的概念界定与思路

层次分析法是美国运筹学教授 T. L. Saaty 于 20 世纪 70 年代初在研究“根据各个工业部门对国家福利的贡献大小而进行电力分配”课题时，应用网络系统理论和多目标综合评价方法提出的一种层次权重决策分析方法，它把一个复杂的多目标决策问题作为一个系统，将目标分解为多准则层，进而分解为多指标（或准则、约束），通过定性指标模糊量化方法算出层次单排序（权数）和总排序，以作为目标和多方案优化决策的系统方法。

层次分析法的主要思路是在对复杂决策问题的本质、影响因素及其内在作用机制等进行深入分析的基础上，利用较少的定量信息使决策的思维过程数学化，从而为多目标、多准则或无结构特性的复杂决策问题提供简便的决策方法，尤其适合于对决策结果难以直接准确计量的场合。

2. 评价指标选取的原则和依据

1）指标选取的原则

轨交站域是涵盖众多城市要素的典型复杂系统，在评价指标选择上需要做到有效、可信、可行，其原则主要包括以下 5 方面：① 整体性原则：指标选择要尽可能全面客观反映城市空间使用过程中的各方面，使各目标层在保持独立性的同时又能相互联系、共同作用来反馈总目标的信息；② 科学性原则：指标确定要立足现实，以科学研究为依据，在既有理论和文献基础上选取能直接反映城市空间绩效的指标；③ 独立性原则：

① 以公共空间为例，其客观环境评价主要包括 3 类指标：（a）公共空间的物理环境质量，如日照、绿化和噪声等；（b）公共休息服务设施和空间材质设计，包括坐歇设施和晚间照明设施；（c）公共空间整洁度，以“好、较好、一般、较差”4 个级别描述；而空间认知评价则是指对人们空间使用过程中的主观感受、满意度、使用偏好等主观指标进行的评价。

评价指标之间应当相互独立并且有利于区分，减少重复度和冗余信息；④ 可行性原则：指标必须注重实际获取的可行性，数据较易采集且可靠以便于计算分析；⑤ 实用性原则：指标还能为未来的工程实践提供指导，简明且易于理解，具有一定的实践应用价值。

2）指标选取的依据

为了追求评价的客观性、准确性及可操作性，选取依据从两方面入手：① 首先通过大量既有文献资料的分析，收集与城市空间使用绩效评价相关度较高的若干指标，初步确定能够反映功能空间和公共空间绩效的指标集；② 然后根据构建原则，进一步对各指标进行分析和筛选，做到使用典型简洁的指标框架进行准确有效的空间使用绩效评价[①]。

3. 空间使用绩效评价的指标框架

针对不同对象的使用绩效评价会采取不同方法和评价指标，本书立足于轨交站域的多层面空间使用体系，以层次分析法为基础，以城市活力为目标，主要选择与使用人流量相关的活力性指标，并辅助一些盈利性指标建立较系统的空间使用绩效指标框架（表 5-1），其中灰色部分为本书面向人流量所重点分析的活力性指标，通过现场人流量调查作为数据主要来源。

1）功能空间

（1）商业空间

对商业空间使用绩效的评价可通过单位店铺的进店人流量、总营业额、租金等多种指标进行衡量，这些指标之间也存在一定的相关性，对于租金较高的餐饮或百货类空间，一般租金与人流量呈正相关性，而对于高档零售专卖店（如金饰、名牌服饰等）则往往相关性不明显；基于本书的数据来源方法，将采用单位商业空间各出入口的进店人流量为基础来衡量商业空间使用绩效，并通过门线观察法获得样本数据，该指标的数据直观、易于理解，且获取手段较方便，以下对 $A11$～$A15$ 这 5 个活力性指标进行简要界定：

商业人流密度：总使用人流量 / 总用地面积，单位：人 / 百平方米，总使用人流量是指轨交站域内单位时段所有商业空间的总进店人流量，总用地面积是对应范围（本书限定在 0～300 m 圈层）的土地面积总和；该指标表示轨交站域单位土地面积上的商业使用状态。

单位店铺人流量：商业空间子系统可细分为百货、专业卖场、零售、餐饮、休闲娱乐、服务等 6 种功能类型，该指标主要用于评价站域不同商业类型使用绩效的平均状况，$A12 = \sum_{k=1}^{n}(Ak \cdot Rk)$，公式中 Ak = 分项功能店铺总人流量 / 分项功能总店铺数，单位：人 / 间，分项功能即百货、零售

① 在构建指标体系时避免片面追求指标全面性而忽视典型性，企图包含所有因素，结果导致指标体系过于庞杂，典型指标权重被稀释，使得评价结果失真。

表 5-1　轨交站域空间使用绩效评价的指标框架

目标层	准则层	一级指标层	二级指标层
轨交站域的空间使用绩效评价	A 功能空间	A1 商业空间	A11 商业人流密度
			A12 单位店铺人流量
			A13 单位面积人流量
			A14 路径人流吸引率
			A15 商业轨交人流比
			A16 总营业额
			A17 人均消费额
			A18 单位面积租金
		A2 办公空间	A21 就业饱和率
			A22 就业密度
			A23 租金
		A3 居住空间	A31 居住饱和率
			A32 居住密度
			A33 租金
		A4 酒店空间	A41 入住饱和率
			A42 蓄留游客密度
			A43 房价
	B 公共空间	B1 广场类公共空间	B11 使用强度
			B12 波动幅度
			B13 活动复合度
		B2 公园类公共空间	B21 使用强度
			B22 波动幅度
			B23 活动复合度

等类型；Rk = 分项功能总店铺数 / 站域总店铺数，单位店铺人流量即结合各类型店铺所占比值求得。

单位面积人流量：总使用人流量 / 总商业面积，单位：人 / 百平方米，总商业面积指轨交站域内各类商业空间的面积总和；它反映轨交站域单位商业面积的平均使用绩效。

路径人流吸引率：$A14 = (\sum_{i=1}^{n} Ai)/n$，其中 Ai = 单位路径商业人流量 / 单位路径总人流量，无量纲，单位路径商业人流量表示某路径上单位时段所有商业空间的进店人流量总和，单位路径总人流量则反映某路径上单位时段的步行人流量总和；该指标主要反映站域步行路径上商业空间的平均绩效。

商业轨交人流比：总使用人流量 / 轨交人流量，无量纲，由于商业人流并非完全源于轨交人流，因此比值可能大于 1，其中轨交人流量为单位时段轨交站点的进出站人数总和；它主要反映商业空间对轨交人流的吸引程度。

（2）办公空间

办公空间使用绩效的评价可通过就业饱和率、就业密度、租金、空置率等多种指标衡量，本书针对办公空间主要选取就业饱和率和就业密度作为评价指标①；就业饱和率即办公空间实际容纳的就业人数与按照人均办公面积标准容纳的标准就业人数之比值，它较为直观准确地从人流角度衡量办公空间的使用绩效，其计算方法：就业饱和率 = 实际就业人数 / 标准就业人数，对于标准就业人数的估算详见第 3.4.2 节；而办公空间就业密度 = 实际就业人数 / 站域总用地面积，单位：人 / 百平方米，表示轨交站域单位用地面积上的就业状态，数值越大说明整体性办公绩效越高。

（3）居住空间

居住空间使用绩效的评价可通过居住饱和率、人口密度、租金、空置率等多种指标进行衡量，针对居住空间主要选取居住饱和率作为评价指标；居住饱和率即居住空间实际容纳人数与可容纳的标准居住人数之比值，它较为直观准确地从人流分析角度衡量居住空间的使用绩效，其计算方法：居住饱和率 = 实际居住人数 / 标准居住人数；对于标准居住人数的估算详见第 3.4.2 节；而居住密度 = 实际居住人数 / 站域总用地面积，单位：人 / 百平方米，该指标表示轨交站域单位用地面积上的居住状态，数值越大说明整体性居住绩效越高。

（4）酒店空间

酒店空间使用绩效的评价可通过入住饱和率、房价等多种指标进行衡量，本书主要选取入住饱和率作为评价指标，入住饱和率的高低能够有效反映区域酒店空间的使用绩效，入住饱和率 = 实际入住人数 / 标准入住人数，对于标准居住人数的估算详见第 3.4.2 节；而蓄留游客密度 = 实际蓄留人数 / 站域总用地面积，单位：人 / 百平方米；该指标表示轨交站域单位用地面积上的蓄留游客使用状态，数值越大说明酒店整体性绩效越高。

2）公共空间

扬 · 盖尔（2003）②指出，评价公共空间品质包括保护、舒适和乐趣三方面共 12 个质量准则（图 5-1），进一步又包括多个评价关键词，该评价标准范围和指标涉及面广，他认为世界上各类最佳的城市空间都充分体现了所有这些质量因素，并且也提出了

---

① 就业饱和率主要针对办公空间而言，就业密度计算也暂不包括商业等其他空间涉及的就业人群。

② 引自：（丹麦）扬 · 盖尔 . 人性化的城市［M］. 欧阳文，徐哲文，译 . 北京：中国建筑工业出版社，2010：238-239.

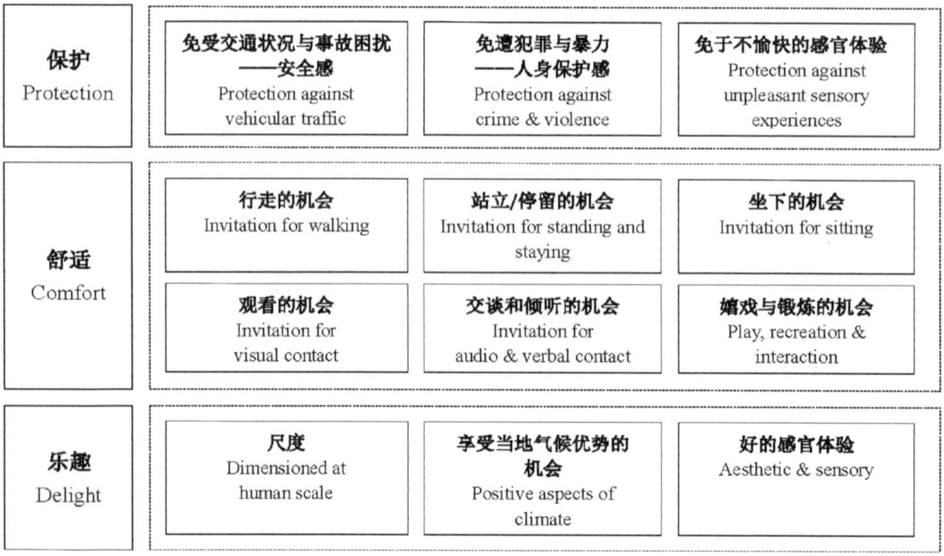

图 5-1　公共空间品质的评价标准

（数据来源：扬·盖尔．人性化的城市［M］．欧阳文，徐哲文，译．北京：中国建筑工业出版社，2010：239. 笔者重新绘制时只保留主要关键词，并结合原著增加了英文注释）

针对公共空间研究的 PSPL 调研法①，作为开展空间分析和指导设计的主要方法。本书对广场类和公园类公共空间绩效的评价主要提出了 3 个指标：使用强度、波动幅度、活动复合度。

（1）使用强度：表示在日使用周期内单位面积公共空间的使用者人数，并用百平方米作为计量单元，根据使用人数和公共空间的面积比值求得使用强度；使用强度 = 日均使用人数 / 公共空间面积，单位：人 / 百平方米。

（2）波动幅度：主要指使用者在日使用周期内不同时段活动比例之间的变异程度，其变异程度一般统计学上用离散系数 CV（Coefficient of Variance）来衡量，离散系数反映一组数据单位均值上的变异程度，常用在两个总体均值不等的离散程度比较上，当不同使用时段活动数量与各时段平均值的差异越大则离散系数就越大；波动幅度（离散系数）= 标准差 / 均值，常用百分数表示。

（3）活动复合度：表示使用者在日使用周期内活动类型的丰富程度，活动类型越多且相互之间的差异程度不大，表示其使用的复合度越高。活动复合度的计算方法为$\sum_{i=1}^{n} P_i/P_k$，P_i 表示各活动类型的人数，P_k 表示峰

① 即“公共空间和公共生活调查法”（Public Space & Public Life Survey），该方法通过现场访谈、门线观察、直接观察、活动注记等多种方法，了解人们在公共空间的活动和行为特点，并选取一系列指标以定性和定量结合的方式，为公共空间的设计提供依据。详见：赵春丽，杨滨章，刘岱宗 .PSPL 调研法：城市公共空间和公共生活质量的评价方法［J］. 中国园林，2012，28（9）：34-38.

值活动类型的人数，n 表示活动类型数。

5.1.3 空间使用绩效的综合评价方法

基于层次分析法建构的轨交站域空间使用绩效评价框架包含 4 个层次，本书将针对该框架并侧重在各空间的活力性指标，初步建立一个使用绩效的综合评价方法，综合评价包含功能空间（A）和公共空间（B）评价两个独立部分，每个部分又分 3 个评价步骤逐层归纳。

1. 各功能（公共）空间使用绩效的分项评价

每个功能（公共）空间的评价都是由 2 个以上指标组成，以体现评价的完整性，因此评价第一步即对应评价框架的二级指标层，以商业空间为例，其分项绩效包含 5 个活力性指标，需要逐一展开评价，并根据评价结果进行赋值，取“1～10”，绩效最高站域赋值为“10”，最低的站域赋值为“1”，其他站域采用内插法以此类推；基于各空间二级指标层（Aic）评价并通过赋值转化为一系列新的取值，定义为评价基准值 Sic，则商业空间可获得 5 个 Sic。

2. 各功能（公共）空间使用绩效的综合评价

第二步评价即对应评价框架的一级指标层（Ai 或 Bi），对各功能（公共）空间使用绩效进行综合评价，本书将在设定各分项指标权重一致的情况下进行，综合评价以各空间基准评价值 Sic 为基础，对分项指标（Sic）的基准评价总值及波动幅度两方面考察，因此综合评价值计算将以基准评价总值为基础再通过波动幅度的修正求得。其中每个站域的基准评价总值为$\sum_{c=1}^{n} Sic$（Sic 表示各分项指标的基准评价值），基准评价波动幅度（采用离散系数）CVi = 标准差 / 均值，用百分比表示，主要反映各功能空间分项指标的均衡性，因此各功能空间的综合评价值为：

$$Ai = \left(\sum_{c=1}^{n} Sic\right) / (1 + CVi) \quad (5\text{–}1)$$

通过以上公式可以求得每个空间一级指标层的绩效评价值，如商业绩效 $A1$ 分别由 $S11$、$S12$ 等 5 个评价基准值求得，由于通过 CVi 进行了修正，为使得下一步站域总体评价不受影响，因此再一次进行标准化处理求得 Si，同样根据评价结果进行赋值，取“1～10”。

3. 轨交站域功能（公共）空间使用绩效的总体评价

第三步评价即对应评价框架的准则层，按轨交站域功能空间或公共空间的结构性构成比例 Ri，把构成比例作为加权系数来评价各功能（公共）空间对总体绩效的影响程度，如功能空间使用绩效 A' = 商业构成比例 × 商业绩效综合评价值 + 办公构成比例 × 办公绩效综合评价值 + 居住构成

比例 × 居住绩效综合评价值 + 酒店构成比例 × 酒店绩效综合评价值，即为 $A' =\sum_{i=1}^{n}(Si \cdot Ri)$；这相对于简单地按照各功能空间绩效值进行算术平均后进行排序更为科学。

最后，本书基于站域空间的混合使用原则，考虑功能构成复合度对绩效的综合影响，总体而言区域的功能构成复合度越高则总体使用绩效也越高，详见第 2 章 2.1.4 节综述，因此需要对 A' 进行修正。针对一组变量的复合度 F 计算在第 3 章 3.4.3 节以及本章第 5.1.2 节均有涉及，即 $F =\sum_{i=1}^{n} Fi/F_k$，Fi 表示各功能类型的容量（比例），F_k 表示峰值功能类型的容量（比例），n 表示功能类型数量，计算获得的 F 取值区间在 $1\sim n$ 之间。通过这个方法可计算各站域的功能构成复合度系数，经过修整后的总体空间使用绩效值为：

$$A = [\sum_{i=1}^{n}(Si \cdot Ri)]\cdot(1 + F/n) \quad (5\text{-}2)$$

图 5-2 为初步总结的功能空间（A）使用绩效的综合评价方法模型，公共空间（B）使用绩效同样适用。

5.2 上海核心城区样本站域空间使用的绩效评价

以上提出了轨交站域空间使用绩效的综合评价模型，接下来进一步对上海核心城区的 10 个样本站域进行调查分析（图 5-3、图 5-4），重点对商业办公空间和公共空间的绩效进行评价。

5.2.1 功能空间评价

1. 商业空间

1）分项指标评价

（1）商业人流密度：评价结果表明南京东路站域最高，其次是五角场-江湾体育场和打浦桥站域；而密度较低的包括陆家嘴、商场路-东昌路站域（图 5-5）。

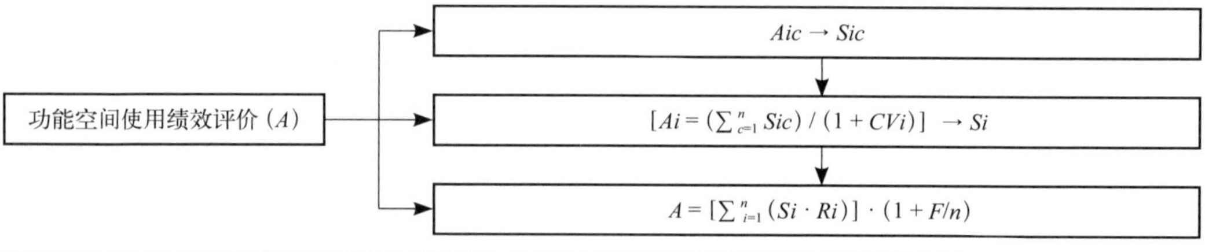

1. Aic 为各功能空间的分项指标评价值，Sic 为各功能空间的分项指标评价基准值，它基于评价结果 Aic 进行赋值，从低到高取“1～10”；
2. Ai 为各功能空间的综合评价值，CVi 为各功能空间的分项指标评价基准值 Sic 的波动幅度值（离散系数）；Si 为基于评价结果 Ai 进行的赋值，从低到高取“1～10”；
3. A 为轨交站域功能空间的总体使用绩效评价值，Ri 为各功能空间的构成比例，F 为功能空间构成的复合度，$F=\sum_{i=1}^{n} Fi/F_k$，Fi 表示各功能类型的比例，F_k 表示峰值功能类型的比例，F 取值在 $1\sim n$ 之间。

图 5-2　轨交站域功能空间使用绩效的评价方法模型

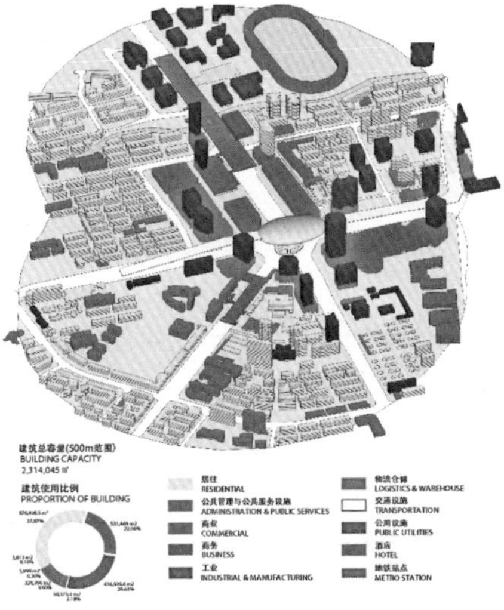

(a) 轨交站域的功能空间分布

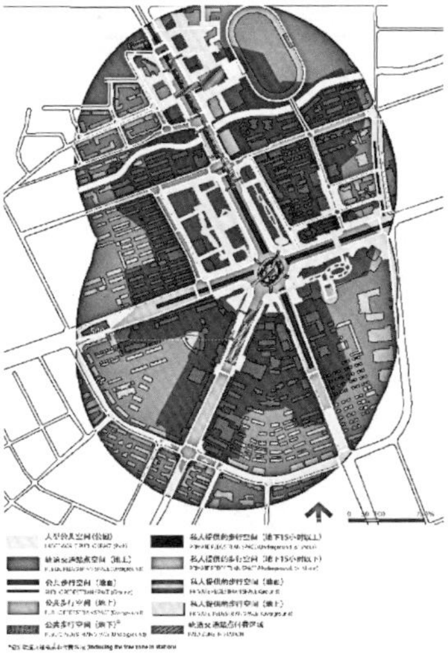

(b) 轨交站域的步行路径分布

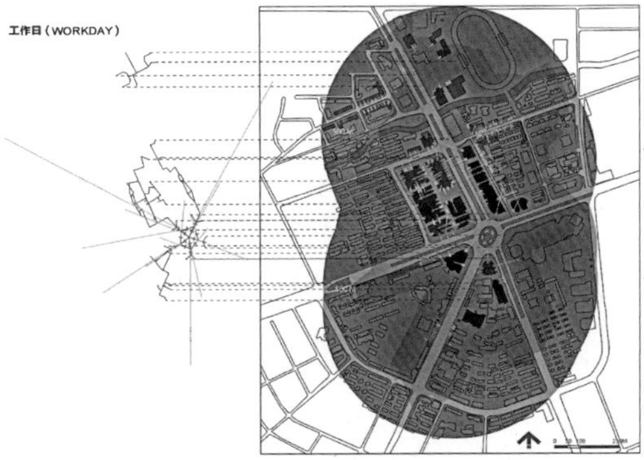

(c) 商业空间工作日的使用绩效

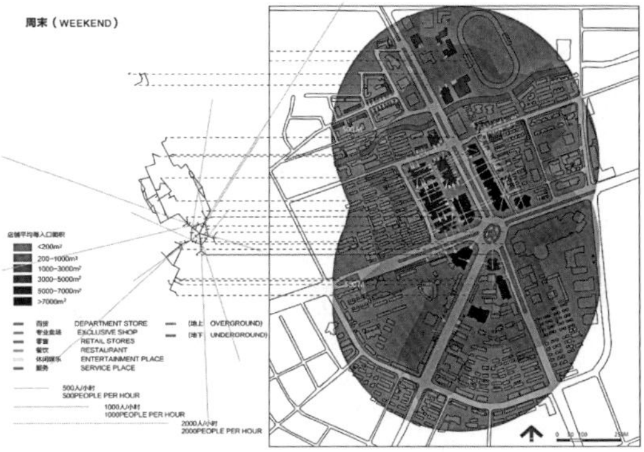

(d) 商业空间周末的使用绩效

图 5-3 五角场-江湾体育场站域商业空间使用的绩效调查
（资料来源：课题组）

（2）单位店铺人流量：评价结果表明陆家嘴站域最高，其次是南京东路和徐家汇；相比四川北路和黄陂南路-新天地的单位店铺人流量较小（图 5-6）。

（3）单位面积人流量：评价结果表明新天地-黄陂南路站域最高，徐家汇和四川北路次之，而商场路-东昌路、静安寺偏低（图 5-7）。

（4）路径人流吸引率：评价结果表明打浦桥站域最高，其次是陆家嘴和中山公园；相对较小的站域是黄陂南路-新天地、徐家汇（图 5-8）。

（5）商业轨交人流比：商业轨交人流比评价结果表明四川北路站域最高，五角

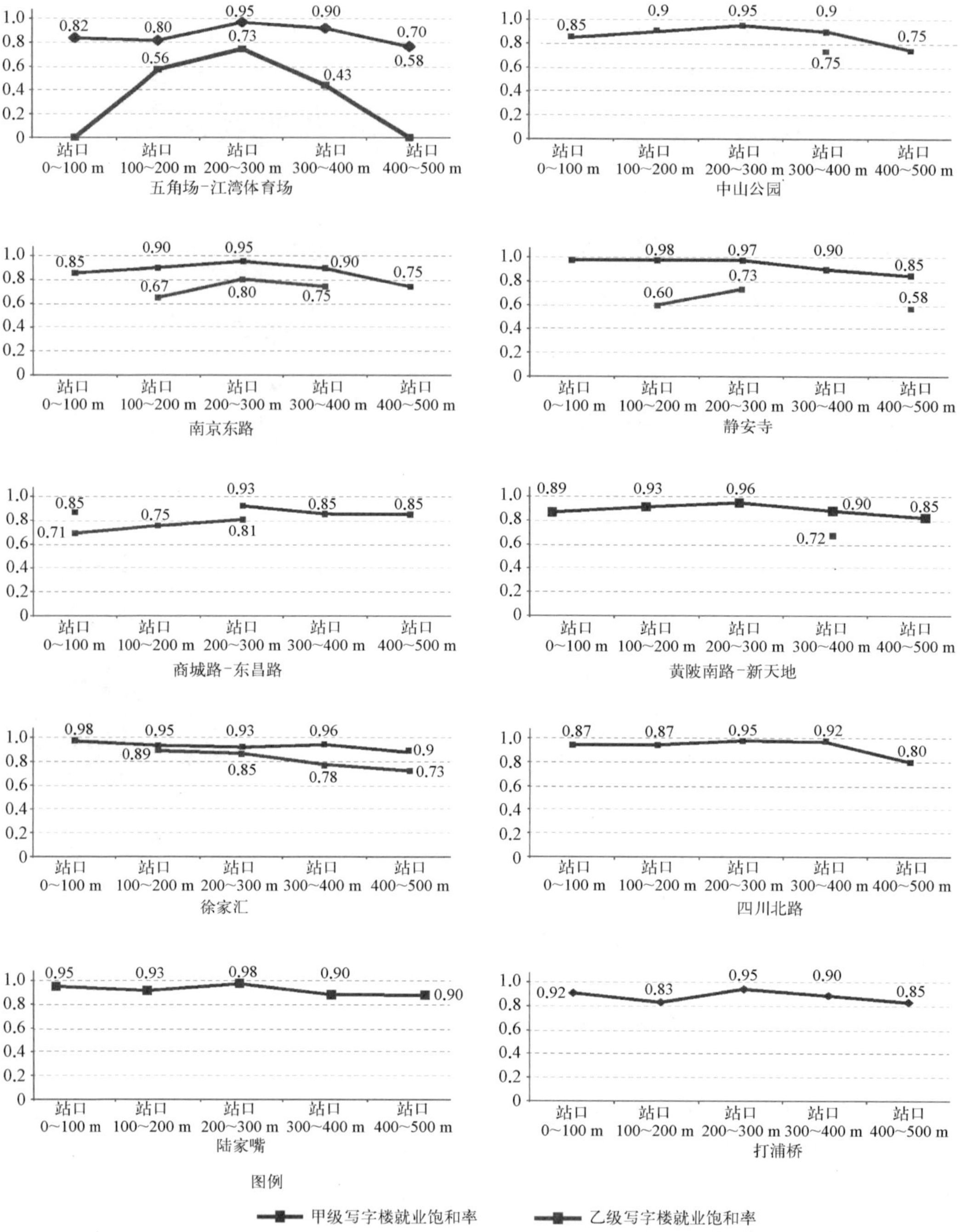

图 5-4 办公空间使用的绩效调查

（资料来源：课题组）

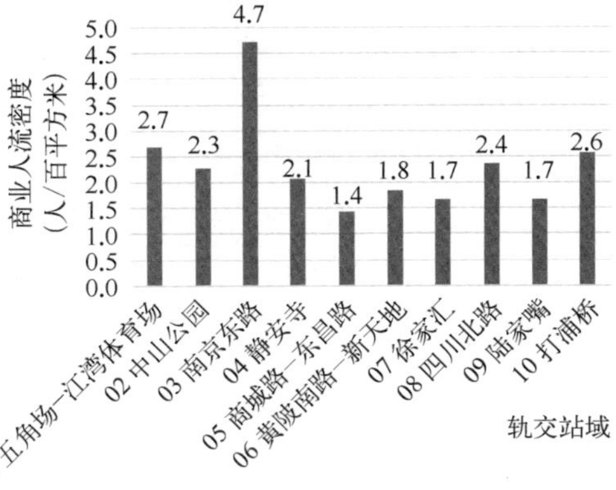

图 5-5　商业人流密度评价

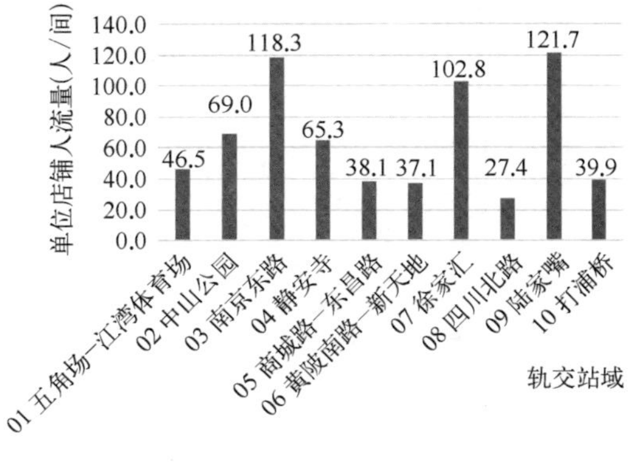

图 5-6　单位店铺人流量评价

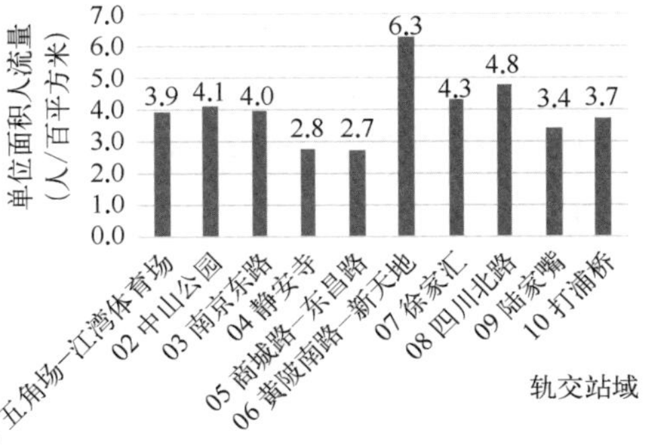

图 5-7　单位面积人流量评价

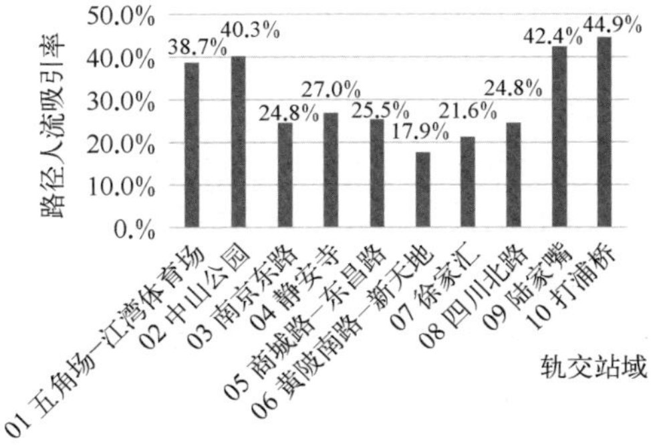

图 5-8　路径人流吸引率评价

场–江湾体育场和打浦桥次之；相对较小的是陆家嘴、中山公园（图 5-9）。

2）综合评价

如果仅按照各分项指标的基准评价总值对 10 站域商业空间的使用绩效进行排序，则为：五角场–江湾体育场（南京东路）> 打浦桥 > 四川北路 > 中山公园 > 徐家汇 > 陆家嘴 > 静安寺（黄陂南路–新天地）> 商场路–东昌路；但在考虑分项评价指标的波动幅度后，按照综合评价值 *A*1 进行排序则为：五角场–江湾体育场 > 南京东路 > 打浦桥 > 中山公园 > 四川北路 > 静安寺 > 徐家汇 >

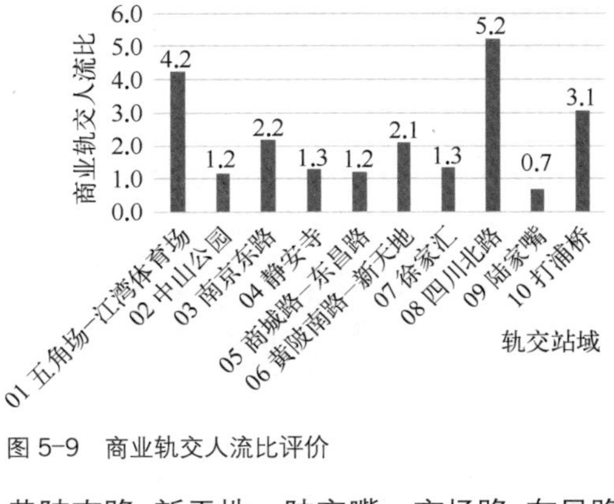

图 5-9　商业轨交人流比评价

黄陂南路–新天地 > 陆家嘴 > 商场路–东昌路（图 5-10），后者由于考虑到绩效的均衡性，因此排序更科学和精确，这也与笔者现场考

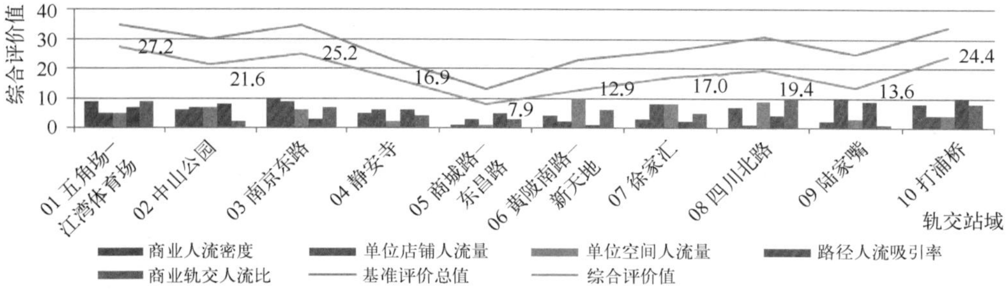

图 5-10　商业空间使用绩效的综合评价

察后的初步判断基本一致。

2. 办公空间

1）分项指标评价

（1）就业饱和率：评价结果表明徐家汇站域最高，其次为静安寺和商城路-东昌路站域；相比而言五角场-江湾体育场和南京东路就业饱和率较小（图 5-11）。

（2）办公空间就业密度：评价结果表明陆家嘴站域最高，高出其他站域约 3 倍，其次是商城路-东昌路和静安寺站域；相比而言五角场-江湾体育场和黄陂南路-新天地的就业密度较小（图 5-12）。

2）综合评价

根据本书综合评价的计算方法，按照办公空间综合评价值 *A2* 排序则为：商城路-东昌路（静安寺）> 陆家嘴 > 徐家汇 > 四川北路（打浦桥）> 中山公园 > 南京东路 > 黄陂南路-新天地 > 五角场-江湾体育场（图 5-13），结果基本表明功能本身定位为商务集聚区的站域其综合评价排序靠前。

3. 居住空间

由于在所调查的 10 站域中居住饱和率基

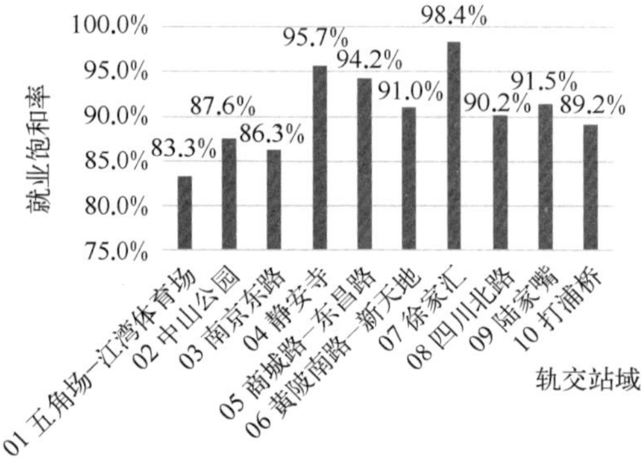

图 5-11　就业饱和率评价

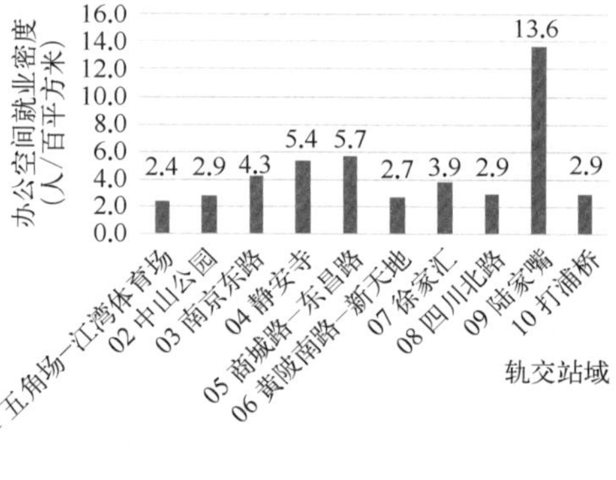

图 5-12　办公空间就业密度评价

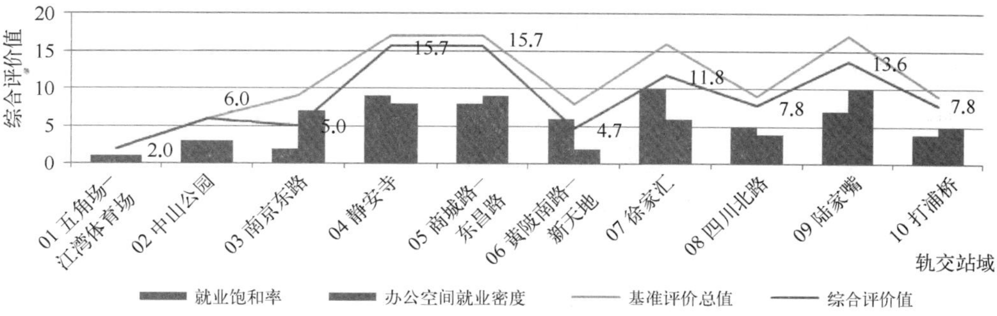

图 5-13　办公空间使用绩效的综合评价

本达到 100%，所以本书仅进行居住密度分析，评价结果表明徐家汇站域最高，其次是中山公园和打浦桥站域；相比而言陆家嘴和静安寺的居住密度较小，排序为：徐家汇 > 中山公园 > 打浦桥 > 黄陂南路–新天地 > 商城路–东昌路 > 四川北路 > 南京东路 > 五角场–江湾体育场 > 静安寺 > 陆家嘴（图 5-14）。

4. 酒店空间

由于所调查的 10 站域均处于上海核心城区，其入住饱和率差别不大，因此这里假定入住饱和率一致的情况下，通过蓄留游客密度来进行酒店空间绩效分析，评价结果表明南京东路站域最高，其次是陆家嘴和静安寺站域；相比而言五角场–江湾体育场和四川北路的蓄留游客密度较小，排序为：南京东路 > 陆家嘴 > 静安寺 > 商城路–东昌路 > 打浦桥 > 徐家汇 > 中山公园 > 黄陂南路–新天地 > 四川北路 > 五角场–江湾体育场（图 5-15）。

5. 站域功能空间的总体使用绩效评价

进一步将样本站域的 4 种典型功能空间使用绩效进行比较，可以看出每个站域由于自身的定位和现状差异，不同功能空间之

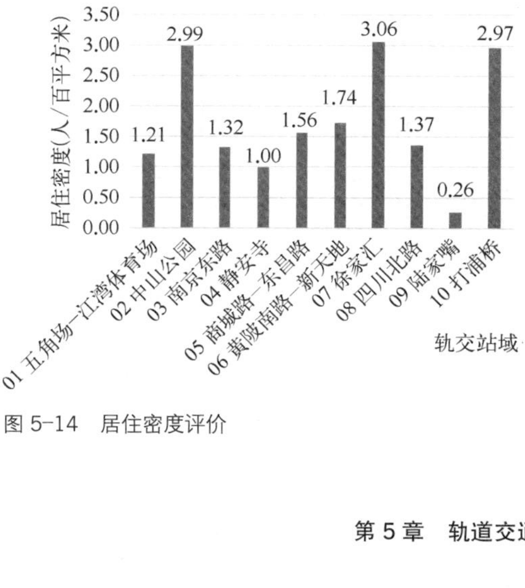

图 5-14　居住密度评价

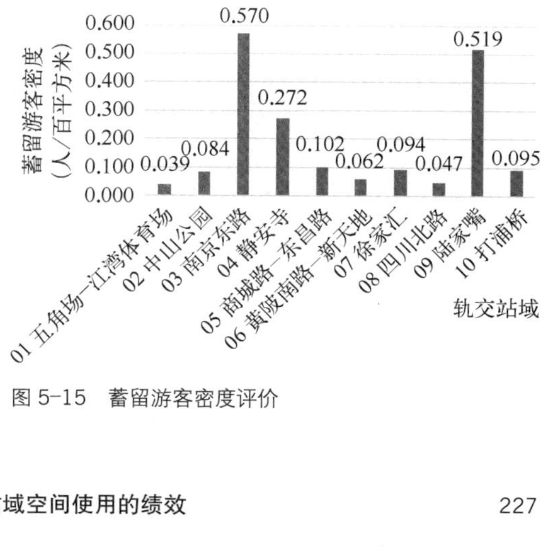

图 5-15　蓄留游客密度评价

间的绩效差异较大，当然，在空间使用绩效分析中，由于各站域本身的定位和发展目标不同，也并非去追求简单意义上的均衡性，而是根据不同发展目标去尽可能提升主导功能的绩效，但同时不忽视非主导功能空间的绩效，该分析结果可作为未来轨交站域空间使用优化的重要基础。

最后仍然需要对轨交站域功能空间总体绩效值（A）进行评价，总体空间绩效从高到低的排序为：南京东路 > 徐家汇 > 陆家嘴 > 商城路-东昌路 > 中山公园 > 打浦桥 > 静安寺 > 四川北路 > 五角场-江湾体育场 > 黄陂南路-新天地，结果表明引入复合度进行修正后，其结果更为科学，以南京东路站最为典型，由于其复合度最高，因此排名从修正前的第五提升到修正后的第一，而排序前三的均是作为上海核心城区的最黄金的商业和商务地段，该结果也基本与实际相符；同时还应看到部分站域虽然某单项绩效排序靠前，但如果该项功能的构成比例不高，仍然会导致站域的总体绩效偏低，以五角场-江湾体育场最为典型（图 5-16）。

5.2.2 公共空间评价

以下主要通过快照法和活动注记法采集 10 个样本站域的 13 个广场类公共空间和 13 个公园类公共空间日常活动数据，通过空间使用强度、波动幅度和活动复合度对其绩效进行实证分析。

1. 广场类公共空间

1）分项指标评价

（1）使用强度

采集 13 个城市广场（含 POPS）和步行街①的活动行为数据，对工作日和周末的使用强度进行整理（图 5-17）后可以看出：

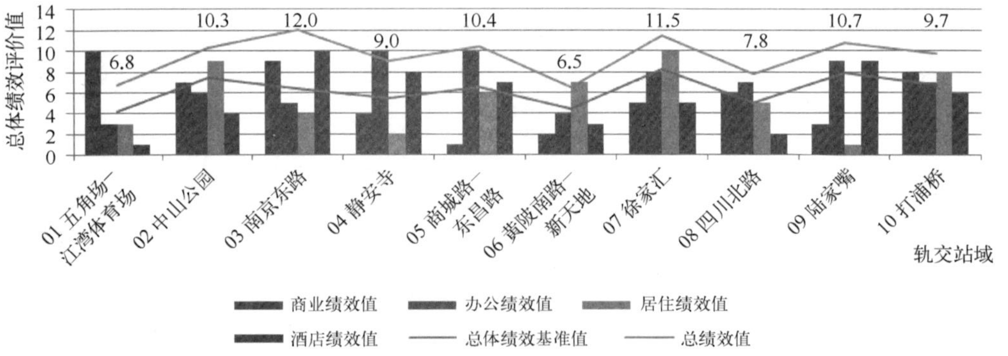

图 5-16　样本站域功能空间的总体使用绩效评价

① 城市广场包含 10 个，分别为：五角场下沉广场、五角场创智广场、金诚福安下沉广场、圣三一广场、静安寺下沉广场、上海展览中心、八佰伴商业广场、天主教堂前广场、日月光中心广场、五角场万达广场；步行街包含 3 个，分别为：南京东路步行街、静安寺-久光步行街、新天地。

除新天地以外，其他广场类公共空间的使用强度总体差异性不大，为0.70～3.00人/百平方米，均值约为2.16人/百平方米；样本使用强度较大的为新天地、五角场下沉广场、金诚福安下沉广场、南京东路步行街、静安寺下沉广场，强度较小的样本为上海展览中心、日月光中心广场、五角场万达广场等，初步可看出那些与商业功能结合紧密或者靠近轨交出入口的公共空间使用强度较大。

（2）波动幅度

通过6个时段的活动数据计算样本的波动幅度状况（图5-18）后可以看出：广场类公共空间的波动幅度为30%～100%，均值约为60%；波动幅度较低的样本为五角场万达广场、南京路步行街、八佰伴商业广场、五角场创智天地，波动幅度较高的样本为天主教堂前广场、金诚福安下沉广场；同样可看出与商业或者办公结合紧密的准公共空间其波动幅度相对于一般性公共空间偏小。

（3）活动复合度

通过11种活动数据计算得到活动复合度状况（图5-19）后可以看出：广场类公

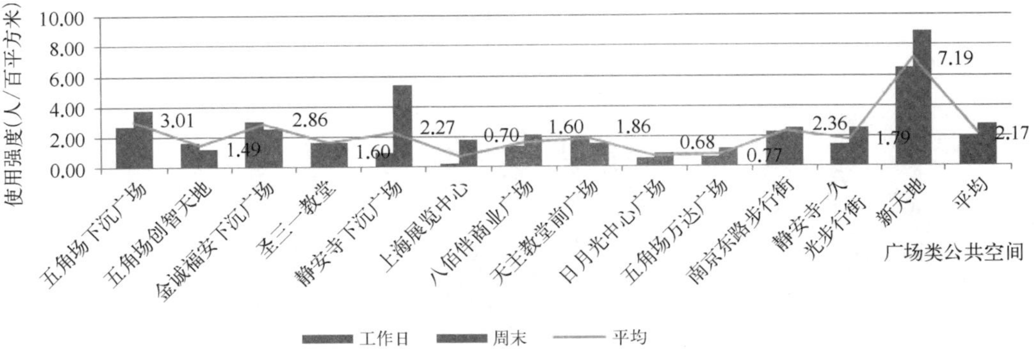

图5-17　广场类公共空间的使用强度评价

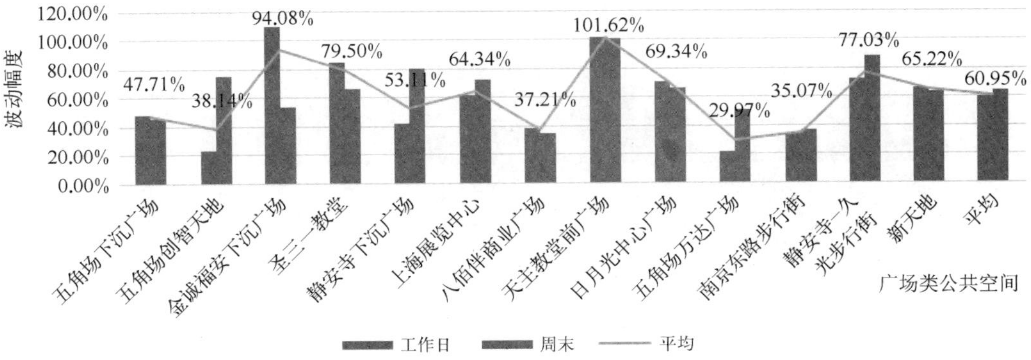

图5-18　广场类公共空间的波动幅度评价

共空间的复合度为 1.5～3，均值约为 2.3，其中活动复合度较高的样本为五角场创智天地、五角场万达广场、八佰伴商业广场、日月光中心广场，复合度较低的样本为上海展览中心、静安寺下沉广场、静安寺-久光步行街、新天地，结果也表明广场类公共空间周边功能丰富、特别是周边商业较多的空间其活动复合度大于周边功能单一或者无功能支持的公共空间。

2）综合评价

根据本书综合评价的计算方法，在考虑分项评价指标的波动后，按照综合评价值进行排序则为：五角场下沉广场 > 八佰伴商业广场 > 五角场创智天地 > 五角场万达广场 > 南京东路步行街 > 新天地 > 金福安下沉广场 > 静安寺下沉广场 > 圣三一教堂 > 静安寺-久光步行街 > 日月光中心广场 > 天主教堂前广场 > 上海展览中心（图 5-20），结果基本表明轨交站点人流达到层、与商业空间结合或者各类 POPS 空间的综合评价排序靠前。

2. 公园类公共空间

1）分项指标评价

（1）使用强度

采集 10 个站域 13 个公园绿地和街心

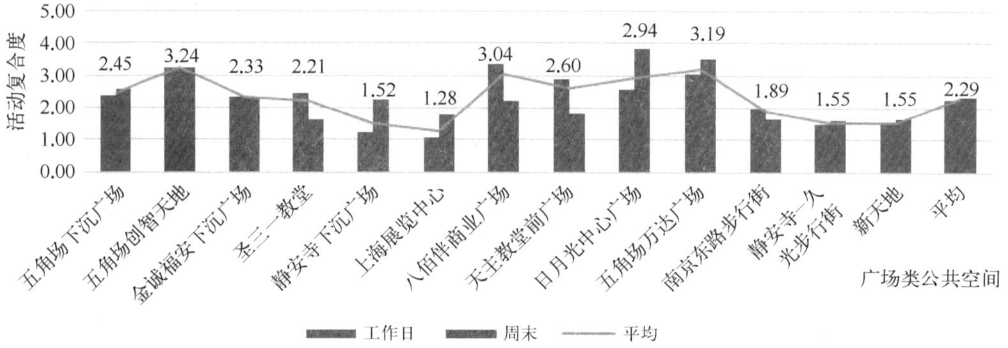

图 5-19　广场类公共空间的活动复合度评价

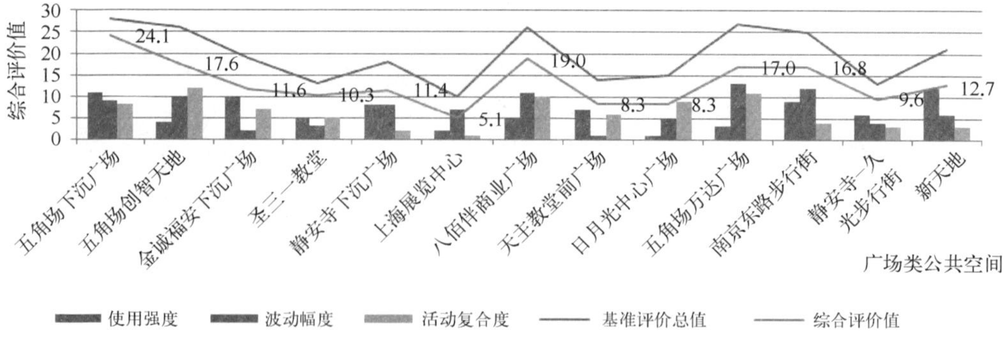

图 5-20　广场类公共空间使用绩效的综合评价

花园[①]的活动数据，对工作日和周末的使用强度进行整理（图 5-21）后可以看出：使用强度为 0.18～3.73 人 / 百平方米，均值约为 1.32；使用强度较大的样本为乐山绿地街心花园、中山公园入口广场、淮海公园入口、长宁路北侧街心花园、四川北路–武进路街心花园，使用强度较小的样本为世纪大道绿化、徐家汇公园、陆家嘴中心绿地、四明里广场等；初步发现规模过大的公园绿地在使用强度上反而小于规模居中的空间。

（2）波动幅度

通过 6 个时段的活动数据计算波动幅度（图 5-22）后可以看出：公园类公共空间的波动幅度为 27%～100%，均值约为 73%；波动幅度较低的样本为太平桥公园、

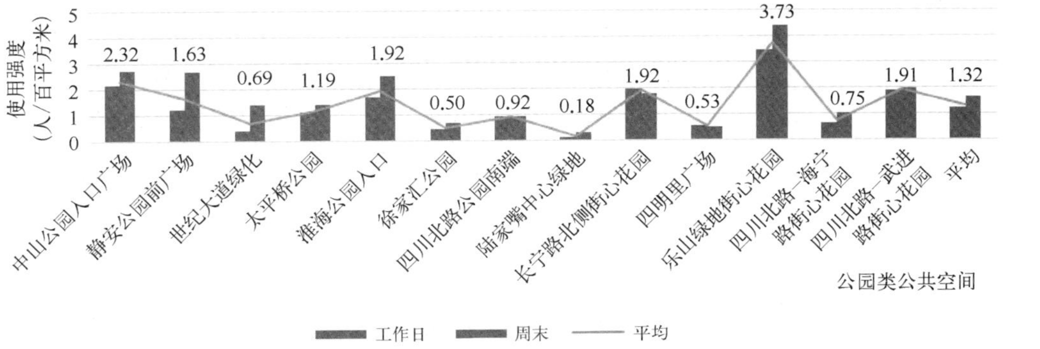

图 5-21　公园类公共空间的使用强度评价

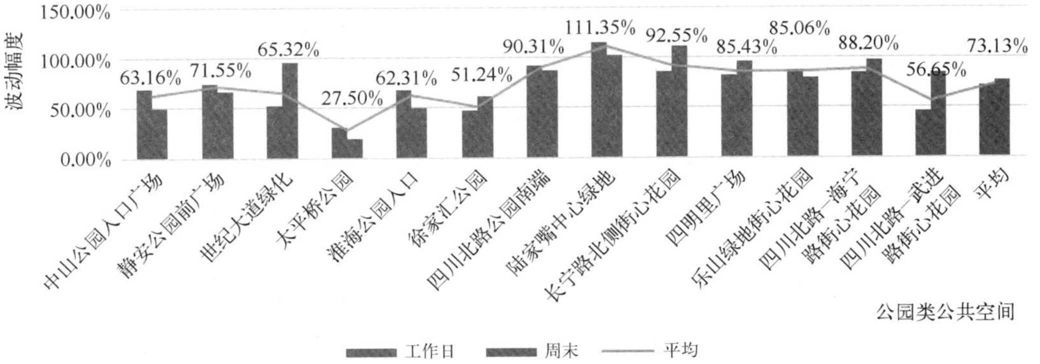

图 5-22　公园类公共空间的波动幅度评价

① 公园绿地包含 8 个，分别为：中山公园入口广场、静安公园前广场、世纪大道绿化、太平桥公园、淮海公园入口、徐家汇公园、四川北路公园南端、陆家嘴中心绿地；街心花园样本包含 5 个，分别为：长宁路北侧街心花园、四明里广场、乐山绿地街心花园、四川北路–海宁路街心花园、四川北路–武进路街心花园。

徐家汇公园、四川北路-武进路街心花园、淮海公园入口、中山公园入口广场，波动幅度较高的为陆家嘴中心绿地、长宁路北侧街心花园、四川北路公园南端。

（3）活动复合度

通过11种活动数据计算活动复合度（图5-23）后可以看出：公园类公共空间的复合度为1.6～3，均值约为2.1；活动复合度较高的样本为太平桥公园、陆家嘴中心绿地、徐家汇公园、四川北路公园南端、乐山绿地街心花园，复合度较低的样本为淮海公园入口、四川北路-武进路街心花园。

2）综合评价

根据本书综合评价的计算方法，在考虑分项评价指标的波动后，按照综合评价值进行排序则为：中山公园入口广场＞太平桥公园＞世纪大道绿化＞乐山绿地街心花园＞四川北路-海宁路街心花园＞徐家汇公园＞四明里广场＞静安公园前广场＞淮海公园入口＞四川北路公园南端＞长宁路北侧街心花园＞四川北路-武进路街心花园＞陆家嘴中心绿地（图5-24），结果基本表明如果周边居住空间较多，且能够提供一定规模的硬质广场作为活动场地，则这类公园类公共空间的综合评价排序靠前，而与本身的规模关系不

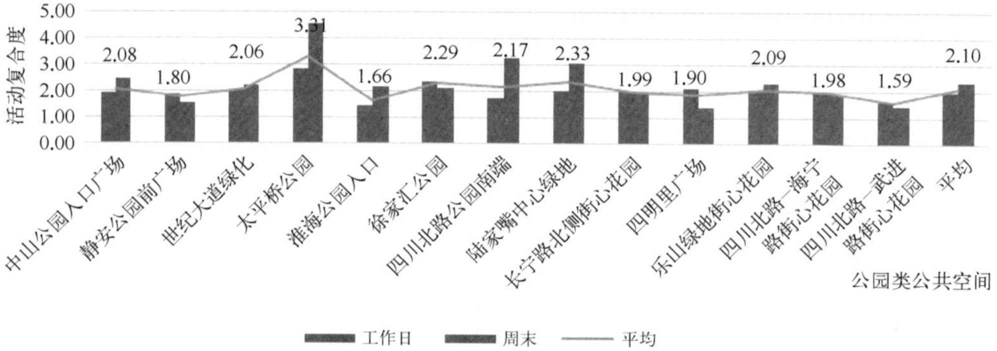

图5-23 公园类公共空间的活动复合度评价

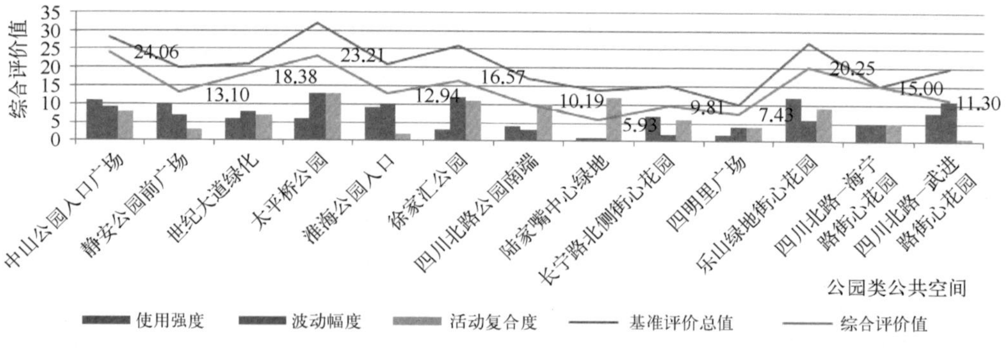

图5-24 公园类公共空间使用绩效的综合评价

大，比如陆家嘴中心绿地属于样本中规模偏大的公园，但是其排名为最低。

5.3 轨交站域空间使用绩效的影响分析

以上对上海核心城区 10 个样本站域功能空间和公共空间使用绩效进行了初步评价和排序，发现了各功能空间的典型绩效区间，比如 10 站域商业空间的单位面积人流量为：2.5～6.5 人 / 百平方米，对广场类公共空间和公园类公共空间而言，广场类的使用强度均值明显大于公园类公共空间约 1.6 倍，而两者在波动幅度和活动复合的均值差别不大，分别在 65% 和 2.2 左右；以上对核心城区轨交站域的空间使用绩效有了基本认识，接下来将选取不同的绩效衡量指标，侧重对商业、办公和公共空间使用绩效的影响因素进行实证分析。

5.3.1 绩效的主要影响因素

比尔·希利尔及其团队（2005）[①] 对城市公共空间和路径的人流分布进行了研究，结果表明公共空间和路径上人流分布受到多种复杂因素的影响：一方面城市空间的组构特征强烈地影响着人的流动，但并不意味着组构完全决定人流，在一些案例中组构甚至影响较弱；因此要准确地预测结果就必须加上其他相关性系统因素，比如交通节点、土地利用、临街建筑、基础设施和美学因素等，他们总结出影响城市步行活动人流分布的主要影响因素权重排序（图 5-25），可以看出空间布局（Spatial layout）对公共空间和步行路径的人流影响最大，其他如零售、地铁等影响权重也较大。办公空间的绩效影响同样如此，以就业密度为例，随着行业以及空间区位分布的差异，其办公空间绩效在空间中产生了明显的分异特征（图 5-26）。

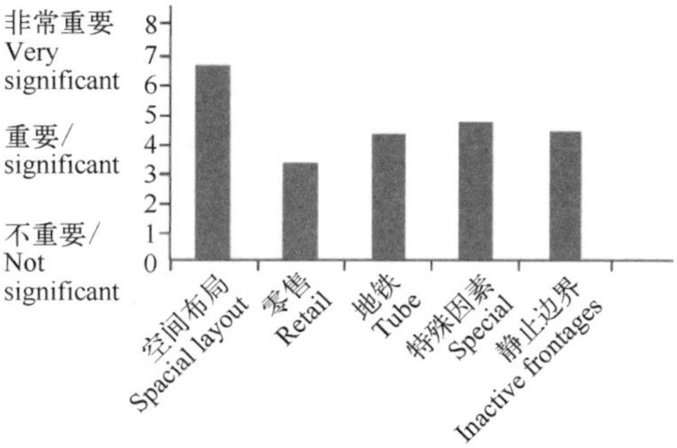

图 5-25　公共空间和步行路径上步行活动的影响因素

资料来源：比尔·希利尔，克里斯·斯塔茨．空间句法的新方法［J］．世界建筑，2005（11）：55.

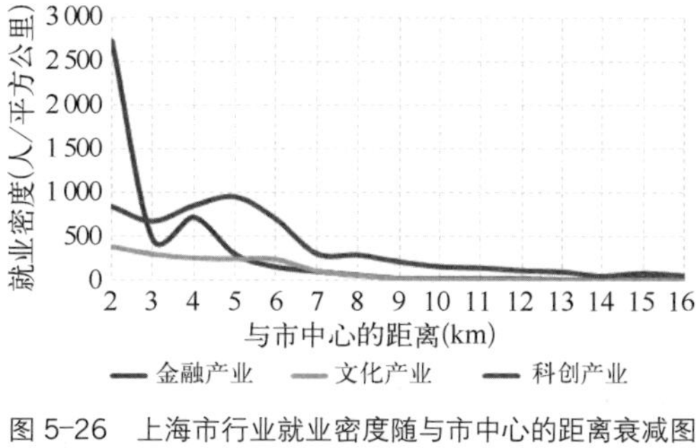

图 5-26　上海市行业就业密度随与市中心的距离衰减图

资料来源：上海复旦规划建筑设计研究院．虹口北部地区功能策划及城市更新研究［R］.2015.

① 引自：比尔·希利尔，克里斯·斯塔茨．空间句法的新方法［J］．世界建筑，2005（11）：54-55.

无论功能空间还是公共空间的使用绩效，总是受到多方面复杂因素的共同影响，既包括功能、交通等系统性因素，当然也含有使用过程的偶然性因素如天气、促销活动等；本书通过比较初步将使用绩效的影响因素概括为 4 大类：功能因素、可达因素①、空间因素以及使用者因素，每种因素内又包含若干子因素，以下将侧重选取其中部分因素的指标进行系统分析。

1. 功能因素

空间的功能类型对于使用绩效具有重要影响，以商业空间为例，商业空间子系统可细分为百货、专业卖场、零售、餐饮、休闲娱乐、服务等 6 种类型，不同类型、功能组合都会影响使用绩效；百货或专业卖场相对休闲娱乐和服务类空间对人流的聚散效能更大；不同功能的组合和相互支持也会影响到其使用绩效，可形成 1 + 1 > 2 的效果，在百货、专业卖场周围配置餐饮零售功能，前者为餐饮零售带来相对稳定的大规模客源，而后者又满足消费过程的多元化需求。

2. 可达因素

可达因素主要指轨交站域中轨交网络、车行网络和步行网络的可达性对空间绩效的影响，可通过 3 个网络的组构特征进行分析，一般步行可达性越高的区域由于有利于人流聚集，因此可提升部分商业空间（如餐饮、零售）使用绩效；其中轨交网络的可达性影响可通过轨交日均客流量分析，当站域的轨交客流量越大，由于轨交出行者在站域以步行化为主，因此有利于提升站点周边商业功能，特别是零售、餐饮和部分服务业态的绩效，本书侧重在出行结构基本一致的前提下，分析轨交日均客流量对空间绩效的影响。

3. 空间因素

1）空间区位

在比尔·希利尔的研究中将空间区位的影响权重列为第一，空间区位的影响体现在城市各个层面，比如在宏观层面上一般越靠近城市中心区的商业办公空间其使用绩效越高；而在轨交站域的中观层面上，空间微区位的水平和垂直差异同样会影响到使用绩效，总体而言水平层面上越靠近轨交站点越有利于商业或广场类公共空间绩效的提升，而在垂直层面上越靠近地面以及轨交出入口层面越有利于商业空间或广场类公共空间绩效的提升。

2）空间品质

除空间区位外空间品质也会在一定程度上影响使用绩效，研究所指的空间品质主要指空间规模、尺度以及景观绿化、城市家

---

① 可达性含义详见第 4 章 4.3.1 节的阐述；可达因素属于交通影响因素的范畴，其他影响绩效的交通因素还包括：出行结构、静态停车等。

具等配套要素的客观环境状况；对于商业空间而言，那些环境景观优质且提供完善活动和休闲设施（如座椅、凉亭等城市家具）的空间，有利于商业空间使用绩效的提高。如徐磊青（2006）①的研究表明使用绩效高的市中心广场特征是：① 地面装饰材料佳；② 景观优美；③ 维护良好；④ 建筑设计优质，天际线曼妙；⑤ 活动丰富但互不干扰；⑥ 空间开阔；⑦ 树木茂盛；并对其权重排序为：铺装＞景观＞管理＞总体气氛＞视野宽阔＞绿色空间，研究表明了空间品质对于使用绩效的重要影响。

4. 使用者因素

使用者因素主要是指区域的使用者群体构成状况，在既有研究中往往不考虑空间与使用人群的匹配关系，同样的功能和空间分布，如果与周边使用者群体的需求相匹配，其使用绩效相对较高，当与使用者需求不匹配时其使用绩效相对较低；这在公共空间中尤其明显，当周围以消费者为主且群体构成类型复合，则有利于广场或步行街使用绩效的提升，而如果周边区域的居住人群比例相对较高时，则一般有利于公园类公共空间的绩效提升。

5.3.2 功能空间的实证分析

本书主要依据步行路径人流量和进店（办公）人流量的测定，在尽可能排除偶然性因素影响的前提下，以功能因素中的类型、可达因素中的轨交日均客流量和空间因素中的区位为观察变量，实证分析它们对商业、办公空间使用绩效的影响，并对影响权重②进行初步排序，其中商业空间选定“单位店铺人流量”作为绩效分析指标，办公空间选定“就业饱和率”作为绩效分析指标。

1. 商业空间

1）功能类型对空间绩效的影响

（1）工作日人流量调查

共收集 10 个站域工作日不同类型商业单位店铺的时均人流量数据③并进行整理（图 5-27）后可以看出：在均值上百货的人流量最大，达到 251 人 /h，其次是专业卖场为 122 人 /h，其他商业空间相对较为接近，在 52～20 人 /h 之间，初步排序为百货＞专业卖场＞餐饮＞零售购物＞服务＞休闲娱乐；对同类型功能空间的组内数据进行同比后发现，百货、专业卖场组内数据的变化幅度相对较大，其他几类空间组内变化幅

---

① 引自：徐磊青 . 广场的空间认知与满意度研究［J］. 同济大学学报（自然科学版），2006，34（2）：185.

② 权重是一个相对的概念，是指某一指标在整体评价中的相对重要程度；不同类型空间由于使用者的功能或空间需求差异，因素之间的影响权重并不一致，本书所指影响权重是在影响过程中不同因素的相对重要程度，或者说该因素对使用绩效变化的影响强弱程度。

③ 前期调查发现商业空间主要聚集在站点周边 0～300 m 范围，且商业空间调查样本量庞大，因此数据采集限定在这个范围内。

度较小，表明这两类空间同时受其他因素的影响较大。

（2）周末人流量调查

将站域商业空间周末时均人流量进行整理（图 5-28）后可以看出：均值比较同样百货人流量最大，达到 343 人 /h，其次是专业卖场为 180 人 /h，第二档为餐饮和零售购物，分别为 71 人 /h 和 42 人 /h，第三档为休闲娱乐和服务，分别为 28 人 /h 和 23 人 /h，初步排序为百货 > 专业卖场 > 餐饮 > 零售购物 > 休闲娱乐 > 服务；对同类型功能空间的组内数据进行同比后发现百货、专业卖场的数据变化幅度相对较大，而其他几类空间变化幅度较小（南京东路除外），表明了周末百货和卖场空间受到时段影响较大。

（3）工作日和周末的比较

将工作日和周末人流量的平均状况①进行整理统计（图 5-29）后可以看出：不同功能单位店铺的人流均值依然是百货空

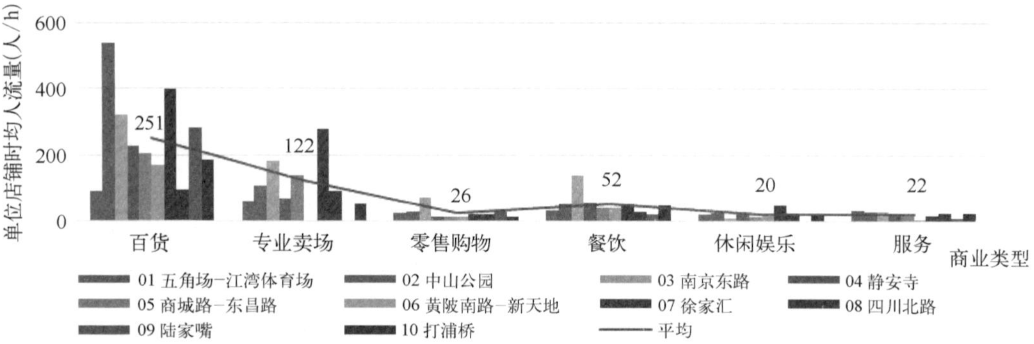

图 5-27　工作日样本站域单位店铺的时均人流量调查

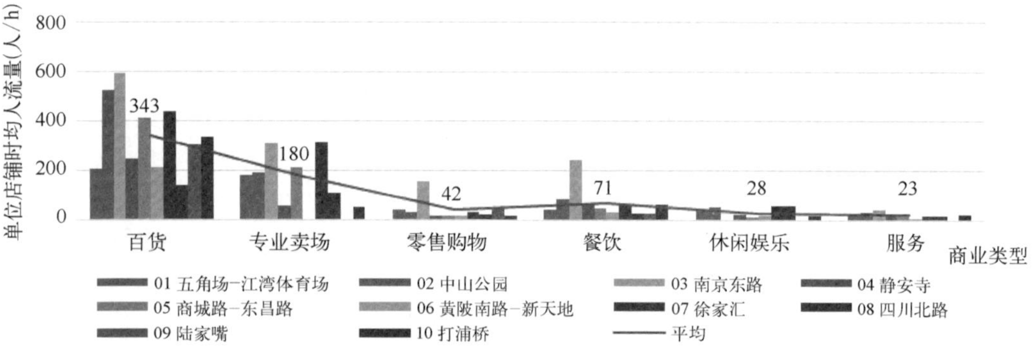

图 5-28　周末样本站域单位店铺的时均人流量调查

① 每种功能类型的平均人流量计算通过（工作日 ×5 + 周末 ×2）/7 进行加权平均。

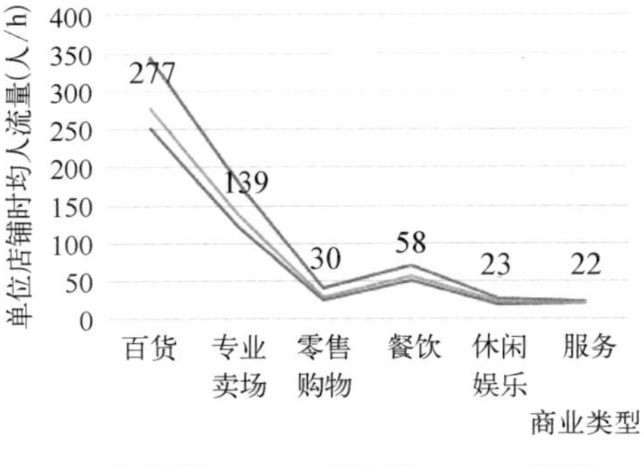

图 5-29　样本站域工作日和周末单位店铺时均人流量比较

间最大，均值达到 277 人 /h，其次是专业卖场，达到 139 人 /h，后面 4 种空间的均值相对接近，时均人流在 22～58 人 /h 之间，6 种空间的时均人流比值为百货：专业卖场：餐饮：零售购物：休闲娱乐：服务 = 12.6：6.3：2.6：1.4：1：1，基本呈现出 1/2 倍递减关系；百货空间和专业卖场在工作日和周末差异较大，表明受时段影响较大，其他 4 类空间变化幅度较小，其中服务基本趋于一致。

2）轨交日均客流量对空间绩效的影响

轨交可达因素研究通过轨交站点的日均客流量来作为观察指标，整理站域单位店铺的人流量①并与日均客流量进行比较（图 5-30），初步发现每个站域的总体商业时均人流与该站域轨交日均客流量在变化趋势上呈现出较强的正相关性，即日均客流量越大的站域其整体的商业单位店铺的人流量也越大。

3）空间区位对空间绩效的影响

（1）水平层面②的调查

对工作日期间 0～300 m 范围不同圈层的单位店铺人流进行整理（图 5-31）后可以看出：人流量均值呈现出圈层递减的变化趋势，0～100 m 范围达到 73 人 /h，到 200～300 m 范围为 33 人 /h 左右，但总体变化趋势较平缓；对同圈层中各站域组内数

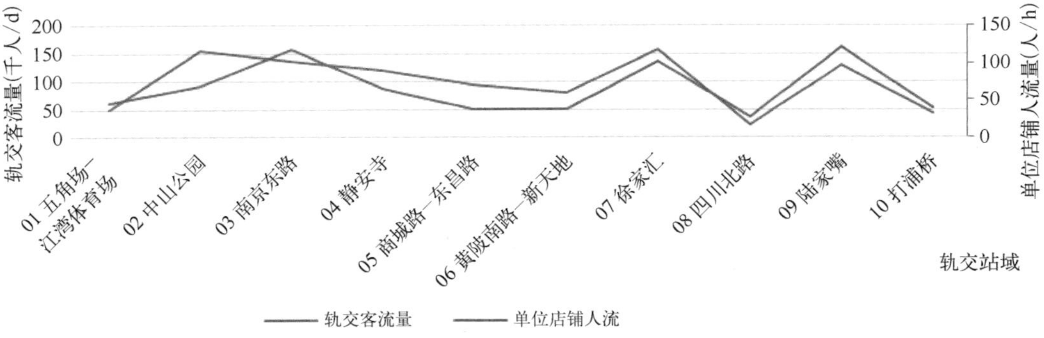

图 5-30　样本站域的日均客流量与单位店铺时均人流量比较

① 计算方法详见第 5.1.2 节的“空间使用绩效评价的指标框架”部分。
② 水平层面主要采集了站点周边 0～300 m 范围的商业空间出入口时均人流量进行分析。

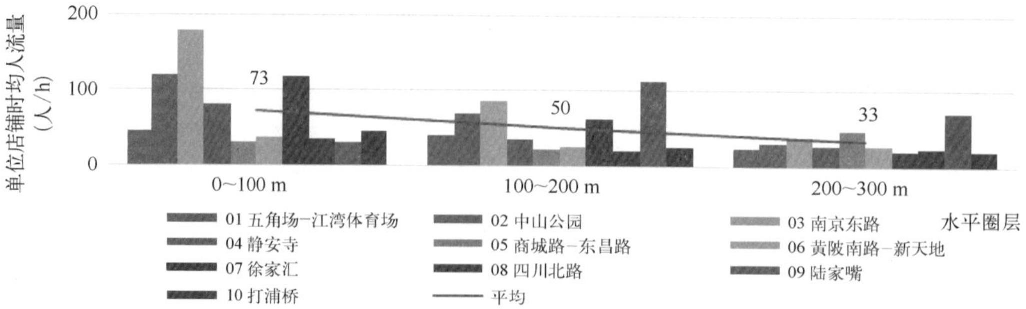

图 5-31　工作日样本站域水平层面单位店铺的时均人流量调查

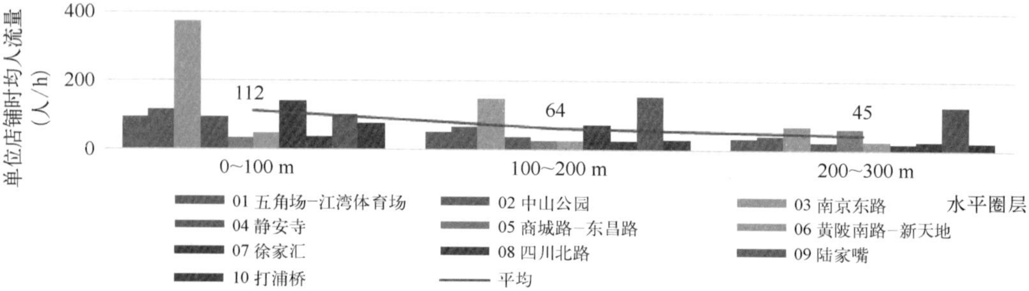

图 5-32　周末样本站域水平层面单位店铺的时均人流量调查

据同比后发现，样本数据间的组内差异较大，初步表明同时受其他某些因素（如宏观区位）的影响较大。将周末不同圈层的单位店铺人流量进行整理（图 5-32）后可以看出：人流量均值同样基本呈现出圈层递减的变化趋势，0～100 m 范围达到 112 人/h，到 200～300 m 范围为 45 人/h 左右，总体变化趋势较为均衡；对同圈层的组内数据进行同比后发现，特别是 0～100 圈层中样本数据的组内差异较大，表明绩效同时受其他某些因素的影响。

将两个时段的变化曲线进行比较（图 5-33）后可以看出：① 样本站域不同圈层的均值依然是 0～100 m 最大，均值达到

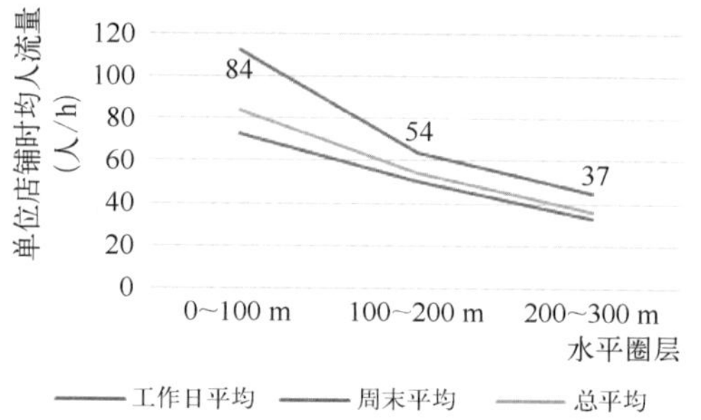

图 5-33　水平层面上工作日和周末单位店铺的时均人流量比较

84 人/h，最小 200～300 m 范围的均值为 37 人/h，3 个圈层的消费者人流比值约为 2.3∶1.5∶1；② 将同圈层单位店铺人流量进行同比，可看出周末商业空间的人流量要明显高于工作日，最高的 0～100 圈层能

够高出 50%左右，平均也能够高出 30%左右，即周末的商业空间使用绩效更高。

（2）垂直层面[①]的调查

对样本站域工作日的百货人流量进行整理（图 5-34）后可以看出：站域工作日地下单位百货空间的时均人流量大于地面约 20%；对两个区域组内数据进行同比后发现，样本数据之间的组内差异较大，特别在地下空间中表现更突出，初步表明由于其他系统影响因素导致站点地下商业空间的使用差异性较大。对样本站域周末的百货人流量进行整理（图 5-35）后可以看出：站域周末期间地下单位百货空间的时均人流量大于地面约 10%，相对工作日差异缩小约 10%；对两个区域组内数据同比后发现，与工作日类似，不同样本数据之间的组内差异较大，特别在地下空间中表现更为突出，即初步表明不同站点地下商业空间的使用同时受其他因素影响较大。

将工作日和周末的轨交站域百货空间的人流量进行加权平均，再对样本站域的总体状况进行整理（图 5-36）后可以看出：垂直层面上站域百货空间人流的总体均值地下略大于地面 7%左右，地下和地上百货人流比值约为 1.07：1，即地下绩效更高；将两

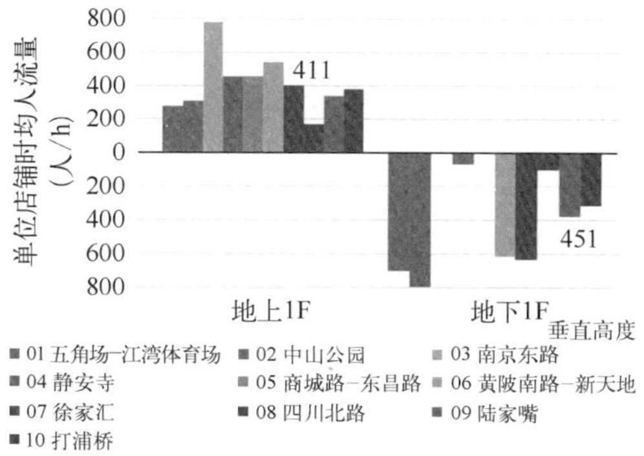

图 5-35　周末样本站域垂直层面单位百货空间的时均人流量观察

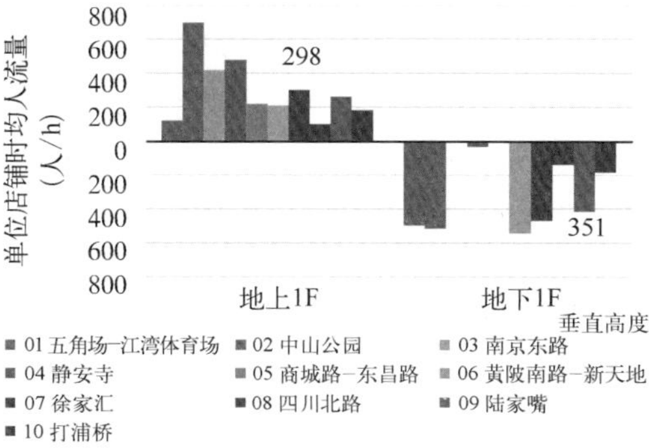

图 5-34　工作日样本站域垂直层面单位百货空间的时均人流量调查

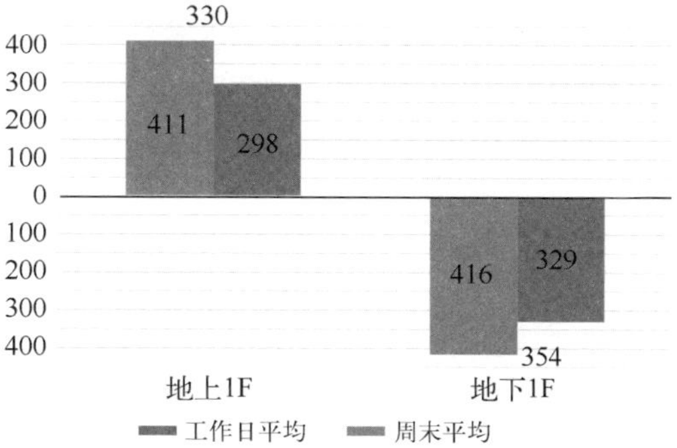

图 5-36　垂直层面上工作日和周末样本站域百货空间的时均人流量比较

① 垂直层面主要采集地下 1 层和地面 1 层的数据，是由于地下空间调查主要针对百货商业类型与轨交站点的连接点进行数据采集，内部的细分业态不再做统计。

组数据进行组内同比，可看出无论地下还是地上，周末商业空间的平均绩效高于工作日30%左右。

4）比较与讨论

（1）方差分析

不同商业类型的人流量检验（表5-2）结果显示其显著性 *sig* 值为0.000，*F* 为20.012，*sig* 值 <0.01、*F* 值远大于1，因此样本数据具有统计学意义。

垂直层面百货空间时均人流量检验（表5-3）结果显示其显著性 *sig* 值为0.795，*F* 为0.070，可判断样本站域的地下百货空间人流量与地上的人流量差异不显著。

（2）相关和线性回归分析

轨交日客流量与商业时均客流量的相关和线性回归分析：通过SPSS软件对两个变量进行相关分析（表5-4），其中Pearson相关系数为0.780，显著性（双侧）为0.008，

表5-2　不同商业类型时均人流量的单因素方差分析（ANOVA）
时均人流量

	平方和	*df*	均方	*F*	显著性
组　间	491 637.800	5	98 327.560	20.012	0.000
组　内	265 323.800	54	4 913.404		
总　数	756 961.600	59			

表5-3　垂直层面百货空间时均人流量的单因素方差分析（ANOVA）
百货时均人流量

	平方和	*df*	均方	*F*	显著性
组　间	2 332.400	1	2 332.400	0.070	0.795
组　内	502 555.600	15	33 503.707		
总　数	504 888.000	16			

表5-4　日均客流量与商业时均人流量的相关性分析

		日均客流量	商业时均人流
日均客流量	Pearson 相关性	1	0.780**
	显著性（双侧）		0.008
	N	10	10
商业时均人流	Pearson 相关性	0.780**	1
	显著性（双侧）	0.008	
	N	10	10

** 在0.01水平（双侧）上显著相关。

表明轨交站域的商业时均人流量与日均客流量在 0.01 水平（双侧）呈现显著正相关。

在相关分析结果基础上进一步对轨交日均客流量与总体商业的时均人流量进行回归分析（表 5-5、图 5-37），结果显示其 R 方为 0.608，因此线性模型的拟合度较高，其关系式为：$Y = 25.292 + 6.430X$（Y 代表商业空间时均人流量，单位：人 /h；X 代表日均客流量，单位：万人），方程表明当站点日均客流量每增加 1 万人，可使得站域单位商业店铺的使用绩效提高 6～7 人 /h。

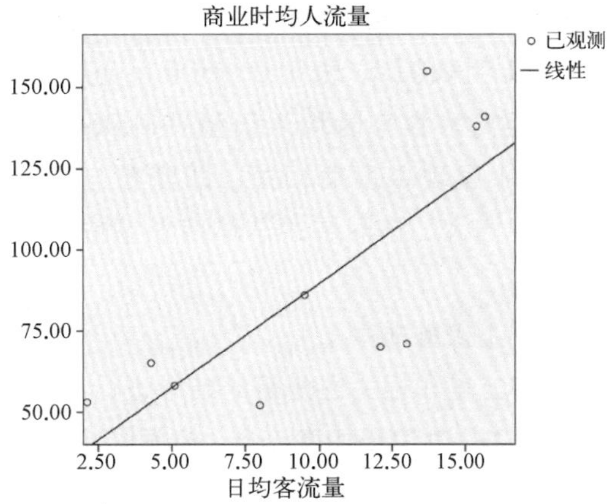

图 5-37　样本站域日均客流量与商业人流量的线性回归分析图

水平层面商业空间时均人流量的相关分析：研究引入代表圈层空间属性的水平距离系数，0～100 m 范围的距离系数定义为 1，依次类推得到站域 5 个圈层的距离系数 1～5，通过 SPSS 软件对商业人流量和距离系数两个变量进行相关分析（表 5-6），结

表 5-5　轨交站域日均客流量与商业人流量的线性回归模型汇总和参数估计值

方程	模型汇总					参数估计值	
	R 方	F	$df1$	$df2$	$Sig.$	常数	$b1$
线性	0.608	12.433	1	8	0.008	25.292	6.430

因变量：商业时均人流，自变量为日均客流量。

表 5-6　水平距离系数与商业时均人流量的相关性分析

		水平距离系数	商业时均人流
水平距离系数	Pearson 相关性	1	−0.426*
	显著性（双侧）		0.019
	N	30	30
商业时均人流	Pearson 相关性	−0.426*	1
	显著性（双侧）	0.019	
	N	30	30

* 在 0.05 水平（双侧）上显著相关。

果表明 Pearson 相关系数为−0.426，显著性（双侧）为 0.019，表明 0～300 m 范围内，水平距离系数与时均人流量在 0.05 水平（双侧）呈现中度负相关，即随着与站点距离的增大，该圈层的总体商业绩效逐渐减小。

（3）权重排序

将方差和相关性分析的结果进行比较，功能类型、轨交日均客流量、空间区位（水平）、空间区位（垂直）与单位店铺人流量的显著性系数为 0.000、0.008、0.019、0.795，因此初步推断在水平 0～300 m 以及垂直−15～15 m 范围内，商业空间使用绩效影响因素的权重排序从强到弱为：功能因素（类型）> 可达因素（轨交日均客流量）> 空间区位（水平）> 空间区位（垂直）；当然，由于数据类型不同使结果并非采用同一分析方法获得 *sig* 值，因此初步排序仍需展开深入讨论。

2. 办公空间

1）功能类型对空间绩效的影响

对样本站域甲级和乙级办公空间的平均就业饱和率进行整理后（图 5-38）可以看出：① 甲级办公空间的就业饱和率达到 89.44%，乙级办公空间为 71.27%，其差异较为显著，表明办公空间类型对其就业饱和率具有较大影响，办公空间等级越高的就业饱和率也越高；② 通过同比进行初步观察，可看出两个组间的站域数据变化幅度较小，说明功能类型对饱和率的影响程度较大。

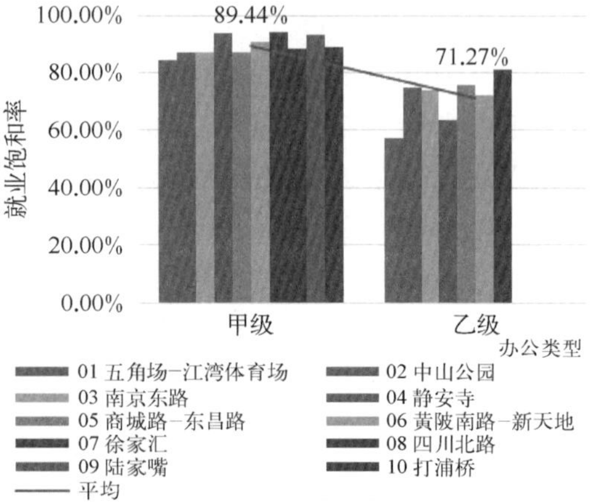

图 5-38　样本站域不同办公类型的就业饱和率

2）轨交日均客流量对空间绩效的影响

对站域办公空间的就业饱和率与站点日均客流量进行比较（图 5-39），可以初步看出两者的变化趋势呈现出一定的正相关性，即轨交客流量越大的站域，其办公空间的就业饱和率也越大。

3）空间区位对空间绩效的影响

对工作日不同水平圈层办公空间的就业饱和率整理（图 5-40）后可以看出：① 不同圈层办公空间就业饱和率差异并不特别明显，同时饱和率最大的圈层在中间的 200～300 m 圈层，饱和率为 95.2%，最小的 400～500 m 圈层达到 82.5%，说明站域中部圈层的办公空间就业饱和率最高，距离站点太近或者太远饱和率都会降低；② 通过同比可看出 5 个组间的站域数据变化幅度较小，说明水平层面上办公空间与站点的距离对就业饱和率的影响程度相对较大。

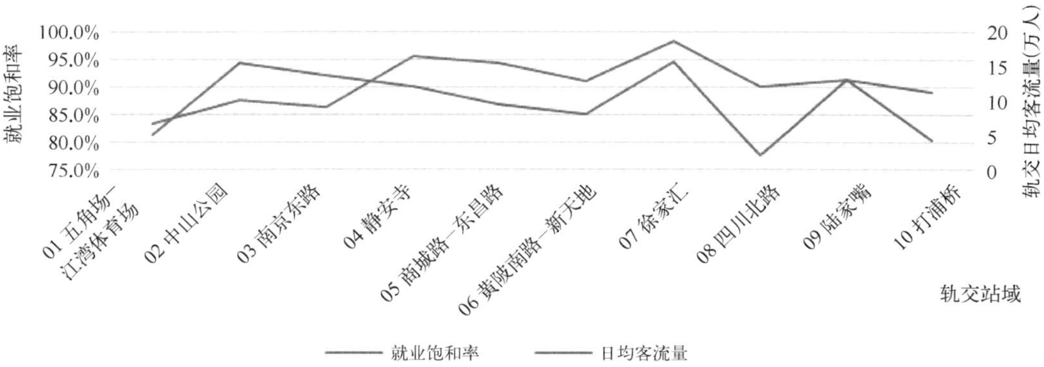

图 5-39　样本站域甲级办公楼就业饱和率统计

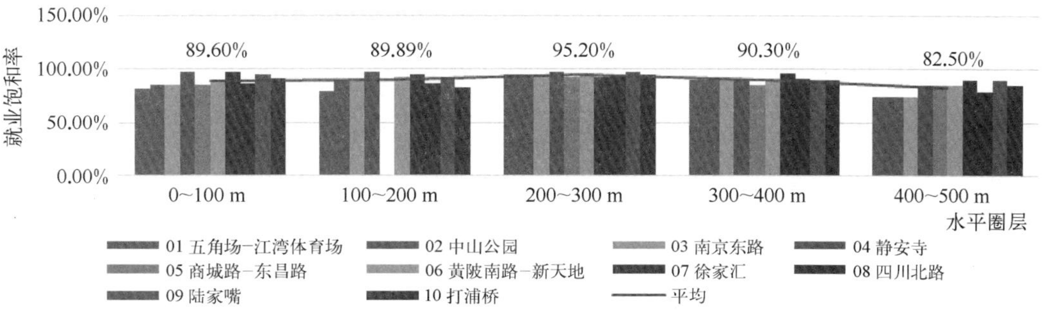

图 5-40　样本站域水平层面不同圈层的就业饱和率观察

4）比较与讨论

（1）方差分析

对不同类型办公空间的就业饱和率进行方差检验（表 5-7），结果显示其显著性 *sig* 值为 0.000，*F* 为 40.386，*sig* 值 <0.01、*F* 值远大于 1，因此样本数据具有统计学意义。

（2）相关和线性回归分析

轨交日客流量与办公空间就业饱和率的相关性分析（表 5-8），其中 Pearson 相关系数为 0.417，显著性（双侧）为 0.230，表明站域办公就业饱和率与日均客流量并不呈现相关性，基于这个分析结果，研究

表 5-7　不同办公类型就业饱和率的单因素方差分析（ANOVA）

	平方和	*df*	均方	*F*	显著性
组　间	0.135	1	0.135	40.386	0.000
组　内	0.050	15	0.003		
总　数	0.185	16			

表 5-8　日均客流量与办公就业饱和率和就业密度的相关性分析

		日均客流量	办公饱和率	办公空间就业密度
日均客流量	Pearson 相关性	1	0.359	0.354
	显著性（双侧）		0.308	0.316
	N	10	10	10
办公空间饱和率	Pearson 相关性	0.359	1	0.258
	显著性（双侧）	0.308		0.471
	N	10	10	10
办公空间就业密度	Pearson 相关性	0.354	0.258	1
	显著性（双侧）	0.316	0.471	
	N	10	10	10

将第 5.2.1 节的站域办公空间的就业密度进一步进行相关分析，结果同样显示相关性不显著。

轨交站域中水平层面办公就业饱和率的相关分析见表 5-9，其中 Pearson 相关系数为−0.327，显著性（双侧）为 0.022，表明 0～500 m 范围内水平距离系数与就业饱和率在 0.05 水平（双侧）呈现弱负相关性，即随着与站点距离的增大就业饱和率先增加再减小。

（3）权重排序

分析结果显示了轨交日均客流量与办公饱和率及就业密度相关性不显著，这里需要进行更深层次分析，因为在实证轨交站域中，甲级办公均占有很大比重，而甲级办公具有较高的空间饱和率以及带来较大的就业密度，由于功能类型的影响，使得不同流量站域的就业饱和率均较高，均值在 90% 左右，这个干扰因素一定程度导致了轨交客流与就业饱和率（就业密度）的相关性不显

表 5-9　水平距离系数与办公空间就业饱和率的相关性分析

		水平距离系数	甲级办公饱和率
水平距离系数	Pearson 相关性	1	−0.327*
	显著性（双侧）		0.022
	N	50	49
办公饱和率	Pearson 相关性	−0.327*	1
	显著性（双侧）	0.022	
	N	49	49

* 在 0.05 水平（双侧）上显著相关。

著，但通过图 5-39 仍显示出两者之间具有正相关性。

结合功能类型和空间区位影响的 *sig* 值分别为 0.000、0.022，可见功能类型的影响大于空间区位，同时可达因素（轨交日均客流量）对轨交站域办公空间绩效（就业饱和率和就业密度）也具有一定的影响，因此，影响因素的权重排序从强到弱为：功能因素（类型）> 空间区位（水平）> 可达因素（轨交日均客流量）。

3. 小结

1）商业空间

以上将单位店铺人流量作为绩效观察指标对 3 个主要影响因素进行了分析，其结论如下：

（1）进一步证实功能类型对商业空间使用绩效的影响关系，这与部分学者的既有结论基本吻合，可初步分为 3 个层级，百货和专业卖场对使用绩效影响最强，零售购物和餐饮类次之，娱乐休闲和服务类影响较小；

（2）揭示出轨交客流量与使用绩效的强正相关性，并通过线性函数关系表明：当轨交站域的日均客流量每增加 1 万人，单位店铺的人流量增加 6～7 人 /h；

（3）水平空间区位对单位店铺人流量的影响呈现中度负相关，在水平层面 0～300 圈层内比值约为 2.3∶1.5∶1，垂直层面上靠近站点的负一层与一层（即 −15～10 m 的高度范围内）使用绩效差异不明显，可见在 300 m 的空间范围内，空间区位对绩效的影响相对功能类型和客流量而言较小；

（4）商业空间使用绩效影响因素的权重从高到低排序为：功能因素（类型）> 可达因素（轨交日均客流量）> 空间区位（水平）> 空间区位（垂直），但是需要指出该影响因素分析结论的空间范围具有严格限定，当水平层面超过 300 m 及垂直层面超过 10 m 高度的区域，其区位因素会对绩效产生较大影响，因此影响权重排序有待进一步讨论。

站域使用者因素的绩效影响在以上分析中也可初步推导，通过对每组数据组内进行同比可以看出，由于徐家汇、南京东路、静安寺等是传统的商业商务中心，人群构成类型较为混合多样化，因此商业空间的总体使用绩效更高，而在人群构成类型相对单一的站域，如主要以商务办公人群和城市游客为主的陆家嘴站域，其商业空间的总体使用绩效偏低。

2）办公空间

（1）功能类型的差异影响办公空间使用绩效，使得甲级办公就业饱和率大于乙级办公约 1.3 倍；

（2）水平层面的空间区位分布对就业饱和率存在弱负相关性，在随着与站点的距离绩效呈现先增后减的趋势，其中 200～300 圈层其绩效最高，400～500 m 圈层其绩效最低，其比值约为：1.09∶1.09∶1.15∶1.09∶1，同样类似于商业空间，实证分析中在站域 500 m 范围内区位对绩效的影响不大，但超过这个范围后区位分布对绩效一般具有较大影响；

（3）基于实证分析的影响权重初步排序为：功能因素（类型）>空间区位>可达因素（轨交日均客流量）。

5.3.3 公共空间的实证分析

1. 广场类公共空间

对公共空间使用绩效的影响分析以快照法和活动注记法为基础获得数据，研究功能类型、轨交客流量和空间区位对使用强度的影响，并进一步分析使用者因素如何影响波动幅度和活动复合度，然后对影响权重进行初步排序。

1）使用强度

（1）功能类型的影响

在图5-17中前10个样本是城市广场、后3个样本为步行街，将其作为两个组别进行比较后可以看出：两组数据中组内变化幅度较大，而组间数据差别较小，因此城市广场和步行街两种类型所呈现的使用强度差别不大；通过工作日和周末的比较可以看出，无论是单个样本空间（70%左右的样本点）还是均值，工作日的使用强度要普遍低于周末；进一步将样本数据分成准公共空间（POPS）和一般性公共空间两个组别进行对比（图5-41、图5-42），通过分类统计初步表明准公共空间的使用强度总体上要高于一般公共空间。

（2）轨交日均客流量的影响

研究对轨交可达因素的影响同样选取

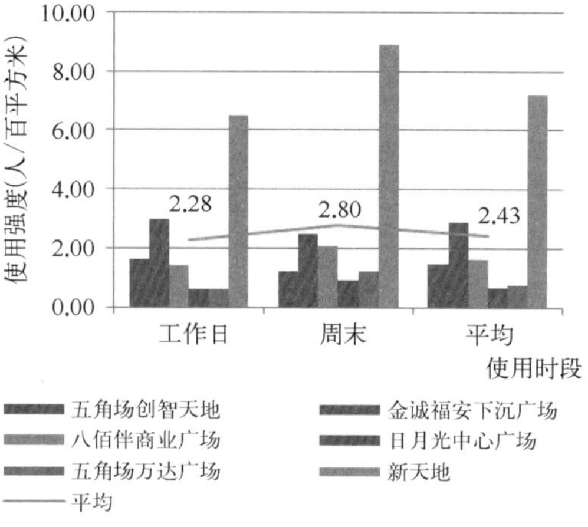

图5-41 准公共空间的使用强度分析

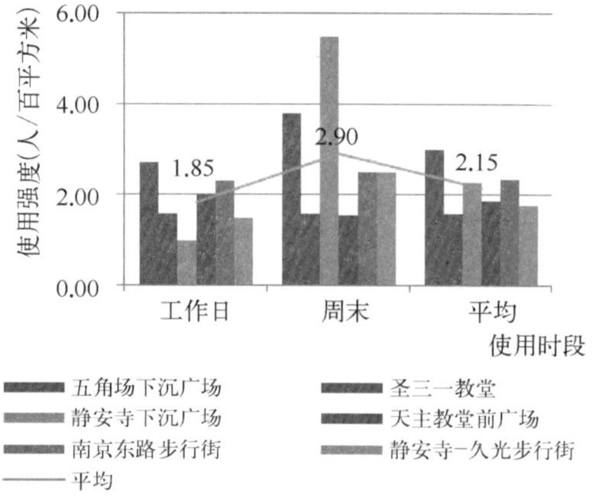

图5-42 一般公共空间的使用强度分析

日均客流量作为分析指标，将样本站域中广场类公共空间使用强度与所在站域的日均客流量进行比较（图5-43），可初步发现公共空间使用强度的变化趋势与轨交站点的日均客流呈现出较弱的正相关关系，后续将通过SPSS软件进一步进行验证。

（3）空间区位的影响

将样本站域中广场类公共空间使用强度与其水平距离系数进行比较（图5-44），初

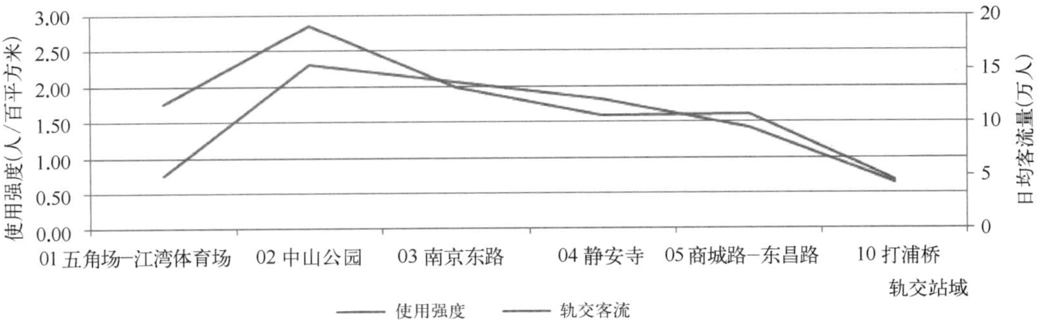

图 5-43　日均客流量与广场类公共空间使用强度的变化趋势比较

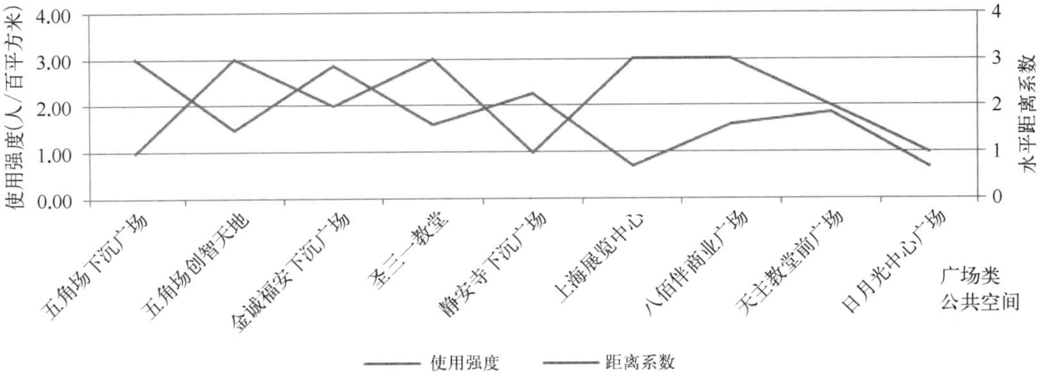

图 5-44　广场类公共空间使用强度与水平距离系数的变化趋势比较

步表明不同样本使用强度的变化趋势与其水平距离系数呈现出较强的负相关关系，即靠近站点的空间使用强度要高于远离站点的使用强度，后续将通过 SPSS 软件进一步进行验证。

2）波动幅度

对工作日和周末期间广场类公共空间 6 个时段的活动状况进行详细调查，将不同样本点的活动比例进行整理，通过对一天内不同时段的活动分析，讨论人群构成对于波动幅度的影响。

（1）工作日的使用波动状况调查

对工作日的使用波动统计（图 5-45）后可以看出：在工作日使用中 12:00—14:00 及 15:00—17:00 两个时段的使用率较高，比例达到 20% 左右，其余时段基本相当，在 14% 左右，一天谷值出现在 19:00—21:00 时段；使用的波动可分为三大时段，8:00—12:00、12:00—17:00 以及 17:00—21:00；将每个时段的组内数据进行同比可看出数据仍差异性较大，表明不同站域中其他因素也存在较大影响。

（2）周末的使用波动状况调查

对周末的使用波动统计（图 5-46）后可以看出：在周末使用中 12:00—14:00

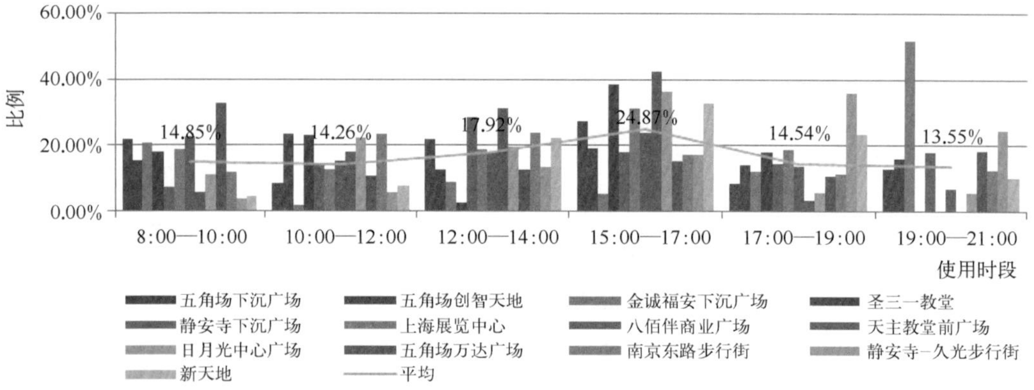

图 5-45　工作日广场类公共空间的使用波动状况调查

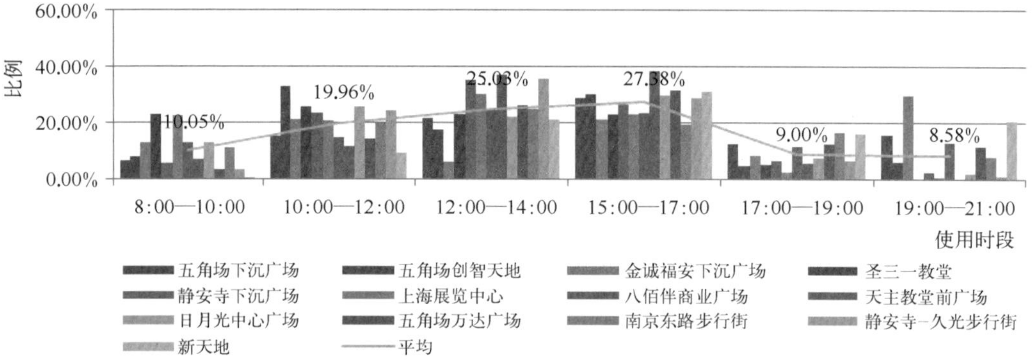

图 5-46　周末广场类公共空间的使用波动状况调查

以及 15 : 00 —17 : 00 仍是使用率较高的两个时段，达到 25%～30%，但其他时段差异变大，且谷值出现在 19 : 00—21 : 00 时段；周末的波动与工作日不同，显现出先缓慢上升趋势，在 15 : 00—17 : 00 时段达到峰值，然后迅速降低 1/3 左右的趋势；组内数据的差异性较大，类似于工作日的使用状况。

（3）工作日和周末比较

将周末和工作日的使用波动状况进行比较（图 5-47）可以看出：从均值来看各时段差异性相对明显，平均的使用波动趋势是先缓慢上升，在 15 : 00—17 : 00 时段达到峰值，然后迅速降低 1/2 左右，峰值和谷值差异约达到 1 倍；每个时段周末和工作日同比后表明周末曲线的变化要大于工作日，即周末空间使用波动幅度要大于工作日。

（4）使用者因素的影响讨论

通过现场调查发现广场类公共空间使用者相对多元化，并不能简单地用某种年龄群体概括，但总体而言围绕公共空间周边的功能空间使用者是公共空间使用的主体，这也

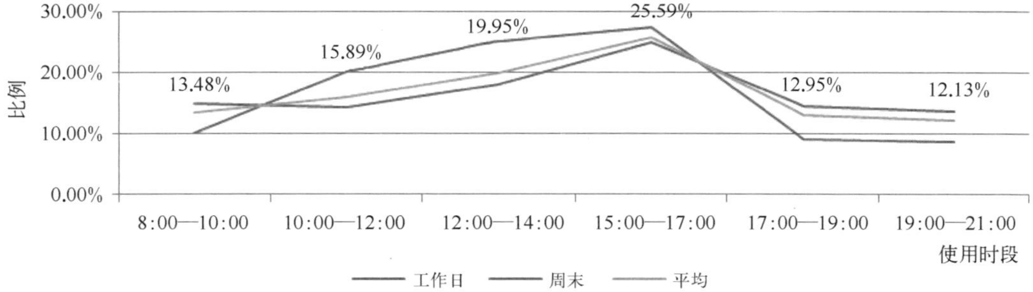

图 5-47　工作日和周末广场类公共空间的使用波动比较

是因为公共空间使用中的便捷性需求所致，特别是在围绕商业的公共空间中这种现象更为突出，因此可以初步推断公共空间周围功能空间的使用者群体越多元，其空间的使用波动幅度越小。其次，工作日和周末使用者的结构性构成存在较大差异，这体现在工作日和周末的活动波动中，由于工作日站域使用者的人群类型相对更丰富，特别是包含了大量就业者，因此工作日的使用波动幅度较小，而周末使用人群类型以消费者和休憩者等为主，缺失了就业者群体，因此波动幅度较大，而且对比周末空间使用波动曲线发现与消费者和休憩的活动行为曲线较为吻合，进一步印证了人群构成对波动幅度的影响关系。

通过讨论可以初步得出以下结论：站域中围绕公共空间周围功能空间的使用者结构性构成特征对其波动幅度有较大影响，在人群构成比例相对均衡的情况下其使用波动幅度较小，反之，如果构成比例差异大则使用波动幅度较大。

3）*活动复合度*

对工作日和周末期间 11 种活动状况进行整理，并通过公共空间一天内不同类型的活动行为的分析，讨论人群构成对活动复合度的影响关系。

（1）工作日的活动复合状况调查

对工作日的活动复合状况统计（图 5-48）后可以看出：在工作日的使用中大于或接近 10% 的活动有 4 种，从大到小排序为：坐在座椅上 > 坐在非常规座椅上 > 站立 > 体育活动，其余活动数量较少；将每类活动的组内数据进行同比可以看出数据仍存在较大差异性，说明广场类公共空间的活动复合状况在不同站域的差异较大。

（2）周末的活动复合状况调查

对周末的活动复合状况统计（图 5-49）后可以看出：在周末的使用中大于或靠近 10% 的活动有 4 种，从大到小排序为：坐在座椅上 > 坐在非常规座椅上 > 站立 > 商业活动，其余活动数量较少；组内数据的差异性较大，类似工作日状况。

（3）工作日和周末比较

将周末和工作日的活动类型进行比较（图 5-50）后可以看出：广场类公共空间的主要活动类型包含 4 类：坐在座椅上（非常规

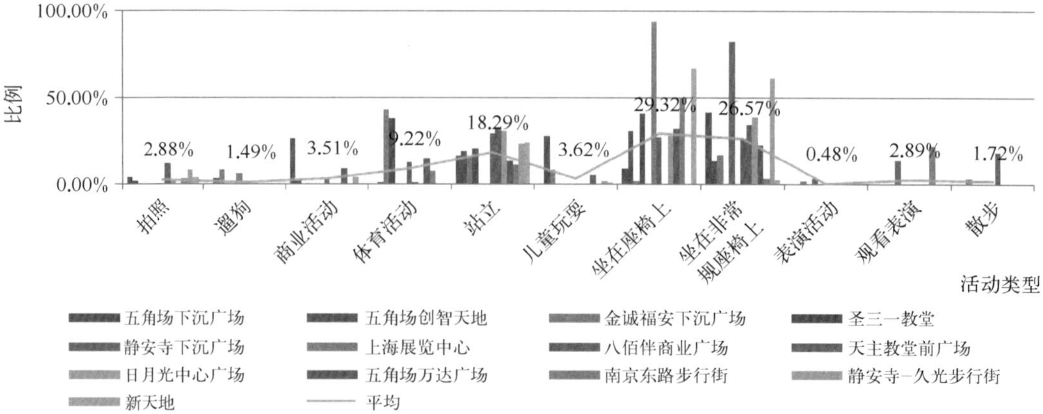

图 5-48　工作日广场类公共空间的活动复合状况调查

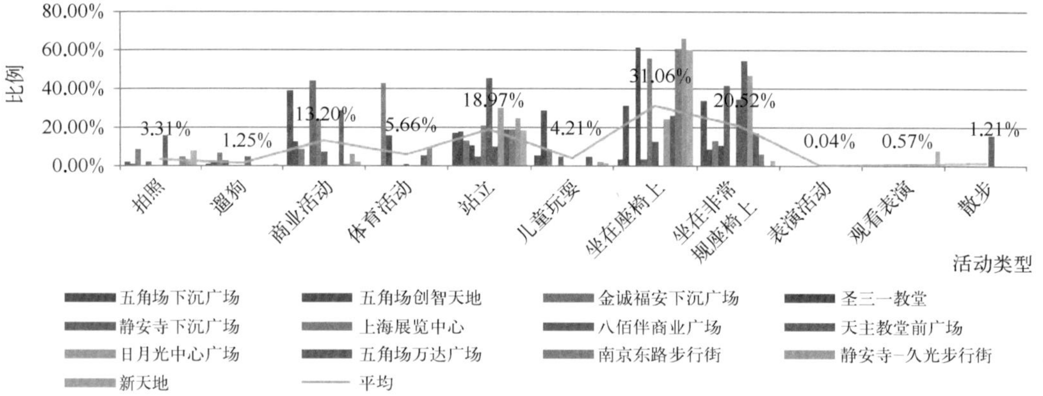

图 5-49　周末广场类公共空间的活动复合状况调查

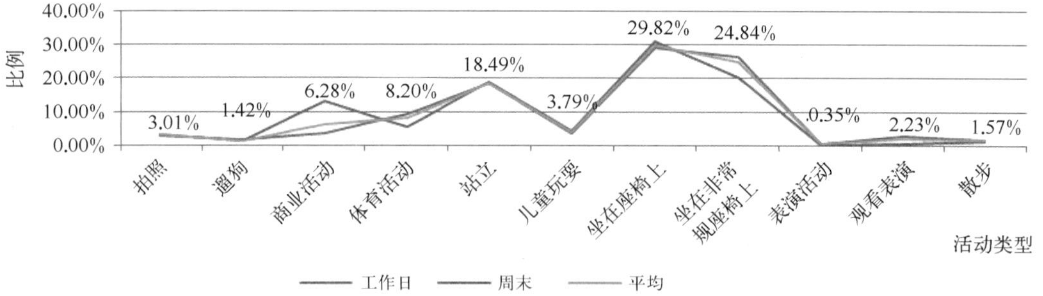

图 5-50　工作日和周末广场类公共空间的活动复合状况比较

座椅上)、站立、体育活动、商业活动，在周末和工作日其排序略有差别，总体均值排序为：坐在座椅上（非常规座椅上）>站立>体育活动>商业活动；组内数据同比，可看出比例较小的活动类型在工作日期间比周末高，因此工作日的活动复合度略高于周末。

（4）使用者因素的影响讨论

基于使用的便捷性原则，由于广场类公共空间多为周边功能空间的使用者使用，人群构成对活动复合度的影响与对使用波动幅度的影响基本类似。在工作日和周末的活动复合状况比较中可以看出，工作日站域使用者类型相对更为丰富，因此活动复合度较高，而周末使用类型以消费者和休憩者等为主，因此复合度较低；而且对比周末和工作日的活动可以发现，周末商业活动比例显著升高到13.2%，比工作日提高了10%，因此表明周末消费者群体在广场步行街活动行为中的比重较大，进一步印证了人群构成对活动复合度的影响。

通过比较可以初步得出以下结论，即站域内围绕公共空间周边的功能空间使用者结构性构成状况显著地影响活动复合度，当人群构成比例越均衡其活动复合度越高，反之如果人群构成比例差异大则活动复合度较小，在工作日的活动复合度普遍要高于周末。

2. 公园类公共空间

1）使用强度

以下通过分类比较的方法讨论功能类型、客流量和空间区位对公园类公共空间使用强度的影响。

（1）功能类型的影响

在图5-21中前8个样本是公园绿地、后5个为街心花园，将其作为两组数据进行比较后可以看出：这两组数据组内变化幅度较大，而组间数据差别较小，因此公园绿地和街心花园两种类型所表现的空间使用强度差异不显著；通过工作日和周末的比较可以看出，无论是单个样本点（80%左右的样本点）还是均值来看，公园类公共空间在工作日的使用强度要低于周末。

（2）轨交日均客流量的影响

统计前8个公园绿地样本点所在站域的日均客流量，与其使用强度的变化曲线进行初步对比（图5-51），可以看出两根曲线相关性较弱，后续将通过SPSS软件进一步进行验证。

（3）空间区位的影响

统计8个公园绿地在轨交站域的水平分布系数，将其与使用强度的变化曲线进行初步对比（图5-52），可以看出两根曲线呈现出较为一致的圈层递增趋势（中山公园入口广场除外），即靠近站点的公园绿地的使用强度要低于远离站点的使用强度。

2）波动幅度

对工作日和周末期间公园类公共空间中6个时段的活动状况进行整理，通过一天内不同时段的活动行为分析讨论人群构成对波动幅度的影响。

（1）工作日的使用波动状况调查

对工作日的空间使用波动状况调查（图5-53）后可以看出：从早晨8:00—10:00

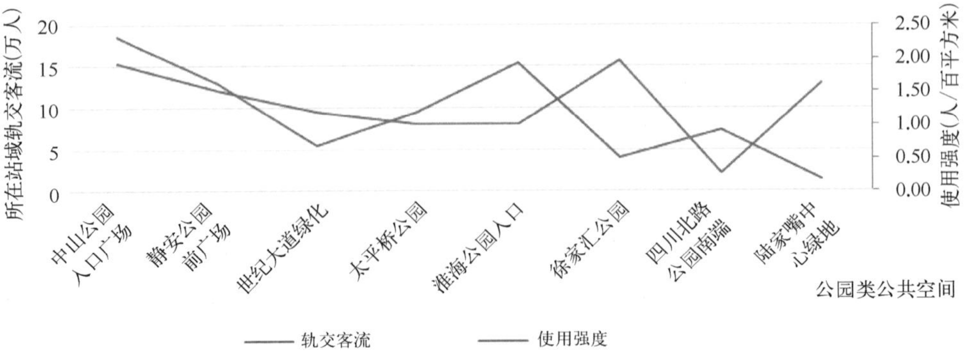

图 5-51　日均客流量与公园类公共空间使用强度的变化趋势比较

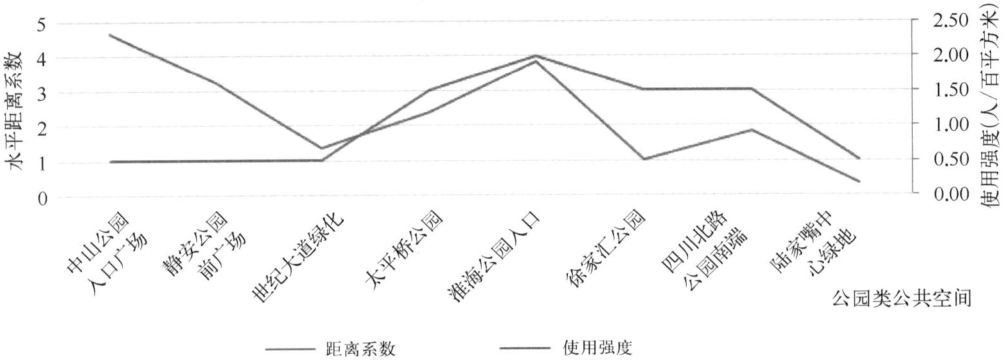

图 5-52　公园类公共空间使用强度与其水平距离系数的变化趋势比较

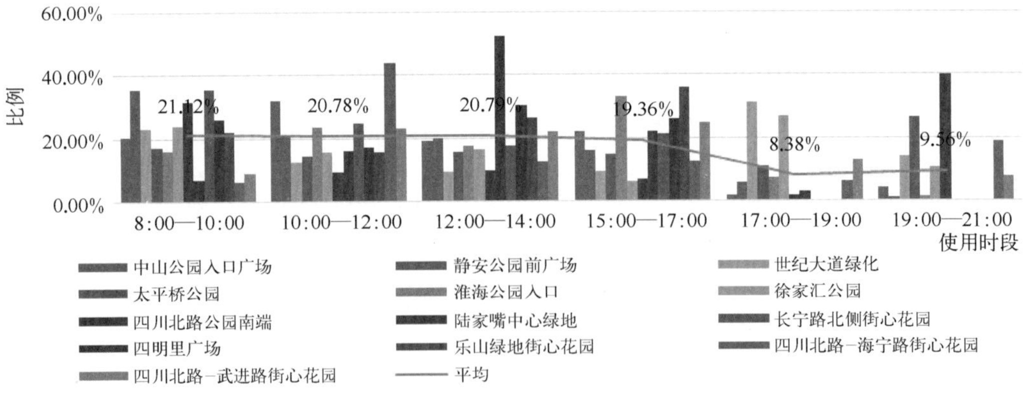

图 5-53　工作日公园类公共空间的使用波动状况调查

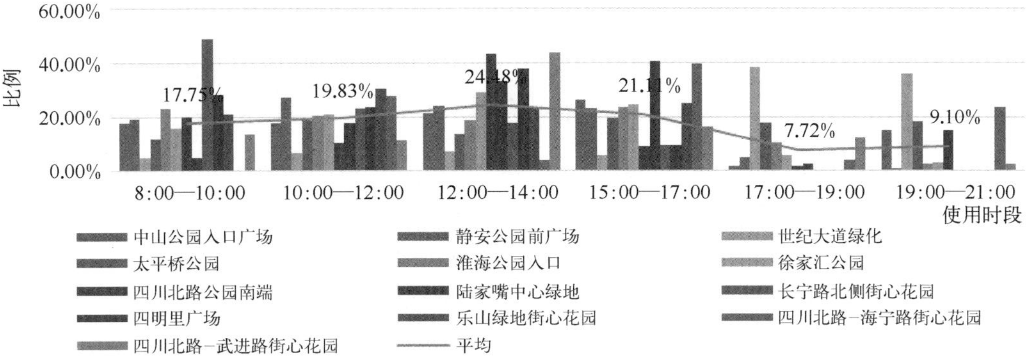

图 5-54　周末公园类公共空间的使用波动状况调查

时段开始一直持续到 15:00—17:00 时段，使用比例较为均衡并维持在 20%左右，到 17:00 以后其使用率降低约一半，达到 10%左右，一天的谷值出现在 17:00—19:00 时段；公共空间一天的波动基本分为两大时段，8:00—17:00 以及 17:00—21:00；将每个时段的组内数据进行同比可以看出数据存在一定的差异性，说明波动状况仍然受到站域其他因素的较大影响。

（2）周末的使用波动状况调查

对周末的空间使用波动状况统计（图 5-54）后可以看出：周末使用与工作日差异较大，从早晨 8:00—10:00 时段开始呈现缓慢上升趋势，直到 12:00—14:00 时段达到峰值约 25%，到 17:00 以后使用率显著降低到 10%以下，一天的谷值出现在 17:00—19:00 时段，约为 8%；其波动幅度仍基本分为两大时段，8:00—17:00 以及 17:00—21:00；与工作日类似，将每个时段的组内数据进行同比可以看出数据存在一定的差异性，说明波动状况仍受其他因素的较大影响。

（3）工作日和周末比较

将周末和工作日的使用波动幅度比较（图 5-55）可以看出：均值曲线表明了公园类公共空间一天呈现出较为明显的两大时段，即 8:00—17:00 和 17:00—21:00，时段波动幅度达到 3 倍左右；对每个时段周末和工作日数据进行同比，可以看出周末曲线的波动幅度要大于工作日。

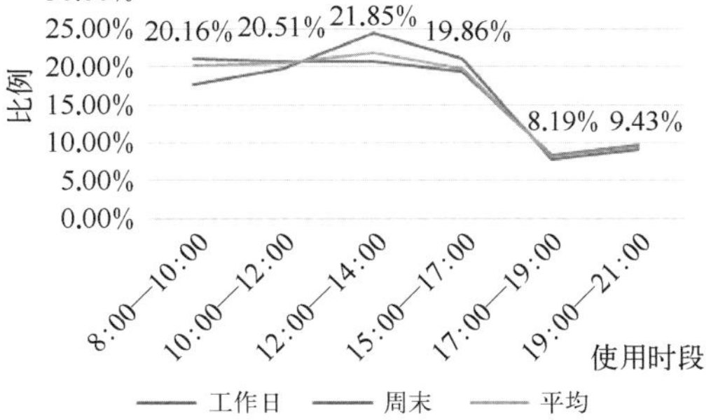

图 5-55　工作日和周末公园类公共空间的使用波动特征比较

（4）使用者因素对于公园类公共空间使用波动幅度的影响讨论

通过现场观察初步发现公园类公共空间的主要使用群体是周边各类居住空间的中老年群体（包含部分少年儿童），当然也包含部分就业者，通过对比工作日和周末的使用波动幅度发现，由于周末的就业者活动较少，因此波动幅度较大，但通过比较也显示这种影响关系不明显；公园类公共空间使用比例较高的时段与中老年群体的活动行为特点较吻合，进一步印证了人群构成特征对于空间使用波动幅度的影响关系。

通过讨论可初步得出以下结论：公园类公共空间周边居民的结构性构成状况在一定程度上影响到使用的波动幅度，在当地居民构成比例较大的情况下使用波动幅度较小，反之则使用波动幅度较大；周末波动幅度略大于工作日。

3）活动复合度

对工作日和周末期间公园类公共空间中11种活动状况进行整理，通过对公园类公共空间在一天不同类型的活动分析，讨论人群构成对于复合度的影响。

（1）工作日的活动复合状况调查

对工作日的活动复合状况整理（图5–56）后可以看出：在工作日一天使用中大于10%的活动有4种，从大到小排序分别为：坐在座椅上＞体育活动＞站立＞散步，其余活动数量很少；将每类活动的组内数据进行同比可以看出数据仍存在一定的差异性，说明活动复合状况仍然受到站域其他因素的较大影响。

（2）周末的活动复合状况调查

对周末的活动复合状况整理（图5–57）后可以看出：在周末一天使用中大于10%的活动仍然有4种，从大到小排序分别为：坐在座椅上＞站立＞体育活动＞散步，其余活动数量虽然也很少，但相对工作日而言这些活动的比值略微升高；每类活动的组内数据同比与工作日类似，也说明活动复合度仍然受到站域其他因素的较大影响。

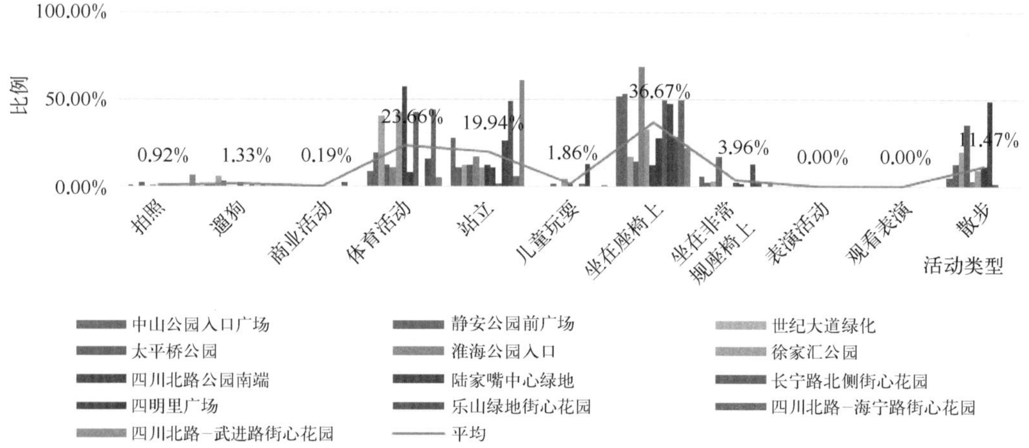

图5–56　工作日公园类公共空间的活动复合状况调查

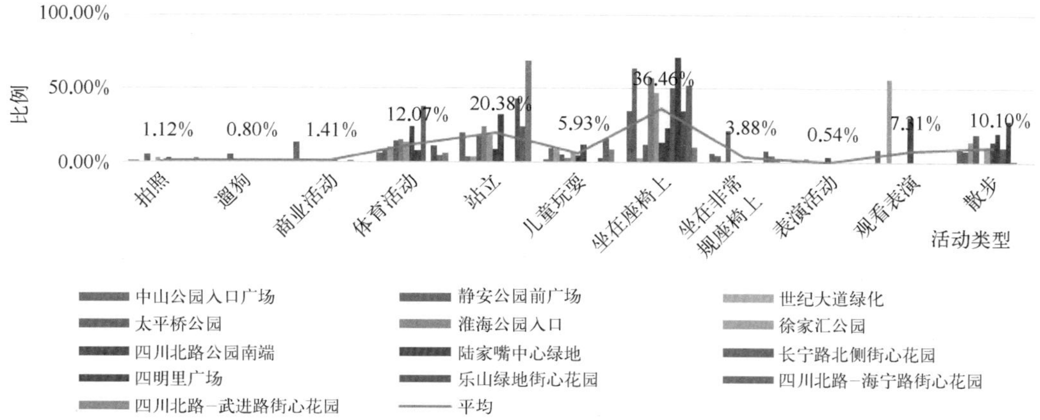

图 5-57　周末公园类公共空间的活动复合状况调查

（3）工作日和周末的活动复合状况比较

将周末和工作日的活动行为类型进行比较（图 5-58）后可以看出：公园类公共空间的主要活动包含 4 类：坐在座椅上、站立、体育活动、散步，周末和工作日其排序略有差别，总体均值排序为：坐在座椅上 > 体育活动 > 站立 > 散步，这与广场类的活动类型存在差异；对周末和工作日的活动进行同比可看出两者差异不大。

（4）使用者因素对公园类公共空间使用活动复合度的影响讨论

公园类公共空间的主要群体是周边居住空间的中老年群体（含部分少年儿童）和就业者，而对比工作日和周末的活动复合状况显示活动比例最高的 4 类：坐在座椅上、站立、体育活动、散步，它们均与中老年群体的休憩活动特征较为吻合，因此印证了人群构成对于活动复合状况的影响。

通过讨论可以初步得出以下结论：由于公园类公共空间的主要使用者为当地居民，因此站域当地居民的结构性构成状况主要影响公共空间的活动复合度，当居住人群比例较高情况下其活动复合度较大，反之则活动复合度较小，由于周末当地居民使用者人群

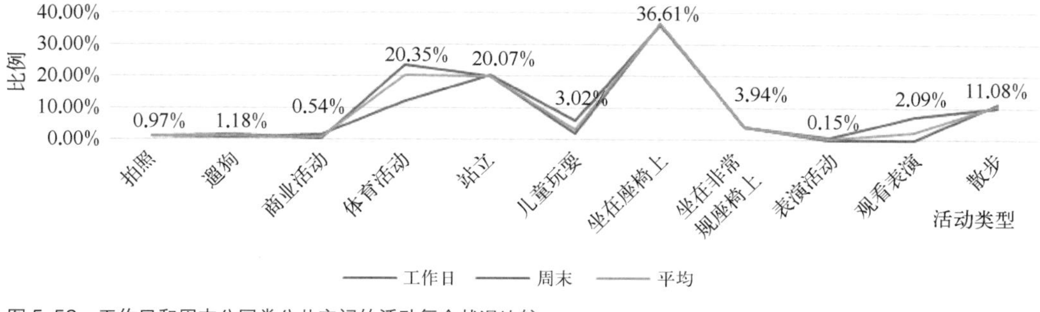

图 5-58　工作日和周末公园类公共空间的活动复合状况比较

类型增多，因此周末的活动复合度略高于工作日。

3. 比较与讨论

1）*使用强度的影响分析与讨论*

本书对公共空间使用强度的影响因素进行方差分析，初步统计显示空间类型、日均客流量等因素对使用强度均具有一定程度的影响，虽然方差分析表明这种关系的统计学意义不显著（其统计结果这里不一一列出），但结合两类公共空间的比较归纳几点定性结论：公共空间的使用强度受到类型、轨交客流量、区位、人群构成等因素的影响。

（1）功能因素（类型）：与商业或者办公结合的准公共空间相对一般性广场类公共空间使用强度提升较为显著；就规模而言，那些中等规模（2～3 hm^2）的公园类公共空间的使用强度更高；

（2）可达因素（轨交日均客流量）：初步分析发现广场类公共空间使用强度与轨交日均客流量呈正相关性，而公园类公共空间使用强度与轨交日均客流量呈负相关性；

（3）空间因素（区位）：使用强度受到与站点水平距离的影响[①]，广场类公共空间使用强度呈现在水平层面呈圈层递减趋势，即越靠近站点使用强度越高；公园类公共空间的使用强度呈现圈层递增趋势，即远离站点的空间使用强度更高；

（4）使用者因素：结合波动幅度和活动复合度与使用者关系的分析可以得出，广场类公共空间使用强度受站域人群的总体结构性构成状况的影响，一般构成复合化程度越高则使用强度越高；而公园类公共空间主要与站域内居住人群的绝对比例有关，一般居住人群比例越高则使用强度越高。

2）*波动幅度受人群构成的影响分析与讨论*

对 13 个广场类公共空间和 13 个公园类公园空间的不同时段活动数据分别进行方差检验（表 5-10、表 5-11）后可以看出：广场类公共空间其显著性 *sig* 值为 0.000，F 为 5.532，*sig* 值 <0.01、F 值大于 1，公园类公共空间的显著性 *sig* 值为 0.000，F 为 5.372，*sig* 值 <0.01、F 值大于 1，因此样本数据具有统计学意义。表明人群构成对公共空间使用的波动幅度具有系统性影响，两者方差分析的 F 值较小且较接近，也说明人群构成对两类空间的影响程度较相似。

3）*活动复合度及受人群构成的影响分析与讨论*

对样本公共空间不同活动的比例进行方差检验（表 5-12、表 5-13）后可以看出：广场类公共空间其显著性 *sig* 值为 0.032，F 为 3.176，*sig* 值 <0.05，F 值大于 1，公

---

① 笔者认为这主要由于受到站域功能空间分布特征的影响所致，在上一章分析中可以看出，靠近站域的区域功能相对复合、且以商业办公空间为主，而远离站点的区域以居住空间为主，不同区域的人群构成差异导致使用强度在空间分布上的分异特征。

表 5-10　广场类公共空间使用波动的单因素方差分析（ANOVA）
活动比例

	平方和	*df*	均方	*F*	显著性
组间	0.178	5	0.036	5.532	0.000
组内	0.464	72	0.006		
总数	0.643	77			

表 5-11　公园类公共空间使用波动的单因素方差分析（ANOVA）
活动比例

	平方和	*df*	均方	*F*	显著性
组间	0.235	5	0.047	5.372	0.000
组内	0.630	72	0.009		
总数	0.865	77			

表 5-12　广场类公共空间活动复合的单因素方差分析（ANOVA）
活动比例

	平方和	*df*	均方	*F*	显著性
组间	0.336	3	0.112	3.176	0.032
组内	1.692	48	0.035		
总数	2.028	51			

表 5-13　公园类公共空间活动复合的单因素方差分析（ANOVA）
活动比例

	平方和	*df*	均方	*F*	显著性
组间	0.445	3	0.148	5.744	0.002
组内	1.238	48	0.026		
总数	1.683	51			

园类公共空间显著性 *sig* 值为 0.002，*F* 为 5.744，*sig* 值 <0.01、*F* 值大于 1，因此结果具有统计学意义，数据也表明人群构成对两类空间的影响程度不同，广场类公共空间活动复合度受人群构成的影响程度相对公园类偏低。

总体而言，公共空间使用的波动幅度和活动复合度主要受到站域人群构成状况的影响。

5.4　轨交站域空间使用绩效的影响机制

以上对轨交站域空间使用绩效的 4 类因素进行了实证分析，结果表明同一因素对不同空间的影响结果差异较大，同一空间中不同因素其影响强弱也存在主次之分，这主要构成了空间使用绩效的影响机制，以下结合实证结果，对轨交站域空间使用绩效的影响机制从影响关系和权重排序两方面进行初步归纳。

5.4.1　功能空间

1. 商业空间

1）主要影响因素

（1）功能因素：功能类型

结合样本站域的实证分析就商业空间类型对绩效的影响分为 3 个层级：百货和专业卖场为第一层级，餐饮、零售购物为第二层级，服务和休闲娱乐为第三层级；同时，

表 5-14　不同商业功能类型的相互支持关系

功能类型	百　货	专业卖场	零售购物	餐　饮	休闲娱乐	服　务
百　货		●	●●●	●●●	●	●●
专业卖场	●		●●●	●●	●	●●
零售购物	●●●	●●●		●●	●	●●
餐　饮	●●●	●●	●●		●●●	●
休闲娱乐	●	●	●	●●●		●
服　务	●●	●●	●●	●	●	

商业类型之间的相互支持关系对使用绩效的影响也较大，表 5-14 对功能类型之间相互支持的强弱关系进行了初步归纳。

（2）可达因素：轨交日均客流量

本书针对可达因素主要讨论轨交客流量的影响，通过样本站域轨交日均客流与商业空间的单位店铺人流量回归分析获得了函数模型：$Y = 25.292 + 6.430X$（Y 代表商业空间时均人流量，单位：人 /h；X 代表日均客流量，单位：万人），表明轨交客流量的增大有利于商业空间绩效的提升，方程显示日均客流量每增加 1 万人，可使得单位商业店铺的绩效提高 6～7 人 /h。

（3）空间因素

空间区位：实证分析显示 0～300 m 范围内，水平距离系数与时均人流量在 0.05 水平（双侧）呈现中度负相关，从内至外的绩效比值约为 2.3∶1.5∶1，基本按照 1.5 倍的比率递减；在垂直层面上由于微区位价值的立体差异同样如此，越靠近主要活动基面，如近地面层、轨交站点出入口周围的商业空间绩效越高，越远离人流主要活动基面的区位绩效越低。

空间品质：良好的商业空间环境、城市家具的配套完善也可有效提升商业空间的绩效，比如在调查中发现区位条件、装修档次、规模相当的可比购物中心，外部提供座椅、休憩设施较好的五角场万达中心、徐家汇港汇广场比静安寺越洋百货、嘉里广场的人气更旺。

（4）使用者因素

总体而言，商业空间周边人群构成越复合则空间绩效越高，人群构成类型单一不利于商业空间绩效的提升；其次站域使用者类型与商业空间的匹配关系也很重要，对百货和大型超市而言，如果处在以居住人群为主的站域，其使用绩效比其他商业提升更高，而高档专卖、餐饮、银行等商业空间在中高档办公空间周边有利于其使用绩效的提升。

2）权重排序

实证分析中根据 *sig* 值对商业空间使用绩效影响因素的权重排序从强到弱为：功能类型 > 轨交客流量 > 空间区位（水平）>

空间区位（垂直），这个结论限定在水平层面 300 m 以及垂直层面−15～10 m 范围内。本书所讨论的多层面范围为水平层面 500 m 和垂直层面−15～24 m 以上，因此空间范围拓展后影响因素的权重排序初步分为 3 个层级：功能类型 / 轨交客流 > 人群构成 / 空间区位（垂直）> 空间品质 / 空间区位（水平）。

表 5-15 对商业空间使用绩效的主要影响因素及权重进行了归纳。

表 5-15　商业空间使用绩效的影响因素及权重排序

影响因素 \ 使用绩效	高　绩　效	中　绩　效	低　绩　效	影响权重
功能类型	百货、专业卖场 功能复合、互补	零售购物、综合餐饮 功能较互补、较复合	休闲娱乐、服务 功能单一、不互补	●●●
轨交客流	日均客流 > 10 万人 /d	10 万 / 天 > 日均客流 > 5 万 /d	日均客流 <5 万 /d	●●●
空间区位（水平）	0～200 m	200～300 m	300～500 m	●
空间区位（垂直）	近地面层或人流到达层（−15～10 m）	中间层（10～24 m）	高层（> 24 m）	●●
空间品质	配套完善、环境优质	配套一般、环境一般	配套较差、环境较差	●
人群构成	周边人群构成复合、匹配度高	周边人群构成较复合、匹配度较高	周边人群构成单一、匹配度低	●●

2. 办公空间

1）主要影响因素

（1）功能因素：功能类型

实证分析指出甲级办公空间饱和率达到 89.44%，乙级办公空间为 71.27%，甲级办公比乙级办公在就业饱和率上提高约 1.25 倍，差异较为显著，因此总体而言，甲级办公楼的使用绩效要明显高于乙级办公楼。

（2）可达因素：轨交日均客流量

虽然由于功能因素（甲级办公比重大）的影响，各站域的办公绩效均处于较高水平，导致了轨交日均客流量与反映空间绩效的两个指标（就业饱和率和办公空间就业密度）相关性分析结果不显著，但通过前述分析和现场观察，办公空间周围良好的轨交可达性对其绩效提升仍具有重要价值，即轨交客流量与办公空间使用绩效具有一定的正相关性。

（3）空间因素

空间区位：在实证分析中也可以看出水平层面呈现先减后增的分布趋势，即 0～500 m 范围内使用绩效先逐渐升高并在 200～300 m 圈层达到 95.2%，然后再逐渐降低，其谷值出现在 400～500 m 圈层；在垂直层面上，随着距离升高带来了私密性和舒适性的适度提高，因此位于高层区

（24～100 m）的空间其使用绩效要高于地面层和中间层。

空间品质：一方面办公空间与品质较高的公园类公共空间（城市绿地或者街心花园）相邻，有利于提高办公空间使用绩效；其次，餐饮零售等商业空间以及居住空间是就业者日常生活的重要配套空间，因此当与商业（零售、餐饮、服务）空间及酒店式公寓、住宅结合布置，有利于办公空间的使用绩效提升。

2）权重排序

办公空间使用绩效的主要影响因素包括功能类型、空间区位和空间品质，实证分析表明功能类型的影响大于空间分布，在使用者需求分析中可以看出，就业者对办公空间的舒适性需求也相对较高，因此对几种影响因素进行初步排序为：功能类型 > 空间品质 > 空间区位（水平、垂直）。

表 5-16 对办公空间使用绩效的主要影响因素及权重进行了归纳。

表 5-16　办公空间使用绩效的影响因素及权重排序

使用绩效 影响因素	高　绩　效	中　绩　效	低　绩　效	影响权重
功能类型	甲级办公	乙级办公	丙级办公	●●●
空间区位（水平）	200～300 m	0～200 m	300～500 m	●
空间区位（垂直）	高层（＞24 m）	中间层（10～24 m）	近地面层或人流到达层（0～10 m）	●
空间品质	配套完善、环境优质	配套一般、环境一般	配套较差、环境较差	●●

3. 居住空间

1）主要影响因素

（1）功能因素：功能类型

在高密度城市中心区轨交站域中由于房价、出行方式等因素，中小面积的普通住宅更受到居民喜欢，豪华住宅（一般大于 140 m^2）由于售价过高及适居群体的出行习惯，往往入住饱和率并不高，最典型案例如上海陆家嘴站域的汤臣一品、世贸滨江等项目，其昂贵的售价加之拥挤的交通状况导致并非高消费群体的购房首选；而酒店式公寓虽然也较为适合轨道交通出行者的购房需求，但由于地价、产权以及中国人购房习惯①等因素，因此该类型空间绩效居中。

（2）可达因素：轨交日均客流量

一般城市中心区由于居民日常大量的通

① 基于市场调查，我国居民由于受到传统文化、家庭结构等多方面因素的影响，使购房者在可支付的情况下，偏好中小面积的商品住宅，而酒店式公寓并非购房者的首选，多作临时过渡。

勤需求，轨道交通可达性高能够提高居住空间的使用绩效，但是居民本身出行方式的多样化，一些高档小区居民的出行方式以车行为主，以及居民对居住环境的私密性需求，因此，轨交客流量与居住空间使用绩效具有一定的正相关性。

（3）空间因素

空间区位：由于居住空间本身的私密性以及舒适性要求，因此在站域水平层面上，相对远离轨交站点嘈杂环境同时在合适步行范围内的居住空间其使用绩效更高，离轨交站点过近由于人流量较大而导致私密性和舒适性降低，因此居住使用绩效偏低；在垂直层面上，站域高层区由于私密性和景观价值提高往往提升了居住空间的使用绩效，高度越高绩效相对越高，高层区绩效的提升恰好使得轨交站域在垂直层面上的绩效递减变化较为缓慢。

空间品质：当居住空间周围有较完善的生活配套设施，如社区型商业、学校和医院等，则其空间绩效更高；其次在周边布置适量的办公空间同样能够提高居住空间使用绩效；居住空间周边的公共空间同样重要，与居住空间距离较近的街心花园或公园绿地有利于居住空间的使用绩效提升。

2）权重排序

居住空间使用绩效的主要影响因素包括功能类型、空间区位（水平）和空间品质，在轨交站域中无论哪种类型的居住空间使用者，一般对空间的私密性均具有更高需求，同时也兼顾周边品质和出行交通的便捷性需求，因此对几种因素的影响进行初步排序为：空间区位（水平）＞空间品质＞功能类型。

表 5-17 对居住空间使用绩效的主要影响因素及权重进行了归纳。

表 5-17　居住空间使用绩效的影响因素及权重排序

使用绩效 / 影响因素	高　绩　效	中　绩　效	低　绩　效	影响权重
功能类型	中小套型住宅	酒店式公寓	大套型豪华住宅	●
空间区位（水平）	200～300 m	300～500 m	0～200 m	●●●
空间品质	配套完善、环境优质	配套一般、环境一般	配套较差、环境较差	●●

4. 酒店空间

1）主要影响因素

（1）功能因素：功能类型

相对而言中档的三星级、四星级酒店，由于其面对的游客群体更广泛且价格适中，其入住饱和率更高，档次过高的奢华酒店或者档次过低的廉价酒店，由于面对的群体较小因此空间使用绩效偏低。

（2）可达因素：轨交日均客流量

酒店的交通出行条件同样影响到空间使用绩效，低端廉价酒店由于顾客群体多依赖于公共交通，因此受到轨交出行的影响较大；中档的三星级、四星级酒店，则轨交、公交主导的出行方式可在一定程度上提高其空间使用绩效；而对于高档次的酒店空间而言，轨交客流量往往对其使用绩效影响不大。

（3）空间因素

空间区位：在水平层面上酒店与轨交站点的相对空间关系对其绩效影响不大，但是在垂直层面上，一般情况下高层区由于其景观价值、私密性和舒适性的提升，因此酒店空间的使用绩效更高。

空间品质：当酒店与商业空间紧密结合时，由于能够带来更加完善的日常出行配套、为游客出行提供方便，因此其空间使用绩效更高，其次，靠近主要城市景观、公共活动广场或步行街这些开放性较高的空间周围，其空间使用绩效更高。

2）权重排序

酒店空间使用绩效的主要影响因素包括功能类型、空间分布和空间品质，蓄留游客在使用过程中，一般更注重酒店周围的环境品质和配套状况，其次是酒店本身的类型，也包括它在垂直层面的区位分布状况。因此对几种因素的影响进行初步排序为：空间品质 > 功能类型 > 空间区位（垂直）。

表 5-18 对酒店空间使用绩效的主要影响因素及权重进行了归纳。

表 5-18　酒店空间使用绩效的影响因素及权重排序

影响因素＼使用绩效	高　绩　效	中　绩　效	低　绩　效	影响权重
功能类型	中档次三星级、四星级酒店	高档次五星级酒店	连锁酒店、廉价酒店	●●
空间区位（垂直）	高层（ > 24 m）	中间层（10～24 m）	近地面层或人流到达层（0～10 m）	●
空间品质	配套完善、环境优质	配套一般、环境一般	配套较差、环境较差	●●●

5.4.2　公共空间

1. 广场类公共空间

1）主要影响因素

（1）功能因素：功能类型

总体而言轨交站域与商业或者办公结合的准公共空间，相对一般性公共空间其使用强度有较显著的提升，同时使用波动幅度较小、活动复合度也更高，具有更高的整体使用绩效。

（2）可达因素：轨交日均客流量

由于广场和步行街使用人群类型更为广泛，因此较高的轨交站域日均客流量有助于其空间使用绩效的提升，实证分析也表明这对那些与商业空间结合的准公共空间影响更为明显。

（3）空间因素

空间区位：一般情况下随着与站点距离的增加，由于人群类型和数量都逐渐减小，因此使用强度和活动复合度降低，而波动幅度增加，导致公共空间的整体使用绩效降低；在垂直层面上靠近地面层和轨交人流到达层（0～10 m）的公共空间整体使用绩效更高，在地面上随着高度的增加其使用绩效显著降低。

空间品质：主要包括公共空间的规模、尺度等因素，部分学者就影响关系进行了实证分析，比如徐磊青（2004，2006）认为使用者有小广场偏好，指出使用绩效并不随着广场面积的增加而增加；蔡永洁（2006）[①]指出开敞视角在 1∶2（27°）与 1∶3（18°）之间较理想；徐磊青、刘宁、孙澄宇（2012）[②]指出空间偏好最高角度为竖向视角 9° 的广场，其次是 18° 和 27°，最不喜欢的广场为 45° 视角；其次公共空间周围城市家具等配套完善程度也会影响绩效状况，如座椅、垃圾箱、凉亭等配套完善有助于空间使用强度提升，在强度增加的同时也有利于降低波动幅度以及增加活动复合度，提高空间使用的整体绩效。

（4）使用者因素

站域使用者的结构性构成状况对广场类公共空间影响较大，当其人群构成越混合越有助于提高空间使用强度和活动复合度，减少时段波动幅度，提升空间使用的整体绩效。

2）权重排序

广场类公共空间使用绩效的主要影响因素包括人群构成、空间品质以及空间区位（水平、垂直），由于公共空间使用者主要来源于周边功能空间的使用者，其本身也主要扮演周边功能空间的配套角色；因此在这四方面因素中，人群构成和功能类型（准公共空间与一般性公共空间）属于影响权重的第一层级，其次是空间品质和轨交客流，使用者在广场类使用过程中对使用舒适性关注度较大，然后站域轨道和公共交通出行的大客流量有利于促进交通步行化，使得公共空间绩效提高，特别是对商业类准公共空间影响更为明显，最后是空间区位因素，相对而言人流量大、公共性强的区位其空间使用绩效更高；因此排序为：人群构成 / 功能类型 > 空间品质 / 轨交客流 > 空间区位（水平、垂直）。

表 5-19 对广场类空间使用绩效的主要影响因素及权重进行了归纳。

---

① 详见：蔡永洁．城市广场（历史脉络 · 发展动力 · 空间品质）[M]．南京：东南大学出版社，2006.

② 引自：徐磊青，刘宁，孙澄宇．广场尺度与空间品质——广场面积、高宽比与空间偏好和意象关系的虚拟研究[J]．建筑学报，2012（2）：78.

表 5-19 广场类公共空间使用绩效的影响因素及权重排序

影响因素＼使用绩效	高 绩 效	中 绩 效	低 绩 效	影响权重
功能类型	商业类准公共空间	其他类准公共空间	一般性公共空间	●●●
轨交客流	日均客流＞10 万人 /d	10 万人 /d ＞日均客流＞5 万人 /d	日均客流 <5 万人 /d	●●
空间区位（水平）	0～200 m	200～300 m	300～500 m	●
空间区位（垂直）	近地面层或人流到达层（0～10 m）	中间层（10～24 m）	高层（＞24 m）	●
空间品质	配套完善、环境优质	配套一般、环境一般	配套较差、环境较差	●●
人群构成	周边人群构成复合	周边人群构成较复合	周边人群构成较单一	●●●

2. 公园类公共空间

公园类公共空间的使用人群相对较固定，多为站域周边的城市居民，因此使用绩效虽然也受区位分布和空间品质影响，但更多地依赖于使用者构成中的居住人群比例。

1）主要影响因素

（1）空间因素

空间区位：远离站点的区域其使用绩效相对于靠近站点的区域更高，这在一定程度上源于站域的功能布局影响，由于这些区域一般居住空间的开发强度更高，而当地居民是公园类公共空间的主要使用群体，因此绩效基本也呈现出圈层递增趋势。

空间品质：公园绿地或街心花园内的城市家具等配套设施（如座椅、垃圾箱、凉亭等）和体育运动设施的完善程度高，将有助于提升空间使用强度，而在强度增加的同时，也有利于降低波动幅度以及增加活动复合度，提高空间使用的整体绩效。

（2）使用者因素

围绕公共空间周围的居住人群比例对其使用绩效影响较大，当人群构成中居住人群所占比例越高，则有助于提高空间使用强度和活动复合度，减少波动幅度，提升其空间使用的整体绩效。

2）权重排序

公园类公共空间使用绩效的影响因素主要包括人群构成、空间品质和空间区位（水平），同样作为发挥功能空间的配套作用，因此它的主要服务对象构成状况对其绩效影响最大，其次是空间品质，使用者在休憩活动中对舒适性较为关注，最后是空间区位，公园类公共空间主要服务于当地居民和部分就业者，靠近居住空间或者办公空间周围其使用绩效较高，因此影响因素的初步排序为：人群构成＞空间品质＞空间区位（水平）。

表 5-20 对公园类空间使用绩效的主要影响因素及权重进行了归纳。

表 5-20 公园类公共空间使用绩效的影响因素及权重排序

使用绩效 影响因素	高 绩 效	中 绩 效	低 绩 效	影响权重
空间区位（水平）	300～500 m	200～300 m	0～200 m	●
空间品质	配套完善、环境优质	配套一般、环境一般	配套较差、环境较差	●●
人群构成	周边居住人群比例高	周边居住人群比例居中	周边居住人群比例低	●●●

5.5 基于影响机制的空间使用绩效预测

以上分别对每种因素如何影响功能空间和公共空间进行了初步归纳，也尝试对其权重进行排序，这基本构成轨交站域空间使用绩效的主要影响机制，接下来本书将基于影响机制初步建立一套对站域空间使用结构性绩效的预测方法。

5.5.1 空间使用绩效的预测方法模型

该方法并非去推导预测每种空间绩效的绝对数值，而只是针对高密度中心区类型一致或相似的可比站域，在绩效影响分析和权重排序的基础上，通过不同赋值对空间的结构性绩效进行比较，以进一步作为可比站域绩效优化的基础；同时，由于目前针对绩效影响因素的研究范围限制，该方法还需要假设可比站域其他影响绩效的因素其条件基本一致（如站域人车路径的可达性等）；根据目前研究的深度，对使用绩效的预测只对应到本章提出的评价框架第一指标层（A1……），由于第 5.1.3 节已初步归纳了空间使用绩效的评价方法，以下部分以此为基础讨论空间使用绩效的预测方法。

1. 影响因素赋值

首先针对不同影响因素的现状对空间使用绩效的影响结果进行等级排序，分别将 4 类影响因素定义为：功能因素（I_f）、可达因素（I_t）、空间区位因素（I_{s1}）、空间品质因素（I_{s2}）、使用者因素（I_u）；这里将影响结果分为 3 个等级，“高、中、低”绩效分别赋值为“3、2、1”。以商业空间的功能因素影响为例：其中百货和专业卖场的绩效赋值为“3”，餐饮和零售空间的绩效赋值为“2”，休闲娱乐和服务类赋值为“1”，因此根据站域商业空间子系统的构成状况，如果百货和专业卖场所占比重大，则 $I_f = 3$，以此类推。同时需要指出，不同影响因素对同一空间的权重影响不同，因此，该方法中仅列出机制分析中归纳的那些主要因素进行赋值。

2. 影响权重赋值

在对每种因素影响进行预测和分级的基础上，接下来需要对其影响权重进行排序，同样根据排序状况进行赋值（表 5-21），权重定义为：功能因素（W_f）、可达因素（W_t）、空间区位因素（W_{s1}）、空间品质因素（W_{s2}）、使用者因素（W_u）；为便于分析，本书将每类空间的主要影响因素均分为 3 个等级，以商业空间为例，其排序为：功能类型 / 轨交客流量 > 人群构成 / 空间区位（垂直）> 空间品质 / 空间区位（水平），将权重分为 3 个等级，基于排序分别赋值“3、2、1”；再计算每种因素的权重系数值：功能类型 / 轨交客流量权重系数 = 3/（3 + 3 + 2 + 2 + 1 + 1）= 25%，人群构成 / 空间区位（垂直）权重系数 = 2/（3 + 3 + 2 + 2 + 1 + 1）= 17%，空间品质 / 空间区位（水平）权重系数 = 1/（3 + 3 + 2 + 2 + 1 + 1）= 8%。

3. 各功能（公共）空间使用绩效计算

根据不同因素的影响关系及其权重初步预测各空间的使用绩效，即对应于评价框架的第一指标层，以商业空间绩效预测为例，商业使用绩效值 = 功能因素影响赋值 × 权重赋值 + 可达因素影响赋值 × 权重赋值 + 空间因素影响赋值 × 权重赋值 + 使用者因素影响赋值 × 权重赋值，则各功能空间的绩效计算公式为：

$$Ai = I_f \cdot W_f + I_t \cdot W_t + I_s \cdot W_s + I_u \cdot W_u \quad (5\text{-}3)$$

使用绩效的计算结果 Ai 取值区间为 1～3，研究将其均匀分为 3 个区间，

表 5-21　不同类型空间使用绩效影响权重的赋值方法

空间类型		影响因素及排序	排序赋值	影响权重系数
功能空间	商业空间（A1）	第一层级：功能类型 / 轨交客流	3	25%
		第二层级：人群构成 / 空间区位（垂直）	2	17%
		第三层级：空间品质 / 空间区位（水平）	1	8%
	办公空间（A2）	第一层级：功能类型	3	43%
		第二层级：空间品质	2	29%
		第三层级：空间区位（水平、垂直）	1	14%
	居住空间（A3）	第一层级：空间区位（水平）	3	50%
		第二层级：空间品质	2	33%
		第三层级：功能类型	1	17%
	酒店空间（A4）	第一层级：空间品质	3	50%
		第二层级：功能类型	2	33%
		第三层级：空间区位（垂直）	1	17%
公共空间	广场类公共空间（B1）	第一层级：人群构成 / 功能类型	3	27.3%
		第二层级：空间品质 / 轨交客流	2	18.2%
		第三层级：空间区位（水平）	1	9.0%
	公园类公共空间（B2）	第一层级：人群构成	3	50%
		第二层级：空间品质	2	33.3%
		第三层级：空间区位（水平）	1	16.7%

3.00～2.30 定义为高、2.30～1.80 定义为中、1.70～1.00 定义为低，由于不同空间计算方法一致，因此这里不再需要通过赋值将 *Ai* 转化为 *Si*。

4. 总体空间使用绩效的计算

接下来对应评价框架的准则层，按轨交站域中功能空间或公共空间的结构性构成比例 *Ri*，把构成比例作为加权系数来评价各功能（公共）空间对总体绩效的影响程度，同样也基于站域空间的混合使用原则对 *A′* 进行修正，这里不再累述，详见本章 5.1.3 节，经过修整后的总体空间使用绩效值为：

$$A=[\sum_{i=1}^{n}(Ai\cdot Ri)]\cdot(1+F/n) \quad (5\text{-}4)$$

以下初步总结功能空间（*A*）使用绩效的预测方法模型（图 5-59），对于公共空间（*B*）使用绩效同样适用。

5.5.2 绩效预测方法模型的适用性验证

1. 样本站域的绩效比较

研究选取 10 个重点样本站域进行适用性验证，考虑到除本书所讨论的空间绩效影响因素以外还有一些，为了避免其他因素的干扰，相对准确地对以上绩效预测方法的适用性进行分析，先针对 10 个样本进行一次检验，再选取其中类型基本一致的 5 个站域[①]进行验证，将两次结果进行比较和讨论。

先通过预测方法模型进行绩效预测，然后再结合本章 5.2 节已经进行的绩效调查和评价数据，将两者进行比较来分析该方法模型的适用性，验证仍然分为各功能空间的绩效预测以及站域空间总体绩效预测两部分，由于第 4、5 章对于样本站域的基本数据已经有了调查，因此这里不再赘述，使用绩效

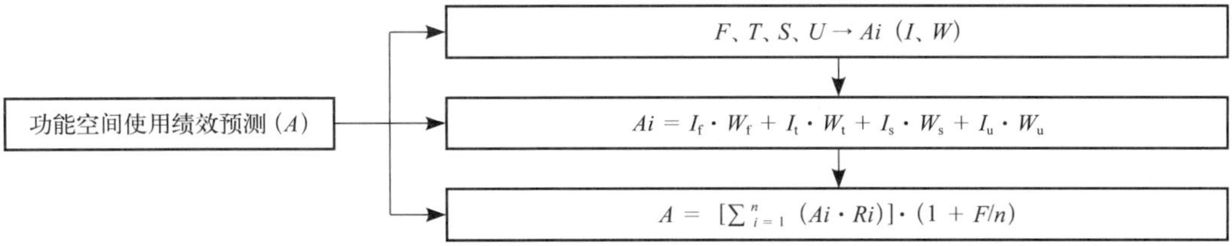

1. F、T、S、U 分别代表影响绩效的功能、可达、空间和使用者因素，结合不同功能空间，确定各自的使用绩效影响赋值（I 值）和影响权重系数（W 值）；
2. Ai 为各功能空间的绩效预测值；
3. A 为轨交站域功能空间的总体使用绩效评价值，Ri 为各功能空间的构成比例，F 为功能空间构成的复合度，$F=\sum_{i=1}^{n} Fi/F_k$，Fi 表示各功能类型的比例，F_k 表示峰值功能类型的比例，F 取值在 1～n 之间。

图 5-59　轨交站域功能空间使用绩效的预测方法模型

① 这 5 个站域为：五角场–江湾体育场、南京东路、中山公园、静安寺和徐家汇，它们均为发展成熟、功能复合、主要作为上海核心城区内的公共活动中心区，在站点规模上亦差别不大。

预测的具体推导过程详见附录 D。

1）单项功能空间的绩效比较

（1）商业空间

对 10 个站域商业空间使用绩效评价值和预测值进行比较，可以看出评价值排序结果为五角场–江湾体育场 > 南京东路 > 打浦桥 > 中山公园 > 四川北路 > 静安寺 > 徐家汇 > 黄陂南路–新天地 > 陆家嘴 > 商城路–东昌路；按照预测值的排序为：南京东路 > 五角场–江湾体育场 > 中山公园 > 静安寺（徐家汇）> 打浦桥 > 四川北路（陆家嘴）> 商城路–东昌路 > 黄陂南路–新天地，虽然局部排序存在一些变化，但两者排序不存在结构性差异（图 5–60a）。

对 5 个可比站域商业空间使用绩效评价值和预测值进行比较，可以看出按照评价值的排序为：五角场–江湾体育场 > 南京东路 > 中山公园 > 静安寺（徐家汇）；而按照预测值的排序为：南京东路 > 五角场–江湾体育场 > 中山公园 > 静安寺（徐家汇），可以看出 5 个站域的总体排序趋势是一致的，差异主要体现在南京东路和五角场两个站域上（图 5–60b）。

（2）办公空间

对 10 个站域办公空间使用绩效评价值和预测值进行比较，可以看出评价值排序结果为商城路–东昌路（静安寺）> 陆家嘴 > 徐家汇 > 四川北路（打浦桥）> 中山公园 > 南京东路 > 黄陂南路–新天地 > 五角场–江湾体育场；按照预测值的排序为：陆家嘴 > 徐家汇（静安寺）> 中山公园（黄陂南路–新天地）> 四川北路（商城路–东昌路、打浦桥）> 南京东路 > 五角场–江湾体育场，可以看出由于模型中的影响因子数量偏少，导致绩效值差别不大，但排序除商城路–东昌路外，其他站域的排序不存在结构性变化（图 5–61a）。

对 5 个可比站域办公空间使用绩效评价值和预测值进行比较，可以看出按照评价值的排序为：静安寺 > 徐家汇 > 中山公园 > 南京东路 > 五角场–江湾体育场；而按照预测值的排序为静安寺（徐家汇）> 中山公园 > 南京东路 > 五角场–江湾体育场，除预测值中未区分静安寺和徐家汇的序列，其余排序

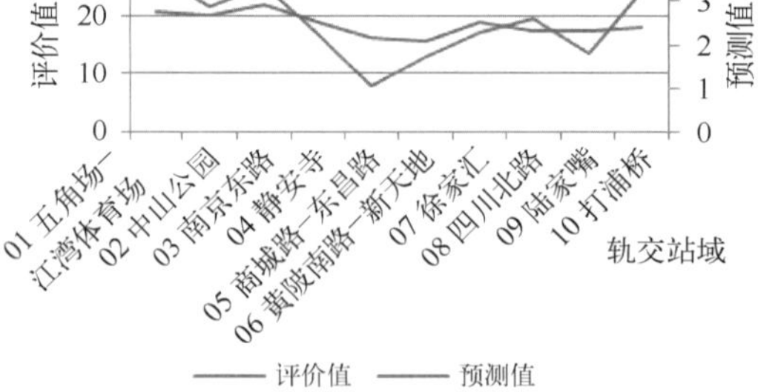

(a) 10 个站域比较

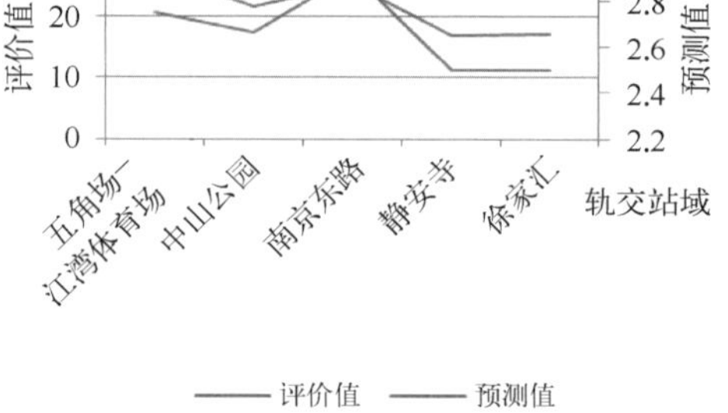

(b) 5 个站域比较

图 5–60　商业空间使用绩效比较

完全一致（图 5-61b）。

（3）居住空间

对 10 个站域居住空间使用绩效评价值和预测值进行比较，可以看出评价值排序结果为徐家汇 > 中山公园 > 打浦桥 > 黄陂南路–新天地 > 商城路–东昌路 > 四川北路 > 南京东路 > 五角场–江湾体育场 > 静安寺 > 陆家嘴；按照预测值的排序为：徐家汇 > 中山公园 > 打浦桥（黄陂南路–新天地、商城路–东昌路、五角场–江湾体育场）> 四川北路（南京东路）> 静安寺 > 陆家嘴，同样由于模型中的影响因子数量偏少，导致绩效值差别不大，预测时对部分相邻位置的站域绩效未区分开，但总体而言两者排序亦不存在结构性差异（图 5-62a）。

对 5 个可比站域居住空间使用绩效评价值和预测值进行比较，可以看出按照评价值的排序为：徐家汇 > 中山公园 > 南京东路 > 五角场–江湾体育场 > 静安寺；而按照预测值的排序为：徐家汇 > 中山公园 > 五角场–江湾体育场 > 南京东路 > 静安寺，可以看出 5 个站域的总体排序趋势是一致的，

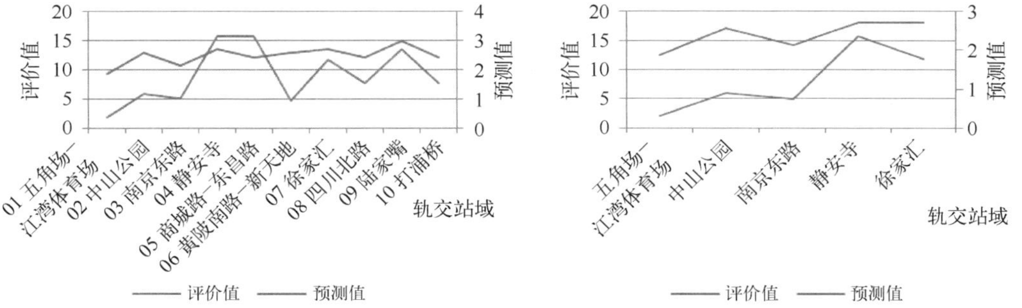

(a) 10 个站域比较　　(b) 5 个站域比较

图 5-61　办公空间使用绩效比较

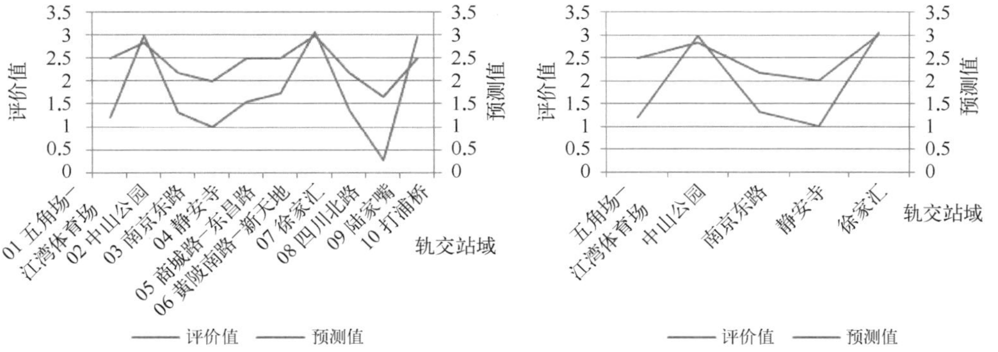

(a) 10 个站域比较　　(b) 5 个站域比较

图 5-62　居住空间使用绩效比较

差异主要体现在南京东路和五角场两个站域上（图 5-62b）。

（4）酒店空间

对 10 个站域酒店空间使用绩效评价值和预测值进行比较，可以看出评价值排序结果为南京东路 > 陆家嘴 > 静安寺 > 商城路–东昌路 > 打浦桥 > 徐家汇 > 中山公园 > 黄陂南路–新天地 > 四川北路 > 五角场–江湾体育场；按照预测值的排序为：南京东路 > 静安寺（黄陂南路–新天地）> 陆家嘴（徐家汇）> 商城路–东昌路（打浦桥、中山公园）> 四川北路（五角场–江湾体育场），同样预测时对部分相邻位置的站域绩效未区分开，除黄陂南路–新天地外，其余站域排序不存在结构性变化（图 5-63a）。

对 5 个可比站域酒店空间使用绩效评价值和预测值进行比较，可以看出两者的排序均为：南京东路 > 静安寺 > 徐家汇 > 中山公园 > 五角场–江湾体育场，排序完全一致，但评价值体现出各站域的绩效差异性相对更加明显（图 5-63b）。

2）站域总体绩效的比较

对 10 个站域的总体空间使用绩效评价值和预测值进行比较，可以看出评价值排序结果为南京东路 > 徐家汇 > 陆家嘴 > 商城路–东昌路 > 中山公园 > 打浦桥 > 静安寺 > 四川北路 > 五角场–江湾体育场 > 黄陂南路–新天地；按照预测值的排序为：南京东路 > 陆家嘴 > 徐家汇 > 商城路–东昌路 > 中山公园 > 静安寺 > 五角场–江湾体育场 > 打浦桥 > 四川北路 > 黄陂南路–新天地，部分相邻位置的站域绩效位置略有变化[①]，总体而言排序并不存在结构性差异（图 5-64a）。

对 5 个站域的总体空间使用绩效评价值和预测值进行比较，可以看出两者的排序均为：南京东路 > 徐家汇 > 中山公园 > 静安寺 > 五角场–江湾体育场，排序完全一致，两条曲线吻合度较高（图 5-64b）。

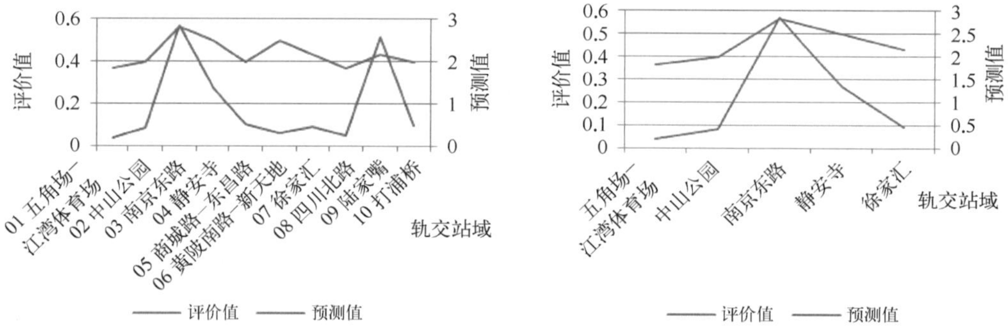

(a) 10 个站域比较　　(b) 5 个站域比较

图 5-63　酒店空间使用绩效比较

① 但这些相邻位置变化的站域预测值差别不大，如陆家嘴和徐家汇预测值分别为 3.70 和 3.69，基本一致。

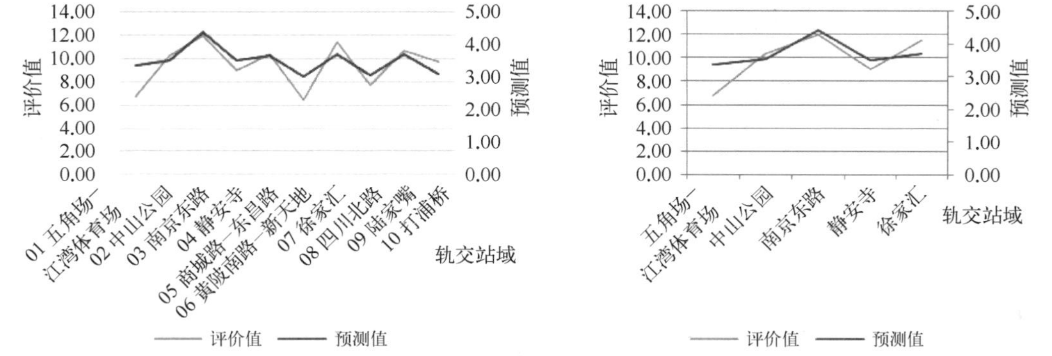

(a) 10 个站域比较

(b) 5 个站域比较

图 5-64　样本站域总体空间使用绩效比较

2. 关于绩效预测方法模型的适用性讨论

从以上两个组别的验证，可看出无论针对单项绩效预测还是站域总体绩效，通过评价值进行的排序和通过预测值获得的排序基本吻合，排序并不存在结构性差异；但是，5 个可比站域相比 10 个站域而言，两条曲线的吻合度更高。

两者误差产生的原因笔者认为可从以下三方面分析：① 模型本身涉及的影响因子还不够，部分因素的影响暂未考虑，比如人车路径的可达性等，这造成了预测结果的系统性误差，并且为了简洁对影响因素排序和影响赋值分为 3 个层级进行评价，精度还可提升；② 10 个站域中，部分站域的类型差异相对较大，如陆家嘴站，而相关的部分影响因素并未考虑在模型中；③ 就绩效评价值而言，部分空间评价因子多（如商业空间），因此评价相对更为精确，而居住和酒店空间的评价因子由于调研数据不足则相对偏少，使得评价值的精度不一，造成预测值对站域绩效的区分度没有直接调查的评价值高；但从总体上看，如果可比站域的类型基本一致，并且进行比较的可比样本不宜过多，则该预测方法模型仍然具有较高适用性，当然后续更有待于在模型中增加影响因子，提高数据精度，尽量减少预测模型的系统性误差。

5.5.3　结合其他地区站域的绩效比较

以上分析重点针对上海 10 个样本站域，为了对它们特别是 5 个可比站域的绩效水平有更全面认识，以下在深圳和香港各选取一个区域级的城市公共活动中心（类似于上海核心城区的副中心）轨交站域作为可比样本进行功能空间的绩效预测，并在此基础上与上节的 5 个样本站域进行比较，以作为未来优化的基础；同时，也较详细地对该方法模型的初步应用进行阐释。

1. 香港尖沙咀-尖东轨交站域

1）轨交站域背景简介

尖沙咀-尖东轨交站域位于香港维多利亚港北侧的九龙中心区（图 5-65、图 5-66），是九龙最重要的城市公共活动中心以及商业旅游区，每天站域汇集大量休闲娱乐、旅游和通勤人群；站域以尖沙咀站和尖东站为中心，站点出入口多与周边的购物中心、酒店、文化娱乐设施相连，它是港铁系统中人流量最多的站点；经过多年填海，尖沙咀的面积已扩大许多，逐步形成以尖沙咀站和尖东站为核心的双站型站域，其 500 m 范围的轨交站域用地面积约为 137 hm^2。

图 5-65　从维多利亚港看尖沙咀-尖东站域
资料来源：http: //www.baidu.com

2）空间使用分布调查

首先对轨交站域的空间使用分布进行分析，包括功能构成、开发强度和典型空间分布等（图 5-67）。

（1）空间组群的功能构成

尖沙咀-尖东站域的总建筑面积约 487 万 m^2，其中办公约占 43 %，商业约占 26%，酒店约占 21%，住宅约占 7%，其他空间约为 3%，功能是以商业办公为主的公共性功能空间组群（图 5-68）；由于其由传统的商业中心区逐渐发展而来，在商业子系统的构成相对混合，以中档百货、零售购物、餐饮、娱乐 4 种类型居多，其他商业

图 5-66　尖沙咀-尖东轨交站域空间范围
资料来源：课题组

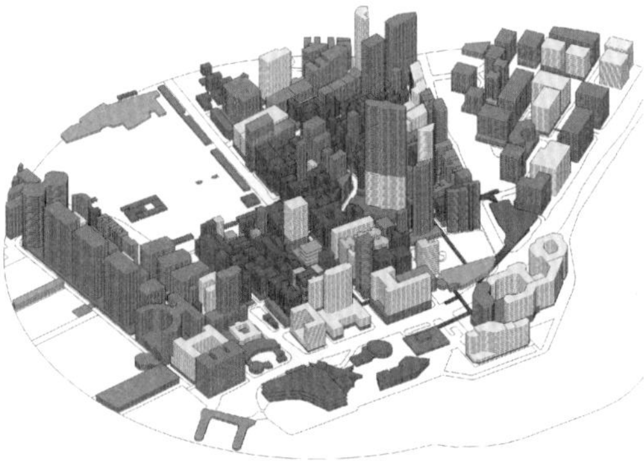

图 5-67　尖沙咀-尖东轨交站域的空间使用分布模型
资料来源：课题组

类型相对较少；办公空间也以甲级写字楼为主，由于游客较多因此酒店比例高于住宅。

（2）总体开发强度与分布

站域的开发强度（毛容积率）约为 3.6，在水平层面呈圈层递减趋势，分别为 6.33、4.66、4.57、2.86、1.76，从各圈层变化斜率来看，第二圈层到第三圈层的变化最小，其他圈层的变化幅度较为一致（图 5–69）；在垂直层面上，不同高度区的开发强度分布为 1.75、1.20、0.62、0.06，其中高层区（＞24 m）开发强度最高，但公共性地下空间（地下商业和公共停车）的开发强度较低，从直线的斜率看各层之间的变化幅度相对均衡（图 5–70）。

（3）典型功能空间分布

以毛容积率为指标对水平层面典型功能空间的分布进行整理（图 5–71）后，可以看出：商业办公空间随着距离增加均呈现圈层递减趋势，而居住空间为中间低两端高的 U 形变化趋势，酒店各圈层差异也相对较大；在各圈层内部对不同功能同比，发现办公开发强度均为最大，这与站域的总体定位有关；第一圈层中商业、办公、居住、酒店的开发强度分别为 1.82、2.56、0.60、1.30，排序为办公＞商业＞酒店＞居住＞其他，其余各圈层虽然开发强度均匀减小，但是其功能构成关系基本保持不变①，由此看出站域开发强度并没有明显地体现空间价值的分布规律。

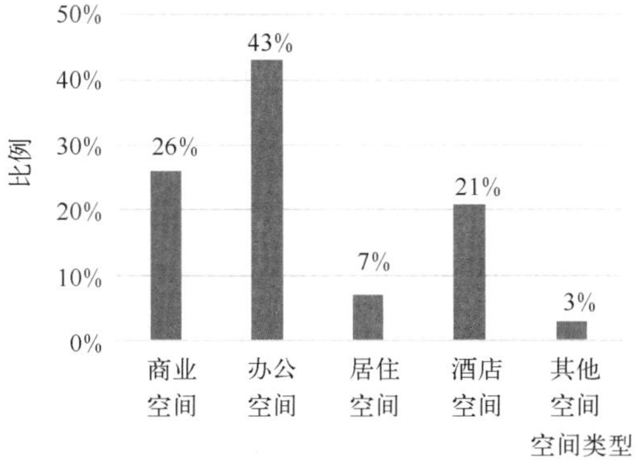

图 5–68　尖沙咀–尖东轨交站域功能构成分析

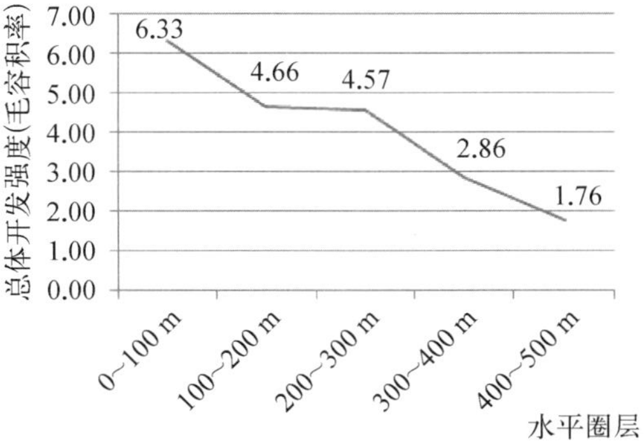

图 5–69　尖沙咀–尖东轨交站域水平层面的总体开发强度分布分析

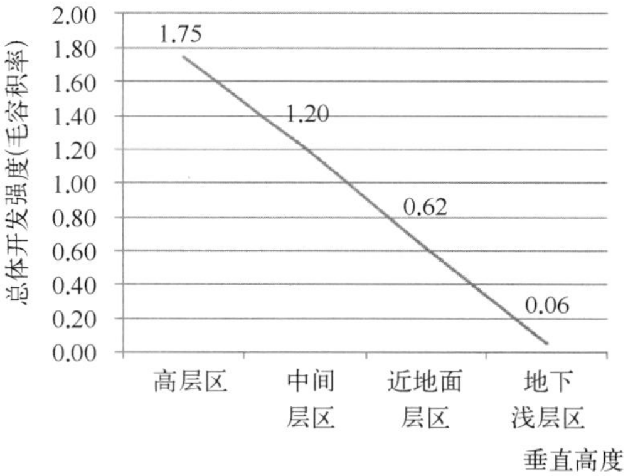

图 5–70　尖沙咀–尖东轨交站域垂直层面的总体开发强度分布分析

① 但第三圈层的酒店比例比住宅大 1.18，相差很大。

对垂直层面典型功能空间的分布进行整理（图 5-72）后可以看出：办公、居住和酒店空间随着高度增加开发强度递增，其中办公空间随着高度降低开发强度的衰减程度最大；商业空间基本保持随高度增加开发强度逐渐减小的趋势，特别是到高层区衰减非常显著；从各高度区内部同比看，高层区中主要是办公、居住和酒店，而近地面层区中商业空间开发强度最高，其次是酒店和其他类型空间。

3）空间使用绩效预测

基于对站域空间使用结构性分布的分析，以下按空间使用绩效的预测方法对站域功能空间使用的结构性绩效进行分析。

（1）商业空间使用绩效

功能类型影响：从功能类型看该站域的主要商业功能以中档百货、零售购物、餐饮、娱乐 4 种类型居多，在 6 种商业类型的空间绩效比较中，这些功能属于使用绩效较高的商业类型，并且百货、娱乐两种类型和零售购物、餐饮相互支持，因此，从功能类型影响分析其总体的使用绩效的预测等级为“高”，赋值为 3。

轨交客流影响：尖沙咀站是荃湾线过海前的最后一站，尖东站是东铁线终点站，总体日均客流属于九龙乃至香港地区较大的站域，约在 10 万人次以上，使用者主要出行方式以轨道交通为主，而站域的日均客流量

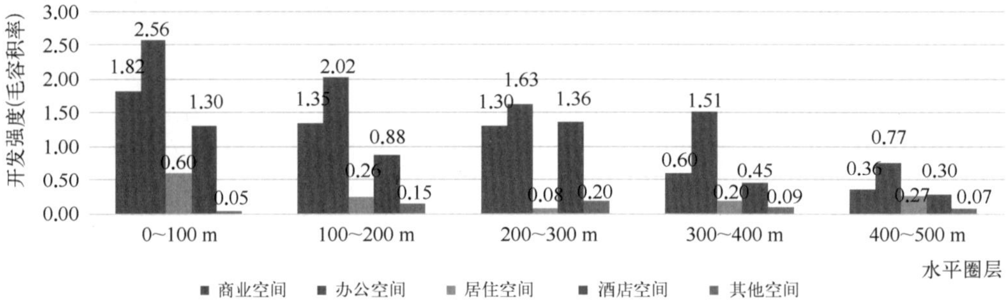

图 5-71　尖沙咀-尖东轨交站域水平层面典型功能空间的分布分析

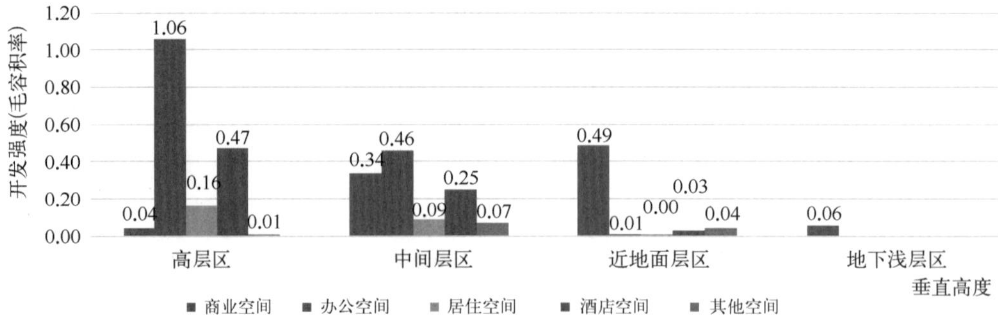

图 5-72　尖沙咀-尖东轨交站域垂直层面典型功能空间的分布分析

与商业空间使用绩效呈正比，因此从可达因素的轨交客流量影响看，其总体的使用绩效的预测等级为“高”，赋值为 3。

空间区位影响：从水平层面的空间分布看，该区域商业 5 个圈层的毛容积率分别为 1.82、1.35、1.30、0.60、0.36，可以看出该站域商业开发强度分布较为均匀，特别是 0～300 m 范围各圈层差别不大，而商业空间使用绩效随着距离增加呈现明显圈层递减趋势，因此从水平层面的空间分布影响看，其总体的使用绩效预测等级为“中”，赋值为 2。从垂直层面的空间分布看，该区域商业在高层、中间层、近地面层和地下浅层区的毛容积率分别为 0.04、0.34、0.49、0.06，在近地面层和中间层区其开发强度较高，高层区开发强度很小，而在轨交站域越靠近地面层和地下浅层区的商业空间使用绩效越高，因此，从垂直层面的空间分布影响看，其总体的使用绩效预测等级为“高”，赋值为 3。

空间品质影响：尖沙咀-尖东轨交站域是香港地区发展较早的区域以及传统的旅游区，不同档次、不同类型空间相互混合，因此，从空间品质看影响看，其总体使用绩效的预测等级为“中”，赋值为 2。

人群构成影响：该站域在香港定位为商业旅游区和重要城市公共活动区，其功能比例构成中办公约占 43%，商业约占 26%，住宅约占 7%，酒店约占 21%，从容量推断其人群构成总体相对均衡且复合度高，特别是酒店容量较高有利于增加站域的蓄留人群，并且商业空间子系统以中高档百货、零售购物和餐饮为主，因此，从人群构成影响看由于使用者构成状况复合且与商业使用空间的匹配度较高，故而使用绩效预测等级为“高”，赋值为 3。

绩效预测：以上从商业空间使用绩效的 5 个影响方面进行了分项分析，这里进一步基于不同空间使用影响因素的影响权重排序，对站域商业空间的使用绩效进行综合分析（表 5-22），综合预测值为 2.84，因此尖沙咀-尖东轨交站域商业空间使用绩效预测等级为“高”。

表 5-22　尖沙咀-尖东轨交站域商业空间使用绩效预测

影响因素		绩效评价	影响权重	综合评价
功能类型		3	25%	0.75
轨交客流		3	25%	0.75
空间区位	水平	2	8%	0.16
	垂直	3	17%	0.51
空间品质		2	8%	0.16
人群构成		3	17%	0.51
绩效预测				2.84

（2）办公空间使用绩效

功能类型影响：从功能类型看由于该区域发展较久，办公类型较为多样化且甲乙级办公楼比例差别不大，而乙级办公楼是属于空间使用绩效偏中的类型，因此从功能类型看，总体的使用绩效预测等级为“中”，赋值为 2。

空间区位影响：从水平层面的空间分布看，该区域 5 个圈层办公空间的毛容积率分别为 2.56、2.02、1.63、1.51、0.77，除第 5 圈层外其余圈层开发强度总体差别不大并呈现圈层递减趋势，而办公空间使用绩效在轨交 200～300 m 范围使用绩效更高，因此，从水平层面的空间分布影响看，其总体的使用绩效预测等级为“中”，赋值为 2。从垂直层面的空间分布看，该区域办公高层、中间层、近地面层的毛容积率分别为 1.06、0.46、0.01，可以看出在高层区其开发强度很高，能够达到中间层约 1 倍，而近地面层区开发强度很小，因此从垂直层面的空间分布影响看，其使用绩效预测等级为“高”，赋值为 3。

空间品质影响：在尖沙咀-尖东轨交站域的办公空间环境相对周边中环 CBD、九龙联合广场区而言其空间品质次之，并且由于本身发展较早且属旅游热点区，因此从空间品质影响看，其使用绩效预测等级为“低”，赋值为 1。

绩效预测：以上从办公空间使用绩效的 3 个影响方面进行了分项分析，进一步基于不同影响因素的权重排序，对站域办公空间的使用绩效进行综合分析（表 5-23），综合预测值为 1.85，因此该轨交站域办公空间使用绩效的预测等级为“中”。

表 5-23　尖沙咀-尖东轨交站域办公空间使用绩效预测

影响因素		绩效评价	影响权重	综合评价
功能类型		2	43%	0.86
空间区位	水平	2	14%	0.28
	垂直	3	14%	0.42
空间品质		1	29%	0.29
绩效预测				1.85

（3）居住空间使用绩效

功能类型影响：从功能类型看该站域以早期建设面积较小的高密度经济型住宅以及酒店式公寓为主，由于这些类型在香港高密度环境下产生较高的居住密度，空间使用绩效属于相对较高的，因此从功能类型看总体的使用绩效预测等级为“高”，赋值为 3。

空间区位影响：从水平层面的空间分布看，该区域居住从第一到第五圈层开发强度分别为 0.60、0.26、0.08、0.20、0.27，居住空间靠近站点的区域开发强度偏大，而在轨交站域居住空间使用绩效一般为先降后增，外围大于中心的变化趋势，因此从水平层面的空间分布影响看，其总体的使用绩效预测等级为“低”，赋值为 1。

空间品质影响：该轨交站域居住空间以高密度住宅为主，建造年代相对较早，同时区域作为重要的城市旅游区游客较多，因此从空间品质影响看，其总体的使用绩效预测等级为“低”，赋值为 1。

绩效预测：以上从居住空间使用绩效的 3 个影响方面进行了分项分析，进一步基于不同空间使用影响因素的影响权重排序，对站域居住空间的使用绩效进行综合分析（表 5-24），综合预测值为 1.34，因此，该轨交站域居住空间使用绩效评价等级为“低”。

（4）酒店空间使用绩效

功能类型影响：从功能类型看由于站域本身是香港重要的旅游区，通过网络上酒店的初步调查数据，显示该站域的酒店空间类型以中档星级酒店为主，并辅以高档星级酒

表 5-24　尖沙咀-尖东轨交站域居住空间使用绩效预测

影响因素		绩效评价	影响权重	综合评价
功能类型		3	17%	0.51
空间区位	水平	1	50%	0.5
空间品质		1	33%	0.33
绩效预测				1.34

表 5-25　尖沙咀-尖东轨交站域酒店空间使用绩效预测

影响因素		绩效评价	影响权重	综合评价
功能类型		3	33%	0.99
空间区位	垂直	3	17%	0.51
空间品质		3	50%	1.5
绩效预测				3

店或者连锁酒店，类型较为多样化，因此从功能类型看，其总体的使用绩效预测等级属于“高”，赋值为 3。

空间区位影响：从垂直层面的空间分布看，该区域酒店在高层、中间层、近地面层开发强度分别为 0.47、0.25、0.03，酒店空间基本分布在高层区范围，在轨交站域酒店空间使用绩效一般随着高度距离增加呈现递增趋势，因此，从垂直层面的空间分布影响看，总体使用绩效预测等级为“高”，赋值为 3。

空间品质影响：该区域周边旅游景点和博物馆较多，依托维多利亚港，商业设施齐全，更是香港传统节日庆典的场所，因此，从空间品质影响看，其总体的使用绩效预测等级为“高”，赋值为 3。

绩效预测：以上从酒店空间使用绩效的 3 个影响方面进行了分项分析，进一步基于不同空间使用影响因素的影响权重排序，对站域酒店空间的使用绩效进行综合分析（表 5-25），综合预测值为 3，因此该轨交站域酒店空间使用绩效评价等级为“高”。

4）站域功能空间使用绩效的比较

以上对尖沙咀-尖东轨交站域的典型功能空间使用绩效进行了预测，可以看出商业、办公、居住、酒店空间的结构性绩效预测值分别为 2.84、1.85、1.34、3，因此功能空间的使用绩效排序为酒店 > 商业 > 办公 > 居住；预测结果显示 4 种典型功能空间的使用绩效等级差异较大，酒店和商业均为“高”，办公空间使用绩效为“中”，而居住空间的使用绩效相对较低。

2. 深圳市大剧院轨交站域

1）轨交站域背景简介

大剧院轨交站域位于深圳罗湖区，是罗湖乃至深圳地区最重要的城市公共活动中心及重要商业商务中心区（图 5-73、图 5-74），大剧院站是罗宝线（1 号线）和蛇口线（2 号线）的换乘站，位于解放路与深南东路交叉口处；在站点周围沿解放路、深南东路分布有地王大厦、蔡屋围酒店、中国人民银行、中国农业银行、深圳发展银行、万象城等大中型商业商务建筑组群，大剧院站预计远期早高峰客流量可达到 3.5 万人次，这里每天汇集大量旅游和上班通勤的人群，空间形成了较高的使用绩效。

图 5-73　大剧院轨交站域鸟瞰
资料来源：http: //www.baidu.com

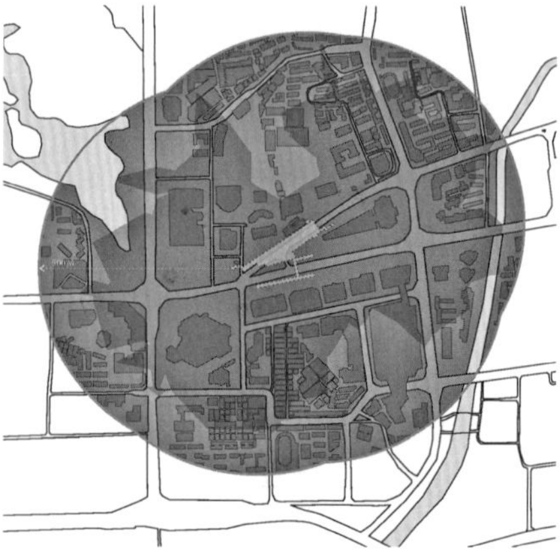

图 5-74　大剧院轨交站域空间范围
资料来源：课题组

2）空间使用分布调查

首先对轨交站域的空间使用分布进行分析，包括功能构成、开发强度和典型功能空间及分布等（图 5-75）。

（1）空间组群的功能构成

大剧院站域总建筑面积约 444 万 m^2，其中办公约占 33%，商业约占 32%，酒店约占 17%，住宅约占 32%，其余空间约为 5%，功能构成较混合（图 5-76）；大剧院站域也是深圳较早发展的商业中心区，目前在商业子系统的构成中既包括中高档购物中心、零售购物、餐饮、娱乐等，在南侧的居住组团附近也包括大量沿街小型餐饮、零售；办公空间以甲级写字楼为主，居住比例和办公相当。

（2）总体开发强度与分布

站域的开发强度（毛容积率）约为 3.8，在水平层面分布分别为 4.11、5.73、3.88、

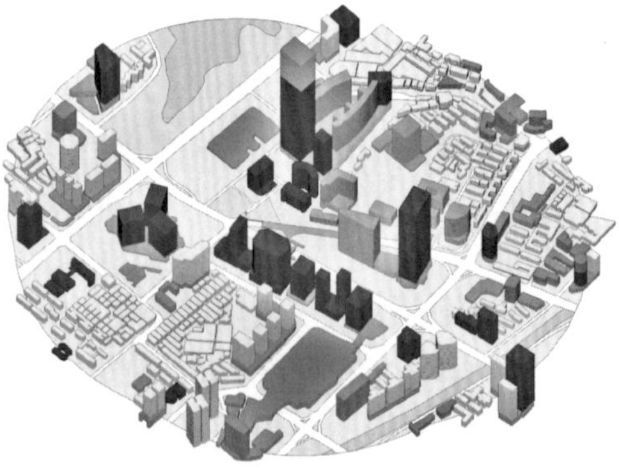

图 5-75　大剧院轨交站域的空间使用分布模型
资料来源：课题组

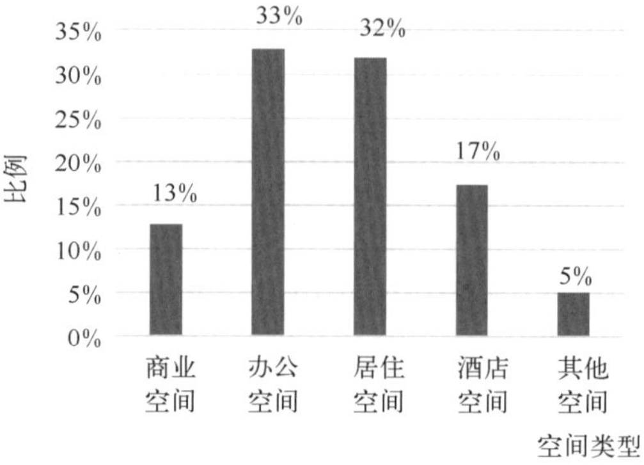

图 5-76　大剧院轨交站域功能构成分析

2.80、2.56，最大强度在 100～200 m 圈层，从各圈层变化斜率来看，第一到第三圈层的变化最大，其他圈层的变化幅度逐渐减小（图 5-77）；在垂直层面上，不同高度区域的开发强度分布为 2.10、0.71、1.03、0.06，其中高层区（> 24 m）开发强度最高，中间层区开发强度小于近地面层区；公共性地下空间（地下商业和公共停车）的强度偏低，从直线斜率看各层变化幅度较大（图 5-78）。

（3）典型功能空间分布

对水平层面典型功能空间的分布进行整理（图 5-79）后可以看出：商业、办公空间均未随距离增加呈现圈层递减趋势，办公空间的峰值在第二圈层，商业在第三圈层，居住空间基本呈现圈层递增变化趋势，酒店则呈现先增后减的趋势，峰值在第三圈层；第一圈层中，商业、办公、居住、酒店的开发强度分别为 0.16、2.60、0.01、1.24，排序为办公 > 酒店 > 商业 > 其他 > 居住，较为混合的圈层为第三圈层，由此可以看出站域开发强度并没有明显地体现空间价值的分布规律。

对垂直层面典型功能空间的分布进行整理（图 5-80）后可以看出：办公和酒店空间随着高度增加开发强度递增，其中办公空

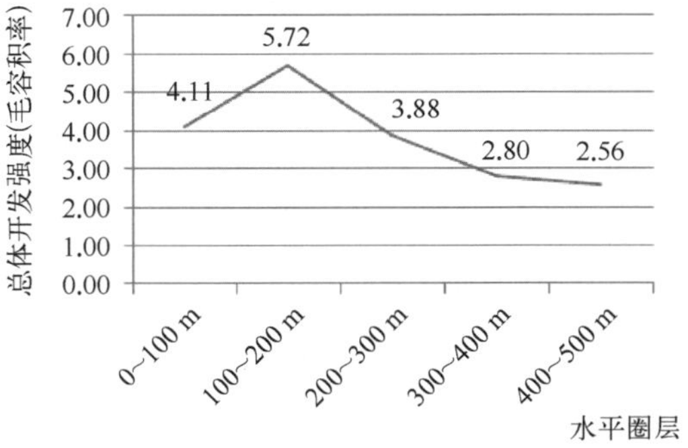

图 5-77　大剧院轨交站域水平层面的总体开发强度分布分析

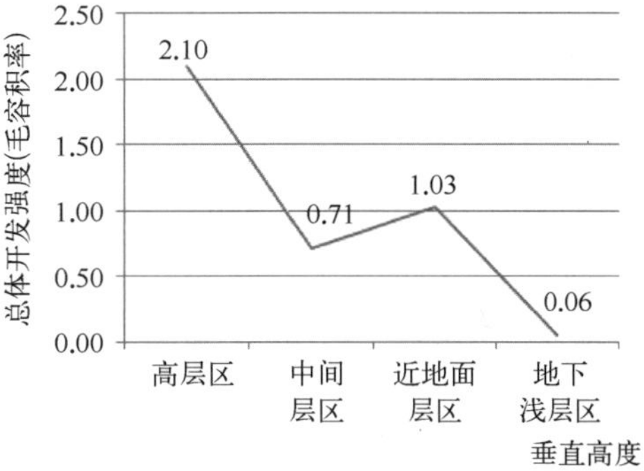

图 5-78　大剧院轨交站域垂直层面的总体开发强度分布分析

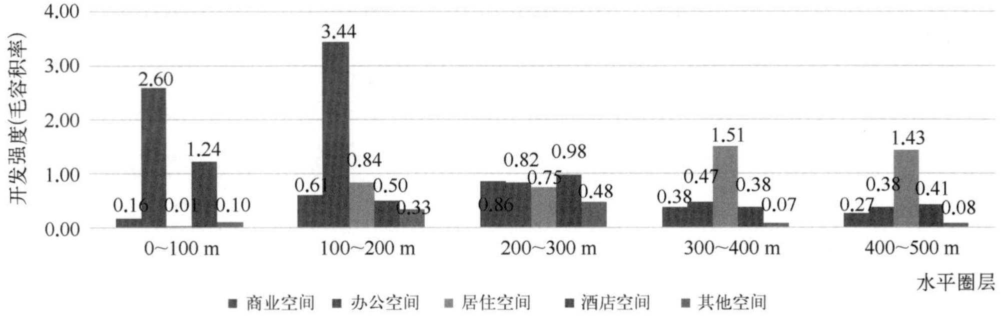

图 5-79　大剧院轨交站域水平层面典型功能空间的分布分析

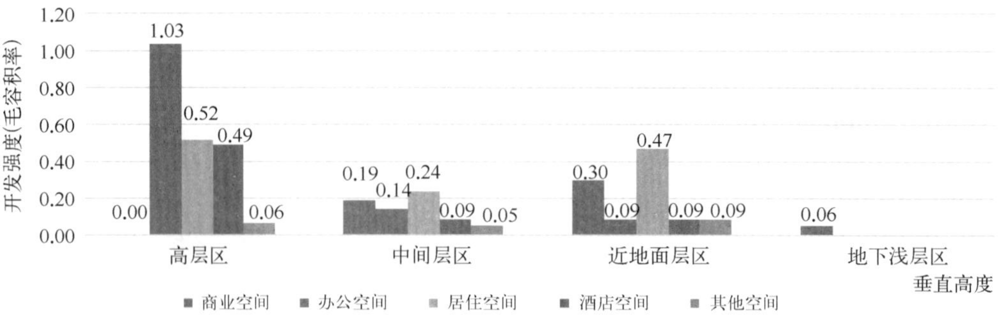

图 5-80　大剧院轨交站域垂直层面典型功能空间的分布分析

间随着高度降低开发强度的衰减程度最大；商业空间保持随高度增加开发强度显著减小的趋势，特别是在高层区基本衰减到 0，居住空间在高层和中间层较高；从各高度区内部同比看，高层区中主要是办公、居住和酒店，而近地面层中居住空间开发强度最高，其次是商业空间。

3）空间使用绩效预测

基于对站域空间使用结构性分布的分析，以下按照空间使用绩效的预测方法对该站域典型功能空间使用的结构性绩效进行分析。

（1）商业空间使用绩效

功能类型影响：从功能类型看该区域既有京基 100 和万象城等高档的购物中心，也包括了沿街的各类零售购物、餐饮等，购物中心属于使用绩效较高的商业类型，并且与零售购物、餐饮等相互支持，因此，从功能类型影响分析其总体使用绩效的预测等级为“高”，赋值为 3。

轨交客流影响：大剧院站是罗宝线和蛇口线的换乘站，这是深圳两条重要的通勤线路，早高峰客流量远期预计达到 3.5 万人次，而目前上海陆家嘴的早高峰客流也才 2.6 万人次，因此大剧院站属于客流量较大的站域，而站域的日均客流量与商业空间使用绩效呈正比，因此从交通因素的轨交客流量影响看，其总体的使用绩效的预测等级为“高”，赋值为 3。

空间区位影响：从水平层面的空间分布看，5 个圈层的毛容积率分别为 0.16、0.61、0.86、0.38、0.27，可以看出该站域商业开发强度分布在站域中段的 100～400 m 范围，特别是第一圈层的商业开发强度甚至最小，而商业空间使用绩效随着距离增加呈现圈层递减趋势，因此从水平层面的空间分布影响看，其总体的使用绩效预测等级为“低”，赋值为 1。从垂直层面的空间分布看，该区域商业在高层、中间层、近地面层和地下浅层区的毛容积率分别为 0.00、0.19、0.30、0.06，在近地面层和中间层区的开发强度较高，高层区开发强度为 0，而在站域越靠近地面层和地下浅层区的商业空间使用绩效越高，因此，从垂直层面的分布影响看，其总体的使用绩效预测等级为“高”，赋值为 3。

空间品质影响：大剧院轨交站域是深圳地区发展较早的商务商业区，且新建了万象城等中高档购物空间，目前商业空间品质如配套公共空间、城市家具相对完善，因此从空间品质影响看，其总体使用绩效的预测等级为“高”，赋值为3。

人群构成影响：该站域办公约占33%，商业约占32%，酒店约占17%，住宅约占32%，从容量推断其人群构成总体相对均衡，特别是酒店和住宅空间的比例较大地增加了站域的蓄留人群比例，而商业空间子系统也较混合，与人群构成的匹配度较高，因此，从人群构成影响看使用绩效预测等级为“高”，赋值为3。

绩效预测：以上从商业空间使用绩效的5个影响方面进行了分项分析，这里进一步基于影响因素的影响权重排序，对站域商业空间的使用绩效进行综合分析（表5-26），综合预测值为2.84，因此大剧院轨交站域商业空间使用绩效预测等级为“高”。

表5-26　大剧院轨交站域商业空间使用绩效预测

影响因素		绩效评价	影响权重	综合评价
功能类型		3	25%	0.75
轨交客流		3	25%	0.75
空间区位	水平	1	8%	0.08
	垂直	3	17%	0.51
空间品质		3	8%	0.24
人群构成		3	17%	0.51
绩效预测				2.84

（2）办公空间使用绩效

功能类型影响：从功能类型看由于该区域是深圳最早开发的商务区，目前也新建了京基100等高档次写字楼，办公类型以甲级办公楼为主，因此从功能类型看，总体的使用绩效预测等级为“高”，赋值为3。

空间区位影响：从水平层面的空间分布看，该区域5个圈层办公空间的毛容积率分别为2.60、3.44、0.82、0.47、0.38，峰值出现在第二圈层，第三圈层的开发强度很低，而办公空间使用绩效在轨交200～300 m范围使用绩效最高，因此，从水平层面的空间分布影响看，其总体的使用绩效预测等级为“低”，赋值为1。从垂直层面的空间分布看，该区域办公高层、中间层、近地面层的毛容积率分别为1.04、0.14、0.09，可以看出在高层区其开发强度很高，能够达到中间层约10倍，因此从垂直层面的空间分布影响看，其总体的使用绩效预测等级为“高”，赋值为3。

空间品质影响：轨交站域本身发展较早，相对于深圳市民中心周围的CBD区域办公品质只能算中等，因此从空间品质影响看，其总体的使用绩效预测等级为“中”，赋值为2。

绩效预测：以上从办公空间使用绩效的3个影响方面进行了分项分析，进一步基于不同空间使用影响因素的影响权重排序，对站域办公空间的使用绩效进行综合分析（表5-27），综合预测值为2.43，因此该轨交站域办公空间使用绩效的预测等级为“高”。

表 5-27　大剧院轨交站域办公空间使用绩效预测

影响因素		绩效评价	影响权重	综合评价
功能类型		3	43%	1.29
空间区位	水平	1	14%	0.14
	垂直	3	14%	0.42
空间品质		2	29%	0.58
绩效预测				2.43

表 5-28　大剧院轨交站域居住空间使用绩效预测

影响因素		绩效评价	影响权重	综合评价
功能类型		3	17%	0.51
空间区位	水平	3	50%	1.50
空间品质		1	33%	0.33
绩效预测				2.34

（3）居住空间使用绩效

功能类型影响：从功能类型看该站域以高密度经济型住宅为主，特别是站域南侧是中档次的多层住宅为主，能产生较高的居住密度，因此从功能类型看总体的使用绩效预测等级为“高”，赋值为 3。

空间区位影响：从水平层面的空间分布看，该区域居住从第一到第五圈层开发强度分别为 0.01、0.84、0.75、1.51、1.43，居住空间主要集中在外围圈层，而在轨交站域居住空间使用绩效一般为先降后增，外围大于中心的变化趋势，因此从水平层面的空间分布影响看，其总体的使用绩效预测等级为“高”，赋值为 3。

空间品质影响：该轨交站域居住空间以高密度住宅为主，建造年代相对较早，特别是站域南侧蔡屋围等组团的居住环境欠佳，因此从空间品质影响看，其使用绩效预测等级为“低”，赋值为 1。

绩效预测：以上从居住空间使用绩效的 3 个影响方面进行了分项分析，进一步基于不同空间使用影响因素的影响权重排序，对站域居住空间的使用绩效进行综合分析（表 5-28），综合预测值为 2.34，因此，该轨交站域居住空间使用绩效评价等级为“高”。

（4）酒店空间使用绩效

功能类型影响：从功能类型看，由于站域本身是深圳重要的商业区，一方面京基 100 城市综合体的建设使高档次酒店比重在增加，但较低档次的经济型酒店也很多，这均属于中等绩效的类型，因此从功能类型看，其使用绩效预测等级属于“中”，赋值为 2。

空间区位影响：从垂直层面的空间分布看，该区域酒店在高层、中间层、近地面层开发强度分别为 0.49、0.09、0.09，酒店空间基本分布在高层区范围，在轨交站域酒店空间使用绩效一般随着高度距离增加呈现递增趋势，因此，从垂直层面的空间分布影响看，其总体使用绩效预测等级为“高”，赋值为 3。

空间品质影响：该区域仍然是以商业商务为主的区域，相对也缺乏有特色的城市自然和文化景点，但使用配套还属于比较完善的区域，因此从空间品质看影响看，其使用绩效预测等级为“中”，赋值为 2。

绩效预测：以上从酒店空间使用绩效的 3 个影响方面进行了分项分析，进一步基于不同空间使用影响因素的影响权重排序，对站域酒店空间的使用绩效进行综合分析（表 5-29），综合预测值为 2.17，因此该轨交站域酒店空间使用绩效评价等级为“中”。

表 5-29 大剧院轨交站域酒店空间使用绩效预测

影响因素		绩效评价	影响权重	综合评价
功能类型		2	33%	0.66
空间区位	垂直	3	17%	0.51
空间品质		2	50%	1.0
绩效预测				2.17

4）站域功能空间使用绩效的比较

以上对尖沙咀–尖东轨交站域的典型功能空间使用绩效进行了预测，可以看出商业、办公、居住、酒店空间的结构性绩效预测值分别为 2.84、2.43、2.34、2.17，因此功能空间的使用绩效排序为商业 > 办公 > 居住 > 酒店；预测结果显示 4 种典型功能空间的使用绩效等级均以“高”为主。

3. 比较与讨论

进一步对站域的总体使用绩效值预测（图 5-81），从高到低排序为：南京东路 > 大剧院 > 徐家汇 > 中山公园 > 尖沙咀–尖东 > 静安寺 > 五角场–江湾体育场；总体而言该绩效排序准确度较高。通过这个排序也可以看出，那些发展时间较长且成熟的区域、功能构成混合程度高，各分项空间绩效相对均衡的站域，则站域总体使用绩效较高。对于静安寺站域而言，绩效偏低主要由于分项空间绩效不够均衡，特别是居住空间绩效；而对于五角场–江湾体育场站域，一方面相对于其他 4 个位于城市中心区的站域，该副中

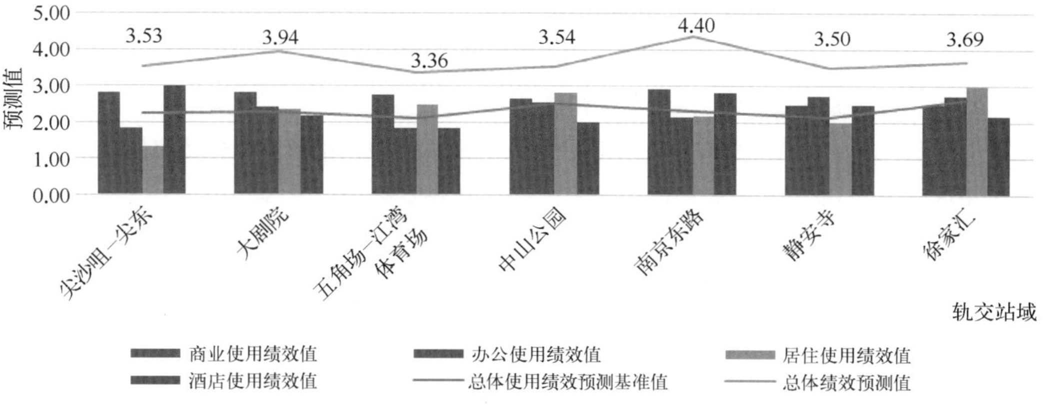

图 5-81 可比轨交站域典型功能空间的总体使用绩效预测分析

心发展的时间尚短且不够成熟，其次也有分项空间绩效不够均衡的问题，虽然商业空间绩效排序很高，但其他几类空间绩效仍需提高。

5.6 本章小结

本章主要研究了与轨交站域空间使用绩效有关的4个主要问题，首先在对空间使用绩效的概念及其评价方法进行概念界定的基础上，以层次分析法为基础，基于城市设计的研究视角，从盈利性指标与活力性指标两方面建立了关于轨交站域空间使用绩效的评价框架；然后初步提出空间使用绩效的综合评价方法，并以活力性指标为重点对上海10个样本站域进行了实证调查，结合SPSS数理分析方法着重对典型功能空间（商业、办公）和公共空间使用绩效状况进行了评价，10个站域功能空间的使用绩效总体排序为：南京东路 > 徐家汇 > 陆家嘴 > 商城路–东昌路 > 中山公园 > 打浦桥 > 静安寺 > 四川北路 > 五角场–江湾体育场 > 黄陂南路–新天地。

其次，初步研究了轨交站域空间使用绩效的影响机制，总结绩效影响的“功能、可达、空间、使用者”四方面因素，然后对其影响关系进行了分析，以商业空间为例，① 功能类型影响可分为3个层级：百货和专业卖场对使用绩效影响最强，零售购物和餐饮类次之，娱乐休闲和服务类影响较小；② 通过量化分析发现当轨交站域的日均客流量每增加1万人，单位店铺的人流量增加6～7人/h；③ 水平层面0～300 m空间分布对单位店铺人流量的影响呈现中度负相关，垂直层面上靠近站点的负一层与一层（即–15～10 m的高度范围内）使用绩效差异不明显，在实证分析的基础上，研究尝试从影响因素及其权重排序两方面总结空间使用绩效的影响机制。最后，基于影响机制初步建立一个较简洁易行的空间使用绩效的预测方法模型，并通过上海10个样本站域的验证表明该模型适用性较高；同时选取香港、深圳2个可比站域与上海5个站域进行绩效比较，从高到低排序为：南京东路 > 大剧院 > 徐家汇 > 中山公园 > 尖沙咀–尖东 > 静安寺 > 五角场–江湾体育场；研究认为那些发展时间较长且成熟、功能构成混合程度高，各分项空间绩效相对均衡的站域，其站域总体使用绩效较高。

结合本章研究成果，进一步归纳出轨交站域空间使用绩效的“评价–预测”方法模型（图5–82）。

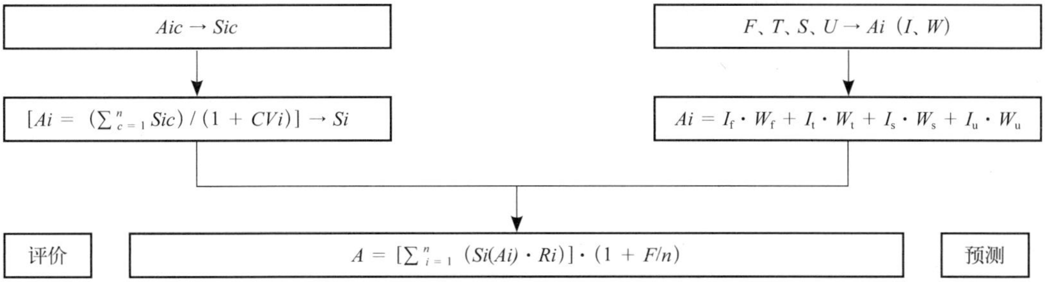

1. *Aic* 为各功能空间的分项指标评价值，*Sic* 为各功能空间的分项指标评价基准值，它基于评价结果 *Aic* 进行赋值，从低到高取“1～10”；
2. *Ai* 为各功能空间的综合评价值，*CVi* 为各功能空间的分项指标评价基准值 *Sic* 的波动幅度值（离散系数）；*Si* 为基于 *Ai* 的评价结果进行赋值，从低到高取“1～10”；
3. *F*、*T*、*S*、*U* 分别代表影响绩效的功能、可达、空间和使用者因素，结合不同功能空间，确定各自的使用绩效影响赋值（*I* 值）和影响权重系数（*W* 值）；
4. *A* 为轨交站域功能空间的总体使用绩效评价值，*Ri* 为各功能空间的构成比例，*F* 为功能空间构成的复合度，$F = \sum_{i=1}^{n} Fi/F_k$，*Fi* 表示各功能类型的比例，$F_k$ 表示峰值功能类型的比例，*F* 取值在 1～*n* 之间；
5. 公共空间的绩效评价–预测同样适用。

图 5-82　轨交站域空间使用绩效的“评价–预测”方法模型

第 6 章　轨道交通站域空间使用的优化

在对轨交站域空间使用分布和绩效研究的基础上，本章将进一步讨论轨交站域空间使用的优化问题，针对“轨交活力区”的优化目标，以“评估-问题-目标-优化”为主线，依托轨交站域空间使用分布及绩效影响机制的分析研究，提出以“功能、强度和分布”三大导控要素为核心的优化方法，探索建立轨交站域空间使用“分布-绩效”的基本优化框架，研究也进一步尝试对两种典型轨交活力区提出空间使用的分布模式，并针对上海核心城区轨交站域的典型空间使用问题提出优化策略。

6.1 空间使用的优化目标与综合评价模型

6.1.1 空间使用的优化目标：轨交活力区

1. 概念界定

近年来，在高密度城市中心区的空间发展转型过程中出现“重效率而轻活力”等典型问题，伴随着人文主义价值观的确立，伦敦等国际化大都市针对这个问题提出了中央活力区（CAZ）的概念①，张庭伟、王兰（2011）②指出 CAZ 是经济多元的现代城市经济在空间中的投射，并归纳了主要特点和规划原则。总体上看，中央活力区强调城市用地的复合性和互补性，通过引入多样化的功能组群服务于不同人群，倡导 24 h 持续活力，强调空间使用效率和品质的兼顾；面对全球化和经济多元化的挑战，国内外一些大城市已经在 CAZ 理念指引下积极探索并优化城市中心区的空间使用。另一方面，以轨道交通为核心的公共交通体系是高密度大城市“中央活力区”发展的重要支撑，各类轨交站域正成为大城市中心区的一类典型区域。

基于以上两方面背景，本书提出“轨交活力区”（Rail Transit Activity Zone，缩写为 RTAZ）概念，并作为高密度大城市轨交站域，特别是重要的中心型轨交站域空间使用优化的目标之一，它可界定为“在高密度大城市中心区以轨交网络为依托，以轨交站点为核心而形成的城市社会、经济和文化发展最富活力的区域”，概念突出强调要兼顾空间使用效率和品质的“城市活力”，在充分挖掘区域空间价值的基础上，更关注如何合理利用轨道交通带来的人流资源，从使用者的多层次需求出发提升使用品质，使站域发展既顺应经济发展需求又创造美好的城市生活，这可作为在轨道交通发展背景下高密度大城市“中央活力区”建设的重要抓手，更有助于实现城市中心区的可持续发展愿景。

① 2004 年伦敦编制“大伦敦空间发展战略”规划时首次提出这个概念。

② 研究指出 CAZ 在空间结构上有较大的适应性，既可以是城市中心区，也可以是城市的分中心；在功能配置上以“人”为导向，针对不同人群的需求，提供多样化的服务功能；在公共空间上注重提供人们停留、交流和聚会的高品质空间，保证区域的持续活力；并提出 CAZ 区域空间规划与管理的三大原则：（a）混合使用的土地规划；（b）步行导向的城市设计；（c）多样灵活的规划管理。

2. 价值取向

正确的价值取向是评价优化研究的基础，轨交活力区作为城市中心区轨交站域空间使用的发展目标也需要有自身的价值取向，既考虑空间资源使用效率的提升，更重视满足使用者多层次的空间需求，形成高品质且有特色的活力区。

“效率”这个概念在不同研究领域中解释已很多①，本书所指的空间使用效率侧重指在轨道交通发展后伴随人流资源大量引入，周边空间微区位价值实现不同程度提升的背景下，如何通过站域功能配置、强度控制及其多层面空间分布等方面的优化，使空间使用在站域现状条件下符合微区位空间价值的分布特征。同样关于“品质”一词的解释也很多②，本书所指的空间使用品质主要是指站域典型功能空间和公共空间能够满足使用者的日常生活和工作需求，并达到一种相对合理的使用状态。

在轨交站域空间发展和优化过程中，强调空间使用“效率和品质”的兼顾，既充分抓住轨交站点所带来的空间价值提升及多层面的空间发展机会，更体现城市走向“人性化”发展的重要趋势，最终使得高密度城市中心区围绕轨交活力区形成由点及面的整体竞争力。

3. 基本特征

轨交活力区是结合中央活力区和轨道交通而提出的新概念，因此有必要从空间使用的结构、功能和形态等三方面对其基本特征加以描述（图 6-1）。

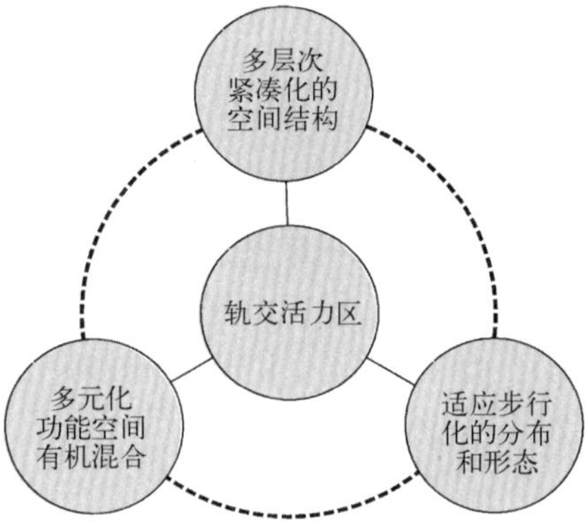

图 6-1　轨交活力区空间使用的基本特征

1）多层次紧凑化的空间结构

轨交活力区是在高密度大城市中心区轨道交通网络基础上，依托轨交站点而发展的一类特色活力区，而高密度大城市的轨交网络本身是多层次的交通结构，因此依托轨交网络的轨交活力区在宏观层面上呈现出多层次的空间结构，比如包含城市中心、区域中心和社区中心等类型的活力区。其次，就轨交站域的内部空间结构而言，轨交活力区将站域建设从单纯的解决交通问题

---

① 比如从管理学角度来讲，效率是指在特定时间内投入与产出的比率关系，一般效率与投入成反比，与产出成正比；在公共部门的效率包括两方面：一是生产效率，它指生产或者提供服务的平均成本，二是配置效率，指组织所提供的产品或服务是否能够满足相关人群的不同偏好，其中配置效率已经类似于本书的“绩效”概念。

② 比如对品质最常用的解释是人的行为和作风所显示出的内在思想、品性、认识等，有时也指物品质量。

转向为追求多种城市要素结合轨交的协同发展，因此中观层面上它也是一种紧凑化的城市空间结构，体现了当前紧凑城市发展理念。

2）多元化功能空间有机混合

轨交活力区强调多种城市功能的有机混合，但并不是无目的的简单混合，而是在不同站域的使用者组合特征基础上，根据其行为模式和空间需求不同而对居住、商业、办公、文化娱乐进行选择性组合，注重功能之间的相互支撑和匹配，最终能够较好满足人们的多层次需求，并形成交混的活动行为链组合，呈现出丰富多彩、富于活力的城市生活；其次多功能混合为使用者在步行范围内解决基本的日常生活问题提供了可能，促进使用者就近工作和消费的生活方式，从根本上减少长距离出行的概率，为缓解大城市交通压力提供可能，活力区形成的步行化主导出行方式更有利于促进站域内不同群体的相互交流和融合。

3）适应步行化的分布和形态

轨交活力区在出行方式上以结合步行化的轨道（公共）交通出行为主导，因此那些与人们日常生活密切的功能空间和公共空间将更加注重演变为符合步行化需求的分布与形态，空间分布以使用者对不同活动的步行耐受性作为基本依据，在空间形态上无论城市界面的大量开放、公共空间和功能空间的相互渗透，还是城市广场、街道等公共空间的尺度也均考虑适应步行化出行，步行化过程中的空间需求逐渐成为轨交活力区空间分布和形态控制的基本依据。

6.1.2 轨交活力区空间使用的综合评价模型

轨交站域空间使用优化的主线为“评估-问题-目标-优化”，即通过综合评估，发现空间使用的主要问题，再确立具体的优化目标，通过系统化的优化方法和策略，对不同问题进行针对性优化。

在前三章相关内容研究的基础上，本书建立以“轨交活力区”为总目标的空间使用综合评价模型，该评价模型包括评价背景、评价内容、评价依据和评价结果；其中评价背景主要包括轨交站域的基本背景和使用者组合，评价依据包含轨交站域的空间使用分布规律和绩效影响机制两方面，评价内容主要包括了分布评价和绩效评价，以及3种不同的综合评价结果，该综合评价模型成为站域空间使用发展和优化的重要基础（图6-2）。

1. 评价背景

1）基本背景

轨交站域基本背景分析主要包括城市区位、土地使用现状以及站点日均客流量三方面内容：① 城市区位：主要明确评价对象在城市中的宏观区位及发展定位，如位于城市、区域、社区的中心，或作为城市中央商务区、商业区、居住区的定位等；② 土地使用现状：主要考察围绕轨交站点1 000 m范围内的土地使用现状，从相对更宏观层面了解站域周边存在的重要商业区、商务区、

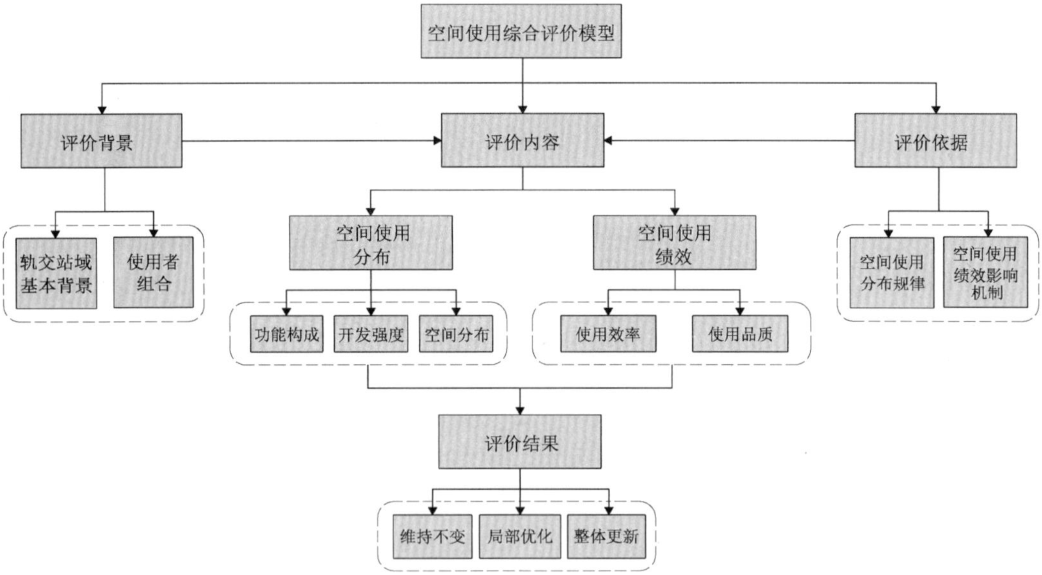

图 6-2　轨交站域空间使用的“分布-绩效”综合评价模型

居住区、大学区、旅游区等典型功能区及其现状；③ 站点日均客流量：作为评价模型中城市交通现状分析的代表性指标，它可在一定程度上反映出轨交站点的运营状况及站域出行结构，包括工作日和周末的客流量以及加权求得的站点日均客流量。

2）使用者组合

使用者组合分析是指对站域使用者组合状况进行的结构性分析，特别是以轨道交通为主要出行方式的人群作为重点，分析内容主要包括人群类型、行为特点和空间需求等三方面：① 人群类型：即在对轨交站域基本背景分析的基础上，通过发展定位和土地（空间）使用现状推导其使用者组合状况，并通过年龄、性别、职业等方面来进行群体组合特征描述和流量估算；② 行为特点：在不同使用者组合状态下，以活动行为链为基础分析评价站域的多样化活动行为类型及其主要特点；③ 空间需求：是指基于活动行为链分析，对不同使用者组合在空间使用过程中功能和空间等方面的内在需求进行评价。

2. 评价依据

以空间使用主客体相互作用规律作为基本评价依据，主要包括轨交站域空间使用的分布规律及其空间使用绩效影响机制两方面。

1）轨交站域空间使用的分布规律

本书在第 4 章分析了在高密度城市中心区，轨交站域微区位空间价值影响下功能空间使用的分布规律，以及功能空间影响下的公共空间分布规律，并从功能（公共）空间构成、开发强度（公共空间密度）和功能（公共）空间分布等方面进行分析，这些特征作为空间使用分布评价的主要依据。

2）轨交站域空间使用绩效的影响机制

本书在第5章分析了轨交站域空间使用绩效的影响机制，从功能、可达、空间、使用者因素等四方面研究对绩效的影响关系，并对权重进行初步排序，绩效影响机制将作为空间使用绩效评价的主要依据。

3. 评价内容

作为综合评价模型的最核心部分和落脚点，评价内容主要包括了空间使用的分布评价和绩效评价两方面，并进一步细化为若干评价指标。

1）空间使用分布评价

轨交站域功能空间的分布评价主要包括三方面内容：① 功能组群构成：对典型功能组群，即商业、办公、居住、酒店等功能构成关系及其分布进行评价；② 总体开发强度：对站域的总体开发强度取值以及在水平和垂直层面的分布状况进行评价；③ 典型功能空间：对典型功能空间在水平和垂直层面的分布状况进行评价。公共空间的评价内容也包括了公共空间构成、公共空间密度和典型公共空间及其分布等三方面。

2）空间使用绩效评价

轨交站域空间使用绩效评价包括功能空间和公共空间的评价，本书侧重于活力性绩效指标的评价：① 功能空间主要包括商业、办公、居住、酒店等典型空间的使用绩效评价；② 公共空间包括广场类公共空间和公园类公共空间两大类，选取使用强度、波动幅度和活动复合度等活力性绩效评价指标；而基于影响机制的空间使用结构性绩效预测则主要通过分析功能类型、轨交日均客流量、空间区位和品质、使用者构成4个因子来进行绩效预测。

4. 评价结果

通过综合模型评价，本书初步将轨交站域的空间使用评价结果分为维持不变、局部优化以及整体更新这3种结果。

1）维持不变

第一种评价结果是“维持不变”，即被评价对象的空间使用分布现状符合空间使用分布规律，与该类型轨交站域空间使用的结构性分布特征基本一致；在空间使用绩效方面具有整体较高的绩效水平，这种结果被定义为“维持不变”，表明轨交站域的空间使用相对较好，可维持现状。

2）局部优化

第二种评价结果是“局部优化”，即被评价对象的空间使用分布现状基本符合空间使用分布规律，与该类型轨交站域空间使用分布特征大部分一致，部分空间虽不符合分布规律但差异不大；在空间使用绩效方面非主导性空间具有较低或者中等的绩效水平，而主导空间则具有中等以上的绩效水平，这种结果被定义为“局部优化”，表明轨交站域的空间使用存在局部性问题，可结合具体问题进行局部优化。

3）整体更新

第三种评价结果为“整体更新”，即被评价对象的空间使用分布现状不符合空间使用分布规律，与该类型轨交站域空间使用的结构性分布特征存在较大冲突，在空间使用绩效方面主导空间或者大部分非主导空间具有较低的绩效水平，这种结果被定义为“整体更新”，表明轨交站域的空间使用存在较大的结构性问题，需要进行站域的整体再开发。

6.2 空间使用优化的导控要素与方法

无论评价结果是局部调整还是整体更新，其优化决不能就事论事，头痛医头，脚痛医脚，否则只能解决局部问题，甚至可能因为局部调整而损害站域的整体绩效，因此需要整体性思维方式，形成科学系统的优化方法。研究接下来基于城市设计的视角，在空间使用的层面，提出“功能、强度和分布”三方面主要导控要素，以此为基础初步建立较系统的空间使用“分布-绩效”优化方法（图 6-3）。

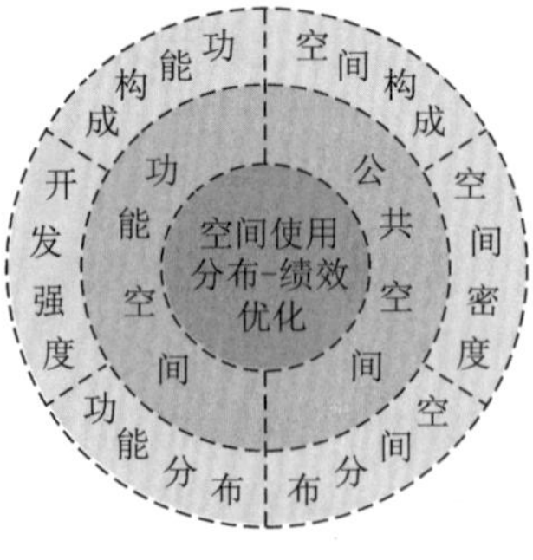

图 6-3 空间使用优化的导控要素

6.2.1 功能构成

1. 功能空间

功能组群构成优化包括站域功能组群的空间类型及其比例，总体而言功能构成优化首先需根据不同站域的发展定位确定主导功能，再以空间混合使用作为基本原则，结合主要使用者组合、站点客流量规模、不同使用者组合对功能的需求等三方面进行优化。

1）基于使用者流量与组合进行优化

本书第 3 章 3.4 节提出轨交站域主要使用者的人数估算方法，对不同功能组群的使用者流量进行了分析，通过使用者组合状况可进一步分析对站域的绩效影响，从而进行功能构成优化；比如在以办公主导的轨交站域中就业者比重较大，就业岗位的增多有利于区域财税贡献，但也相应地会增加区域交通压力，以及不同时段站域活力的差异较大；而如果适当增加酒店空间比例，从而增加蓄留城市游客的流量，虽然会降低空间的经济绩效，但是有利于提升区域的全时活力状态，因此需要在优化中综合权衡。

2）结合站点日均客流量的规模优化

在对使用者组合状况进行分析基础上，接下来可进一步结合站点的客流量规模进行优化。同样，当站域使用者组合构成中就业者比重较大时，由于饱和使用状况下单位空间的使用者数量增加，并且上下班的潮汐现象会导致轨道交通的日均客流量增加，因此一般在容积率一定的情况下，使用者组合中以就业者为主的站域其轨交流量偏大，而站域居住者比重较大时则轨交流量一般偏小；3 种不同的典型使用者组合相对应的轨交流量从大到小排序为：就业者主导 > 混合使用 > 居住者主导。

在高密度城市中心区，轨交站域的地下公共性功能空间开发成为必然趋势；从实证数据看出，地下商业和地下公共停车两者的平均比值约为 1∶3，由于轨交站点引入地下人流的影响以及高密度开发的需求，使得地下商业开发强度进一步增大；因此总体而言，可根据轨交站点人流量进行地下空间功能优化，轨交客流量较大时需要适度增加地下商业空间比例，客流量偏小时则地下商业比重可适当减小。

3）充分满足不同使用者的功能需求

功能优化还应结合使用者的功能需求分析，以商业空间为例，在就业者主导的站域，可增加商务餐饮和各类服务类业态（教育培训、银行等），并分布在步行路径上以适应顺路消费行为的特点，同时也需增加一些目的型集中商业节点（大型购物中心等），可在周末吸引消费者使用，避免使用绩效的波动幅度较大；而在居民主导的站域，与日常生活密切相关的超市或生活类卖场等比重需加大，而且生活类服务业态（书店、花店等）也需要适当配置，并将这些业态布置在连接站点、集中商业点和居住组团之间的主要步行路径上，以增加顺路消费活动的发生概率，并满足多层次消费体验需求；同时商业功能的适当混合也是基本需求，当餐饮、零售与百货和专业卖场混合后能够因为满足多样化的消费需求而提高整体绩效。

通过以上三方面提出的优化策略，本书初步针对不同站域轨交流量规模，提出其功能构成配比及商业子系统配比的初步建议，如图 6-4 所示。

由于每种功能所占比重不同，因此基于功能空间的分布规律，不同圈层的功能构成分布在各类型站域也存在较大差异，比如在办公主导的站域中，办公空间所占比重最大，由于办公空间主要分布在站点周围，因此呈现出靠近站点的圈层其功能构成为办公和商业为主，在中间圈层因为居住空间的增多而相对混合；而针对居住主导的站域，则在靠近站点的圈层其构成相对混合，而在远离站点的区域则以居住空间占主导，垂直层面的构成分布同样如此。

2. 公共空间

公共空间的空间构成优化需要以功能空间构成为基础，总体而言，在办公和商业主导的站域以广场类公共空间类型为主，在居住主导的站域则以公园类公共空间类型为主。

1）广场类公共空间

如果站域功能构成在相对混合的基础上且商业和办公比重加大，则一般广场类公共空间的密度也需要增大，对于广场类公共空间子系统的比例构成，分析表明与商业、办公结合的准公共空间相对于一般性广场类公共空间具有更高的使用绩效，因此，那些结

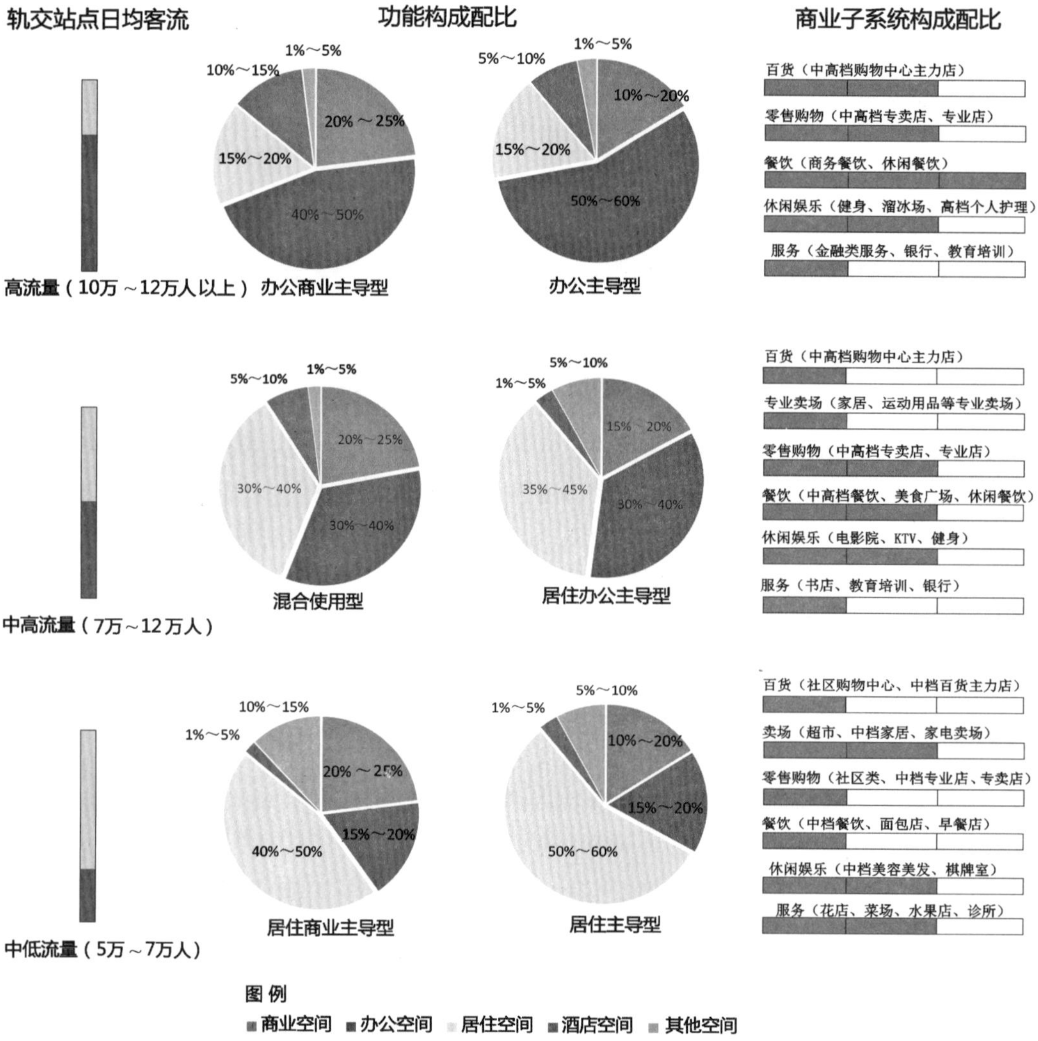

图 6-4　不同类型轨交站域功能组群的构成优化建议

合功能空间的准公共空间比例在子系统中比例需要进一步增大，或在一般性广场类公共空间周围增加商业和办公空间的功能支持。

2）公园类公共空间

如果站域的居住空间比重较大，则一般情况下站域公园类公共空间密度也会增大；对于公园类公共空间子系统的比例构成，一般中等规模（如 3～4 hm^2）的公园绿地和街心花园比例需要相对增大，同时不宜集中布置规模过大的城市公园和绿地，该类空间使用绩效偏低。

6.2.2　开发强度

1. 功能空间

本书初步论证轨交站域日均客流量与站域的总体开发强度呈现强正相关性，并通过线性回归分析得到了其函数关系，$Y = 1.438 + 0.090X$（Y 代表总体开发强度，X 代表日均客流量，单位：万人）；进一步通过 25 个站域基本证实了该方程具有较高的适用价值，因此，该函数方程为站域总体开发强度的优化提供了一条相对可靠的途径。

但需要指出的是，对类似上海核心城区的高密度城市中心区轨交站域，其开发强度受到很多复杂因素的影响，比如前面讨论了其相似的出行结构是重要前提，它直接影响到方程的准确性，详见第 4 章 4.2.1 节；而该方程也主要针对上海核心城区，因此，在未来站域优化过程中不宜简单地套用函数模型，而需要充分比较，结合规模类型和出行结构基本一致的城市，通过量化分析去推导相应的函数模型。

从水平层面上看，轨交站域的开发强度呈现以站点为中心尾部略微提升的圈层递减分布特征，基于不同类型功能的分布特征，研究建议商业和办公空间主导的站域，其近站点的圈层开发强度增加，曲线的递减趋势增加，而当居住比重增加时，其远离站点的圈层开发强度增加，曲线的递减趋势平缓（图 6 5）。在垂直层面上，呈现以站点近地面层为中心多层面缓慢递减的分布特征，同样当办公和酒店比例增加时，其高层区开发强度增大，而当商业比重增加时，近地面和地下浅层区的强度增大。

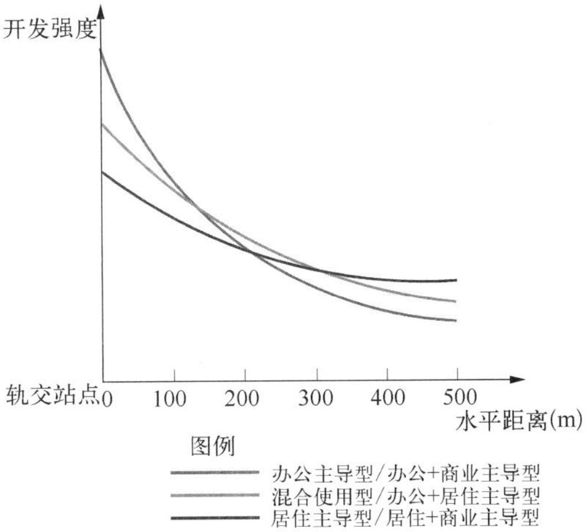

图 6-5　不同类型轨交站域总体开发强度的分布建议

2. 公共空间

在轨交站域中，由于人流量大且类型相对于其他城市区域复杂，因此总体上应加大公共空间的密度，为城市公共生活提供支持；基于实证分析的结论，上海核心城区的公共空间密度[①]的取值区间为 5%～15%，这可作为优化公共空间密度的参考

① 这里所指公共空间包含与商业或办公结合的准公共空间，公共空间密度的界定和实证分析详见第 4 章 4.2.2 和 4.4.3 节。

取值；在不同使用者的需求影响下，建议以商业办公为主导的轨交站域其公共空间密度一般在5%～10%区间，而以居住为主导的轨交站域其公共空间密度偏大，在10%～15%区间。公共空间总体密度的分布优化以功能空间的总体开发强度为基础，开发强度越大的区域其公共空间密度也宜增大。

6.2.3 空间分布

1. 功能空间

1）商业空间

水平层面空间分布呈现以站点为中心的圈层递减分布特征，垂直层面上，从地下浅层区到高层区呈现以站点为中心缓慢递减的分布特征，因此，在商业空间使用优化时，可基于不同空间的分布规律进行合理布局，建议在水平层面上商业空间开发围绕站点形成圈层递减的布局结构；在站点100～150 m核心区建议开发强度可达到站域总商业开发强度的1/2左右，而伴随与站点距离的增加，商业开发强度可逐渐减小。

在垂直层面上靠近地面层或者轨交人流的主要到达层（-2、-1F）开发强度需适当增多，而随着高度的增加强度需逐渐减小。通过研究发现日均客流量对商业空间使用的绩效提升具有重要影响，因此，为提高商业空间绩效可以将它们布置在轨交客流量大的区域，或有目的地将轨交客流引导至商业空间周围，以提升空间绩效。

在不同区域的功能配置上，建议在近站点的圈层以混合功能的商业业态组合为主，而在远离站点的圈层商业空间的区位价值和总体开发强度降低，使用概率较低，可布置一些对人流量集聚效能大的专业卖场和百货等集中商业点，以吸引目的型消费人群的到达，同时使得消费人群在站域积极有序地流动，并带动步行路径的小型零售购物、服务类商业的使用绩效提升；在垂直层面上，同样在近地面层和人流量大的区域，以混合业态的布局为主，而在中间层则以目的型消费的休闲娱乐或服务类商业为主（图6-6）。

2）办公空间

办公空间水平层面空间分布呈现以站点为中心尾部略微提升的圈层递减分布特征，当办公空间比例进一步加大后其近站点圈层的开发强度会增加，尾部翘起现象将减弱，反之则尾部翘起现象将加强；垂直层面上开发强度从近地面区到高层区呈现以站点为中心缓慢递增的分布特征，当办公比例增加时，由于高层区域对办公空间的显著集聚效能，因此比例会在此基础上进一步增加，反之亦然。同时，由于轨交客流量大的区域其办公空间盈利能力一般也相对较高，因此高盈利办公空间和高承租能力行业可结合主要轨交出入口布置。

在不同区域的功能配置上，建议在近站点圈层以甲级办公或者金融证券类这类高盈利办公空间和高承租能力行业类型为主，而在远离站点的圈层办公空间的区位价值和总体开发强度降低，使用概率也较低，因此可布置对空间的可达需求相对较小的空间，如乙级办公或者创意服务类空间；在垂直层面上，同样高层区以金融证券类或品质较高的高盈利办公空间和高承租能力行业如金融证券业为主（图 6-7）。

3）居住空间

居住空间水平层面分布呈现以站点为中心尾部略微下降的圈层递增分布特征，当居住比例增加时，由于远离站点区域对其具有显著集聚效能，因此外围圈层比例会在此基

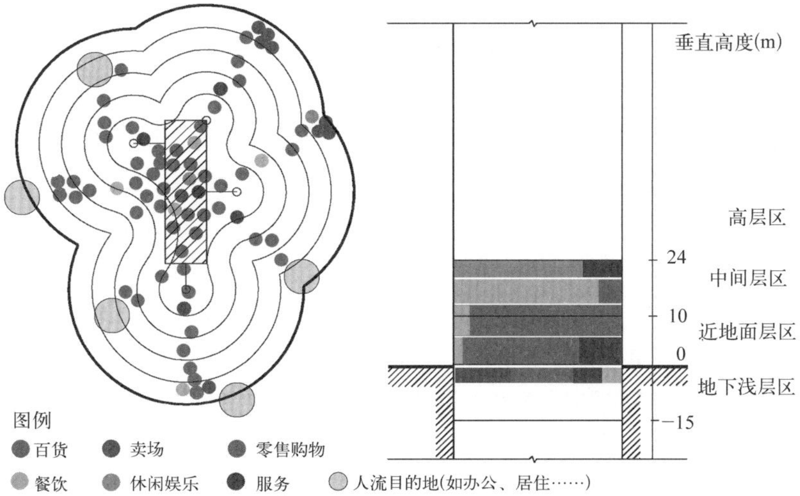

图 6-6　轨交站域商业空间的分布建议

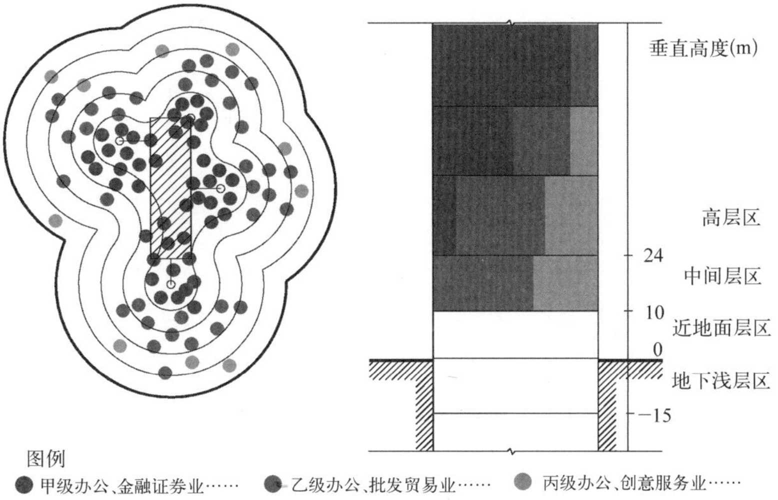

图 6-7　轨交站域办公空间的分布建议

础上进一步增加，曲线变化趋势更显著，尾部下降趋势减小，反之亦然；垂直层面上越靠近站点的圈层中，居住空间的分布越集中在高层区。由于居住空间对私密性的需求增大，因此需要适当远离轨交客流量大的节点和路径，但同时也能够在 3～5 min 可步行便捷到达的区域。

在不同区域的功能配置上，建议在近站点的圈层以酒店式公寓或小面积段住宅类型为主，并基于微区位价值宜在高层区域布置，在 200～400 m 圈层作为居住空间的主要分布区域，可布置以中等面积套型为主的混合区域，而在远离站点的 400～500 m 圈层，根据空间影响关系加之其使用者以车行为主，可布置一些对轨交依赖度不大的类型，如以大面积套型为主的高端社区，合理利用其微区位价值（图 6-8）。

4）酒店空间

不同类型酒店空间对于空间的可达性、开放性和舒适性存在差异，建议中档星级酒店、连锁酒店等可布置在轨交客流量大的区域，在环境优美或者高层区景观价值高的区域，可布置高端酒店类型（图 6-9）。

5）地下公共性功能空间

这里将地下公共性功能空间作为一类特殊空间单独讨论，其分布需要结合地上空间分布特征进行优化，一方面地下总体开发强度需靠近办公和商业空间为主，地下商业需要充分结合轨交站点的主要出入口和人流到达区域布置，而地下公共性停车空间作为商业和办公的重要配套，需要结合这两类空间在站域合理布置（图 6-10）。

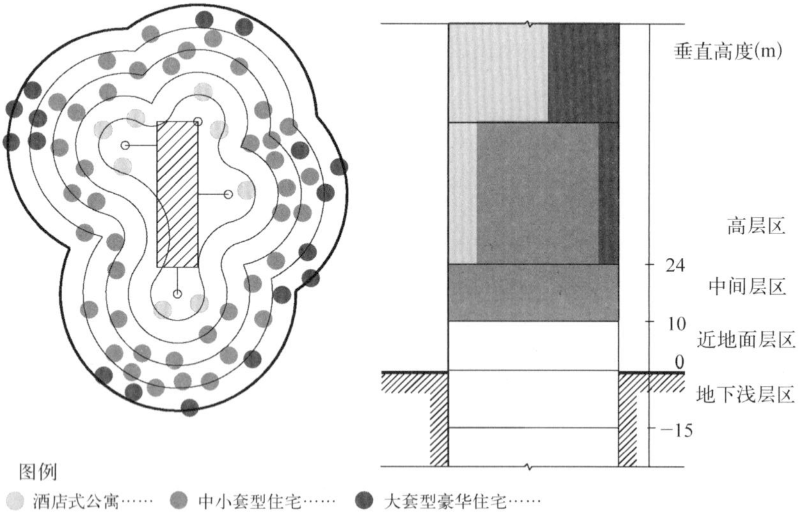

图 6-8　轨交站域居住空间的分布建议

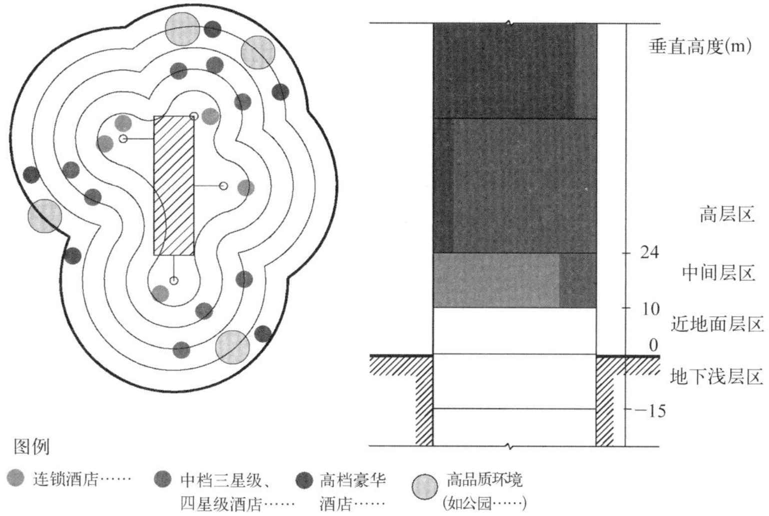

图 6-9　轨交站域酒店空间的分布建议

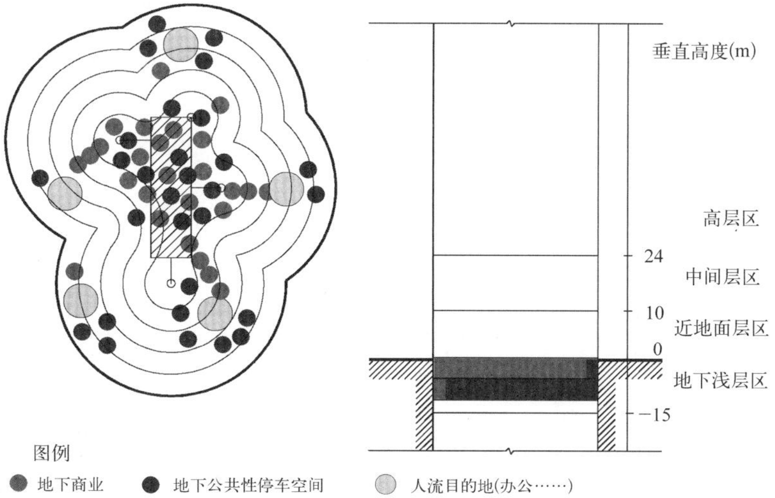

图 6-10　轨交站域地下公共性功能空间的分布建议

2. 公共空间

1）广场类公共空间

基于商业、办公空间的结构性分布特征影响，一般情况下，在水平层面随着与站点距离的增加，广场类空间使用绩效逐渐降低；在垂直层面上越靠近地面层空间使用绩效越高，因此广场类公共空间可主要布置在靠近站点的圈层区域和近地面层、地下浅层区域。

针对广场类公共空间的分布优化要充分重视它们与主要步行路径、轨交站点、换乘点的结合，以保证使用过程中有较大的潜在人流，而这类空间周边的功能支持，特别是商业空间的支持对使用绩效影响很大，因此需要在那些目的型消费点或吸引点周围重点布置广场类公共空间，形成准公共空间。其次，轨道交通带来的大规模客流对广场类公共空间的使用绩效提升具有较大影响，因此研究建议将广场类公共空间布置在站域主要轨交客流到达区域。

2）公园类公共空间

基于居住空间的结构性分布特征影响，在水平层面上，公园类公共空间的使用绩效与站点的水平距离系数有一定程度的正相关性，在远离站点的圈层区其使用绩效比靠近站点的区域更高，因此在水平层面需要侧重考虑它与住宅或办公等功能空间结合，以提高居民和就业者使用的便捷度，其空间规模不宜过大，而步行达到的便捷性以及使用过程的开放性是重要考虑因素。

图 6-11 是本书针对轨交站域公共空间分布的初步建议。

6.3 典型轨交活力区的空间使用分布模式

本节选取未来高密度大城市中心区与使用者日常生活密切的中心型站域为对象，以

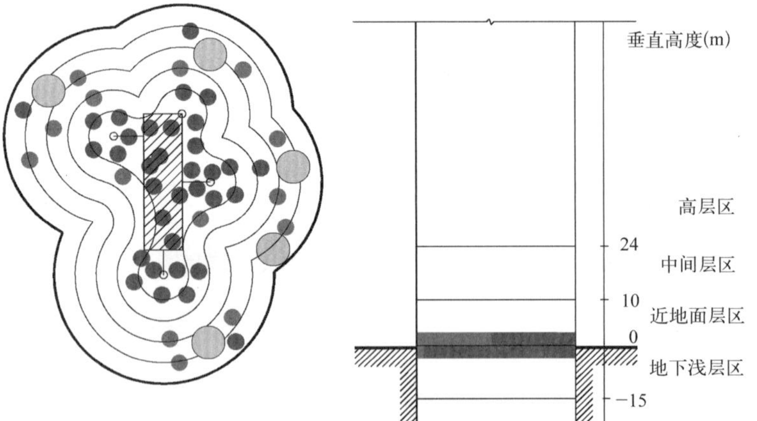

图 6-11 轨交站域公共空间的分布建议

“轨交活力区”作为发展目标，初步对社区中心型和区域中心型轨交活力区的空间使用分布模式进行建构。

功能空间使用分布模式的建构以本书第4章的研究为基础，以实证分析归纳的各功能空间分布曲线作为参照，在样本站域总体开发强度取值区间2.0～2.5的基础上进行推导[①]，通过比较样本站域功能构成和待推导站域功能构成的比例关系，分析不同功能空间的开发强度分布，并进一步优化功能组群构成分布和总体开发强度分布等（图6-12）。具体步骤为：① 基于站域发展定位和目标预测轨交活力区的功能构成比例关系；② 基于日均客流量，推演轨交活力区的总体开发强度范围；③ 将实证数据与轨交活力区预测数据进行比较，求得两类对比站域各功能空间之间的比值以及总体开发强度之间的比值；④ 利用比值和样本站域的功能空间分布曲线，在保持其变化趋势不变的前提下，通过上移或下移曲线推演轨交活力区各功能空间的分布曲线，如果总体开发强度大于样本的实证数据，则曲线整体上移，反之亦然，其次所占比重较大的功能空间分布曲线将整体上移，而比重较小的功能空间分布曲线整体下移；⑤ 通过调整后的各功能空间曲线推导轨交活力区的功能构成分布和总体开发强度分布曲线等；⑥ 结合轨交站域实际状况和可比样本进行修正。

6.3.1 社区中心型轨交活力区

1. 站域基本背景

“社区中心型”轨交活力区将是未来高密度城市中心区数量最多、与使用者日常工作和生活关系最紧密的一种轨交站域，本书将其界定为在高密度城市中心区主要作为社区级公共活动中心的轨交站域，可从三方面对基本背景进行描述：① 它在城市空间结构中作为社区级的公共活动中心区，辐射站

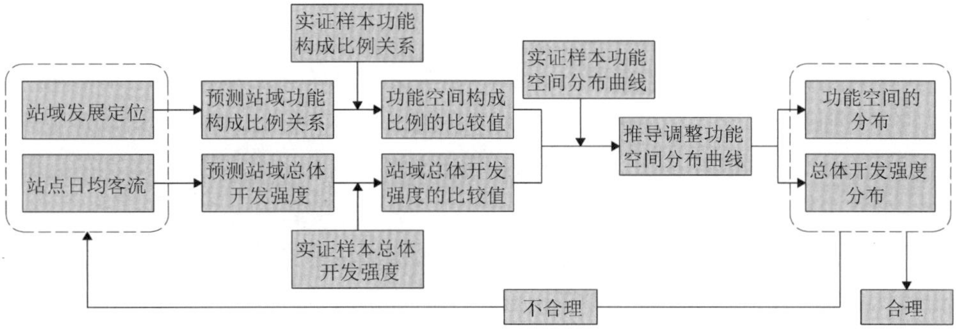

图6-12 轨交活力区空间使用分布模式的建构方法

① 上海10个样本站域的平均开发强度为2.33左右，各功能空间分布曲线的描述均是以实际开发强度为基准，因此这里以此作为研究前提，以便于比较和推导。

点周边1～2个社区；以上海为例，一般辐射范围在3～5 km^2 并作为该区域的日常公共生活中心；② 从0～1 000 m范围的土地使用现状看，社区中心型轨交活力区的居住用地所占比重较大，一般情况下在60%左右；③ 这类站域的轨道交通日均客流量一般以1万～5万人/d的中型客流规模为主，也有部分站域达到接近10万人/d的大型客流规模。

比如上海打浦桥站域就是以打浦桥站为核心，逐渐发展成为主要服务于打浦桥社区及周边1～2个社区的核心城区社区级公共生活中心区；其土地使用现状中居住用地占到63.2%，同时在轨交日均客流量上，工作日平均客流量为4.2万人/d，周末平均客流量为4.4万人/d，平均客流量为4.3万人/d，目前属于上海核心城区中型客流量的站域。

2. 使用者组合

由于社区中心型轨交活力区受空间定位及周边土地使用的结构性特征影响，导致站域内的使用者组合状况是以周边居民为主体，就业者、消费者以及蓄留游客比例相对较少，关于当地居民的人群类型、活动行为链以及空间需求分析详见第3章3.4节，这里不再赘述，以当地居民为主的使用者组合状况是社区中心型活力区空间使用分布的基本行为依据。

3. 空间使用分布模式

1）功能组群构成

（1）功能构成的结构性比例

社区中心型轨交活力区在功能组群构成上以居住空间为主导，辅以一定比例的办公、商业、酒店和公共服务配套空间等，公共服务配套将以学校、社区活动中心等与居民生活密切相关的功能为主，属于居住空间一元主导的站域类型，在本章6.2.1节对居住主导的轨交站域功能组群结构性构成进行了研究，因此这里以此为基础提出社区中心型轨交活力区的商业空间构成宜为10%～20%、办公空间宜为15%～20%、居住空间宜为50%～60%、酒店宜为1%～5%、其他空间宜为5%～10%。由于该类型站域一般地下的总体开发强度不大，因此本书根据实证数据提出在地下公共性功能空间开发中，地下商业和地下公共停车场的比值控制在1∶3到1∶4之间，可适当减少地下商业的比重①。

以下对各功能空间子系统的构成进行简要分析，商业空间子系统：以居民日常生活需求量大的百货、专业卖场以及生活类服务空间（如便利店、书店）等为主，辅以餐饮、娱乐、零售等商业功能空间，形成复合化的商业功能构成，解决当地居民的日常大部分生活需求；办公空间子系统：在社区中心型轨交活力区中，办公空间子系统以盈利

① 在样本站域的实证分析中，地下公共性功能空间商业和停车场的平均比值约为1∶3。

能力相对中档的办公类型为主，如乙级办公或者部分甲级办公，如从产业类型看可配置创意服务类等承租能力相对中档的办公为主；居住空间子系统：社区中心型轨交活力区居住空间所占比重很大，子系统首先需要根据具体定位确定主导功能，并同时做到适度混合，一般形成以中等面积套型（90～140 m²）为主导；酒店空间子系统：酒店空间同样以承租能力相对中档的类型为主，如三星级、四星级酒店或者经济连锁型酒店。

（2）功能构成的分布

水平层面：社区中心型轨交活力区以居住空间构成为主，通过建构推导出水平层面的功能构成分布状况（图 6-13）①，可以看出在靠近站点的 0～200 m 圈层中，活力区的商业、办公和居住功能构成相对混合，三者差别不大；而在 200～500 m 圈层内轨交活力区则逐渐形成了以居住主导的功能构成分布状况，离站点距离越远其主导地位越强，在最大的 300～400 m 圈层住宅比例约达到 64%。

垂直层面：对社区中心型轨交活力区垂直层面的功能构成分布进行分析（图 6-14），可以看出：同样由于居住比重较大的缘故，在近地面层区的功能构成以居住空间占主导，中间层的各功能相对混合，而在高层区中则以办公和居住功能结构为主导；在地下浅层区的地下商业和公共性停车空间的比值取 1∶4，可适当减少地下商业开发比重。

2）总体开发强度

（1）总体开发强度取值

轨交活力区的总体开发强度可依据函数关系 $Y = 1.438 + 0.090X$（Y 代表总体开发强度，X 代表日均客流量，单位：万人）进行推导，这里取 1 万～5 万人的中等规模为主，也包括部分接近 10 万人的大规模站域，因此建议控制在 1.5～2.5 之间；地下

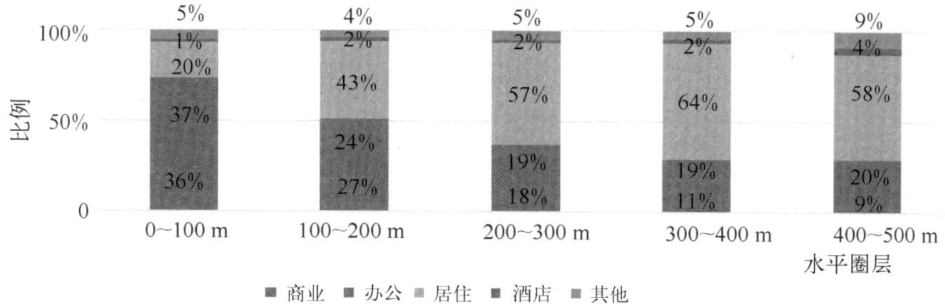

图 6-13　水平层面上社区中心型轨交活力区各圈层的功能构成

① 为方便分析建构，这里按照取值区间在推导时将功能空间构成关系定为商业∶办公∶居住∶酒店∶其他＝15%∶20%∶55%∶2%∶8%，并在此基础上对各功能空间分布曲线进行调整，推导功能空间构成的分布、总体开发强度分布等状况。

公共性功能空间宜适度开发，开发强度可控制在 0.05～0.15 的取值范围①。

（2）总体开发强度分布

水平层面：受轨交站域微区位空间价值的分布影响，活力区同样遵循轨交站域总体开发强度的结构性分布特征，呈现出由站域中心向边缘圈层递减再略微提升的趋势，但因为功能构成比例不同，综合分析推导出新的总体开发强度曲线（图 6-15），可以看出其强度变化趋势相比 10 站域的分布曲线变得较平缓，从第一到第五圈层的开发强度比值约为 1.23：1.06：1.0：1.07：1.07②。

垂直层面：同样方法综合推导垂直层面的总体开发强度曲线（图 6-16），可以看出由于社区中心型轨交活力区办公和酒店空间较少而居住空间增多，因此相比 10 站域中间层和高层区较明显下降，高层区到近地面区的比值为 5.77：5.84：8.9：1.0③。

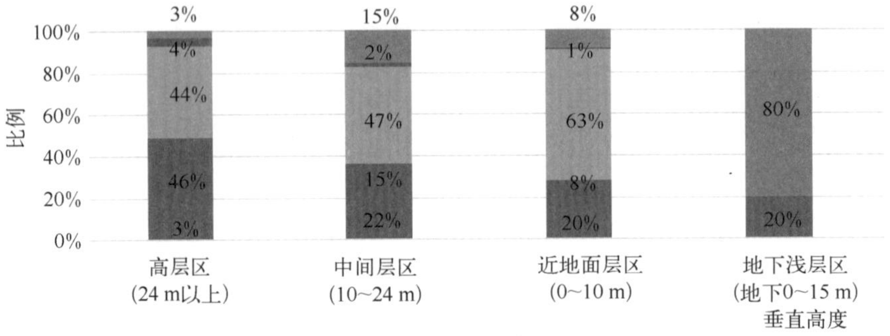

图 6-14　垂直层面上社区中心型轨交活力区各高度的功能构成

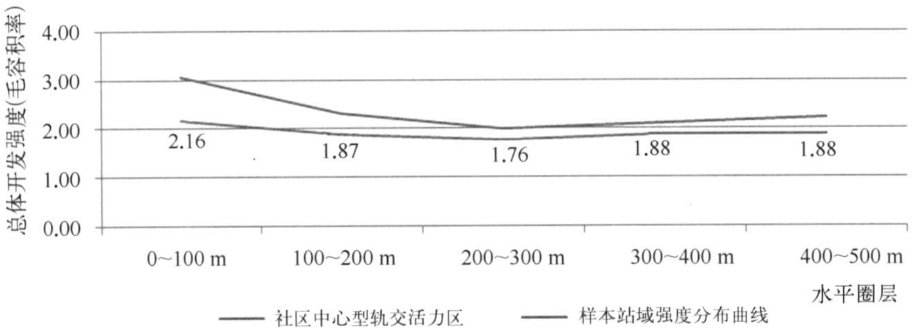

图 6-15　水平层面上社区中心型轨交活力区的总体开发强度分布

① 为便于比较以及方便总体开发强度分布的推导，将社区中心型轨交活力区的总体开发强度值取为 2.0，地下公共性功能空间的开发强度值取为 0.1；公共性功能空间只针对地下商业空间和地下公共性停车场这两类，其他类型的地下空间不在此范围内。

② 上海 10 个样本站域水平层面上从第一到第五圈层的开发强度比值约为 1.5：1.2：1.0：1.05：1.1。

③ 上海 10 个样本站域垂直层面上从高层区到地下浅层区的开发强度比值约为 5.3：4.5：6.1：1.0。

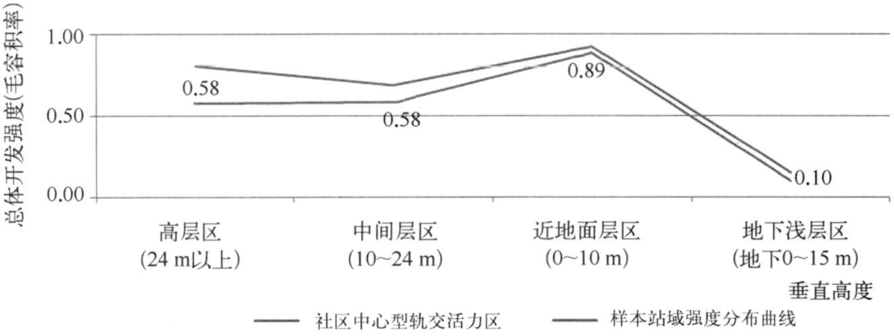

图 6-16　垂直层面上社区中心型轨交活力区的总体开发强度分布

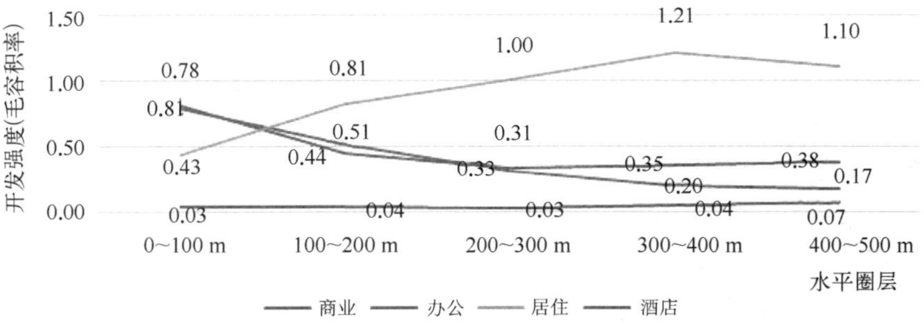

图 6-17　水平层面上社区中心型轨交活力区的典型功能空间分布

3）功能空间分布

（1）水平层面

由于居住空间占到 50%～60%，因此水平层面上与 10 站域典型功能空间分布曲线图（第 4 章图 4-38）相比较，住宅空间的分布曲线整体上移，而办公空间将在原有基础上略微下移（图 6-17）；在空间价值规律的影响下社区中心型的混合区域出现在 0～200 m 圈层，在 200～500 m 圈层中则是以居住空间为主导，其比重能够达到 50%～60%。

（2）垂直层面

由于居住空间处于主导地位，因此垂直层面上与 10 站域典型功能空间分布曲线图（第 4 章图 4-39）相比较，结果同样是住宅空间的分布曲线整体上移，而办公空间在原有基础上略下移，其中地下商业开发强度按照 1∶4 的比例在 0.02 左右（图 6-18）；由于居住空间的比重加大因此高层区以办公和居住为主，中间层以混合使用为主，在近地面以居住空间为主导。

4. 小结

为更直观地对社区中心型轨交活力区的空间使用分布模式进行理解，这里基于以上量化分析为基础，初步对其空间使用分布模式进行建模，如图 6-19 所示。

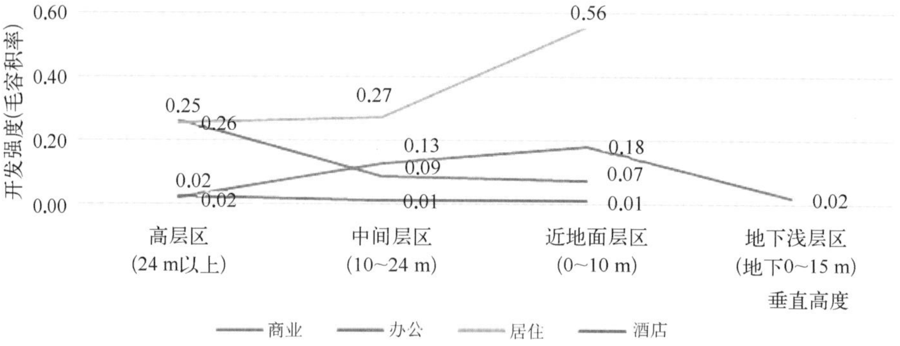

图 6-18　垂直层面上社区中心型轨交活力区的典型功能空间分布

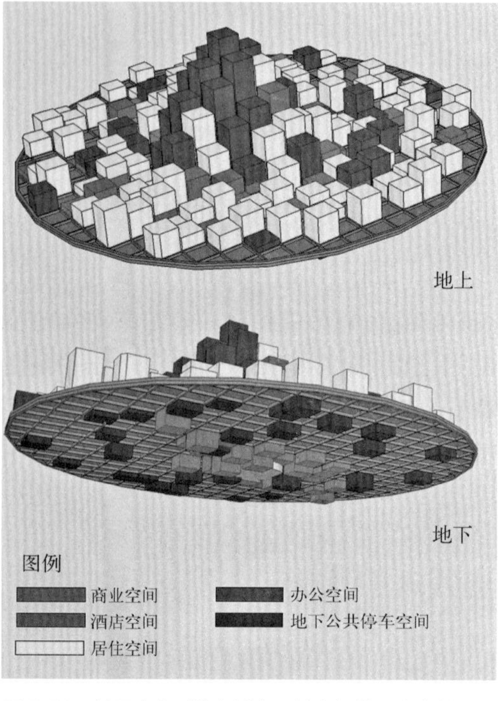

图 6-19　社区中心型轨交活力区的空间使用分布模式示意图

6.3.2　区域中心型轨交活力区

1. 站域基本背景

“区域中心型”轨交活力区是未来高密度城市中心区人群类型相对最丰富、功能最复合的一类轨交站域，本书将其界定为在高密度城市中心区主要作为区域级公共活动中心的轨交站域，仍然可以从三方面对基本背景进行描述：① 首先，它是城市中心区以行政区域为单位的区域级公共活动中心区，主要辐射站域所在行政区域或周边 1～2 个行政区范围。根据上海实证数据显示其辐射范围在 30～50 km^2，作为区域级的日常生活中心①；② 其次从 0～1 000 m 范围的土地使用上看，居住、办公和商业用地相对较均衡；③ 同时这类站域的轨交日均客流量

① 以上海核心城区内主要行政区域为例，黄浦区面积约 20.59 km^2、徐汇区面积约 54.8 km^2、杨浦区面积约 60.6 km^2、虹口区面积约 23.5 km^2、静安区面积约 37.37 km^2。

以 5 万～10 万人 /d 的大型规模为主，也有部分站域在 10 万～15 万人 /d 的特大型规模。比如五角场–江湾体育场站域是以上海杨浦区五角场和江湾体育场为核心，逐渐发展成为主要服务于杨浦区及相邻宝山和虹口区部分范围的城市副中心；土地使用现状中居住用地占到 43.5%、商业商务用地占 16.9%，公共管理与公共服务设施用地占 19.4%，各用地比例总体均衡；同时从站点的日均客流量上看，双站工作日的平均客流量为 4.7 万人 /d，周末为 6.0 万人 /d，平均客流量为 5.1 万人 /d，属于上海中心城区大规模客流量的轨交站域。

2. 使用者组合

区域中心型轨交活力区由于定位为服务 1～2 个城市行政区的区域级公共活动中心，因此在功能需求上较为多样化，周边的土地及空间使用较复合，最终使站域的主要活动人群类型多样化，一般以当地居民、就业者为主体，并包含所辐射行政区域内的目的型消费者及蓄留游客，4 种主要使用者的人群类型、活动行为链以及空间需求分析详见第 3 章 3.4 节，这里不再赘述。

3. 空间使用分布模式

1）功能组群构成

（1）功能构成的结构性比例

由于站域服务于多样化的使用者组合，使区域中心型轨交活力区的功能组群构成复合化特征最为明显，在本章 6.2.1 节对混合使用的轨交站域功能组群结构性构成进行了研究，因此这里以此为基础提出区域中心型轨交活力区的商业空间构成宜为 20%～25%、办公空间宜为 30%～40%、居住空间宜为 30%～40%、酒店为 5%～10%，其他空间为 1%～5%；在地下公共性功能开发中，本书以实证数据为基础提出地下商业和地下公共停车场的比值在 1∶2 到 1∶3 之间。

以下对各功能空间子系统的构成进行简要分析，商业空间子系统：区域中心型轨交活力区主要作为城市行政区域级的公共活动中心，商业空间子系统的功能服务于更广泛人群，以具有较高承租能力的中高档百货、购物中心为主，中高档零售、餐饮、娱乐、服务等多功能作为补充的混合使用状态，以满足城市居民相对更高层级的消费需求；办公空间子系统：同样是以盈利能力相对中上的甲级办公类型为主，但其他类型办公楼仍具有一定的比重；从产业类型看，以金融证券业和部分批发贸易业等中上等承租能力办公为主；居住空间子系统：以使用者承租能力相对中等或偏上的中等面积套型（90～140 m^2）住宅为主，同时仍辅以部分酒店式公寓和少量高档次住宅，以满足不同类型人群的购房需求；酒店空间子系统：也以盈利能力相对中上的三星级、四星级酒店为主，辅以部分更高或者经济连锁型酒店。

（2）功能构成的分布

水平层面：区域中心型轨交活力区强调功能空间以混合使用为主，通过建构方法推导出水平层面的功能构成分布状况（图 6–

20）[1]，可以看出在靠近站点的 0～200 m 圈层中以办公和商业为主，两者之和达到 70%～85%；而在 200～500 m 圈层内则逐渐形成了相对混合的功能构成分布状况，在 300～400 m 圈层三者的比例最为接近。

垂直层面：对区域中心型轨交活力区垂直层面的功能构成分布特征进行分析（图 6-21），同样可以看出由于使用相对混合，在近地面层区活力区功能构成以居住、商业空间占主导；而在中间层区的空间构成最为均衡；在高层区中，区域中心型轨交活力区则以办公空间占主导，达到 60%左右；在地下浅层区地下商业和公共性停车空间的比例取 1∶3，由于作为城市行政区域级的公共活动中心，因此无论总体的地下公共性功能开发强度还是地下商业开发都需适当地增大。

2）总体开发强度

（1）总体开发强度取值

轨交活力区的总体开发强度可依据函数关系 $Y = 1.438 + 0.090X$（Y 代表总体开发强度，X 代表日均客流量，单位：万人）进行推导，这里取 5 万～10 万人的日均客

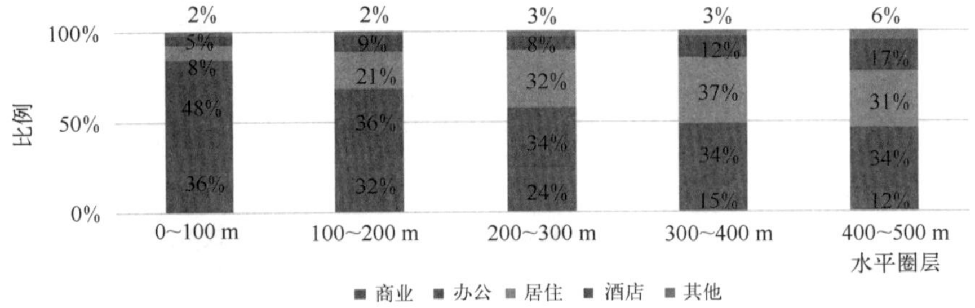

图 6-20 水平层面上区域中心型轨交活力区各圈层的功能构成

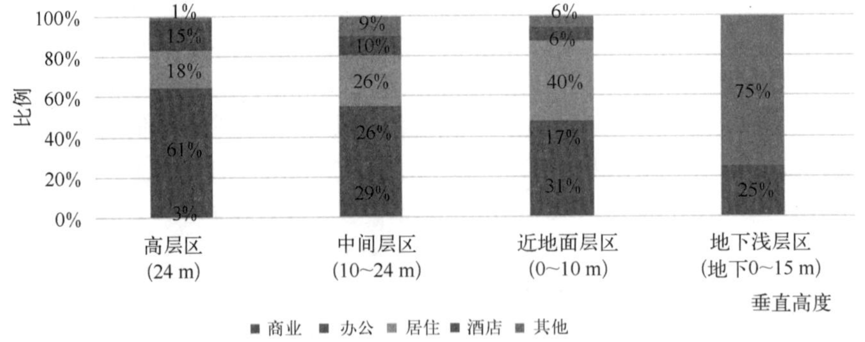

图 6-21 垂直层面上区域中心型轨交活力区各高度的功能构成

① 同样为方便分析建构，这里按照取值区间在推导时将功能空间构成关系定为商业∶办公∶居住∶酒店∶其他＝20%∶35%∶30%∶10%∶5%，并在此基础上对各功能空间的分布曲线进行调整，推导功能空间构成分布、总体开发强度分布等。

流量，包含部分 10 万人以上的特大规模站域，因此建议控制在 2.0～3.0 之间；宜加强地下公共性功能空间的开发强度，可控制在 0.15～0.3 的取值范围①。

（2）总体开发强度分布

水平层面：受轨交站域微区位空间价值的分布影响，活力区同样遵循轨交站域总体开发强度的结构性分布特征，呈现出由中心向边缘开发强度圈层递减再略微提升的趋势，但因为功能构成相对混合，综合分析推导出新的总体开发强度曲线（图 6-22），可以看出其强度变化趋势相比 10 站域的分布曲线变得略微陡峭，从第一到第五圈层的开发强度比值约为 1.68：1.23：1.0：1.04：1.10。

垂直层面：同样方法综合推导垂直层面的总体开发强度曲线（图 6-23），可以看出由于区域中心型轨交活力区办公和酒店空间比值较大而居住空间相对减少，因此相比 10 站域其高层区开发强度更大，高层区到近地面层区的比值为 3.8：2.9：3.8：1.0。

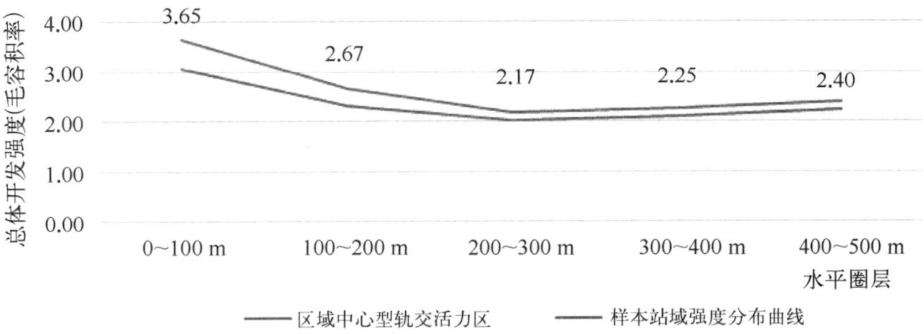

图 6-22　水平层面上区域中心型轨交活力区的总体开发强度分布

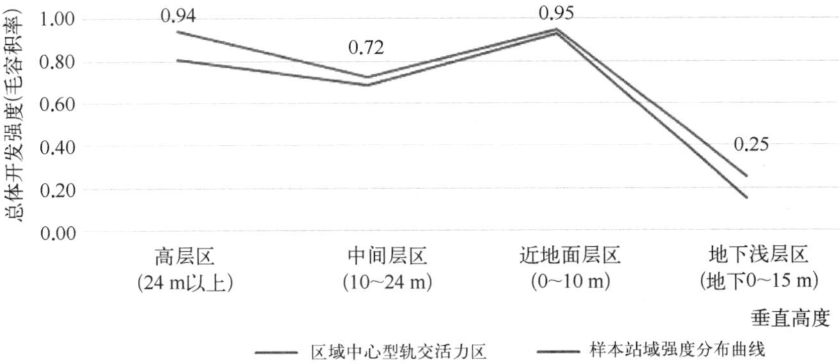

图 6-23　垂直层面上区域中心型轨交活力区的总体开发强度分布

① 同样为方便推导，这里将区域中心型轨交活力区的总体开发强度值取 2.5，地下公共性功能空间的开发强度值取 0.25。

3）功能空间分布

（1）水平层面

由于区域中心型轨交活力区呈现空间混合使用的构成特征，因此水平层面上与10站域典型功能空间分布曲线图（第4章图4-38）相比较，住宅空间的分布曲线整体下移，而商业、办公和酒店空间将在原有基础上略上移（图6-24）；在空间价值规律的影响下区域中心型轨交活力区的混合区域出现在200～500 m圈层，在0～200 m圈层中则是以办公和商业空间为主导。

（2）垂直层面

垂直层面上与10站域典型功能空间分布曲线图（第4章图4-39）比较，同样是办公、商业和酒店空间的分布曲线整体上移，而居住空间在原有基础上略下移，可以看出高层区以办公空间为主导，在近地面和中间层区则相对混合；其中地下商业开发强度按照1∶3的比例控制在0.07左右（图6-25）。

4. 小结

为更直观地对区域中心型轨交活力区的空间使用分布模式进行理解，这里基于以上量化分析和推导为基础，对其空间使用分布模式进行建模，如图6-26所示。

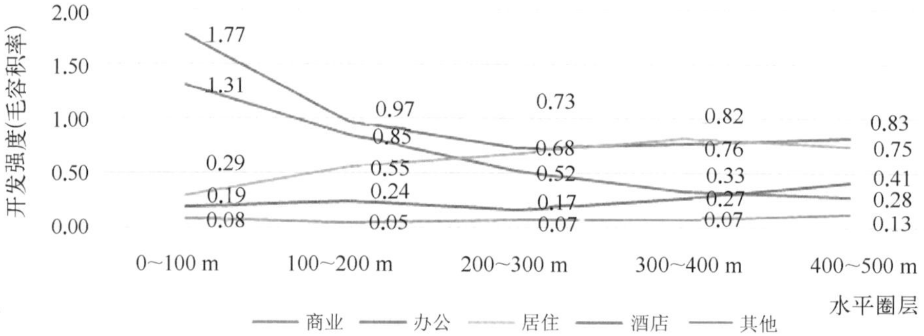

图6-24　水平层面上区域中心型轨交活力区的典型功能空间分布

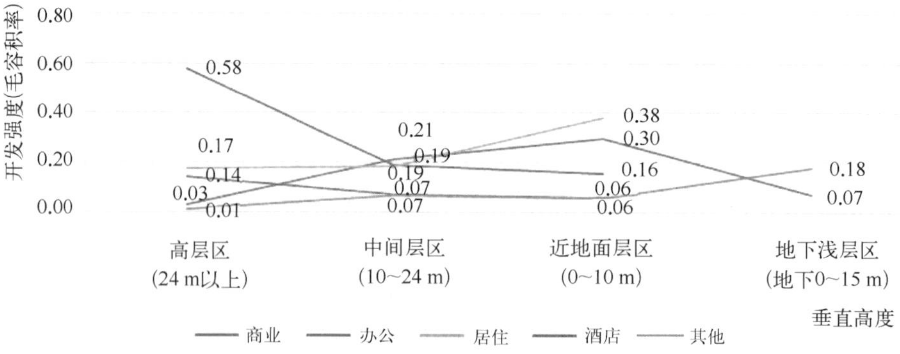

图6-25　垂直层面上区域中心型轨交活力区的典型功能空间分布

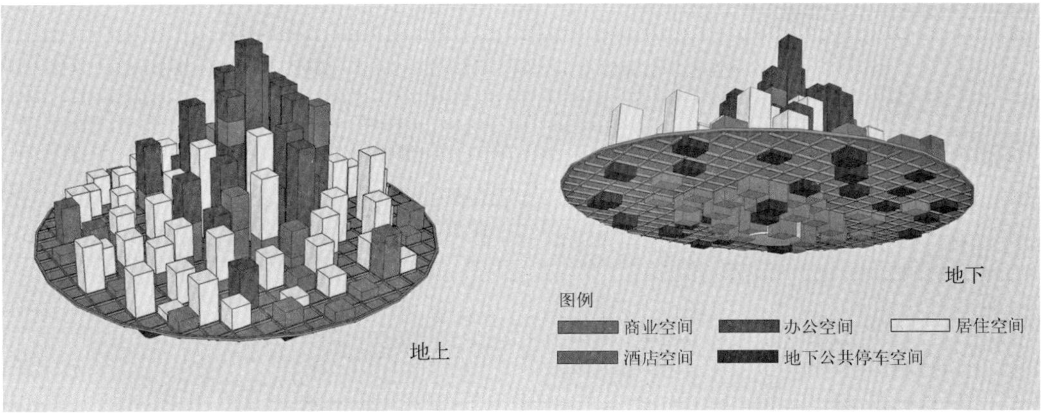

图 6-26　区域中心型轨交活力区的空间使用分布模式示意图

6.3.3　比较和讨论

基于空间使用分布和绩效的分析成果，本书初步建构了两种“轨交活力区”的空间使用分布模式，以下进一步对两者进行比较和讨论。

1. 基本背景和使用者组合比较

社区中心型轨交活力区主要作为周边 1～2 个社区城市公共活动的中心，辐射范围为 3～5 km^2，而区域中心型轨交活力区主要作为所在城市行政区及周边部分行政区的城市公共活动中心，辐射范围约 30～50 km^2，两者相差约 10 倍；从 0～1 000 m 范围的土地使用看，社区中心型轨交活力区主要以居住用地为主导，而区域中心型轨交活力区的土地使用相对混合；其站点日均客流量差异也较为明显，社区中心型轨交活力区以 1 万～5 万人的中等规模站域为主，而区域中心型轨交活力区则以 5 万～10 万人的大规模站域为主（表 6-1）。

不同站域的基本背景使得使用者组合存在较大差异，社区中心型活力区以当地居民为主并包含部分外来就业者和消费者，蓄留游客较少；而区域中心型活力区人群构成相对复合，形成以就业者、当地居民和消费者为主体，并包含部分蓄留游客；不同人群特征、行为特点以及空间需求的差异是空间使用分布模式的重要行为依据，因此，未来针对不同类型站域在空间分布模式上需要综合考虑以上两方面因素。

2. 总体开发强度分布建议

1）水平层面

对两种轨交活力区的水平层面的总体开发强度分布进行比较（图 6-27），可以看出：① 区域中心型总体开发强度分布的变

表 6-1　两种轨交活力区的基本背景和使用者组合比较

	社区中心型轨交活力区	区域中心型轨交活力区
城市定位和辐射范围	作为周边 1～2 个社区的城市公共活动中心，辐射范围为 3～5 km^2	作为所在城市行政区及周边部分行政区的城市公共活动中心，辐射范围为 30～50 km^2
土地使用现状	以居住用地为主导，一般用地面积占到 60%左右	土地使用相对混合化
轨交日均客流量	以 5 万人 /d 以下为主	以 5万～10 万人 /d 为主
使用者组合	当地居民为主导，并包含部分就业者和消费者，蓄留游客较少	以当地居民、就业者和消费者为主，并包含所辐射行政区域的部分蓄留游客

化幅度更大，而社区中心型站域相对来说变化幅度较为平缓；② 在不同圈层内进行比较，可以看出两类活力区在靠近站点的圈层差别最大，在 0～100 m 的开发强度值差别近 1 倍，越远离站点差异越小。

2）垂直层面

对两类轨交活力区垂直层面的总体开发强度分布进行比较（图 6-28），可以看出：

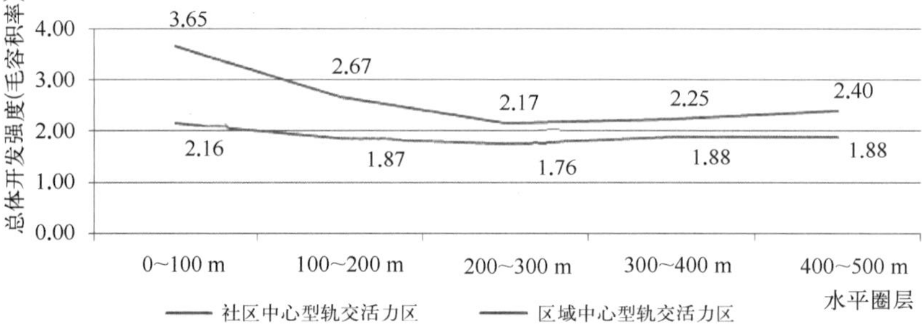

图 6-27　水平层面上社区中心型和区域中心型轨交活力区的总体开发强度分布比较

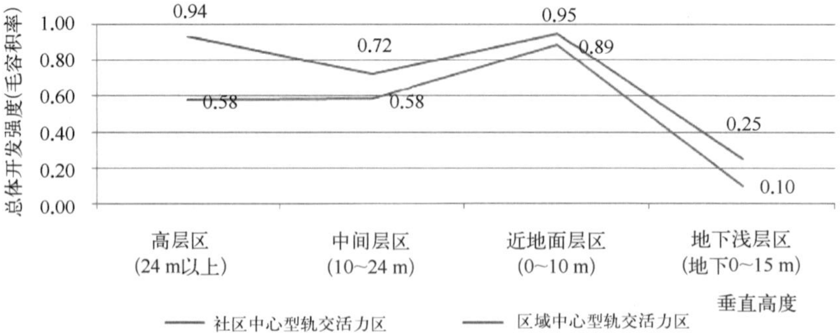

图 6-28　垂直层面上社区中心型和区域中心型轨交活力区总体开发强度分布比较

① 两种变化趋势并不一致，在地面上社区中心型随高度增加开发强度逐层递减，而区域中心型轨交活力区则是呈折线形分布，中间层相对最小；② 在不同圈层内进行比较可以发现两者在高层区差别最大，同样达到1倍左右差值，而区域中心型的地下开发强度为社区中心型的约2.5倍。

3）轨交活力区多层面总体开发强度分布建议

通过以上对两种轨交活力区的总体开发强度推导及其比较可以发现，在空间价值规律的影响下，不同站域和使用者组合下产生了相对明显的分布差异，基于空间分布模式对两者的总体开发强度分布提出建议，如表6-2、表6-3所示。

3. 两种轨交活力区的公共空间使用模式

第4章的研究揭示了功能空间影响下的公共空间分布规律，第5章的研究也发现是否与使用者匹配对于公共空间绩效的影响很大，基于以上两方面的研究，这里对两类轨交活力区的公共空间分布模式从公共空间构成、公共空间密度以及典型公共空间等三方面给出定性建议。

1）社区中心型轨交活力区

该活力区的主导使用者为当地居民，因此在公共空间分布模式中：① 将以公园类公共空间为主，无论是公园绿地还是街心花园，规模以适中为主，同时需要靠近居住空间周边布置，也即在200～500 m圈层所占比重要增大；而广场类公共空间主要布置在近站点的0～200 m圈层为主；② 公共空间密度：基于10站域的实证分析，公共空间密度均值约为10%，而通过实证分析可以看出，一般公园类公共空间占主导的站域其公共空间密度偏高，因此，对于社区中心型轨交活力区的公共空间密度范围建议在10%～15%；由于公园类空间所占比重大，因此其分布需以居住空间分布为主导，形成

表6-2 水平层面上两种轨交活力区总体开发强度的分布建议

	0～100 m	100～200 m	200～300 m	300～400 m	400～500 m
社区中心型	2.1～2.3	1.8～2.0	1.7～1.9	1.8～2.0	1.8～2.0
区域中心型	3.7～3.8	2.6～2.8	2.1～2.3	2.2～2.4	2.3～2.5

表6-3 垂直层面上两种轨交活力区总体开发强度的分布建议

	高层区（24 m以上）	中间层区（10～24 m）	近地面层区（0～10 m）	地下浅层区（地下0～15 m）
社区中心型	0.5～0.7	0.5～0.7	0.8～1.0	0.05～0.15
区域中心型	0.8～1.0	0.6～0.8	0.8～1.0	0.15～0.3

圈层递增分布趋势；③ 典型功能空间：广场类公共空间需以商业办公空间为主导，形成圈层递减的分布趋势，而公园类公共空间则形成圈层递增分布趋势。

2）区域中心型轨交活力区

该活力区的主导使用者为就业者、当地居民和消费者为主体，也包含了部分蓄留游客，使用者组合相对混合，因此在公共空间分布模式中：① 公共空间构成需要混合，由于商办空间比重之和大于居住空间，因此在混合的基础上广场类公共空间比重需适当增大，特别需要提升与商业办公空间结合形成准公共空间的比重；在分布上 0～200 m 的近站点圈层可以广场类公共空间为主，在 200～300 m 中部圈层随着功能的相对混合，则公共空间构成也可适度混合，而在 300～500 m 外围圈层可以公园类公共空间为主；② 公共空间密度：同样基于 10 站域公共空间密度均值考察，对于区域中心型轨交活力区的公共空间密度范围建议在 5%～10%，并增加准公共空间比重；由于广场类空间所占比重大，因此其分布需以商业办公空间分布为主导，总体分布形成圈层递减分布趋势；③ 典型公共空间分布：与社区中心型活力区类似，广场类公共空间需以商业办公空间为主导，形成圈层递减的分布趋势，而公园类公共空间则形成圈层递增分布趋势。

4. 两种轨交活力区模式的适用性讨论

本书主要针对未来高密度城市中心区重点站域，特别是作为各级公共活动中心的站域提出了轨交活力区的发展目标，并建构了社区中心型和区域中心型两种典型模式。需要指出的是，由于以上讨论主要以上海 10 个轨交站域实证数据为基础，有一定的地域因素和出行结构限制，因此只能讲在城市宏观背景和出行结构基本一致的可比站域中适用性较高，其次由于作为样本的 10 站本身也存在一些问题，因此模式也还需要进一步深化和验证。

本书给出这些分布模式的建议也并不希望在未来实践中简单套用，而主要是提供一种分析思路，即基于不同站域基本背景和使用者差异，以轨交站域的结构性空间分布特征为依据，在可比样本积累的基础上，通过系统分析和案例比较相对科学地建构空间分布模式，为实现轨交活力区的发展目标提供支撑，因此相对于空间分布模式本身，本书提出的建构方法其适用价值更大些。

6.4 上海核心城区站域空间使用的优化策略

最后本书将落脚点聚焦在上海核心城区的轨交站域优化上来，不仅在于已经积累了大量的实证数据，才有可能去针对性、相对准确地发现一些问题，更重要的是当前在我国大力发展轨道交通的背景下，上海核心城区作为典型的高密度城市中心区，对其他城市的可比轨交站域发展具有重要的引领作用，因此其意义不言而喻。

6.4.1 存在的典型问题

本书以上海核心城区轨交站域的近三轮实证调查，特别是重点选取的 10 个站域数据为基础，再结合论文的研究重点，总结出目前上海核心城区轨交站域空间使用中存在的四方面典型问题。

1. 部分站域的开发强度控制仍不到位

在上海核心城区的轨交站域空间使用中，关于总体开发强度的合理评价和控制是非常急切的问题，在《上海市控制性详细规划技术准则》等文件中已有相关规定；核心城区的空间使用必须紧密结合轨道交通网络发展已形成广泛共识，但通过现场调研后发现，目前部分站域的轨交客流量与其开发强度之间并不匹配，一方面空间升值导致部分站域开发强度过大，引起轨道交通的运营压力过大，而另一方面部分站域开发强度不到位，没有充分抓住轨道交通所带来的空间价值提升而丧失发展良机，详见第 4 章 4.2.1 节的实证分析。

2. 轨交站域公共空间使用整体性尚弱

在核心城区公共空间往往先于轨交站点存在，同时由于核心城区的高区位价值导致公共空间的总体密度偏小，因此公共空间的整体性尚弱，突出表现在三个方面：① 公共空间体系自身没有形成网络化，各自为政的现象还较突出；② 公共空间与功能空间的结合不够紧密，缺乏相互之间的开放和渗透，特别是整体绩效水平较高的准公共空间密度偏低；③ 公共空间的类型、空间分布与站域使用者组合的匹配程度不够，导致整体使用绩效较低，详见第 4 章 4.2.2 节分析。

3. 没有重视利用绩效去引导站域发展

在城市设计视角突出“效率和品质”兼顾的价值取向下，空间使用绩效特别是以活力性指标为主的绩效分析是本书的核心，也是评价引导未来轨交站域空间使用发展的重要内容，这一方面体现出对使用者的日常需求和实际使用状态的重视，也可作为城市精细化管理的重要手段，弥补形态指标控制的不足，有效避免当前城市规划控制中出现“一控就死，一放就乱”的弊端，基于绩效分析有利于发展富有特色的轨交活力区，但这方面目前没有得到重视，对空间形态控制指标（如容积率、建筑密度等）的关注大于对使用绩效指标的关注。

4. 轨交站域发展缺乏明确的目标定位

在上海核心城区的轨交站域发展中，并没有针对不同站域现状提出明确的目标定位，特别是那些与人们日常生活紧密相关的各类中心型站域，基本上没有为不同站域量身定制合适的发展定位和空间使用愿景，而多是简单地套用“TOD”等国外发展理念和空间模式，侧重在开发强度和形态控制等方面，导致这些站域的发展模式趋同，最终是轨交站域整体特色和活力的丧失。

6.4.2 空间使用优化策略

1. 基于客流量控制站域总体开发强度

目前上海开发强度的控制提出要“倡导以公共交通为导向的城市空间发展模式，充分利用轨道交通”，针对中心城区和宝山新城、闵行新城、虹桥商务区等地区，要求“依据上位规划，按轨道交通服务水平、公共设施服务水平以及其他发展条件等确定强度区，强度区分为五个等级”，再根据住宅用地和商办用地确定其容积率。①

以上强度控制方法从宏观层面的轨交线路影响出发进行强度区分级，同时以城市区域的地块为基本控制对象，本书则尝试将轨交站域 500 m 范围作为控制对象，以准则控制办法为重要基础，提出基于客流量控制站域总体开发强度的方法作为强度控制补充，更有利于促进轨道交通与周边空间使用的一体化。根据本书成果，建议上海核心城区轨交站域总体开发强度可结合站点的日均客流量进行控制，总体在 1.5～3.0 之间，结合函数模型对不同日均客流规模的轨交站域大致分为 3 个开发强度控制区间（表 6-4）；同时，由于当前上海轨交运营能力已经饱和甚至负荷过大，如轨交 1 号线、2 号线、6 号线、8 号线在通勤高峰时段甚至需要限流，基于这个前提如果未来在公交出行结构和轨交分担率比重进一步提升的基础上，根据函数模型求得的预测总体开发强度甚至需要适当降低。

表 6-4　基于客流量的上海核心城区轨交站域总体开发强度控制建议

站点日均客流量	中小型（≤ 5 万人）	大型（5 万～10 万人）	特大型（≥ 10 万人）
站域总体开发强度	1.5～2.0	2.0～2.5	2.5～3.0

2. 强化公共空间与功能空间的整体性

目前上海中心城区已经提出从空间增量发展向存量甚至减量发展转型，这样的规划转型为轨交站域公共空间优化提供了良好机遇，针对上海核心城区轨交站域的公共空间优化可以从以下三方面展开：① 目前站域的公共空间密度偏低，因此可确定一个控制区间，在以公园类公共空间为主导的站域，其公共空间密度可以取 10%～15% 作为发展目标，在以广场类公共空间为主导的站域，其公共空间密度可以取 5%～10% 作为发展目标；② 通过容积率奖励等激励机制大力引导准公共空间的发展，特别是

① 引自：上海市规划与国土资源管理局 . 上海市控制性详细规划技术准则［Z］.2011：14-16. 强度分区详见该准则附录一和附录二。

增加商业办公类准公共空间的比重；③ 遵循功能空间影响公共空间的分布规律，对公共空间进行系统化梳理，使两者在空间分布上的匹配度增强，有利于使用者的便捷使用。

3. 大力提升轨交站域的空间使用绩效

充分重视轨交站域的空间使用绩效问题，针对不同绩效问题通过对其主要影响因素的控制进行优化，本书建议为提升核心城区轨交站域的整体绩效可从以下两个角度入手：① 需要遵循“分布-绩效”相匹配的原则，分析每类功能空间在站域的分布状况，在开发强度大的区域其绩效也应相对较高，使得开发强度分布与使用绩效的空间分布相匹配；② 其次，也要正视在轨交站域中做到所有空间使用的高绩效并不现实，因此需要基于不同站域的发展定位和主导功能，在优先提升主导功能空间绩效的同时兼顾辅助功能的绩效提升，有重点、分阶段地逐步实现使用绩效最大化。

4. 针对重点站域大力发展轨交活力区

上海核心城区轨交站域需要有明确的总体发展定位，对于不同站域更需要根据其区位、现状等因素量身定制具体的发展目标，以体现轨交站域发展的特色性和层次性，而本书提出的“轨交活力区”概念可以作为核心城区中心型站域的空间发展目标，特别是针对与人们日常生活紧密相关的公共活动中心型站域；在本章 6.3 节提出并建构的社区中心型和区域中心型两种典型轨交活力区空间使用分布模式，对未来上海核心城区这两类站域的空间优化具有一定的参考价值。

5. 小结：结合“双增双减”政策的思考

早在 2003 年，上海为建设“四个中心”的现代化国际大都市，始终保持人口、经济、社会、资源和环境的协调发展，提出实施中心城区“双增双减”空间发展政策[①]。“双增双减”即为“增加公共绿地、公共活

---

① 在 2003 年 10 月上海市第十二届人民代表大会常务委员会上，上海市规划局作了“关于《上海市城市规划条例修正案（草案）》的说明”，指出亟需通过修改《条例》将中心城“双增双减”的政策措施用法律形式固定下来；在 2003 年 12 月，上海市人民政府印发的“上海市城市总体规划（1999 年—2020 年）中近期建设行动计划”［沪府发（2003）69 号］通知中，明确指出中心城要贯彻“双增双减”方针，进一步优化结构布局，加强生态环境和城市景观建设，有力推进人口疏解、功能提升、环境改善和景观优化。2011 年《上海市城乡规划条例》颁布实施，进一步强调该政策，2012 年 9 月，上海市规划国土资源局召开中心城区规划土地局局长座谈会，将“双增双减”政策作为上海市必须长期坚持的战略方针，该政策的提出总体上将有利于“遏制城市过快增长、防止建筑无序布局”。

动空间，降低建筑容量，控制高层建筑”。相关学者也分析了该政策的积极影响和潜在弊端①，由于本书聚焦于上海核心城区轨交站域空间使用的分布与绩效问题，因此提出的相关优化策略还必须充分考虑这一宏观空间政策，这样策略才有一定的实践指导价值。

在“双增双减”政策作为上海中心城区空间发展的长期战略方针的背景下，笔者认为未来可进一步通过城市规划的“精细化”管理，充分发挥城市设计的重要作用，在规划管理中结合轨交站域空间使用分布规律与绩效影响机制，制定相关细则去有序引导站域空间合理发展。一方面，积极利用“双增”政策加强轨交站域城市公共空间的建设力度，提高总体密度，为实现轨交站域丰富多彩的公共生活提供保障；另一方面，充分论证“双减”政策应用在轨交站域中的一些潜在问题，特别是在站域开发强度控制上，可通过不同区域的统筹协调，在整体层面不影响核心城区“双增双减”政策落实的基础上，实现部分轨交站域总体开发强度和部分圈层开发强度的局部突破，有利于发挥站域的空间潜力。

6.4.3 对样本站域的优化建议

本书一条贯穿全文的明线索是由“行为–分布–绩效–优化”这四个关键词构成的问题系列，形成相对完整的研究框架，另一方面，研究始终以 10 个重点样本站域为对象进行实证分析，它们的空间使用现状和问题分析形成了一条并行的暗线索，因此，最后研究在充分认识和理解各站域使用者和行为、分布、绩效问题的基础上，侧重从空间的“功能、强度和分布”三个导控要素进行初步优化建议，同时笔者也深知 10 个站域各自产生的问题受到诸多因素影响，对每个站域的空间优化也并非能从单一角度考量，因此，仅针对最主要问题从空间使用的层面提出一些初步建议，以作为未来空间使用整体优化之参考。

1. 五角场–江湾体育场

1）总体评价

空间使用的典型问题是：① 各类型功能空间的使用绩效不均衡，商业空间的使用绩效最高，而其他几类空间的绩效相对偏

① 积极影响包括：a. 增加公共绿地和活动空间，改善城市景观，缓解城市热岛效应，创造宜居的城市生活环境；b. 控制中心城区人口密度，避免人口继续涌向中心城区，缓解中心城区交通压力；c. 控制超高层建筑建造，缓解上海土地沉降问题；d. 优化城市空间布局及产业调整，促成多核城市。潜在弊端包括：a. 限制中心城区建筑总量导致的高房价问题；b. 限制中心城区建筑容积率导致的土地利用率降低问题；c. 媒体误读“容积率一刀切”导致的社会舆论问题；d. 政策指标体系不完整导致的无章可依问题。引自：师鸽，黄建云 . 上海市“双增双减”政策的评价及扬长补短策略［J］. 建筑与环境，2013（5）：9–10.

低；② 基于客流量的开发强度预测表明目前 1.5 的总体强度还偏低；③ 垂直层面的空间分布没有体现各类型空间的微区位价值差异，特别是住宅和酒店；④ 公园类公共空间比重偏低，仅为 2%左右，且与住宅等空间的结合程度不高。

2）初步建议

（1）功能构成优化：建议酒店空间比例可增加至 5%～10%，适当增加甲级办公、金融证券类等高绩效业态的比重；

（2）总体开发强度建议增加到 2.0 左右；

（3）优化垂直层面的空间分布，大力挖掘高层区域空间价值，增加该高度区内酒店和住宅比重；

（4）优化公共空间构成关系，建议公园类空间的密度可提高至 5%左右，在分布上加强与住宅、办公等空间的结合。

2. 中山公园

1）总体评价

空间使用的典型问题是：① 作为区域中心型的轨交站域，功能构成上 60%左右的住宅比例偏多；② 基于客流量的开发强度预测显示目前 2.5 的总体强度仍偏低；③ 垂直层面的空间分布没有体现出各类型空间的微区位价值差异，特别是商业和酒店；④ 公园类公共空间除中山公园外，其他小型规模、与住宅紧密结合的空间比重偏低。

2）初步建议

（1）功能构成建议适当减少居住空间比例至 50%～55%，增加商业和办公比重，特别是商业空间比例建议增加至 15%～20%以上；

（2）总体开发强度建议增加到 2.8 左右；

（3）优化垂直层面空间的合理分布，增加近地面层区的商业空间比重、高层区域的酒店空间比重；

（4）优化公共空间类型和分布，建议增加一些与居住办公等空间结合紧密的公园类公共空间，如街心花园、小型城市绿地等，规模不宜过大，但宜均衡分布在站域居住空间聚集区。

3. 南京东路

1）总体评价

总体评价显示，南京东路在 10 个站域中排序第一，但仍然存在一些典型问题：① 办公空间的水平分布、酒店和居住空间的垂直分布还有待优化；② 目前站域的公园类公共空间密度偏低，仅为 0.3%，排序靠后。

2）初步建议

（1）优化多层面的空间分布，建议增加 0～200 m 圈层的办公空间比例，增加高层区的酒店和居住空间比例，将近地面层区留给价值更高的商业空间；

（2）建议增加公共空间密度，结合该站域的区位价值可由目前的 3.5%左右提升至 5%左右，宜以高品质、小规模的公园绿地为主，特别是分布在站域外围圈层中。

4. 静安寺

1）总体评价

空间使用的典型问题是：① 各类型空间绩效不均衡，办公空间绩效高而商业和居住空间绩效偏低；② 垂直层面上酒店、居住空间分布不合理；③ 商业空间的业态以高档次为主，相对单一，与使用者构成匹配度需进一步加强；④ 公共空间的分布不均匀，过于集中在站点周边。

2）初步建议

（1）优化商业空间的业态，促进业态配置的多元化，适当增加相对中档、体量较小的零售购物类业态，作为高档商业的重要补充；

（2）增加高层区域中酒店和居住空间的分布比重；

（3）在站域 200～500 m 范围内适当增加小规模的公共空间，结合功能空间均衡分布。

5. 商城路–东昌路

1）总体评价

空间使用的典型问题是：① 商业空间使用绩效的排序靠后；② 商业空间在站域的分布过于集中在南侧，东昌路以北的住宅区内商业偏低；③ 公共空间构成中，公园类公共空间的比重偏低。

2）初步建议

（1）优化商业空间的分布，主要是增加与居住空间的结合度，在居住区特别是东昌路北侧部分的主要步行路径上增加零售、生活服务类商业业态；

（2）站域公共空间以广场类空间为主，建议适当进行类型优化，增加高品质的公园类公共空间，并结合居住空间均衡分布。

6. 黄陂南路–新天地

1）总体评价

空间使用的典型问题是：① 在总体评价中排名靠后，初步分析发现主要在于站域南侧区域的使用问题，因为该区域目前正在进行城市更新；② 商业和办公空间的比重偏低，分别为 13.6% 和 22.5%；③ 总体开发强度目前为 1.9，可适当提升；④ 垂直层面需优化住宅和酒店的空间分布；⑤ 公共空间分布不均衡，站域北侧以大规模的公园绿地为主，而南侧公共空间比重偏低。

2）初步建议

（1）该站域需要侧重对新天地站以南的空间进行整体更新，既要保护具有历史文化价值的传统里弄区，同时又要提升空间使用绩效；

（2）建议增加办公空间比重至 30%～40%，增加商业空间至 15%～20%；

（3）优化商业业态，适当增加社区类的百货、专业卖场等商业业态，并在站域南侧结合居住空间合理分布，形成外围区域的商业吸引点；

（4）建议在东侧的翠湖天地高档居住

区中增加部分沿街商业，以中高档的生活配套为主，一方面提高使用的便捷性，同时也增加该区域空间活力；

（5）通过日均客流量的强度预测，其开发强度仍可适当提高，建议增加至2.2左右；

（6）优化公共空间分布，在南侧区域加大公共空间的比重，增加小规模、高品质的街心花园、城市绿地等。

7. 徐家汇

1）总体评价

总体评价显示，徐家汇在10个站域中排序第二，但仍然存在一些典型问题：① 居住空间的比例为58.2%，作为城市副中心、区域中心型轨交站域，该比例相对偏高，而商业和办公比重为8.8%及22.3%，属于较明显偏低；② 基于客流量的预测，目前2.6的总体开发强度可适当提升；③ 站域的公共空间密度偏低，无论是广场类还是公园类均低于5%。

2）初步建议

（1）大力增加商业和办公空间比重，建议商业比重提高至15%～20%，办公空间比重提高至30%～35%；

（2）站域的总体开发强度可适当提升至2.8～3.0之间；

（3）建议公共空间密度由6.5%左右提升至10%左右，同时增加广场类和公园类公共空间比重，并结合功能空间合理分布。

8. 四川北路

1）总体评价

空间使用的典型问题是：① 办公空间比重为28.8%，相对偏低；② 优化居住、酒店空间的类型，提升空间使用绩效；③ 商业空间业态与使用者的匹配度不高，与四川北路主商圈的差异化配置不明显；④ 垂直层面上居住和酒店空间分布不合理。

2）初步建议

（1）建议优化功能构成，增加办公空间比重至30%～35%；

（2）居住空间可适当增加部分居住密度较高的中高层住宅，酒店空间可新增中高档次的星级酒店；

（3）目前核心区内商务办公空间所占比重正逐步增大，而壹丰广场、申虹广场和盛邦国际内以传统百货商场、服装专卖为主的商业配置存在一定错位，与该区域以就业者及当地居民的使用者构成不匹配，也与四川北路北侧主商圈配置相似，建议结合商务人群的需求进行功能配置（再教育培训、商务餐饮等），并与北侧主商圈目的型消费形成互补之势；

（4）优化垂直层面空间分布，增加高层区居住和酒店空间的比重，尽量将近地面层留给商业空间。

9. 陆家嘴

1）总体评价

总体评价显示，陆家嘴在10个站域中排序靠前，但仍存在一些典型问题：① 虽然作为中央商务区以办公空间为主，但商业和居住空间这两种有利于提升使用品质和持续活力的空间比重显著偏低，分别为11.8%和4%；② 商业业态相对单一，部分中档零售购物、生活服务类业态不足；③ 居住空间的多层面分布不合理；④ 广场类公共空间，特别是结合商业办公的准公共空间比重偏低。

2）初步建议

（1）建议办公空间可从70%比重降至60%～65%，增加商业空间比重至15%～20%，同时增加居住空间比重至5%～10%；

（2）由于该区域除就业者外还有大量的城市游客，因此，可加强商业业态的多元化配置，沿主要步行路径适当增加零售购物、休闲餐饮、生活类服务商业等业态；

（3）居住空间水平层面宜主要分布在300～500 m 区域，垂直层面上增加高层区域的比重；

（4）在主要办公和商业区域，增加结合办公空间布置的准公共空间比重，有利于提高区域的整体活力。

10. 打浦桥

1）总体评价

空间使用的典型问题是：① 作为服务周边社区的中心型站域，商业空间为13.2%，相对偏低，业态上缺乏部分社区类的百货、卖场空间；② 商业空间分布过于集中在站点附近，在站域的外围区域缺乏一些大规模的商业吸引点；③ 垂直层面上办公和酒店空间在高层区比重偏低；④ 该站域是居住和办公主导的站域，但目前公园类公共空间比重很低。

2）初步建议

（1）建议增加商业空间比重至15%～20%；

（2）外围（特别是站域西区和北区）需要结合人流发生点配置吸引力强的社区类主力店，宜与日月光购物中心的业态互补（如家居类专业卖场），以平衡商业核心区购物中心和田子坊对人流的强大吸引，促进消费者在站域中积极有序的流动，从而提升沿街商业带的使用绩效；

（3）优化垂直层面空间分布，增加办公和酒店空间的比重，将近地面层的空间留给商业；

（4）建议公共空间密度由5%提升至10%左右，类型优化以站域公园类公共空间为主，并结合居住空间多布置中小规模的街心花园和城市绿地，方便当地居民便捷使用。

6.5 本章小结

本章主要包括四大部分，结合“中央活力区”概念并进一步针对高密度大城市中心区的中心型轨交站域提出“轨交活力区”，以作为空间使用优化目标，该概念强调空间使用“效率和品质”的双重价值取向，并对基本特征进行定性描述；然后提出以“评估-问题-目标-优化”为主线的优化思路，从评价背景、评价内容、评价依据、评价结果等方面建立站域空间使用的“分布–绩效”综合评价模型，并在科学评价的基础上，尝试提出以“功能、强度、分布”三大导控要素为核心的优化方法，初步形成轨交站域空间使用的基本优化框架；再针对高密度城市中心区轨交站域的发展建设，特别是作为与日常生活密切相关的公共活动中心区，选取“社区中心型轨交活力区”和“区域中心型轨交活力区”两种典型类型，基于站域基本背景和使用者组合分析，从功能、强度及分布等三方面建构典型的空间使用模式；最后，将研究聚焦到上海核心城区的轨交站域和 10 个样本上来，总结出轨交站域空间使用上存在的四个典型结构性问题，并针对性地提出优化策略。

第 7 章　结论与展望

7.1 研究结论

本书以使用者特征及其活动行为分析为切入点，着重研究了上海核心城区轨交站域的分布和绩效问题，并形成以下五方面结论。

1. 初步归纳了轨交站域空间的使用者特征及活动行为特征

消费者、就业者、当地居民和蓄留游客构成了上海核心城区轨交站域的使用者主体，站域在步行行为支撑下包括换乘、通勤、消费和休憩活动等 4 类基本活动行为。

1）轨交站域的使用者特征

使用者特征从轨交出行者和站域使用者两个角度进行归纳，轨交出行群体构成以消费者、就业者、当地居民为主体；其中轨交消费出行者群体其年龄结构以中青年主导，出行目的零售比例最大，其次是餐饮和百货消费。上海核心城区轨交站域的 4 类典型使用者群体分别为就业者、消费者、当地居民以及蓄留游客，各自的活动行为链和空间需求存在显著差异。

2）轨交站域的活动行为特征

在步行行为支撑下站域包含换乘、通勤、消费和休憩等 4 类基本活动行为，呈现出时间、地区和人群等三方面整体特征：

（1）时间特征：活动行为分为通勤高峰时段和平常时段，通勤高峰时段以通勤、换乘活动等必要性活动为主，而平常时段大多以自发消费活动为主；

（2）地区特征：在商办主导的轨交站域空间活动以通勤为主，并兼有消费或休憩活动等，在居住主导的站域以通勤和消费活动为主，而且消费活动多为顺路型消费活动，混合使用的站域人群活动呈现出高密度、多元化、峰谷结合的特征；

（3）人群特征：老年人活动以换乘和消费活动为主，时段主要集中在非通勤高峰时段，中年人活动以通勤为主，时段主要集中在上下班高峰时段，消费活动多以顺路消费型活动为主，青年人在通勤活动上与中年人类似，但在消费活动类型上更广泛，目的型消费和顺路消费兼有，时段可持续到 19：00—22：00 区间。

2. 探索了轨交站域空间使用的分布规律

轨交站域微区位价值反映了多层面空间的盈利能力，结合不同功能业态的承租能力差异，在共同作用下逐渐呈现出站域功能空间的结构性分布特征，这种结构性分布又进一步影响了站域公共空间的结构性分布特征，此即轨交站域空间使用的分布规律。

1）微区位价值分布及站域的多层面竞租曲线

轨交站域多层面空间的微区位价值分布特征：

（1）水平层面：商业空间价值随着与站点的距离增加而迅速衰减，办公、居住空间衰减程度相对次之，酒店空间受站点距离变化的影响很小；

（2）垂直层面：商业价值随着与离近

地面层距离增大而迅速衰减，办公、酒店和居住空间随着高度增加空间价值逐渐升高。研究基于微区位价值分析也讨论了反映多层面空间盈利能力的竞租曲线，传统的竞租曲线在水平层面上基本适用，并初步总结垂直层面的竞租曲线；然后再结合不同功能类型的承租能力分析多层面空间使用分布规律。

2）功能空间的结构性分布特征

（1）功能组群构成：不同背景和使用者组合站域的功能组群存在差异，并形成多层面的组群构成分布差异，比如在办公和商业主导的站域，水平层面上近站点圈层则以商业办公为主导，在中间圈层为混合使用区，远站点圈层以办公和居住为主导。

（2）总体开发强度：研究揭示了上海核心城区轨交站域地上总体开发强度与站点日均客流量具有显著的正相关性，其线性函数关系式为：$Y = 1.438 + 0.090X$（Y代表总体开发强度，X代表日均客流量，单位：万人），两者影响存在边际递减效应；研究初步归纳影响模型适用性的3个主要条件：与上海核心城区具有相似的出行结构、以各级中心型站域类型以主、流量要求在20万人以内且不宜过大或过小；针对不同功能空间强度影响而言，随着站域日均客流量变化，商业空间开发强度的影响范围主要集中在0～200 m左右的近站点圈层，办公空间相对次之，而居住空间主要集中在站点400～500 m的外围圈层。总体开发强度在水平层面呈现以站点为中心尾部略微提升的圈层递减分布特征，在垂直层面上随高度增加呈现以站点为中心先减后增的结构性分布特征。

（3）典型功能空间：商业空间水平层面显著呈现以站点为中心的圈层递减分布特征，垂直层面随高度增加呈现以站点为中心显著递减的分布特征；办公空间水平层面呈现以站点为中心尾部略微提升的圈层递减分布特征；垂直层面呈现以站点为中心随高度增加显著递增的分布特征；居住空间水平层面呈现以站点为中心尾部略微下降的圈层递增分布特征。

3）公共空间的结构性分布特征

（1）公共空间构成：不同功能主导型站域的公共空间构成存在差异，也形成了多层面公共空间构成的分布差异，在办公和商业主导的站域，广场类公共空间比例增大，这导致了水平层面上近站点圈层以广场类公共空间为主导，在中间圈层空间相对混合，远站点圈层以公园类公共空间为主导。

（2）公共空间密度：实证结果表明密度取值区间在5%～15%之间，水平层面上呈现圈层递减的总体变化趋势，公共空间密度分布与总体开发强度、商业、办公空间的强度分布正相关性显著。

（3）典型公共空间：在水平层面上广场类公共空间呈现显著的圈层递减分布特征，特别是与商业空间的分布曲线较为一致；公园类公共空间在水平层面上呈现圈层递增的分布特征。

3. 探索了轨交站域空间使用绩效的影响机制

轨交站域的影响机制主要包括影响因素

的作用关系和影响权重的排序两方面，初步归纳出功能因素、可达因素、空间因素和使用者因素为主的 4 类影响因素；同一因素对不同空间的影响方式和程度不同，不同因素对同一空间的影响权重也不同。

1）功能空间

（1）商业空间：功能类型对绩效的影响可分为三个层级，百货和专业卖场为第一层级，餐饮和零售购物为第二层级，服务和休闲娱乐为第三层级，三者基本呈现 1/2 的递减关系；就可达因素影响而言，研究表明每增加 1 万人的日均客流量，商业空间单位店铺的时均客流量能增加 6～7 人；在空间因素影响上，水平层面 0～300 m 范围商业使用绩效与水平距离系数在 0.05 水平（双侧）呈中度负相关，随着与站点距离的增加绩效逐渐增加，垂直层面越靠近人流主要活动基面的商业空间（如近地面层和站点出入口周围）绩效越高，良好的空间环境质量、城市家具的完善配套也能有效提高商业空间的绩效；使用者层面站域的人群类型越复合则商业空间整体绩效越高。影响因素的权重排序为：功能类型 / 轨交客流 > 人群构成 / 空间区位（垂直）> 空间品质 / 空间区位（水平）。

（2）办公空间：总体而言甲级比乙级办公在使用绩效上能提高约 1.25 倍；水平层面上办公使用绩效与水平距离系数在 0.05 水平（双侧）呈现弱负相关性，随着与站点距离增加绩效呈现先缓慢升高再缓慢下降的趋势，在 200～300 m 圈层达到峰值，400～500 m 圈层为谷值，垂直层面随着高度升高使用绩效逐渐增加，办公空间品质如周边布置高品质的公园绿地或者街心花园，有利于提高办公空间使用绩效，与部分商业（零售、餐饮、服务）以及酒店式公寓、居住空间结合后，也可有效提高办公空间的使用绩效。影响因素的权重排序为：功能类型 > 空间品质 > 空间区位（水平、垂直）。

（3）居住空间：相对而言中小套型的住宅绩效最高，酒店式公寓次之，大套型豪华住宅的绩效相对偏低；水平层面上相对远离站点但同时在适宜步行耐受范围内（0～300 m 圈层）的居住空间使用绩效更高，离站点过近的近地面层区往往绩效偏低，当居住空间周围有完善的商业生活配套、办公空间、街心花园等，由于空间品质提高有利于居住空间的使用绩效提升。影响因素的权重排序为：空间区位（水平）> 空间品质 > 功能类型。

（4）酒店空间：相对而言中档的三星级、四星级酒店使用绩效更高，高档次奢华酒店或者低档次酒店整体使用绩效往往偏低；轨交客流量越大对中等档次酒店的绩效提升最明显，对高档次酒店的绩效影响不大；高层区相对其他高度区域对酒店空间的使用绩效提升更高，酒店与商业空间紧密结合，靠近主要城市景观、公共活动广场、步行街等周围时使用绩效更高。影响因素的权重排序为：空间品质 > 功能类型 > 空间区位（垂直）。

2）公共空间

（1）广场类公共空间：与商业办公结合的准公共空间比一般性公共空间使用绩效更高；站点日均客流量越大其空间使用绩效

越高，特别对商业类准公共空间影响更为明显；水平层面上随着与站点距离的增加公共空间的整体使用绩效降低，垂直层面上靠近地面层（0～10 m）和轨交人流主要到达层（地下0～15 m）的整体使用绩效更高，随着高度增加使用绩效显著降低，公共空间内景观绿化、城市家具（如座椅、垃圾箱、凉亭等）配套的完善程度越高则整体使用绩效越高；公共空间周边人群构成越混合则整体空间使用绩效越高。影响因素的权重排序为：人群构成/功能类型>空间品质/轨交客流>空间区位（水平、垂直）。

（2）公园类公共空间：使用绩效与站点的水平距离系数有较弱的正相关性，在远离站点的区域其使用绩效相对于靠近站点的区域更高；公共空间内景观绿化、城市家具（如座椅、垃圾箱、凉亭等）配套设施、体育运动设施的完善程度越高则整体使用绩效越高；公共空间周边居住人群比例越高则整体使用绩效越高。影响因素的权重排序为：人群构成>空间品质>空间区位（水平）。

4. 提出了空间使用“分布-绩效”的综合评价模型和优化方法

轨交站域空间使用优化框架按照“评估-问题-目标-优化”的总体优化思路，主要包括优化目标、综合评价模型、优化方法和典型模式这四方面，其中综合评价模型和优化方法是框架的核心内容。

研究建立了关于轨交站域空间使用优化的“分布-绩效”优化框架，提出“轨交活力区”作为优化目标，综合评价模型以“轨交活力区”为目标，主要包括评价背景、评价依据、评价内容和评价结果等四方面，并细化为若干分项指标；依托空间使用分布规律和绩效影响机制的研究，综合评价模型包括分布评价和绩效评价两大内容，在评价基础上提出“功能、强度和分布”三大主要导控要素为核心的空间使用优化方法，并针对不同类型站域和问题提出初步优化建议。

5. 建构了社区中心型和区域中心型轨交活力区的空间使用分布模式

社区中心型和区域中心型轨交活力区是未来高密度城市中心区轨交站域发展的两种典型类型和重要目标，并对其空间使用模式初步进行量化建构。

1）社区中心型轨交活力区

它作为社区级的公共活动中心区，一般辐射站点周边1～2个社区，将是未来高密度城市中心区数量最多、与居民日常工作和生活结合最为紧密的一类站域；使用者组合特征是以辐射范围内的当地居民为主体，而就业者、消费者以及蓄留游客相对较少。

（1）功能空间：商业空间构成宜为10%～20%、办公空间宜为15%～20%、居住空间宜为50%～60%、酒店宜为1%～5%、其他空间宜为5%～10%，地下商业和地下公共停车场的比值控制在1∶3到1∶4之间，可适当减少地下商业的比重；功能子系统以与居民日常生活关系密切和承租能力居中的类型为主，比如社区百货、专业卖场以及各类生活类服务空间（如便利店、书店）、乙级办公等；水平层面上 0～200 m 圈层以混合使用为主，200～500 m 圈层则以居住空间为主导，比重可控制在 50%～60%；垂直层面上近地面层区以居住空间为主导，中间层各功能相对混合，而高层区则以办公和居住功能为主导，两者可分别控制在 40%～50%。地上总体开发强度建议控制在 1.5～2.5 之间，在水平层面上平缓地呈现尾部略微翘起的圈层递减分布特征，从内至外 5 个圈层的强度建议为 2.1～2.3、1.8～2.0、1.7～1.9、1.8～2.0、1.8～2.0；垂直层面随高度增加开发强度逐层递减，适度进行地下公共性功能空间开发，高层区到地下浅层区的强度建议为 0.5～0.7、0.5～0.7、0.8～1.0、0.05～0.15。

（2）公共空间：以公园类公共空间为主，规模适中且靠近居住空间周边布置；总体的公共空间密度建议为 10%～15%，分布以居住空间为主导，形成圈层递增的分布格局；公园类公共空间建议在 200～500 m 圈层增大比重，而广场类主要布置在近站点的 0～200 m 圈层。

2）区域中心型轨交活力区

它作为区域级的公共活动中心区，一般辐射站点所在行政区域或周边 1～2 个行政区的范围，将是未来高密度城市中心区人群类型相对最丰富、功能最复合的一类站域；使用者组合特征是以当地居民、就业者为主体，并包含所辐射行政区域内的消费者及蓄留游客，人群构成类型复合。

（1）功能空间：商业空间构成宜为 20%～25%、办公空间宜为 30%～40%、居住空间宜为 30%～40%、酒店为 5%～10%，其他空间为 1%～5%，地下商业和地下公共停车场的比值在 1∶2 到 1∶3 之间，需适当加强地下商业的比重；各功能子系统以空间承租能力在中上的类型为主，比如大型购物中心、中高端餐饮、甲级办公、四星及五星级酒店等；水平层面上 0～200 m 圈层以商业办公为主，比重可控制在 70%～85%，200～500 m 圈层以混合使用为主，垂直层面近地面层区以居住和商业空间占主导，可分别控制在 30%～40%，中间层区混合使用，在高层区中以办公空间占主导，可控制在 50%～60%。地上总体开发强度建议控制在 2.0～3.0 之间，在水平层面上可显著呈现尾部略微翘起的圈层递减分布特征，从内至外 5 个圈层的强度建议为 3.7～3.8、2.6～2.8、2.1～2.3、2.2～2.4、2.3～2.5；垂直层面随高度增加开发强度逐层递减，宜加强地下公共性功能空间的开发力度，高层区到地下浅层区的强度建议为 0.8～1.0、0.6～0.8、0.8～1.0、0.15～0.3。

（2）公共空间：在混合使用的原则上广场类公共空间比重需适当增大，特别需要提升与商办结合的准公共空间比重，建议在 0～200 m 以广场类公共空间为主，在 200～300 m 可适度混合，在 300～500 m 以公园类公共空间为主；公共空间密度建议为 5%～10%，其分布以商业办公空间为主导，形成圈层递减的分布格局。

7.2 主要创新点

结合既有文献的分析，笔者认为本书在以下三方面获得了一定程度的研究创新。

1. 初步归纳了轨交站域日均客流量和总体开发强度的线性函数方程

本书提出了基于轨道交通日均客流量的站域总体开发强度函数模型，并通过上海核心城区共 35 个站域加以验证，它可用于指导高密度城市中心区轨交站域的空间总量控制。轨交站域日均客流量和总体开发强度的函数方程：$Y = 1.438 + 0.090X$（Y 代表总体开发强度，X 代表日均客流量，单位：万人），并分析了日均客流对开发强度的影响具有边际递减效应，研究也进一步指出相对函数方程本身，其分析方法具有更重要的理论价值。

2. 初步建立了轨交站域空间使用绩效的“评价–预测”方法模型

本书以层次分析法为基础，重点筛选与人流量相关的活力性绩效指标，并辅助部分盈利性绩效指标，以此为基础建立了以城市活力为目标的空间使用绩效指标框架和评价方法模型；然后结合功能、可达、空间和使用者四方面绩效影响因素的分析，选取其中的部分重要影响因子，建立空间使用绩效的预测方法模型，并通过对上海 10 个样本站域评价结果和预测结果的比较，表明该方法模型对绩效评价和预测具有一定的适用性。

3. 初步提出了轨交站域空间使用“分布–绩效”的系统优化框架

研究按照“评估–问题–目标–优化”的总体优化思路，建立了一套空间使用的优化框架，首先提出“轨交活力区”作为站域总体优化目标，围绕这个目标提出空间使用“分布–绩效”的综合评价模型，并形成以“功能、强度和分布”三大导控要素为核心的优化方法，最后还初步量化建构了社区中心型和区域中心型两种典型活力区的分布模式，这对未来轨交站域空间使用的发展优化具有一定的指导作用。

7.3 研究展望

高密度城市中心区轨交站域空间使用的分布与绩效研究内容十分丰富，需要具备多学科知识和较强研究能力，鉴于笔者在这个领域耕耘尚浅，资料收集和学术能力所限，使得许多有价值的问题并未讨论，即使针对上海核心城区轨交站域的研究也存在不少问题，比如针对部分研究结果的结论下得尚早，适用性讨论不够等，因此未来在以下几方面可进一步展开深入研究。

1. 研究内容上可拓展空间使用与交通等城市设计系统的协同性研究

城市中各系统和要素不是孤立存在的，需要相互支持和协同才能获得站域整体性高效率和高品质兼顾发展，因此，今后可以在对空间使用系统相关问题研究的基础上，进一步拓展与交通等其他城市设计系统的“协同效应”研究，以促进站域的“体系化”发展趋势，实现更高层次的可持续发展愿景。

2. 研究视角上需强调关注使用者和活动行为，提升研究的人文内涵

城市最终的目的是服务于人，当前高密度大城市中心区空间使用发展中仍存在重使用效率而轻使用品质的现象，较为忽略对使用者及其行为的关注，因此今后在城市设计的研究视角下，需要进一步强调轨交站域空间使用者和多样化群体行为，比如空间人性化设计与群体交往和融合问题等，以彰显出研究的人文内涵。

3. 研究方法上宜结合多种分析方法以体现论证的严谨性

由于站点和周边空间建设时序不同等多方面原因，使得样本站域的空间使用本身存在一些问题，这使结论的准确性受到一定影响，虽然研究适度结合了其他区域如香港和深圳的部分案例进行分析，但笔者也深知由于轨交站域空间使用的复杂性这还不够，因此在后续研究中仍需进一步完善研究方法，如通过纵横向的比较研究等方法来尽可能避免这些干扰因素，使分析推导更加严谨，提高结论的准确性。

4. 研究数据上应加强城市大数据背景下数据的深度和广度

本书大部分数据结合课题组的现场采集获得，虽均为一手资料但样本数量仍略显不足；在当前城市大数据发展的时代背景下，未来城市空间领域的量化研究将成为必然趋势，因此，后续可通过增加更多样本来提高研究数据的信度，更应顺势充分利用和建立城市研究的数据库，进一步完善形成轨交站域空间使用定量研究范式。

附录 A 调查报告

1. 引言

调查过程并非一蹴而就，需要经过整体调查、初步调查、重点调查等阶段逐渐发现和聚焦研究问题，完善调查和分析方法，以获得准确和有效的研究数据，并探索性发现一些结论。最后有必要将这个过程和主要成果附于本书之后，主要目的有二：① 重新梳理支撑研究的重要基石，虽由于笔者能力有限及其他原因，并未能完全充分地认识和使用这些数据，但该报告可作为后续相关学者的研究借鉴，起到抛砖引玉之效。② 本调查主要立足于上海，而目前上海尤其是核心城区轨交站域的空间问题较为突出，虽然由于调查方法所限，但总体而言它对后续站域的建设具有一定的参考价值。这里将调查的主要内容按照三部分进行梳理，包括宏观层面的整体调查、15 个站域的初步调查、10 个站域的重点调查。

2. 整体调查

整体调查主要对上海地区轨道交通与站域发展现状的一些宏观数据进行收集，也包括深圳、香港等可比站域的资料收集；并针对核心城区约 83 个站域的空间使用状况进行摸底，进行研究的可行性论证，最终初步选取 15 个站域展开第二轮调查；这里展示第一轮部分重要内容（图 A1—图 A2）。

3. 初步调查

本次调查选取核心城区 15 个不同类型的样本站域，它们分布于不同轨道交通线路与城区范围内，多选取功能并不复杂的站域进行探索性调查，考虑样本的广泛性和均衡性，其中浦东新区 4 个，静安区 4 个，虹口区 3 个，普陀区 1 个，黄浦区 1 个，徐汇区 1 个，杨浦区 1 个；图 A3 展示了部分调查内容。

4. 重点调查

在前两轮调查的基础上，这轮调查确定了上海核心城区的 10 个重点样本站域，笔者负责协助制订了相对完整的空间使用调查方案，并参与了课题组的实地调查工作，样本选择的依据详见第 2 章 2.3 节；这里以上海五角场-江湾体育场站域为例，展示在空间使用层面的部分调查内容（图 A4—图 A5）。

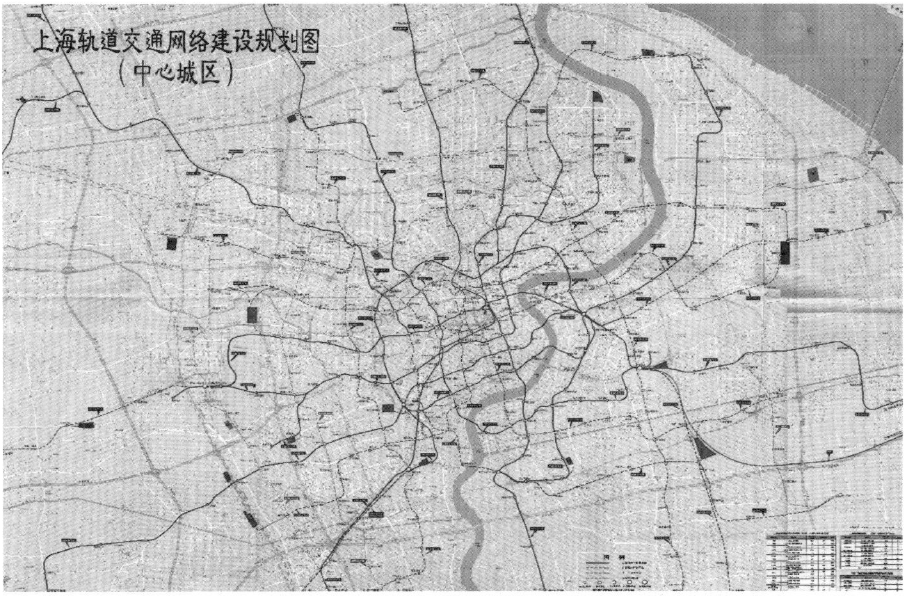

图 A1　上海轨道交通网络建设规划图（中心城区）
资料来源：课题组

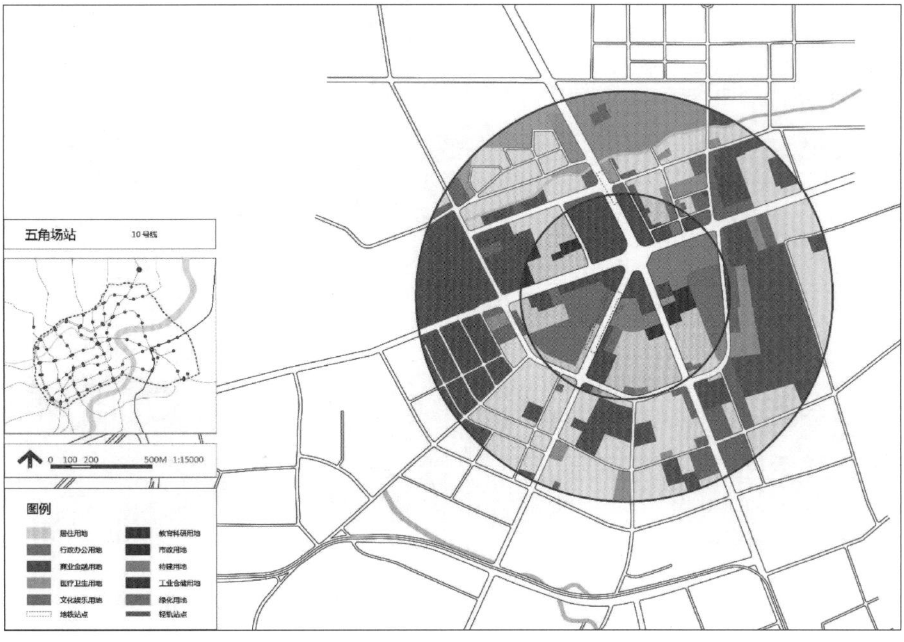

图 A2　上海中心城区轨交站域 500 m 和 1 000 m 范围内的土地使用调查模板
资料来源：课题组

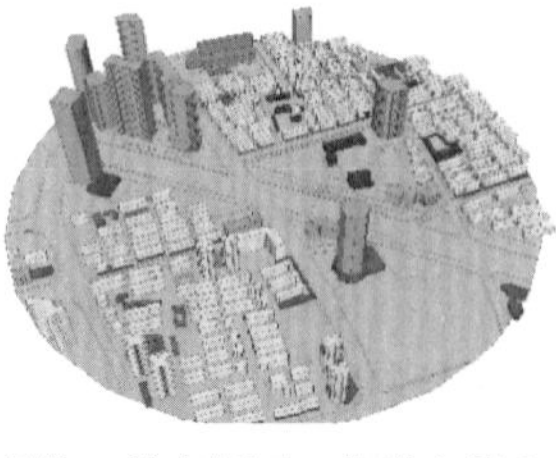

东昌路：浦东新区，轨道交通 2 号线，日均客流量约 6.5 万人

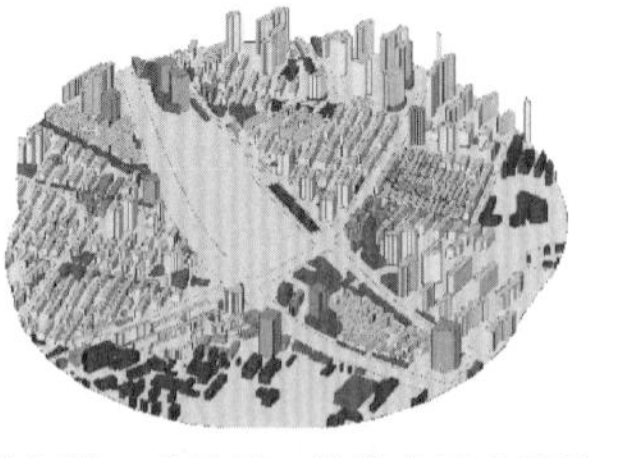

金沙江路：普陀区，轨道交通 3 号线、4 号线、13 号线，日均客流量约 5.1 万人

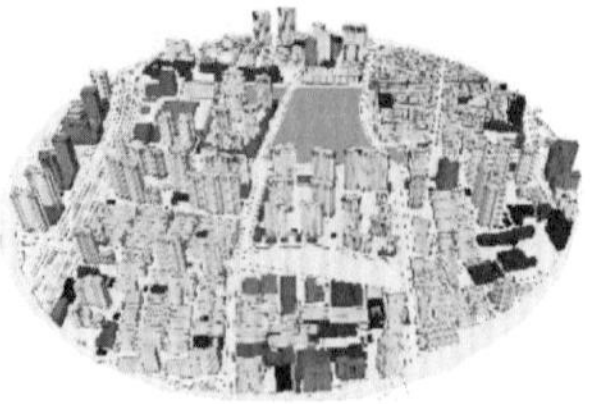

马当路：黄浦区，轨道交通 9 号线，日均客流量约 1.7 万人

四川北路：虹口区，轨道交通 10 号线，日均客流量约 2.1 万人

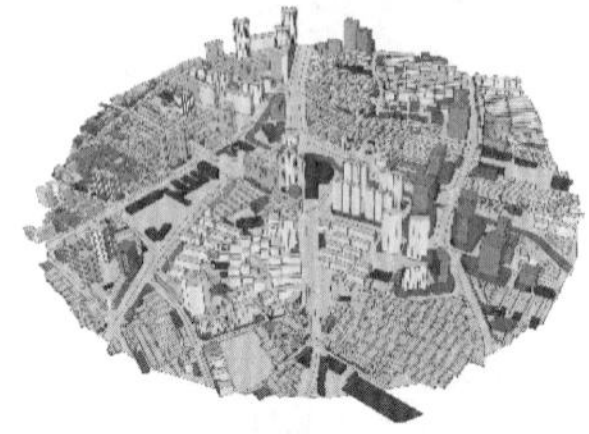

东宝兴路：虹口区，轨道交通 3 号线，日均客流量约 2.6 万人

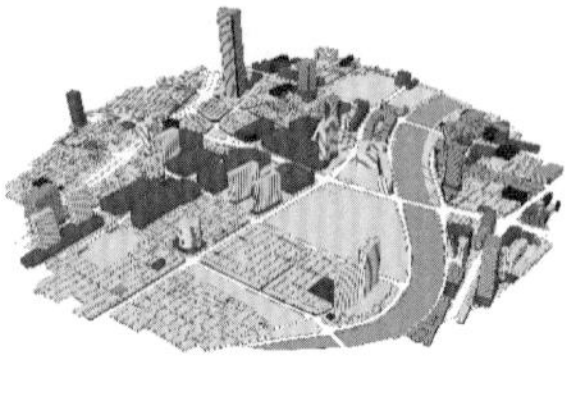

天潼路：静安区，轨道交通 10 号线，日均客流量约 4.1 万人

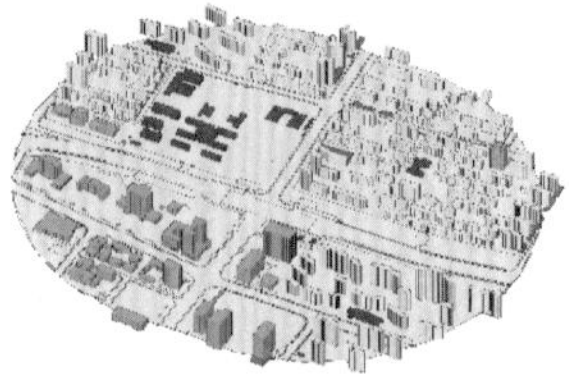

杨高中路：浦东新区，轨道交通 9 号线，日均客流量约 2.4 万人

江浦路：杨浦区，轨道交通 8 号线，日均客流量约 2.7 万人

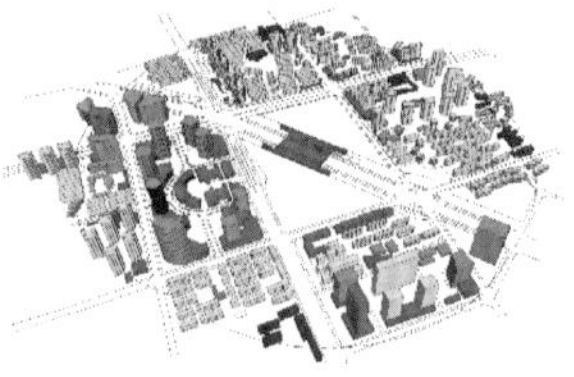

世纪大道：浦东新区，轨道交通 2 号线、4 号线、6 号线、9 号线，日均客流量约 8.0 万人

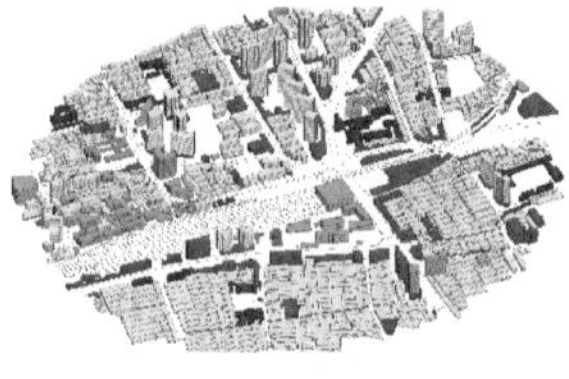

宝山路：静安区，轨道交通 3 号线、4 号线，日均客流量约 3.2 万人

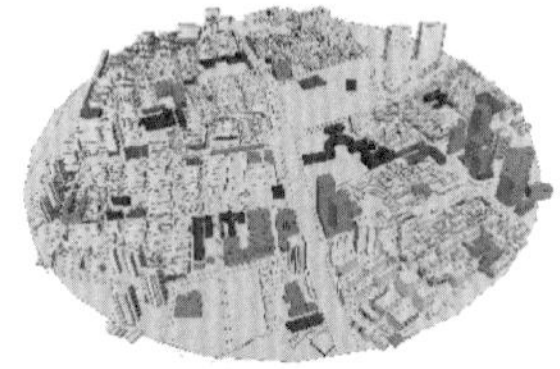

中兴路：静安区，轨道交通 8 号线，日均客流量约 2.2 万人

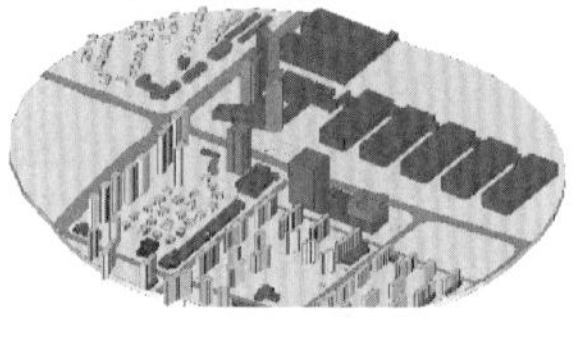

花木路：浦东新区，轨道交通 7 号线，日均客流量约 1.1 万人

临平路：虹口区，轨道交通 4 号线，日均客流量约 3.2 万人

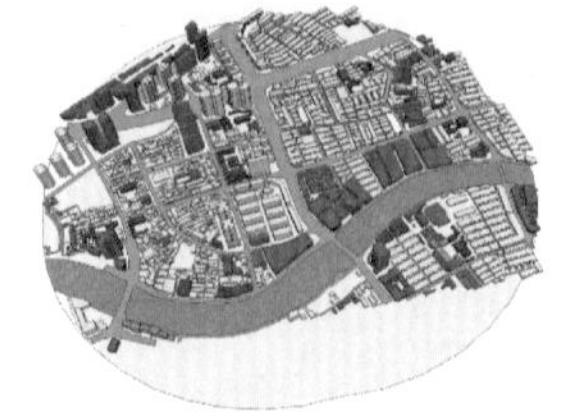

曲阜路：静安区，轨道交通 8 号线，日均客流量约 2.3 万人

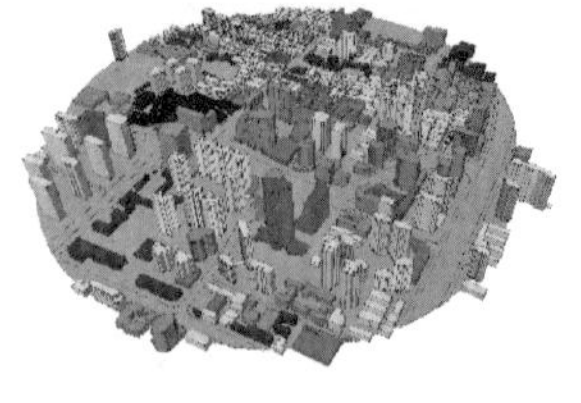

打浦桥路：徐汇区，轨道交通 9 号线，日均客流量约 4.3 万人

图 A3　上海核心城区 15 个轨交站域的空间使用现状

资料来源：课题组

空间使用(2)
SPATIAL USE

		0-100米	100-200米	200-300米	300-400米	400-500米
圈层总体 OVERALL LAYERS	占地面积	124048	245640	303082	358270	419101
	空间总容量	186251.7	550810.4	520802.6	502341.1	552939.1
	平均毛容积率	1.501	2.242	1.718	1.402	1.32
商业空间 COMMERCIAL SPACE	空间容量	100379	214150.8	142831	54338.7	19769.4
	毛容积率	0.809	0.872	0.471	0.151	0.047
办公空间 OFFICE SPACE	空间容量	39866.2	200764	162958	90172.9	122834
	毛容积率	0.321	0.817	0.538	0.251	0.294
居住空间 RESIDENTIAL SPACE	空间容量	14971.8	106226.4	185088	275249	294963
	毛容积率	0.121	0.432	0.611	0.768	0.703
酒店空间 HOTEL SPACE	空间容量	0	2675.4	24603	11742	11353.5
	毛容积率	0	0.011	0.081	0.032	0.028
其他空间 OTHER SPACE	空间容量	31034.7	26993.8	5322.2	71738.8	104019
	毛容积率	0.25	0.11	0.017	0.2	0.248

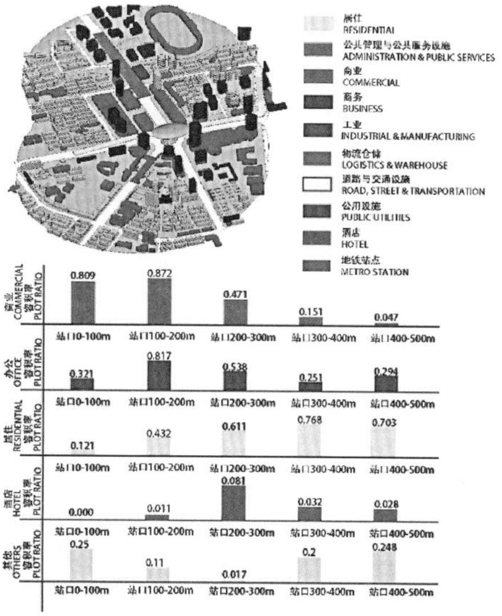

10号线 五角场站+江湾体育场站　LINE NO.10 WUJIAOCHANG+JIANGWAN STADIUM STATION

图 A4　上海五角场-江湾体育场站域的空间使用调查
资料来源：课题组

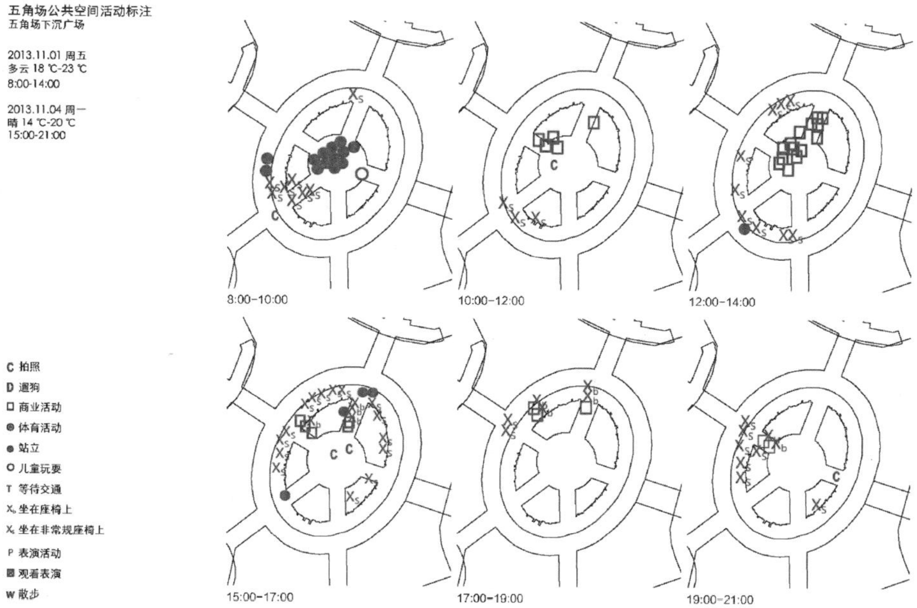

图 A5　上海五角场-江湾体育场站域（工作日）的公共空间活动调查
资料来源：课题组

附录 B “国家自然科学基金委员会”网站的研究课题调查

为了准确地把握本研究的前沿性，笔者检索了代表我国学术研究前沿的“国家自然科学基金委员会”网站，在“科学基金共享服务网”板块进行了关键词组合检索，并就与本研究相关度较大的课题进行了归纳（表 B1）。

表 B1 2000 年以来与本研究相关的国家自然科学基金课题调查

课题基金名称	关键词	课题类别	负责人	批准号
预接轨道交通的城市综合体公共空间双适应性设计方法研究	城市综合体；公共空间；双适应性；设计方法；城市轨道交通	青年科学基金项目	陈景衡	51408467
轨道交通站点影响域城市设计关键问题与方法——以重庆为例	城市轨道交通；站点影响域；综合接驳质量；行人微观仿真；城市设计	面上项目	褚冬竹	51478055
城市综合交通枢纽与邻接区协同规划及空间优化研究	城市综合交通枢纽；邻接区；规划协同；空间优化	面上项目	崔 叙	51478388
高密度城市建成环境下轨道交通站点周边步行可达性模型	可达性；建成环境；步行行为；轨道交通站点；城市规划与设计	面上项目	何 捷	51478300
多模式绿色交通导向的城市空间布局优化与调控研究	城市交通与土地使用；城市空间布局；多模式绿色交通；可持续发展	面上项目	潘海啸	51478320
市郊轨道交通车站综合体建筑模式及其适用性评价研究	市郊轨道交通；综合体；建筑模式；适用性；评价	青年科学基金项目	姚敏峰	51478198
轨道交通综合体效能优化的关键性导控元素及关联效应研究—— 以上海为例	轨道交通综合体；效能优化；导控元素；关联效应	面上项目	徐磊青	51378355
基于模型评价的轨道交通站点地区规划优化策略研究	轨道交通；站点地区；规划策略；优化研究；评价模型	青年科学基金项目	滕夙宏	51208344
城市轨道交通沿线站点用地优化机理与规划调控研究	城市轨道交通；土地利用；公交导向开发；优化机理；地理信息系统	青年科学基金项目	王成芳	51208203

续 表

课题基金名称	关键词	课题类别	负责人	批准号
城市流动与空间格局：城市轨道交通演变与商业空间的重构——广州为例	商业集聚；流动；城市轨道交通；空间重构；推演	面上项目	陈忠暖	41171141
基于交通枢纽的地铁站建筑空间优化设计策略	交通枢纽；地铁站地下空间；安全性；优化设计	面上项目	董玉香	51178038
基于城市轨道交通可持续发展的沿线土地综合开发和整合利用研究	轨道交通站点；综合开发；集约利用；规划管控	青年科学基金项目	卢　源	51108018
城市办公空间格局演化对轨道交通发展的响应机理	办公空间格局；空间联系强度；轨道交通；响应机理	青年科学基金项目	朱海勇	41101144
轨道交通站点区域人车路径与空间使用的协同效应——以上海为例	人车路径；空间使用；协同效应；轨道交通；站点区域	面上项目	庄　宇	51178318
城市交通综合体空间绩效评价研究	城市交通综合体；空间绩效；绩效评价	面上项目	沈中伟	51078312
轨道交通影响下的城市地下空间演化机理研究	地下空间；演化机理；城市轨道交通；优化模式	面上项目	夏海山	51078022
城市轨道交通枢纽旅客乘行行为和交通特性分析理论及应用研究	城市轨道交通，乘客交通特性，乘行行为分析	面上项目	袁振洲	50778016
轨道交通导向型大都市地区空间模式优化研究	轨道交通；可持续发展；大都市区；空间结构优化；耦合发展	面上项目	潘海啸	50378064
中国城市轨道交通对城市发展与环境总体影响的实证研究	城市轨道交通影响评价	青年科学基金项目	林逢春	40201047

注：1. 关键词组合检索：轨道交通 * 土地利用、轨道交通 * 综合体、轨道交通 * 地下空间、轨道交通 * 区域、轨道交通 * 分布、轨道交通 * 空间、轨道交通 * 行为、轨道交通 * 优化、轨道交通 * 绩效、轨道交通 * 城市设计。
2. 以上项目排序首先按照项目批准年度，同一年度则按照负责人姓氏拼音首字母排序。
3. 原始数据检索网址：http://npd.nsfc.gov.cn/fundingProjectSearchAction!search.action.

附录 C　轨交站域总体开发强度预测模型适用性的补充讨论

1. 引言

科学发展史告诉我们一个科学模型或结论的得出并不是一蹴而就，一定需要多次验证和修正。本研究推导了轨交站域日均客流与总体开发强度的线性函数模型：Y=1.438+0.090X（Y 代表总体开发强度，X 代表日均客流量，单位：万人）；同时也通过核心城区其他 15 个站域进行了验证，这里不再赘述，详见第 4 章 4.2.1 节。虽然本研究即将完成，但是课题组和笔者深知对于相关问题和结论仍需要深入研究，因此笔者结合 2015 年对上海核心城区另外 10 个站域的实际开发强度调查数据，进一步去验证本函数模型的适用性，之所以将其独立于主体章节之外，目的有二：① 主体部分是基于上海核心城区轨交站域的 3 次不同目的的调查，而这套数据独立于这 3 次调查，为保证主体研究的整体性，这里将其单列在附录中；② 主体章节中无论用于推导模型的 10 个重点站域，还是用于验证的 15 个站域，均是在 2013 年采集的数据，而这 10 个站域则是 2015 年采集的数据，通过单列也在一定程度上有利于分析模型在时间维度上的适用性。

2. 预测结果

将 10 个站点开发强度预测值与实际值进行比较（图 C1），结果显示模型的总体预测效果较高，其准确率约为 82.8%；而主体章节中 15 个验证站域的准确率约为 79.7%，25 个用于验证的站点平均准确率在 81%左右，如果剔除人民广场、上海体

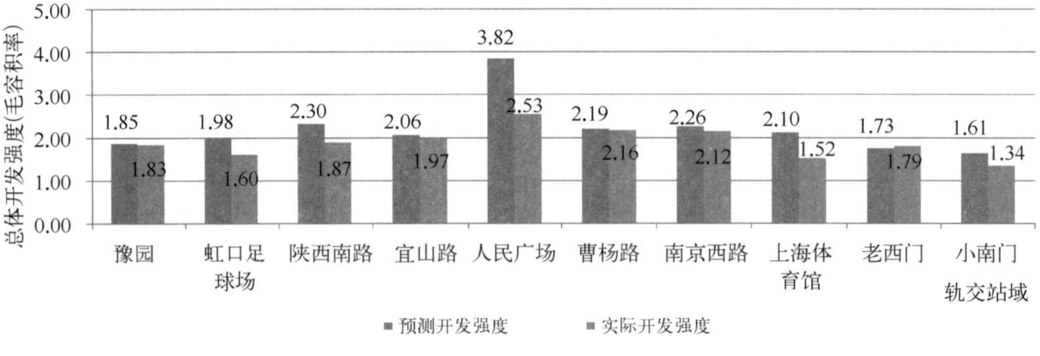

图 C1　补充验证的 10 个站域预测开发强度与实际开发强度对比图

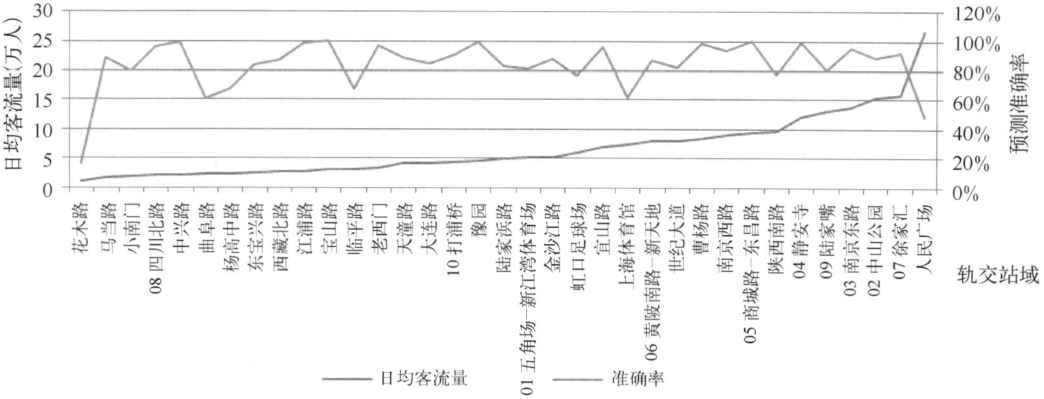

图 C2　35 个样本站域总体开发强度预测的准确率比较

育馆、虹口体育场这种相对特殊的站域，其误差率更小。将 35 个样本站域的日均客流量与各自预测准确率进行比较（图 C2），可以看出在客流量 1.1 万～26.5 万人范围内，随着流量逐渐增大，预测准确率在 80%～100%的区间范围内，并未出现明显的分异现象，基本表明在该日均客流量范围内，函数模型预测准确率受客流量变化的影响较小。

3. 讨论

1）适用条件

统计结果也表明花木路和人民广场等部分站域的预测准确率偏低，笔者认为主要在于这些站域的类型相对特殊；因此这里需要强调公式适用的两个重要前提：① 必须要与上海核心城区的出行结构这个宏观前提相似，主体章节已分析过；② 必须是可比站域，类似用于模型推导的 10 个重点样本站域，是由办公、居住、商业等典型空间构成的中心型站域，对其他特殊站域相对而言预测准确度不高，如人民广场（区位太特殊，为城市行政中心和核心交通枢纽站）、虹口足球场和上海体育馆（大型体育场馆）、花木路（大型城市展览中心）。

2）边际效应

边际效应（Marginal Utility）也称边际贡献，是经济学的一个重要概念，一般指消费者在逐渐增加单位消费品的时候，在投入超过某一水平后，其带来的单位效用是逐渐递减的（虽然带来的总效用仍然是增加的），使得总效用最终趋于峰值。

实际上站域的总体开发强度总存在一个限度，并不可能随客流量的增加而无限增长，研究归纳的线性回归模型只是对两者关系一种简化的理论描述，因此这里对实际存在的边际效应进行初步分析。

将 35 个样本站域日均客流量与总体开发强度进行二次函数估计（图 C3、表 C1），可以看出其 *sig* 值为 0.000，*R* 方为 0.499，模型的拟合度较高；曲线表明日均客流量对总体开发强度的影响是边际效应递减的，即

表 C1　模型汇总和参数估计值
因变量：总体开发强度

方程	模型汇总					参数估计值		
	R 方	F	df1	df2	Sig.	常数	b1	b2
二次	0.499	15.935	2	32	0.000	1.325	0.125	−0.003

注：自变量为日均客流量。

在一定的日均客流量区间内，当连续增加单位客流量，站域总体开发强度的增加是逐渐递减的，初步显示客流量达到 20 万人左右开发强度达到峰值，后续还可深化讨论。

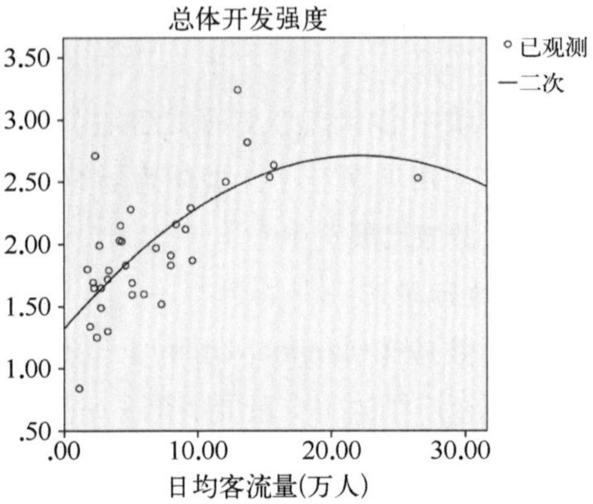

图 C3　35 个站域日均客流量与总体开发强度的二次函数估计

3. 结论

这再次证实轨交站域日均客流量与总体开发强度的显著相关性；同时也能看出在出行结构基本一致的前提下，当预测站域与样本站域的相似度越高（特别是各级中心型站域），其预测准确率相对更高。其次，客流量对开发强度的影响具有边际效应递减特征，因此在实际应用模型时，一般要求日均客流量不大于 20 万人，且针对大规模客流量站域的总体开发强度预测值要适当降低。

附录 D　基于空间绩效预测方法模型的样本计算数据

1. 引言

基于本书提出的空间绩效预测方法模型，对 10 个样本站域通过预测模型推导预测值并进行排序，然后和调查分析的评价值排序进行比较，对两种方法的排序吻合程度分析以验证该方法模型的适用性，以下为预测的具体赋值过程，具体方法可参考第 5 章 5.5.3 节的类似分析。

2. 计算数据

1）五角场–江湾体育场站域

表 D1a　商业空间

影响因素		绩效评价	影响权重	综合评价
功能类型		3	25%	0.75
轨交客流		2	25%	0.5
空间区位	水平	3	8%	0.24
	垂直	3	17%	0.51
空间品质		3	8%	0.24
人群构成		3	17%	0.51
绩效预测				2.75

表 D1b　办公空间

影响因素		绩效评价	影响权重	综合评价
功能类型		2	43%	0.86
空间区位	水平	2	14%	0.28
	垂直	1	14%	0.14
空间品质		2	29%	0.58
绩效预测				1.86

表 D1c　居住空间

影响因素		绩效评价	影响权重	综合评价
功能类型		2	17%	0.34
空间区位	水平	3	50%	1.5
空间品质		2	33%	0.66
绩效预测				2.5

表 D1d　酒店空间

影响因素		绩效评价	影响权重	综合评价
功能类型		2	33%	0.66
空间区位	垂直	1	17%	0.17
空间品质		2	50%	1
绩效预测				1.83

2）中山公园站域

表 D2a　商业空间

影响因素		绩效评价	影响权重	综合评价
功能类型		3	25%	0.75
轨交客流		3	25%	0.75
空间区位	水平	3	8%	0.24
	垂直	2	17%	0.34
空间品质		3	8%	0.24
人群构成		2	17%	0.34
绩效预测				2.66

表 D2b　办公空间

影响因素		绩效评价	影响权重	综合评价
功能类型		2	43%	0.86
空间区位	水平	3	14%	0.42
	垂直	3	14%	0.42
空间品质		3	29%	0.87
绩效预测				2.57

表 D2c　居住空间

影响因素		绩效评价	影响权重	综合评价
功能类型		2	17%	0.34
空间区位	水平	3	50%	1.5
空间品质		3	33%	0.99
绩效预测				2.83

表 D2d　酒店空间

影响因素		绩效评价	影响权重	综合评价
功能类型		2	33%	0.66
空间区位	垂直	2	17%	0.34
空间品质		2	50%	1
绩效预测				2

3）南京东路站域

表 D3a　商业空间

影响因素		绩效评价	影响权重	综合评价
功能类型		3	25%	0.75
轨交客流		3	25%	0.75
空间区位	水平	3	8%	0.24
	垂直	3	17%	0.51
空间品质		2	8%	0.16
人群构成		3	17%	0.51
绩效预测				2.92

表 D3b　办公空间

影响因素		绩效评价	影响权重	综合评价
功能类型		2	43%	0.86
空间区位	水平	2	14%	0.28
	垂直	3	14%	0.42
空间品质		2	29%	0.58
绩效预测				2.14

表 D3c　居住空间

影响因素		绩效评价	影响权重	综合评价
功能类型		3	17%	0.51
空间区位	水平	2	50%	1
空间品质		2	33%	0.66
绩效预测				2.17

表 D3d　酒店空间

影响因素		绩效评价	影响权重	综合评价
功能类型		3	33%	0.99
空间区位	垂直	2	17%	0.34
空间品质		3	50%	1.5
绩效预测				2.83

4）静安寺站域

表 D4a　商业空间

影响因素		绩效评价	影响权重	综合评价
功能类型		2	25%	0.5
轨交客流		3	25%	0.75
空间区位	水平	3	8%	0.24
	垂直	3	17%	0.51
空间品质		2	8%	0.16
人群构成		2	17%	0.34
绩效预测				2.5

表 D4b　办公空间

影响因素		绩效评价	影响权重	综合评价
功能类型		3	43%	1.29
空间区位	水平	3	14%	0.42
	垂直	3	14%	0.42
空间品质		2	29%	0.58
绩效预测				2.71

表 D4c　居住空间

影响因素		绩效评价	影响权重	综合评价
功能类型		2	17%	0.34
空间区位	水平	2	50%	1
空间品质		2	33%	0.66
绩效预测				2

表 D4d　酒店空间

影响因素		绩效评价	影响权重	综合评价
功能类型		2	33%	0.66
空间区位	垂直	2	17%	0.34
空间品质		3	50%	1.5
绩效预测				2.5

5）商城路–东昌路站域

表 D5a　商业空间

影响因素		绩效评价	影响权重	综合评价
功能类型		2	25%	0.5
轨交客流		2	25%	0.5
空间区位	水平	2	8%	0.16
	垂直	3	17%	0.51
空间品质		2	8%	0.16
人群构成		2	17%	0.34
绩效预测				2.17

表 D5b　办公空间

影响因素		绩效评价	影响权重	综合评价
功能类型		3	43%	1.29
空间区位	水平	2	14%	0.28
	垂直	2	14%	0.28
空间品质		2	29%	0.58
绩效预测				2.43

表 D5c　居住空间

影响因素		绩效评价	影响权重	综合评价
功能类型		2	17%	0.34
空间区位	水平	3	50%	1.5
空间品质		2	33%	0.66
绩效预测				2.5

表 D5d　酒店空间

影响因素		绩效评价	影响权重	综合评价
功能类型		2	33%	0.66
空间区位	垂直	2	17%	0.34
空间品质		2	50%	1
绩效预测				2

6）黄陂南路–新天地站域

表 D6a　商业空间

影响因素		绩效评价	影响权重	综合评价
功能类型		2	25%	0.5
轨交客流		2	25%	0.5
空间区位	水平	1	8%	0.08
	垂直	3	17%	0.51
空间品质		2	8%	0.16
人群构成		2	17%	0.34
绩效预测				2.09

表 D6b　办公空间

影响因素		绩效评价	影响权重	综合评价
功能类型		3	43%	1.29
空间区位	水平	3	14%	0.42
	垂直	2	14%	0.28
空间品质		2	29%	0.58
绩效预测				2.57

表 D6c　居住空间

影响因素		绩效评价	影响权重	综合评价
功能类型		3	17%	0.51
空间区位	水平	2	50%	1
空间品质		3	33%	0.99
绩效预测				2.5

表 D6d　酒店空间

影响因素		绩效评价	影响权重	综合评价
功能类型		2	33%	0.66
空间区位	垂直	2	17%	0.34
空间品质		3	50%	1.5
绩效预测				2.5

7）徐家汇站域

表 D7a　商业空间

影响因素		绩效评价	影响权重	综合评价
功能类型		2	25%	0.5
轨交客流		3	25%	0.75
空间区位	水平	3	8%	0.24
	垂直	3	17%	0.51
空间品质		2	8%	0.16
人群构成		2	17%	0.34
绩效预测				2.5

表 D7b　办公空间

影响因素		绩效评价	影响权重	综合评价
功能类型		3	43%	1.29
空间区位	水平	3	14%	0.42
	垂直	3	14%	0.42
空间品质		2	29%	0.58
绩效预测				2.71

表 D7c　居住空间

影响因素		绩效评价	影响权重	综合评价
功能类型		3	17%	0.51
空间区位	水平	3	50%	1.5
空间品质		3	33%	0.99
绩效预测				3

表 D7d　酒店空间

影响因素		绩效评价	影响权重	综合评价
功能类型		2	33%	0.66
空间区位	垂直	3	17%	0.51
空间品质		2	50%	1
绩效预测				2.17

8）四川北路站域

表 D8a　商业空间

影响因素		绩效评价	影响权重	综合评价
功能类型		3	25%	0.75
轨交客流		1	25%	0.25
空间区位	水平	3	8%	0.24
	垂直	3	17%	0.51
空间品质		3	8%	0.24
人群构成		2	17%	0.34
绩效预测				2.33

表 D8b　办公空间

影响因素		绩效评价	影响权重	综合评价
功能类型		3	43%	1.29
空间区位	水平	1	14%	0.14
	垂直	3	14%	0.42
空间品质		2	29%	0.58
绩效预测				2.43

表 D8c　居住空间

影响因素		绩效评价	影响权重	综合评价
功能类型		3	17%	0.51
空间区位	水平	2	50%	1
空间品质		2	33%	0.66
绩效预测				2.17

表 D8d　酒店空间

影响因素		绩效评价	影响权重	综合评价
功能类型		2	33%	0.66
空间区位	垂直	1	17%	0.17
空间品质		2	50%	1
绩效预测				1.83

9）陆家嘴站域

表 D9a　商业空间

影响因素		绩效评价	影响权重	综合评价
功能类型		3	25%	0.75
轨交客流		3	25%	0.75
空间区位	水平	1	8%	0.08
	垂直	1	17%	0.17
空间品质		3	8%	0.24
人群构成		2	17%	0.34
绩效预测				2.33

表 D9b　办公空间

影响因素		绩效评价	影响权重	综合评价
功能类型		3	43%	1.29
空间区位	水平	3	14%	0.42
	垂直	3	14%	0.42
空间品质		3	29%	0.87
绩效预测				3

表 D9c　居住空间

影响因素		绩效评价	影响权重	综合评价
功能类型		1	17%	0.17
空间区位	水平	1	50%	0.5
空间品质		3	33%	0.99
绩效预测				1.66

表 D9d　酒店空间

影响因素		绩效评价	影响权重	综合评价
功能类型		2	33%	0.66
空间区位	垂直	3	17%	0.51
空间品质		3	50%	1.5
绩效预测				2.67

10）打浦桥站域

表 D10a　商业空间

影响因素		绩效评价	影响权重	综合评价
功能类型		3	25%	0.75
轨交客流		1	25%	0.25
空间区位	水平	3	8%	0.24
	垂直	3	17%	0.51
空间品质		2	8%	0.16
人群构成		3	17%	0.51
绩效预测				2.42

表 D10b　办公空间

影响因素		绩效评价	影响权重	综合评价
功能类型		3	43%	1.29
空间区位	水平	2	14%	0.28
	垂直	2	14%	0.28
空间品质		2	29%	0.58
绩效预测				2.43

表 D10c　居住空间

影响因素		绩效评价	影响权重	综合评价
功能类型		3	17%	0.51
空间区位	水平	2	50%	1
空间品质		3	33%	0.99
绩效预测				2.5

表 D10d　酒店空间

影响因素		绩效评价	影响权重	综合评价
功能类型		2	33%	0.66
空间区位	垂直	2	17%	0.34
空间品质		2	50%	1
绩效预测				2

参考文献

英文文献

英文专著

[1] Bernick M, Cervero R. Transit villages in the 21st Century [M]. New York: McGraw-Hill, 1996.

[2] Bertolini L, Spit T. Cities on rails: The redevelopment of railway station areas [M]. London: E & FN Spon, 1998.

[3] Calthorpe P. The next American metropolis: Ecology, community, and the American dream [M]. New York: Princeton Architectural Press, 1993.

[4] Cervero R. The transit metropolis-A global inquiry [M]. Washington D C: Island Press, 1998.

[5] Daniels P W. Office location: An urban and regional study [M]. London: G Bell & Sons Ltd, 1975.

[6] Fulton W. The new urbanism: Hope or hype for American communities? [M]. Cambridge MA: Lincoln Institute of Land Policy, 1996.

[7] Green R D, James D M. Rail transit station area development: Small modeling in Washington D C [M]. New York: Armonk, 1993.

[8] Kenworthy J R, Laube F B, Newman P W G. An international sourcebook of automobile dependence in cities, 1960–1990 [M]. Boulder: University Press of Colorado, 1999.

[9] Larice M, Macdonald E. The urban design reader (2) [M]. London: Routledge, 2007.

[10] MVRDV. KM3 [M]. Rotterdam: Actar, 2005.

[11] Newman P W G, Kenworthy J R. Sustainability and cities: Overcoming automobile dependence [M]. Washington D C and Covelo, Califomia: Island Press, 1999.

[12] Puget Sound Regional Council. Creating transit station communities: A Transit-Oriented Development workbook [M]. Seattle: PSRC · Information Center, 1999.

[13] Pushkarev B S. Urban rail in America [M]. Bloomington: Indiana University Press, 1982.

[14] Tang B S, Chiang Y H, Baldwin A N, et al. Study of the integrated rail-property development model in Hong Kong [M]. Hong Kong: the Hong Kong Polytechnic University, 2004.

期刊论文

[15] Baker C. Tracking Washington's metro [J]. American Demographics, 1983, 5(11): 30–35.

[16] Bartholomew K. Land use-transportation scenario planning: Promise and reality [J]. Transportation, 2007(34): 397–412.
[17] Bhalla M, Pant P. Pedestrian traffic on Cincinnati skywalk system [J]. Journal of Transportation Engineering, 1985, 111 (2) : 95–104.
[18] Boarnet M G, Compin N S. Transit-Oriented Development in San Diego County: The incremental implementation of a planning idea [J]. Journal of the American Planning Association, 1999, 65 (1) : 80–95.
[19] Boarnet M G, Sarmiento S. Can land use policy really affect travel behavior? A study of the link between non-work travel and land-use characteristics [J]. Urban Studies, 1998, 35 (7) : 1155–1169.
[20] Boyko C T, Cooper R. Clarifying and re-conceptualising density [J]. Progress in Planning, 2011, 76 (1) : 1–61.
[21] Campos M B. Strategic spaces: Patterns of use in public squares of the city of London [C] // London: University College London, 1997. Proceedings 2: Urban Theme, Space Syntax 1st International Symposium.
[22] Cervero R. America's suburban centers: A study of the land-use-transportation link [R]. Washington D C: Urban Mass Transportation Administration, 1988.
[23] Cervero R. Rail transit and joint development: land market impacts in Washington D C and Atlanta [J]. Journal of the American Planning Association, 1994, 60 (1) : 83–94.
[24] Cervero R, Duncan M. Transit's value-added effects: Light and commuter rail services and commercial land values [J]. Transportation Research Record, 2002(1805): 8–15.
[25] Cervero R, Duncan M. Land value impacts of rail transit services in Los Angeles County [R]. Washington D C: National Association of Realtors, 2002.
[26] Cervero R, Kockelman K. Travel demand and the 3Ds: Density, diversity and design [J]. Transportation Research-D, 1997, 2 (3) : 199–219.
[27] Cervero R, Landis J. Twenty years of the bay area rapid transit system: Land use and development impacts [J]. Transportation Research-A, 1997, 31 (4) : 309–333.
[28] Cervero R, Radisch C. Travel choice in pedestrian versus automobile oriented neighborhoods [J]. Transport Policy, 1996, 3 (3) : 127–141.
[29] Cervero R, Seskin S. An evaluation of the relationships between transit and urban form [J]. TCRP Research Results Digest, 1995 (7) : 1–55.
[30] Chang D, Penn P. Integrated multilevel circulation in dense urban areas: The effect of multiple interacting constraints on the use of complex urban areas [J]. Environment and Planning B: Planning and Design, 1998, 25 (4) , 507–538.
[31] Crane R. On form versus function: Will the new urbanism reduce traffic, or increase it? [J].

Journal of Planning Education and Research, 1996, 15 (2) : 117–126.

[32] Diaz R B. Impacts of rail transit on property values [C] //1999 Rail/Rapid Transit Conference Proceedings. Washington D C: APTA, 1999: 66–73.

[33] Du H, Mulley C. The short-term land value impact of urban rail transit: Quantitative evidence from sunderland, UK [J]. Land Use Policy, 2007(24): 223–233.

[34] Dunphy R T. Transportation-Oriented Development: Making a difference? [J]. Urban Land, 1995, 54 (7) : 32–48.

[35] Francis M. Changing values for public spaces [J] . Landscapes Architecture, 1998, 78(1): 54–59.

[36] Frank LD, Pivo G. Impacts of mixed use and density on utilization of three modes of travel: Single-occupant vehicle [J]. Transportation Research Record, 1994(1466): 44–52.

[37] Freeman A M. Hedonic prices, property values and measuring environmental benefits: A survey of the issues [J]. The Scandinavian Journal of Economics, 1979, 81 (2) : 154–173.

[38] Fujii T, Hartshorn T A. The changing metropolitan structure of Atlanta, Georgia: Locations of functions and regional structure in a multinucleated urban area [J]. Urban Geography, 1995, 16 (8) : 680–707.

[39] Giuliano G. The weakening transportation-land use connection [J]. Access, 1995 (6) : 3–11.

[40] Gordon P, Richardson H W. Beyond polycentricity: The dispersed metropolis, Los Angeles, 1970–1990 [J]. Journal of the American Planning Association, 1996, 62 (3) : 289–295.

[41] Gordon P, Richardson H W. Are compact cities a desirable planning goal? [J]. Journal of the American Planning Association, 1997, 63 (1) : 95–106.

[42] Handy S L. Urban form and pedestrian choices: Study of Austin neighborhoods [J]. Transportation Research Record, 1996(1552): 135–144.

[43] Henneberry J. Transport investment and house prices [J]. Journal of Property Valuation and Investment, 1998, 16 (2) : 144–158.

[44] Howe D A, Rabiega W A. Beyond strips and centers: The ideal commercial form [J]. Journal of the American Planning Association, 1992, 58 (2) : 213–219.

[45] Hurst N B, West S E. Public transit and urban development: The effect of light rail transit on land use in Minneapolis, Minnesota [J]. Regional Science and Urban Economics, 2014(46): 57–72.

[46] Jakobsen S E, Onsager K. Head office location: Agglomeration, clusters or flow nodes [J]. Urban Studies, 2005, 42 (9) : 1517–1535.

[47] Kamruzzaman M D, Baker D, Washington S, et al. Advance transit oriented development typology: Case study in Brisbane, Australia [J]. Journal of Transport Geography, 2014(34): 54–70.

[48] Kim H K, Sohn D W. An analysis of the relationship between land use density of office buildings and urban street configuration: Case studies of two areas in Seoul by space syntax analysis [J]. Cities, 2002, 19 (6) : 409–418.

[49] Kim J, ZHANG M. Determining transit's impact on Seoul commercial land values: An application of spatial econometrics [J]. International Real Estate Review, 2005, 8 (1) : 1–26.

[50] Loo B P Y, Chen C, Chan E T H. Rail-based transit-oriented development: Lesson from New York City and Hong Kong [J]. Landscape and Urban Planning, 2010(97): 202–212.

[51] Luscher D R. The odds on TODs: Transit-Oriented Development as a congestion-reduction strategy in the San Francisco Bay Area [J]. Berkeley Planning Journal, 1995 (10) : 55–74.

[52] Mackett R L, Edwards M. The impact of new urban public transport systems: Will the expectations be met? [J]. Transportation Research-A, 1998, 32 (4) : 231–245.

[53] Mclaren D. Compact or dispersed? Dilution is no solution [J]. Built Environment, 1992, 18 (4) : 268–284.

[54] Moore T, Thorsnes P. The transportation/land use connection: A framework for practical policy [R]. American Planning Association PAS, 1994.

[55] Morrill R. The structure of shopping in a metropolis [J]. Urban Geography, 1987, 8 (2) : 97–128.

[56] MU Rui, Jong M D. Establishing the condition for effective Transit-oriented Development in China: The case of Dalian [J]. Journal of Transport Geography, 2012(24): 234–249.

[57] Nasri A. ZHANG Lei. The analysis of Transit Oriented Development(TOD) in Washington D C and Baltimore Metropolitan Areas [J]. Transport Policy, 2014(32): 172–179.

[58] Nelson D. Niles J S. Market dynamics and nonwork travel patterns: Obstacles to Transit-Oriented Development? [C] //National Research Council. The 78th Annual Meeting of Transportation Research Board. Washington D C: ETATS-UNIS, 1999: 13–21.

[59] Newman P W G, Kenworthy J R. Gasoline consumption and cities: A comparison of US cities with a global survey [J]. Journal of the American Planning Association, 1989, 55 (1) : 24–37.

[60] Oppewal H, Timmermans H. Modeling consumer perception of public space in shopping centers [J]. Environment and Behavior, 1999, 31 (1) : 45–65.

[61] Pagliara F, Papa E. Urban rail systems investment: An analysis of the impact on property value and residents' location [J]. Journal of Transport Geography, 2011(19): 200–211.

[62] Paulins V A, Geistfeld L V. The effect of consumer perceptions of store attributes on apparel store preference [J]. Journal of Fashion Marketing and Management, 2003, 7 (4) : 371–385.

[63] Peter T L, Leszczyc P, Timmermans H. Experimental choice analysis of shopping strategies [J]. Journal of Retailing, 2001, 77 (4) , 493–509.

[64] Pilsbury R. From Hamburger Alley to Hedgerose Heights: Toward a model of restaurant location dynamics [J]. The Professional Geographer, 1987, 39 (3) : 326–344.

[65] Porter D R. Transit-focused development: A progress report [J]. Journal of the American Planning Association, 1998, 64 (4) : 475–488.

[66] Ratner K A, Goetz A R. The reshaping of land use and urban form in Denver through transit-oriented devlopment [J]. Cities, 2013 (30): 31–46.

[67] Riley D. Take for a ride: Trains, taxpayers, and the treasury [R]. London: Center for Land Policy Studies, 2001.

[68] Sevtsuk A. Location and agglomeration: The distribution of retail and food businesses in dense urban environments [J]. Journal of Planning Education and Research, 2014, 34 (4) : 374–393.

[69] Simmons J, Biasiotto M, Montgomery D, et al. Commercial structure of the Greater Toronto Area-Centre for the study of commercial activity [R]. Toronto: Centre for Urban and Community Studies University of Toronto, 1991.

[70] Steiner R L. Residential density and travel patterns: Review of the literature [J]. Transportation Research Record, 1994(1466): 37–43.

[71] Sung H, Oh JT. Transit-Oriented Development in a high-density city: Identifying its association with transit ridership in Seoul, Korea [J]. Cities, 2011(28): 70–82.

[72] Thompson G L, Audirac I. Types of Transit-Oriented Development that matter to light rail [C] // Light Rail: Investment for the Future-The 8th Joint Conference on Light Rail Transit. Washington, D C: TRB & APTA, 2000: 1–13.

[73] Transit Cooperative Research Program. The role of transit in creating livable metropolitan communities (TCRP Report 22) [R]. Washington D C: National Academy Press, 1997.

[74] Weiseman J. Wayfinding and architectural legibility: design considerations in housing environments for the elderly [C] //Regnier V, Pynoos J (Eds). Housing for the elderly: Satisfaction & Preferences. New York: Garland, 1982: 441–464.

[75] YANG Yang, ZHANG Peitong, NI Shaoquan. Assessment of the impact of urban rail transit on metropolitan region using system dynamics model [J]. Transportation Research Procedia, 2014 (4) : 521–534.

[76] Yim Y. Shopping trips and spatial distribution of food stores [R]. Berkeley: University of California Transportation Center, 1993.

[77] YUAN Ming, ZHUANG Yu. Analysis on the characteristics of passenger's behavior traces in urban rail transit station area — A case study of North Sichuan Road Station in Shanghai [C]//

EBRA. Proceedings of the 10th International Symposium on Environment and Behavior Studies [C]. Hunan: Central South Univesity Press, 2012: 98.
[78] YUAN Ming, ZHUANG Yu. Analysis on space-use of Rail Transit Station (RTS) area From urban design's perspective — Case studies of three areas in Shanghai [C] //APSA. 12th International Congress Asian Planning Schools Association. Taipei: Taiwan Univesity, 2013.
[79] Zacharias J. Modelling pedestrian dynamics in Montreal's underground city [J]. Journal of Transportation Engineering, 2000, 126 (5) , 405–412.
[80] Zacharias J. Pedestrian behavior and perception in urban walking environments [J]. Journal of Planning Literature, 2001, 16 (1) : 13–18.
[81] Zacharias J. Predicting the economic value of indoor pedestrian corridors from pedestrian behavior [C] //Proceedings of the 6th International Symposium for Environment-Behavior Studies. Tianjin: Tianjin Univesity, 2004: 92–99.
[82] Zacharias J, XU M. Pedestrian dynamics, layout and economic effects in Montreal's underground city [J]. Urban Planning International, 2007, 22 (6) : 21–27.
[83] Zacharias J, XU M. The underground system as economic generator for Montreal's central city [J]. Urban Planning International, 2007, 22 (6) . 28–34.

中文文献

译著、专著

[1] (澳) Shelton Barrie, Karakiewicz Justyna, Kvan Thomas. 香港造城记：从垂直之城到立体之城 [M]. 胡大平，吴静，译 . 北京：电子工业出版社，2013.
[2] (丹麦) 扬・盖尔，拉尔斯・吉姆松 . 公共空间・公共生活 [M]. 汤羽扬，王兵，戚军，译 . 北京：中国建筑工业出版社，2003.
[3] (美) 克莱尔・库珀・马库斯，卡罗琳・弗朗西斯 . 人性场所——城市开放空间设计导则 (第二版) [M]. 俞孔坚，孙鹏，王志芳，等译 . 北京：中国建筑工业出版社，2008.
[4] (美) 迈克尔・多宾斯基 . 城市设计与人 [M]. 奚雪松，译 . 北京：电子工业出版社，2013.
[5] (美) 尼科斯・A・萨林加罗斯 . 城市结构原理 [M]. 阳建强，程佳佳，刘凌，等译 . 北京：中国建筑工业出版社，2011.
[6] (美) 彼得・卡尔索普，杨保军，张泉，等 .TOD 在中国——面向低碳城市的土地使用与交通规划设计指南 [M]. 北京：中国建筑工业出版社，2014.
[7] (美) 威廉・阿隆索 . 区位和土地利用——地租的一般理论 [M]. 梁进社，李平，王大伟，译 . 北京：商务印书馆，2007.
[8] (美) 韦恩・奥图，帕特里夏・亨德森 . 公共交通、土地利用与城市形态 [M]. 龚迪嘉，译 . 北京：中国建筑工业出版社，2013.

[9] （日）铃木博明，罗伯特 · 瑟夫洛，井内加奈子 . 公交引导城市转型——公交与土地利用整合促进城市可持续发展 [M]. 赵辉，李春艳，王书灵，译 . 北京：中国建筑工业出版社，2013.

[10] （英）迈克 · 詹克斯 . 紧缩城市——一种可持续发展的城市形态 [M]. 周玉鹏，龙洋，楚先锋，译 . 北京：中国建筑工业出版社，2004.

[11] 黄良会 . 香港公交都市剖析 [M]. 北京：中国建筑工业出版社，2014.

[12] 江玉林，韩笋生，彭唬，等 . 公共交通引导城市发展——TOD 理念及其在中国的实践 [M]. 北京：人民交通出版社，2009.

[13] 刘皆谊 . 城市立体化视角：地下街设计及其理论 [M]. 南京：东南大学出版社，2009.

[14] 卢济威 . 城市设计机制与创作实践 [M]. 南京：东南大学出版社，2005.

[15] 陆锡明 . 亚洲城市交通模式 [M]. 上海：同济大学出版社，2009.

[16] 日建设计站城一体开发研究会 . 站城一体开发：新一代公共交通指向型城市建设 [M]. 北京：中国建筑工业出版社，2014.

学位论文

[17] 曹杰勇 . 新城市主义理论及其中国视角 [D]. 上海：同济大学，2009.

[18] 董贺轩 . 城市立体化研究——基于多层次城市基面的空间结构 [D]. 上海：同济大学，2008.

[19] 戴晓玲 . 城市设计领域的实地调查方法——环境行为学的视角 [D]. 上海：同济大学，2010.

[20] 豆一举 . 城市轨道交通对房地产价值影响的研究 [D]. 重庆：重庆大学，2005.

[21] 顾克东 . 公共交通导向的城市土地开发研究 [D]. 南京：东南大学，2004.

[22] 龚晓芳 . 现代城市轨道交通站点地区规划研究 [D]. 西安：长安大学，2009.

[23] 过秀成 . 城市集约土地利用与交通系统关系模式研究 [D]. 南京：东南大学，2001.

[24] 韩晶 . 基于城市设计视角的城市消费空间研究 [D]. 上海：同济大学，2012.

[25] 何平 . 轨道站点周边区域城市设计研究——以南昌市地铁 1 号线上海路地铁站为例 [D]. 南昌：南昌大学，2009.

[26] 贺艳 . 城市轨道交通沿线土地利用对其客流的影响 [D]. 北京：北方交通大学，2006.

[27] 惠英 . 城市轨道交通站点地区规划与建设研究 [D]. 上海：同济大学，2001.

[28] 胡应东 . 城市大型交通枢纽区开发设计 [D]. 上海：同济大学，2010.

[29] 蒋方圆 . 轨道交通站域公共空间评估和研究 [D]. 上海：同济大学，2014.

[30] 康晓培 . 基于微区位价值的轨交站域主要功能三维分布特征分析 [D]. 上海：同济大学，2014.

[31] 赖志敏 . 以开发为考量的城市设计——城市轨道站域开发的城市设计控制研究 [D]. 上海：同济大学，2005.

[32] 李斌．建筑综合体与城市交通系统立体化衔接空间分析研究［D］. 西安：西安建筑科技大学，2005.
[33] 刘碧寒．轨道交通对城市就业-居住空间结构影响——以北京为例的模拟研究［D］. 北京：北京大学，2011.
[34] 刘菁．城市大容量快速轨道交通沿线土地利用研究——以武汉市轨道交通 2 号线为例［D］. 武汉：华中大学，2005.
[35] 刘金玲．城市轨道交通与土地利用协调发展的研究［D］. 北京：北京交通大学，2004.
[36] 罗兰．地铁站域地下空间开发与交通——土地特征相关性研究［D］. 北京：清华大学，2008.
[37] 孟路．轨道交通与城市土地利用相互作用的研究［D］. 西安：西安交通大学，2003.
[38] 马强．走向精明增长：从小汽车城市到公共交通城市［D］. 上海：同济大学，2004.
[39] 牛涛．城市轨道交通站点对周边住宅地产价值及开发强度的影响研究［D］. 上海：同济大学，2012.
[40] 乔宏．轨道交通导向下的城市空间集约利用：以重庆市渝中区为例［D］. 重庆：西南大学，2013.
[41] 邱玲．轨道交通对居民出行的影响研究——以广州市为例［D］. 广州：中山大学，2007.
[42] 任春洋．大都市地区轨道交通与城市中心区互动耦合研究——以上海为例［D］. 上海：同济大学，2005.
[43] 苏瑗玲．大连轨道交通与城市居住空间变化关系研究［D］. 大连：辽宁师范大学，2011.
[44] 宋晓宇．轨交站区多层面步行系统的空间结构及其句法分析［D］. 上海：同济大学，2011.
[45] 孙昊．建筑综合体与城市交通节点的耦合设计研究［D］. 大连：大连理工大学，2009.
[46] 王腾．基于城市设计视角的城市轨道交通站地区协同发展研究［D］. 上海：同济大学，2012.
[47] 王兆辰．基于 TOD 的北京轨道交通站点周边地区城市设计研究［D］. 北京：清华大学，2009.
[48] 吴奇兵．城市轨道交通与土地利用一体化研究［D］. 北京：北京交通大学，2005.
[49] 吴月霞．以地铁车站为核心的地下空间开发利用研究［D］. 上海：同济大学，2008.
[50] 夏朝阳．城市轨道交通与土地资源综合开发研究［D］. 上海：同济大学，2006.
[51] 夏嘉健．城市轨道交通节点的公共空间研究［D］. 广州：华南理工大学，2005.
[52] 熊雪君．轨道交通站点区域步行路径特征与人流量分布的相关性解析——基于香港案例调研分析［D］. 上海：同济大学，2012.
[53] 谢屾．城市轨道交通站点周边空间形态整合浅析——以南京为例［D］. 南京：南京大学，2011.
[54] 徐磊青．城市开敞空间的环境行为研究——以上海中心区开敞空间为对象的分析与评价［D］. 上海：同济大学，2003.

[55] 郁海文.轨道交通引导下的大城市次中心发展及步行体系特征研究——以徐家汇为例[D].上海：同济大学，2005.
[56] 杨励雅.城市交通与土地利用相互关系的基础理论与方法研究[D].北京：北京交通大学，2007.
[57] 俞泳.城市地下公共空间研究[D].上海：同济大学，1999.
[58] 郁俞.轨道交通与商业的联合开发及一体化设计初探[D].上海：同济大学，2008.
[59] 姚以倩.轨交站区商业空间使用状况调查与分析——基于上海徐家汇站与五角场站[D].上海：同济大学，2013.
[60] 郑捷奋.城市轨道交通与周边房地产价值关系研究[D].北京：清华大学，2004.
[61] 郑科.轨道交通为导向的城市开发——关于上海轨道站区的TOD实践[D].上海：同济大学，2004.
[62] 张灵珠.轨道交通站点区域人车路径可达性与空间使用的协同研究——以上海中心城区为例[D].上海：同济大学，2016.
[63] 张琦.城市轨道交通枢纽乘客与环境交互理论[D].北京：北京交通大学，2008.
[64] 章去泉.快速轨道交通与城市发展——以广州为例[D].广州：中山大学，2000.
[65] 张瑞雪.面向区域协同发展目标的上海中心城区地铁站点现状调研[D].上海：同济大学，2010.
[66] 张馨匀.轨交站域办公空间分布及使用状况的分析——以上海内环线以内的十个案例为样本[D].上海：同济大学，2014.
[67] 张瑛.上海轨道交通为导向的居住区规划模式的探讨[D].上海：同济大学，2003.
[68] 张蓁.城市轨道交通转换点的内部换乘与外部衔接[D].上海：同济大学，2007.
[69] 赵川.城市中心轨道交通站点区域地下步行系统的考察——以上海和香港为例[D].上海：同济大学，2009.
[70] 赵立敏.城市轨道交通上盖物业开发设计研究[D].上海：同济大学，2013.
[71] 祝狄烽.地铁站域多层面步行路径的密度和转换分析——以沪港城市中心区的四个案例为样本[D].上海：同济大学，2012.

期刊论文

[72] Friedman A，Zimring K，Zube O. 薄曦，韩冬青，译.环境设计评估的结构——过程方法[J].新建筑，2007，22(6)：66-69.
[73] John Zacharias. 汤芳菲，译.地下空间规划的决策支持系统[J].国际城市规划，1990，27(2)：66-69.
[74] Jacques Besner. 张播，译.总体规划或是一种控制方法？——蒙特利尔城市地下空间开发案例[J].国际城市规划，2007，22(6)：16-20.
[75] 蔡国田，陈忠暖.轨道交通对广州零售商业空间布局的影响[J].现代城市研究，2003

(4): 65-67.
[76] 曹嵘，白光润 . 交通影响下的城市零售商业微区位探析 [J]. 经济地理，2003，23 (2): 247-250.
[77] 陈静，张景秋 . 北京城区轨道交通站点换乘布局及其便捷度评价 [J]. 城市问题，2010 (4): 31-37.
[78] 陈燕萍 . 城市交通问题的治本之路——公共交通社区与公共交通导向的城市土地利用形态 [J]. 城市规划，2000，24 (3): 10-14.
[79] 陈有孝，林晓言，刘云辉 . 城市轨道交通建设对地价影响的评估模型及实证——以北京市轨道交通为例 [J]. 北京交通大学学报，2005，4 (3): 7-13.
[80] 戴洁，张宁，何铁军，等 . 步行环境对轨道交通站点接驳范围的影响 [J]. 都市快轨交通，2009，22 (5): 46-49.
[81] 董贺轩，卢济威 . 作为集约化城市组织形式的城市综合体深度解析 [J]. 城市规划学刊，2009 (1): 54-61.
[82] 董屾，史其信 . 轨道交通的廊道效应对城市居住空间的影响机理 [C] // 清华大学 . 第六届全国土木工程研究生学术论坛 . 北京：清华大学，2008.
[83] 范文莉 . 当代城市地下空间发展趋势——从附属使用到城市地下、地上空间一体化 [J] . 国际城市规划，2007，22 (6): 53-57.
[84] 方向阳，陈忠暖 . 国外城市轨道交通对房地产价值的影响研究 [J]. 热带地理，2004 (9) , 270-272.
[85] 付博峰，吴娇容，陈小鸿 . 郊区轨道站点分类方法研究 [J]. 铁道学报，2008，30 (6): 19-23.
[86] 谷一桢，徐治乙 . 轨道交通对房地产价值影响研究综述 [J]. 城市问题，2007 (12): 45-50.
[87] 管驰明，崔功豪 . 公共交通导向的中国大都市空间结构模式探析 [J]. 城市规划，2003，27 (10): 39-43.
[88] 郭雪斌，吴海芳 . 城市综合体公交社区规划研究——以杭州为例 [J]. 交通科学与工程，2011，27 (2): 80-86.
[89] 韩英姿 . 交通型地下空间与周边物业开发结合方式研究 [J]. 城市轨道交通，2007 (8): 15-18.
[90] 胡敏 . 轨道交通对城市空间布局的影响探析 [J]. 现代城市研究，2007，22 (11): 34-39.
[91] 黄卫东，苏茜茜 . 基于 TOD 理论的公交社区建设模式研究——以杭州为例 [J]. 城市规划学刊，2010 (7): 151-156.
[92] 黄一如，胡润芝 . 居住密度概念建构 [J]. 住宅科技，2015 (3): 1-5.
[93] 吉野繁 . 人、文化、物的混杂后所产生的协同共存的立体都市 [J]. 建筑创作，2013 (11+12): 188-229.
[94] 金广君，许光华 .TOD 发展模式解析及其创作实践 [J]. 规划师，2003 (12): 68-70.

[95] 蒋蓉，陈乃志．地铁地下空间的功能与商业空间开发［J］．城市轨道交通研究，2007（6）：12-15.
[96] 隽志才，李志瑶，宗芳．基于活动链的出行需求预测方法综述［J］．公路交通科技，2005，22（6）：108-113.
[97] 康盈，严爱琼，卢地．重庆市轨道站点周边土地利用模式规划研究［C］// 中国城市科学研究会．2011 城市发展与规划大会论文集（城市发展研究 2011 增刊）．北京：城市发展研究出版社，2011：393-396.
[98] 李翠敏，吕迅．上海办公楼区位研究初探［J］．上海师范大学学报（自然科学版），2005，34（1）：97-101.
[99] 李罕哲，李铁军．关注群体行为的城市设计［J］．哈尔滨工业大学学报（社会科学版），2008，10（1）：53-58.
[100] 李斌，陈晔，秦丹尼．上海轨道交通枢纽站路径探索研究［J］．建筑学报，2010（z1）：129-134.
[101] 李朝阳，钱林波．美国面向公共交通的土地开发新理论及启示［J］．规划师，2001，17（2）：21-24.
[102] 林逢春，曾智超．上海轨道交通 1 号线对城市空间扩散的影响［J］．城市轨道交通研究，2007（6）：4-8.
[103] 林红，李军．出行空间分布与土地利用混合程度关系研究——以广州中心片区为例［J］．城市规划，2007，32（9）：53-56.
[104] 林燕．浅析香港建筑综合体与城市交通空间的整合［J］．建筑学报，2007（6）：26-29.
[105] 刘畅，潘海啸，贾晓韡．轨道交通对大都市区外围地区规划开发策略的影响——外围地区 TOD 模式的实证研究［J］．城市规划学刊，2011（6）：60-67.
[106] 刘迁．辩证分析城市快速轨道交通 TOD 功能［J］．都市快速交通，2004（2），22-26.
[107] 刘盛和，周建民．西方城市土地利用研究的理论与方法［J］．国外城市规划，2001（1）：17-19.
[108] 刘旭辉，胡志晖．轨道交通站地下空间综合开发研讨［J］．城市规划学刊，2008（z1）：173-177.
[109] 刘炽．城市轨道交通与沿线土地联合开发模式［J］．中国房地产，2009（4）：66-68.
[110] 卢济威，韩晶．轨道站地区体系化与城市设计［J］．城市规划学刊，2007（2）：32-36.
[111] 卢济威，王腾，庄宇．轨道交通站点区域的协同发展［J］．时代建筑，2009（5）：12-18.
[112] 陆化普．城市土地利用与交通系统的一体化规划［J］．清华大学学报（自然科学版），2006，46（9）：1499-1504.
[113] 陆锡明，顾啸涛．上海市第五次居民出行调查与交通特征研究［J］．城市交通，2011，9（5）：1-7.
[114] 陆玉麒，袁林旺，钟业喜．中心地等级体系的演化模型［J］．中国科学：地球科学，2011，

(8): 1160-1171.
[115] 梁正，陈水英 . 轨道交通站点综合开发初探 [J]. 建筑学报，2008 (5): 77-79.
[116] 马冬梅，陈晓键 . 中国城市空间结构绩效研究评析与展望 [J]. 华中建筑，2014 (10): 37-40.
[117] 马强 . 近年来北美关于“TOD”的研究进展 [J]. 国外城市规划，2003，18 (5): 45-50.
[118] 米佳，徐磊青，汤众 . 地下公共空间的寻路实验和空间导向研究——以上海市人民广场为例 [J]. 建筑学报，2007 (12): 66-70.
[119] 宁越敏 . 上海市区生产服务业及办公楼区位研究 [J]. 城市规划，2000，24 (8): 9-20.
[120] 宁越敏，黄胜利 . 上海市区商业中心的等级体系及其变迁特征 [J]. 地域研究与开发，2005，24 (2): 15-19.
[121] 潘海啸 . 面向低碳的城市空间结构——城市交通与土地使用的新模式 [J]. 城市发展研究，2010，17 (1): 40-45.
[122] 潘海啸，陈国伟 . 轨道交通对居住地选择的影响——以上海市的调查为例 [J]. 城市规划学刊，2009 (5): 71-76.
[123] 潘海啸，任春洋，杨眺晕 . 上海轨道交通对站点土地使用的实证研究 [J]. 城市规划学刊，2007 (4): 92-97.
[124] 潘海啸，钟宝华 . 轨道交通建设对房地产价格的影响——以上海市为案例 [J]. 城市规划学刊，2008 (2): 62-69.
[125] 彭坤焘，赵民 . 关于“城市空间绩效”及城市规划的作为 [J]. 城市规划，2010，34 (8): 9-17.
[126] 钱林波 . 土地利用混合程度与居民出行空间分布——以南京主城为例 [J]. 现代城市研究，2000 (03): 7-10.
[127] 任春洋 . 美国公共交通导向发展模式 (TOD) 的理论发展脉络分析 [J]. 国际城市规划，2010，25 (4): 92-99.
[128] 任晋锋，吕斌 . 土地使用对交通出行的影响 [J]. 城市规划学刊，2011 (5): 63-72.
[129] 申丽霞，覃国添 . 城市轨道交通对周边物业影响分析 [J]. 城市轨道交通研究，2006 (4): 49-55.
[130] 沈中伟 . 轨道交通枢纽综合体设计的核心问题 [J]. 时代建筑，2009 (5): 27-29.
[131] 石亿邵，范胤翡 . 上海市商务办公楼租金差异及其影响因素 [J]. 地理研究，2008，27 (6): 1427-1436.
[132] 束昱，赫磊，路珊，等 . 城市轨道交通综合体地下空间规划理论研究 [J]. 时代建筑，2009 (5): 22-26.
[133] 宋丽峰，林涛 . 轨道交通站域公共空间功能研究——以上海人民广场站为例 [J]. 上海师范大学学报 (自然科学版)，2009，38 (5): 522-530.
[134] 宋培臣，林涛 . 上海轨道交通枢纽商业中心发展研究 [J]. 城市轨道交通研究，2011 (4):

10-13.
[135] 宋培臣，林涛，孔维强 . 上海市轨道交通对零售商业空间的影响 [J]. 城市轨道交通研究，2010 (4)：25-28.
[136] 孙俊，陈阳 . 轨道交通站点临近地区用地控制和功能配置研究——以南京为例 [J]. 城市交通，2006，4 (5)：45-49.
[137] 王德，张晋庆 . 上海市消费者出行特征与商业空间结构分析 [J]. 规划研究，2001，25 (10)：6-14.
[138] 王德，朱玮，黄万枢 . 南京东路消费行为的空间特征分析 [J]. 城市规划学刊，2004 (1)：31-36.
[139] 韦亚平，赵民，汪劲柏 . 紧凑城市发展与土地利用绩效的测度——"屠能-阿隆索"模型的扩展与影响应用 [J]. 城市规划学刊，2008 (3)：32-40.
[140] 项芹，程亮，成志军 . 新城区轨道交通站点综合体的形成与特征分析 [J]. 城市轨道交通研究，2009 (8)：1-3.
[141] 王冲冲，陈怡慧 . 城市轨道交通对周边写字楼租金的影响研究——基于北京地铁十号线的实证分析 [J]. 建筑经济，2009 (z1)：6-9.
[142] 王缉宪 . 国外城市土地利用与交通一体规划的方法与实践 [J]. 国外城市规划，2001 (1)：5-9.
[143] 王一 . 从城市要素到城市设计要素——探索一种基于系统整合的城市设计观 [J]. 新建筑，2005 (3)：53-56.
[144] 徐磊青 . 城市开敞空间中使用者活动与期望研究：以上海城市中心区的广场与步行街为例 [J]. 城市规划汇刊，2004 (4)：78-83.
[145] 徐磊青，丁娟，汤众 . 地下公共空间的群集流动规律研究——以上海市徐家汇地铁商场为例 [J]. 建筑科学，2008，24 (9)：74-78.
[146] 徐磊青，刘念，卢济威 . 公共空间密度、系数与微观品质对城市活力的影响——上海轨交站域的显微观察 [J]. 新建筑，2015 (4)：21-26.
[147] 徐磊青，俞泳 . 地下公共空间中的行为研究：一个案例调查 [J]. 新建筑，2000 (4)：18-20.
[148] 徐永健，阎小培 . 西方国家城市交通系统与土地利用关系研究 [J]. 城市规划，1999，23 (11)：38-43.
[149] 杨晓春，陈淑芬 . 香港典型轨道站点综合开发实证分析——兼论其对集约型城市的借鉴意义 [C]// 中国城市规划学会 . 城市规划和科学发展——2009 中国城市规划年会论文集 . 天津：天津科学技术出版社，2009：1161-1175.
[150] 杨忠振，李大洲 . 公交导向发展策略及其在中国城市的应用研究 [J]. 城市交通，2004，2 (2)：15-18.
[151] 叶浩军 . 基于地铁上盖物业开发的微观尺度下经济价值观对城市形态的影响分析 [C]// 田

银生，谷凯 . 城市形态研究的理论与实践：第 16 届国际城市形态论坛论文选 . 广州：华南理工大学出版社，2010：228-239.

[152] 叶可央 . 消费行为与商业中心用地构成的相关性研究——以上海五角场地区为例 [C] // 中国城市规划学会 . 和谐城市规划——2007 中国城市规划年会论文集 . 哈尔滨：黑龙江科学技术出版社，2010：1489-1493.

[153] 余露 . 香港快速轨道交通成功运营的模式研究 [J]. 重庆建筑，2007 (3)：27-31.

[154] 袁铭 . 上海与米兰世博会的步行化设计策略之比较研究 [J]. 上海城市规划，2012 (4)：127-132.

[155] 袁铭，庄宇 . 城市轨道交通站域商业空间使用分析及规划建议 [J]. 规划师，2015，31 (6)：91-96.

[156] 袁铭，庄宇 . 轨道交通站域公共空间使用绩效的评价与影响因素分析——以上海核心城区为例 [J]. 建筑学报，2015 (z1)：47-52.

[157] 袁奇峰，郭晟，邹天赐 . 轨道交通与城市协调发展的探索 [J]. 城市规划汇刊，2003 (6)：49-56.

[158] 叶霞飞，蔡蔚 . 轨道交通开发利益的计算方法 [J]. 同济大学学报，2002，30 (4)：431-436.

[159] 俞泳，卢济威 . 城市触媒与地铁车站综合开发 [J]. 时代建筑，1998 (4)：53-56.

[160] 曾智超，林逢春 . 上海地铁 1 号线沿线城市发展的实证研究 [J]. 现代城市研究，2005 (12)：27-31.

[161] 张庭伟 .1990 年中国城市空间结构的变化及其动力机制 [J]. 城市规划，2001，25 (7)：7-14.

[162] 赵春丽，杨滨章，刘岱宗 .PSPL 调研法：城市公共空间和公共生活质量的评价方法 [J]. 中国园林，2012，28 (9)：34-38.

[163] 赵童，谢蜀劲 . 国外的城市土地使用与交通一体化研究 [J]. 城市轨道交通研究，2003 (6)：45-50.

[164] 甄茂成，张景秋，朱海勇 . 北京轨道交通换乘站点对办公空间集聚的影响 [J]. 地理科学进展，2014，33 (4)：499-507.

[165] 郑文含 . 分类轨道交通站点地区用地布局探讨 [C] // 中国城市规划学会 . 生态文明视角下的城市规划——2008 中国城市规划年会论文集 . 大连：大连出版社，2008：1-7.

[166] 郑捷奋，刘洪玉 . 深圳地铁建设对站点周边住宅价值的影响 [J]. 铁道学报，2005，27 (5)：11-18.

[167] 郑贤，庄焰 . 轨道交通对沿线地价影响半径研究 [J]. 铁道运输与经济，2007，29 (6)：45-47.

[168] 邹翠娥 . 上海写字楼租金的水平分布及其影响因素分析 [J]. 经济论坛，2012 (2)：32-34.

[169] 周俊，徐建刚．轨道交通的廊道效应与城市土地利用分析——以上海市轨道通明珠线（一期）为例［J］. 城市轨道交通研究，2002（1）：77-81.
[170] 周铁军，张棘．从单一功能到复合功能的整合探讨——介入城市生活方式的重庆轨道交通建筑［J］. 时代建筑，2009（5）：60-63.
[171] 朱玮，王德，齐藤参郎．南京东路消费者的回游消费行为研究［J］. 规划研究，2006，30（2）：9-17.
[172] 庄焰，郑贤．轨道交通对站点周边商业地价的影响［J］. 中国土地科学，2007，21（4）：38-43.
[173] 庄宇，于健辉．社区商业中心的商业类型布局——基于上海 4 个案例的研究［J］. 建筑学报，2010（z1）：144-149.
[174] 庄宇，宋晓宇，戴晓玲．多层面步行系统中垂直联系对人流预测模型的影响［J］. 同济大学学报（自然科学版），2014，42（7）：1051-1057.
[175] 庄宇，姚以倩．上海城市副中心地铁站点区域商业空间使用和步行路径［J］. 上海城市规划，2016（1）：85-88.
[176] 庄宇，袁铭，陆文婧．城市中心区地铁车站区域的空间发展趋势［C］// 中国建筑学会 .2014 年中国建筑学会年会论文集．北京：中国城市出版社，2014：514-519.
[177] 庄宇，张灵珠，戴晓玲．多层面商业空间整合度与人流量关联性分析［J］. 同济大学学报（自然科学版），2012，40（11）：1620-1626.
[178] 庄宇，张灵珠．上海地铁车站及周边地下空间开发的现状与发展趋势［J］. 城市建筑，2015（13）：30-33.
[179] 庄宇，张瑞雪．面向区域协同发展的上海中心城区地铁站域现状和反思［J］. 城市轨道交通研究，2012（9）：17-20.
[180] 庄宇，祝狄烽，胡晓忠．地铁站域多层面步行路径的密度和转换分析——以沪、港城市中心区的四个案例为样本［J］. 城市建筑，2014（3）：35-38.

致谢

本书是国家自然科学基金研究课题（51178318）的成果之一，在写作过程中，诸多良师益友给予了鼓励和建议，使本书得以完成，在此要衷心感谢他们。

首先要感谢同济大学卢济威教授，他在城市设计领域特别是轨道车站地区的大量创作鞭策我们对这个领域研究和实践的不断深入，使我们感悟到实践出真知的价值和意义，卢先生的卓识和远见也不断地激励着我们！感谢英国卡迪夫大学的 Alain Chiaradia 教授，系统地为我们工作团队分享了空间设计网络分析的经验和方法，对本书提出许多切实宝贵的意见，他在工作中踏实执着的钻研精神也深深地感染了我们！同时，也要感谢上海市城市规划和国土资源管理局的俞斯佳、胡晓忠等领导对本课题的大力支持；在课题开展过程中，还得到了同济大学徐磊青教授、陈泳教授、陈易教授以及上海交通大学张健教授、南京大学丁沃沃教授、上海大学王海松教授、上海现代建筑设计（集团）有限公司邢同和教授等的指导和帮助，在此也深表谢意。

此外，本书的撰写和出版得到了国家自然科学基金委员会的大力支持，同济大学博士生袁铭、张灵珠、宋晓宇、吴景炜，硕士生康晓培、蒋方圆、张馨匀、王阳、陆文婧、赵璘、朱晓静、赵洁琳、于璐、唐晓兰等课题组成员在案例调研中付出了辛勤工作，为研究提供了宝贵的一手数据资料，感谢这个持续四年努力凝聚团结的研究小组中的每一个成员！

特别感谢同济大学出版社的华春荣先生、季慧女士、赵泽毓女士及胡毅先生对本书编辑出版的大力支持。

庄 宇 袁 铭

2016 年 12 月 1 日

彩图

第 2 章

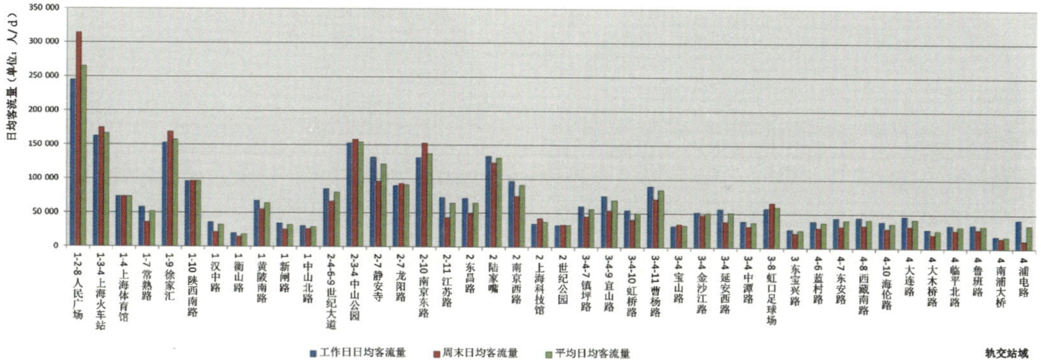

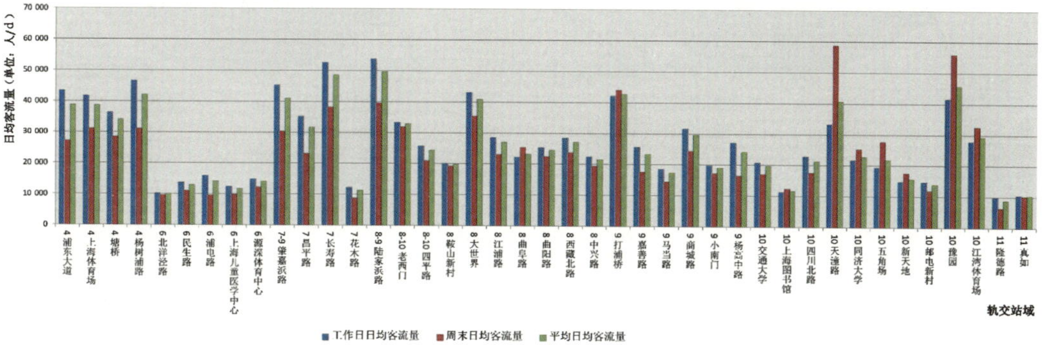

图 2-17　上海核心城区轨交站点的日均客流量统计

第 3 章

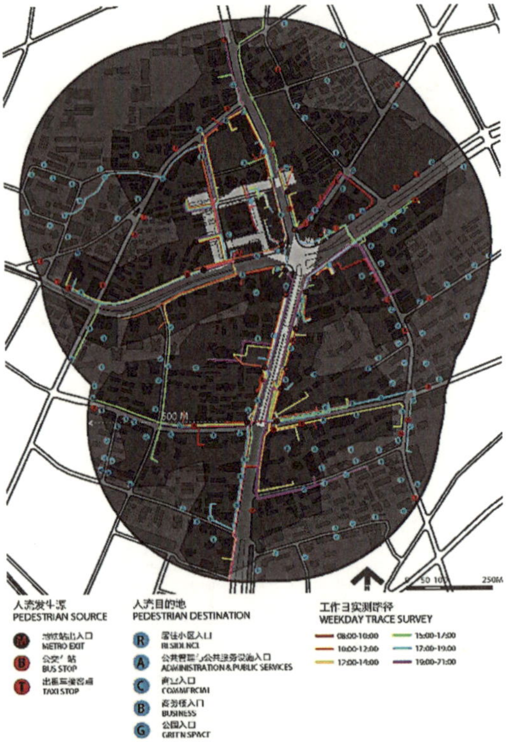

图 3-14　上海徐家汇站域的工作日动线观察
（资料来源：课题组）

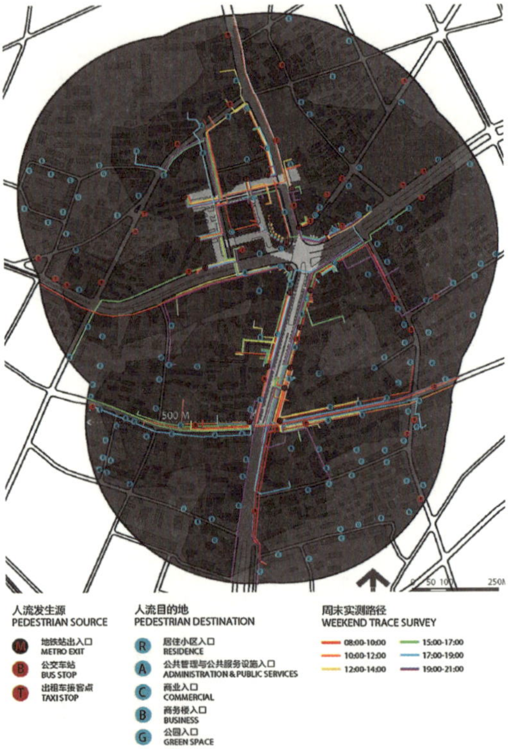

图 3-15　上海徐家汇站域的周末动线观察
（资料来源：课题组）

	工作日人流热力分布图	周末人流热力分布图
中山公园	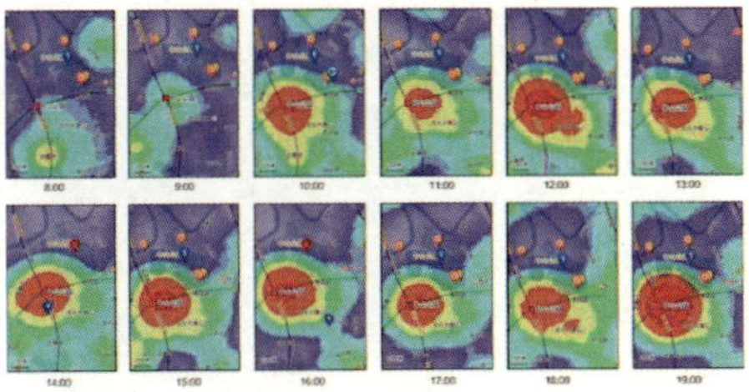	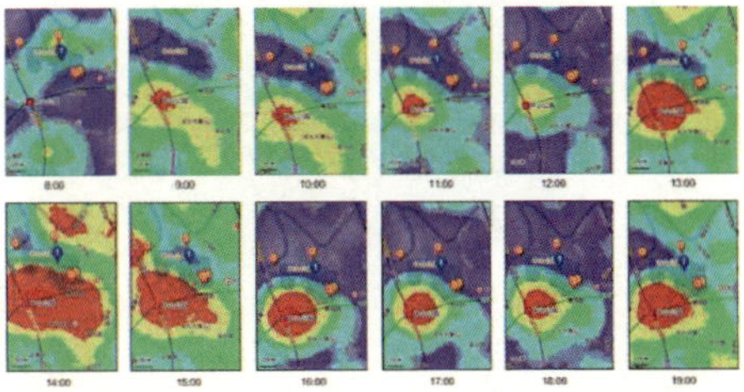
徐家汇	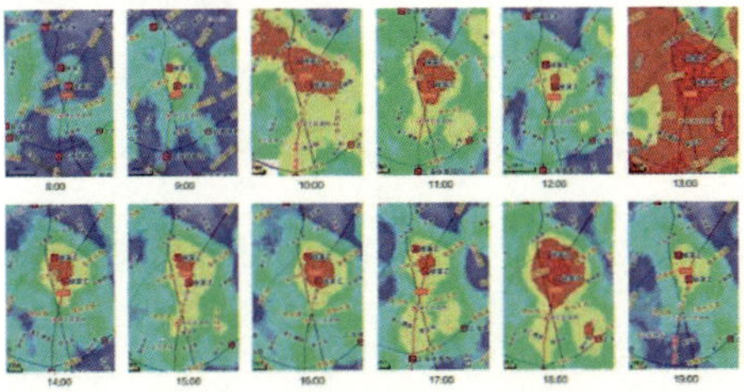	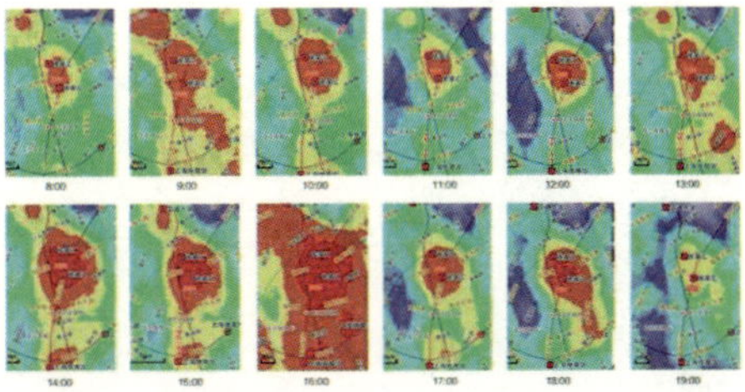
陆家嘴	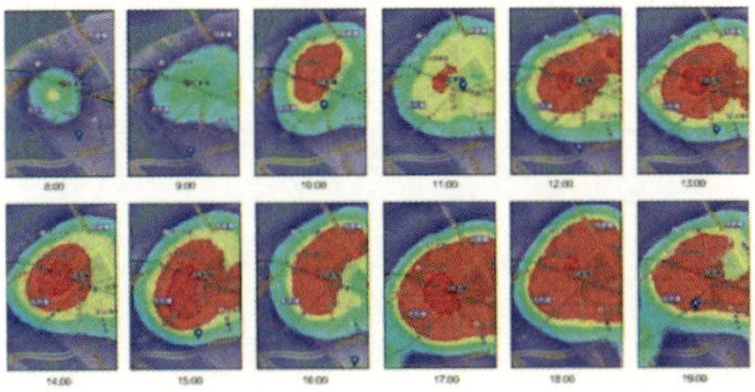	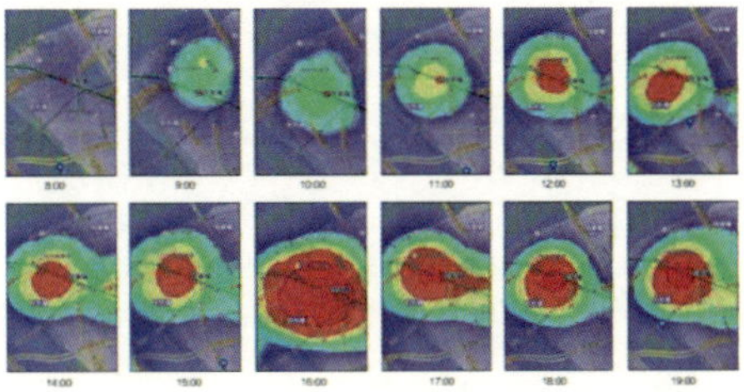

图 3-46　轨交站域人群分布的热力图比较（资料来源：课题组）

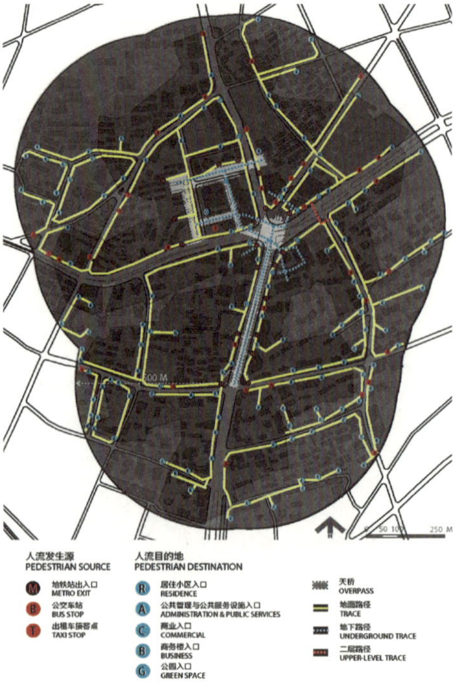

图 3-52　上海徐家汇轨交站域的通勤、消费活动
（资料来源：课题组）

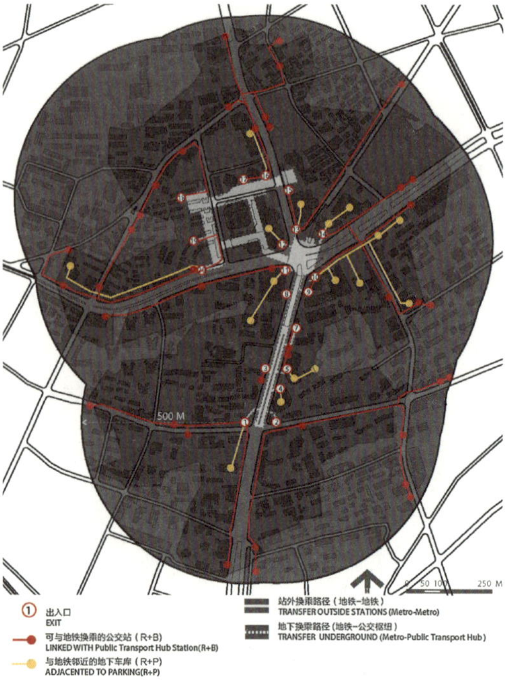

图 3-54　上海徐家汇轨交站点周边的换乘点分布
（资料来源：课题组）

第 4 章

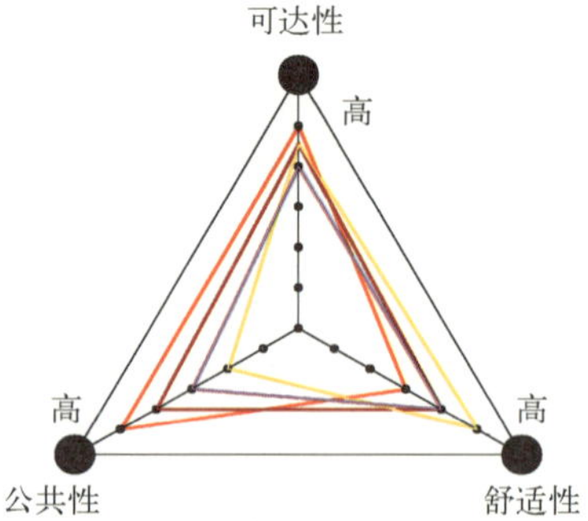

图 4-53　微区位价值的空间需求比较

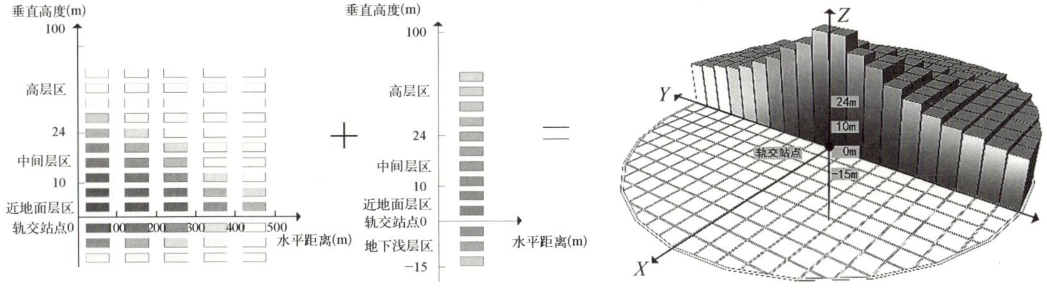

(a) 多层面总体空间价值的叠加示意

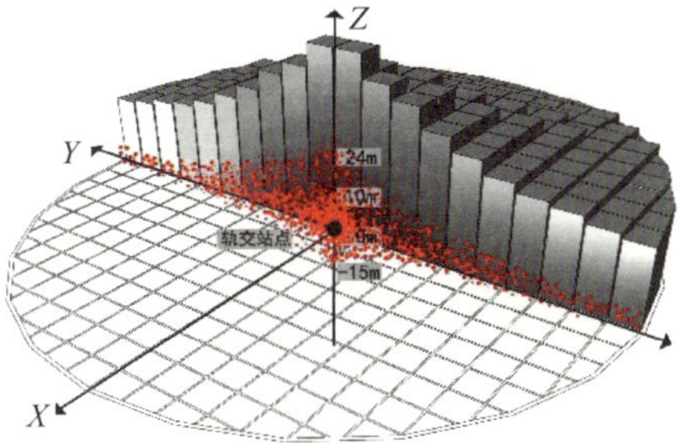

(b) 商业空间价值分布

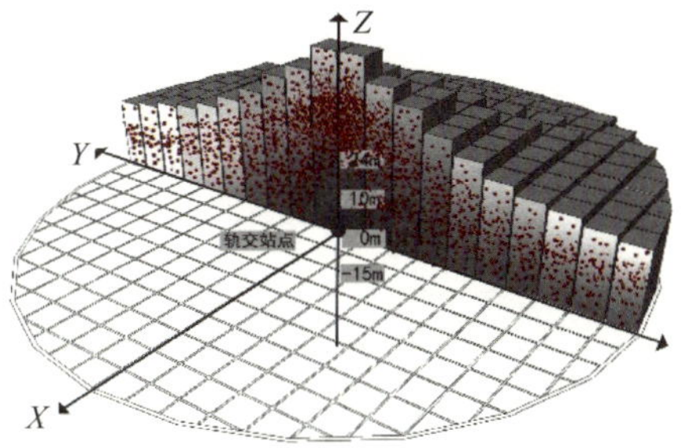

(c) 办公空间价值分布

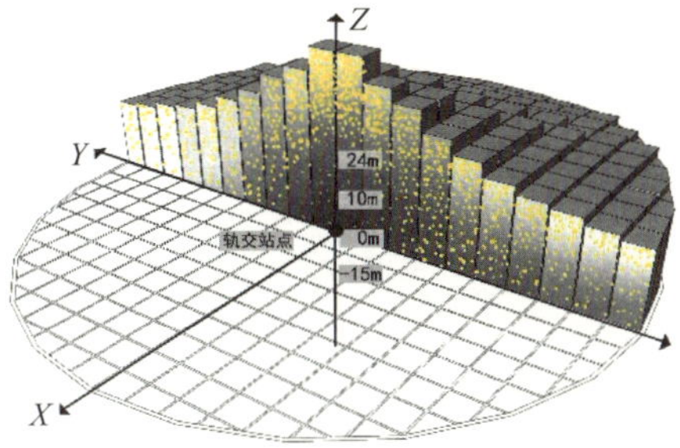

(d) 居住空间价值分布

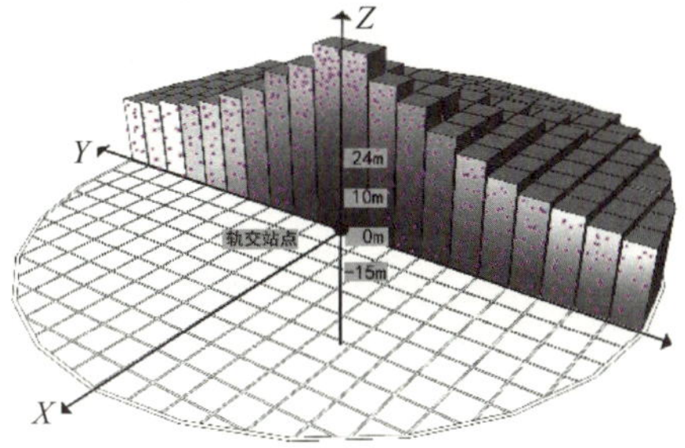

(e) 酒店空间价值分布

图 4-54　轨交站域不同功能空间多层面的微区位价值分布

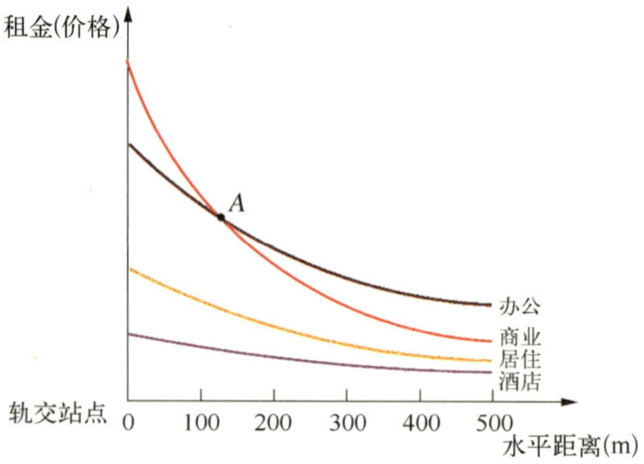

注：交叉点A表示基于空间可达性需求商业和办公空间出现的微区位价值平衡点，A点左侧商业价值大于办公价值，右侧办公价值大于商业价值。

（a）水平层面

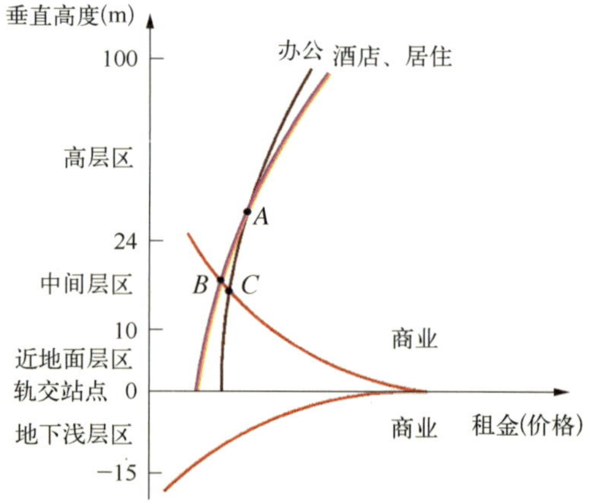

注：(1) 交叉点A表示基于空间开放性和舒适性需求，办公空间和居住(酒店)空间出现的微区位价值平衡点；(2) 交叉点B、C表示基于空间可达性和开放性需求，商业空间和办公、居住(酒店)空间出现的微区位价值平衡点。

（b）垂直层面

图 4-57　轨交站域功能空间的竞租曲线

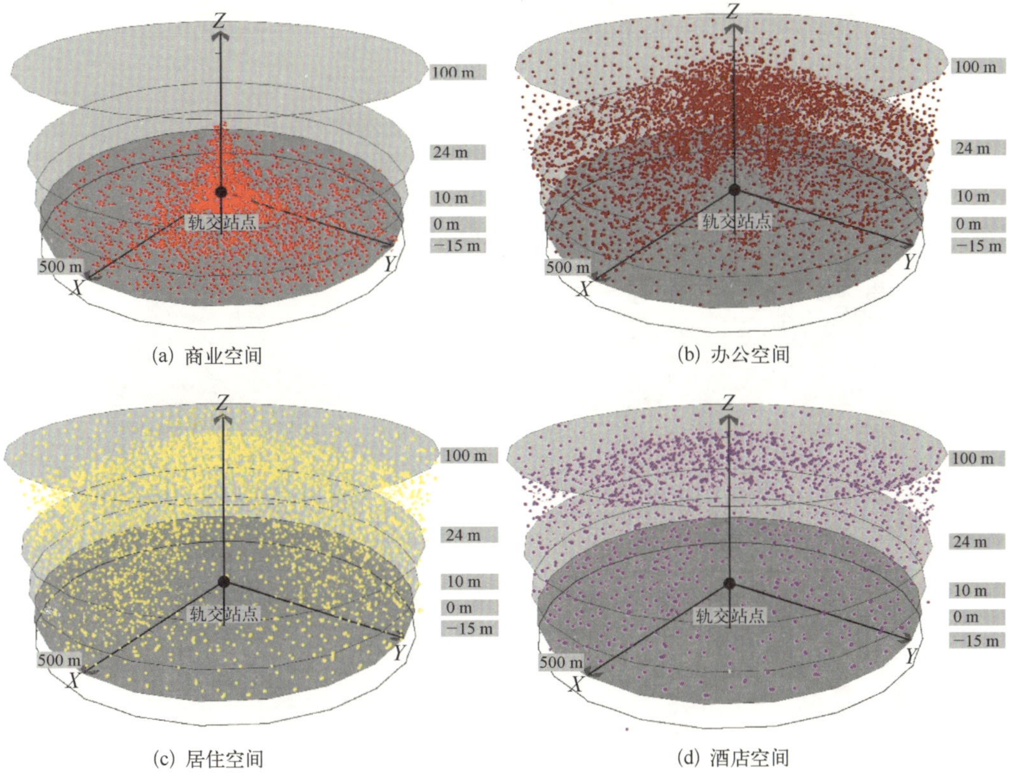

(a) 商业空间　(b) 办公空间
(c) 居住空间　(d) 酒店空间

图 4-58　轨交站域多层面空间竞租的示意图

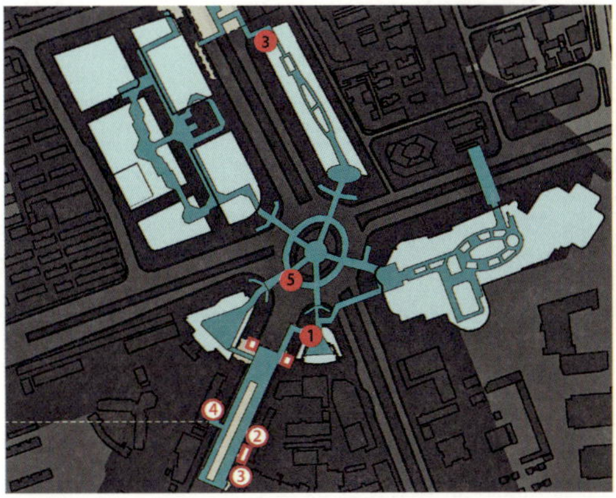

图 4-76　上海五角场站以下沉广场为中介的空间分布示意图

资料来源：课题组

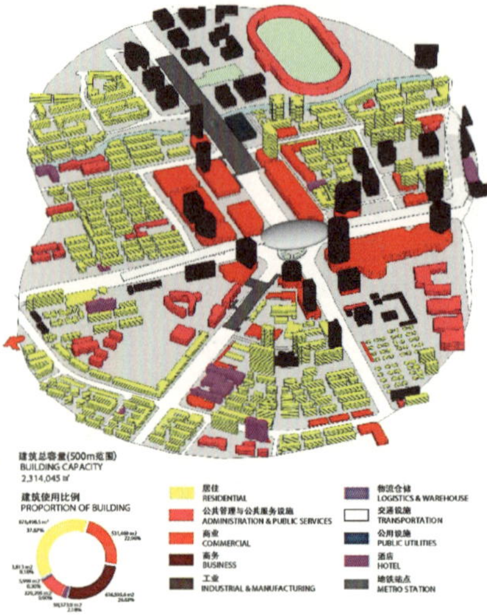

(a) 轨交站域的功能空间分布

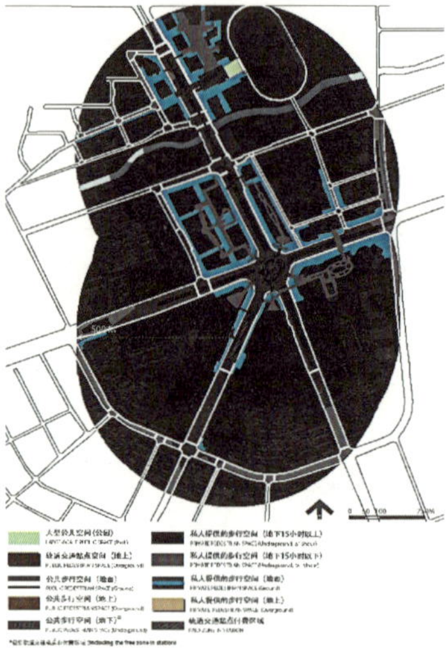

(b) 轨交站域的步行路径分布

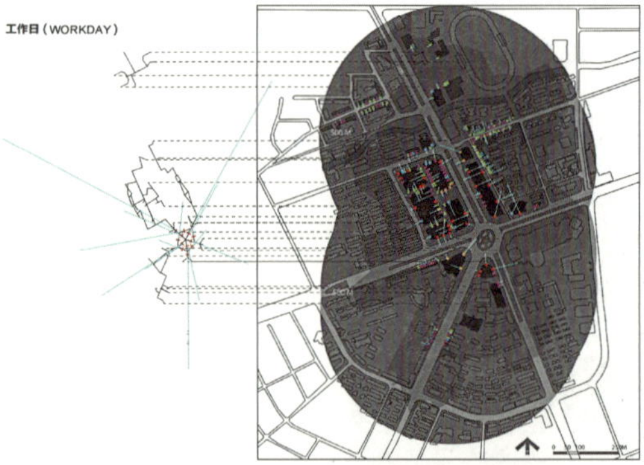

(c) 商业空间工作日的使用绩效

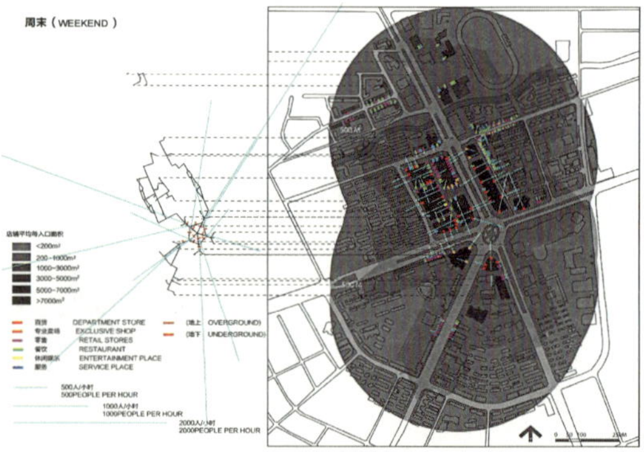

(d) 商业空间周末的使用绩效

图 5-3 五角场–江湾体育场站域商业空间使用的绩效调查
（资料来源：课题组）

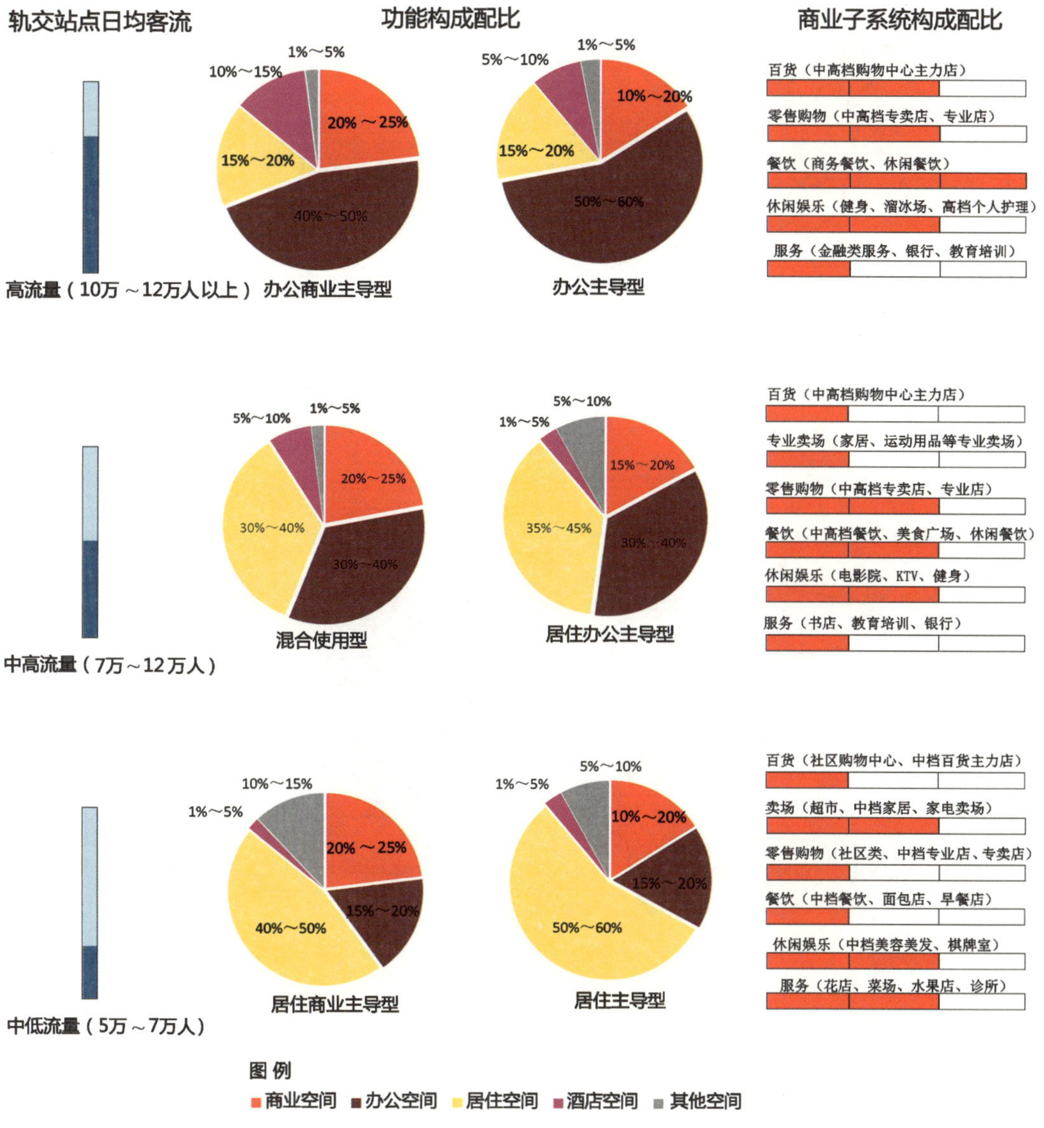

图 6-4　不同类型轨交站域功能组群的构成优化建议

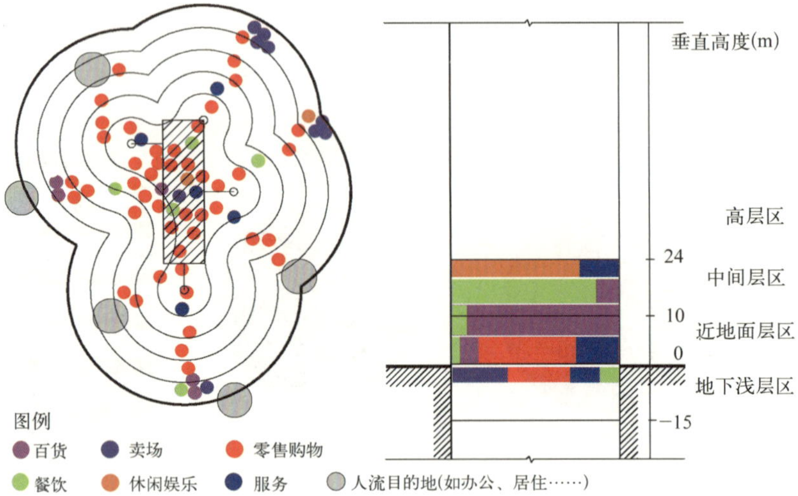

图 6-6　轨交站域商业空间的分布建议

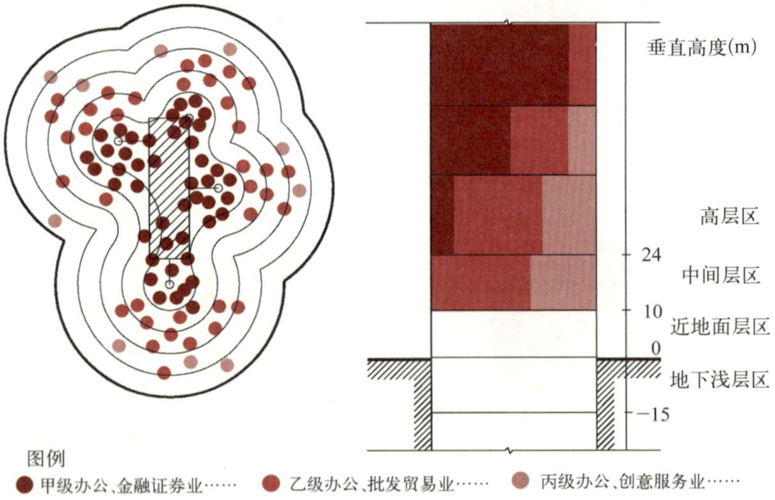

图 6-7　轨交站域办公空间的分布建议

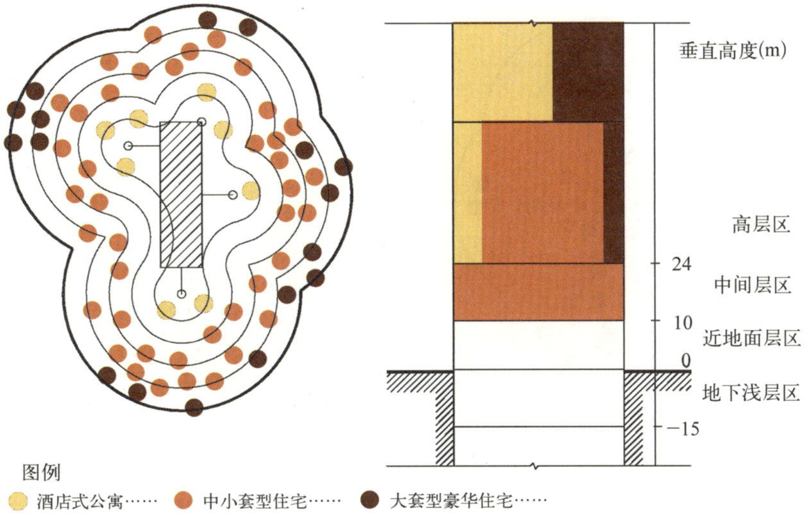

图 6-8　轨交站域居住空间的分布建议

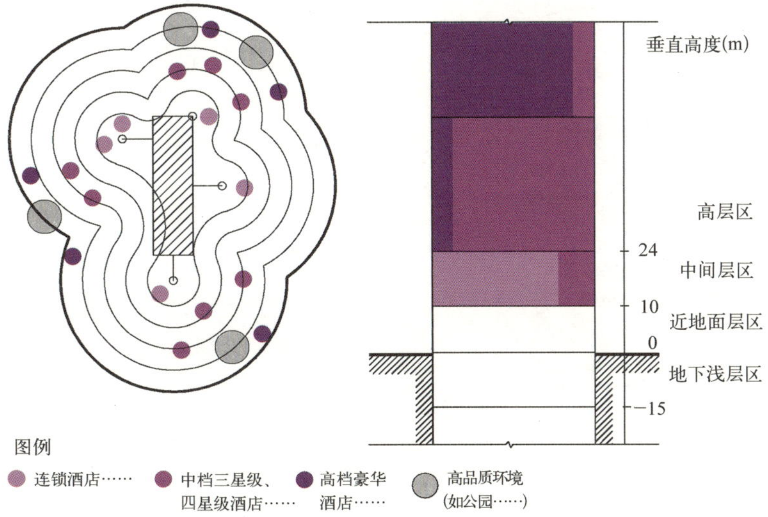

图 6-9　轨交站域酒店空间的分布建议

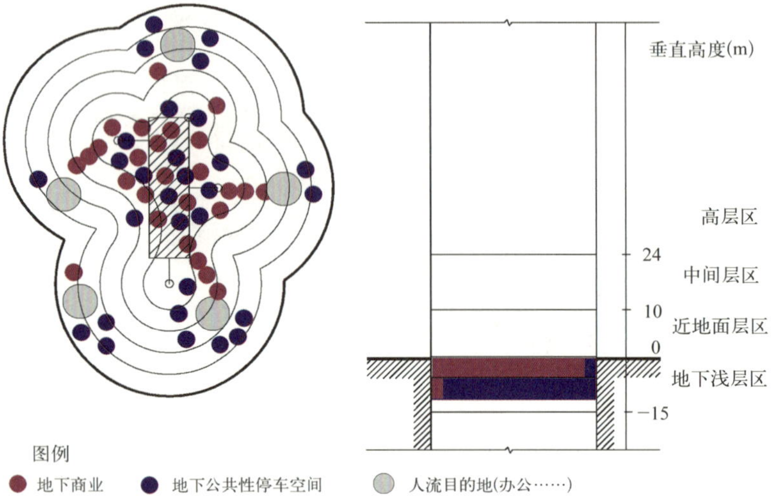

图 6-10　轨交站域地下公共性功能空间的分布建议

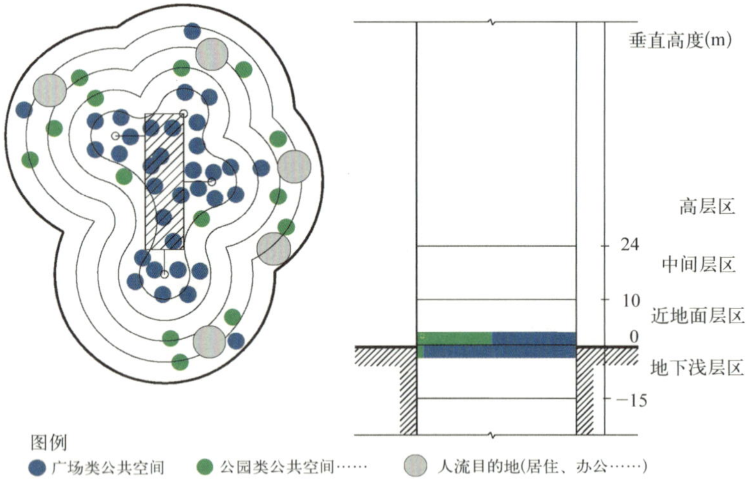

图 6-11　轨交站域公共空间的分布建议

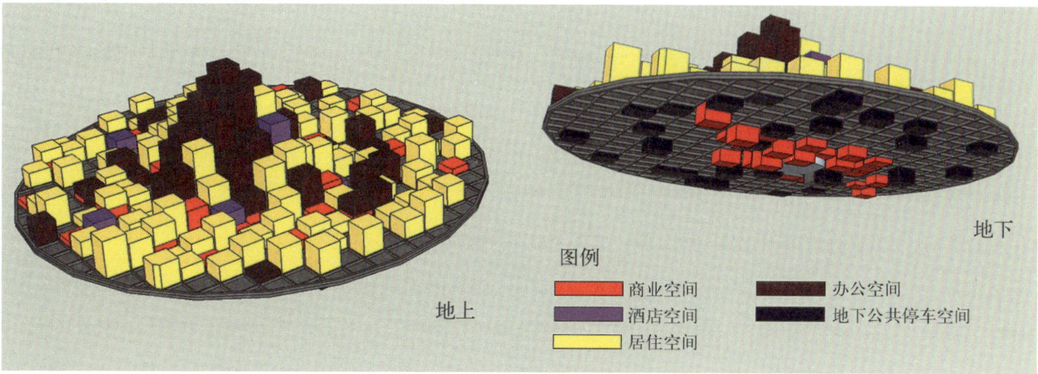

图 6-19　社区中心型轨交活力区的空间使用分布模式示意图

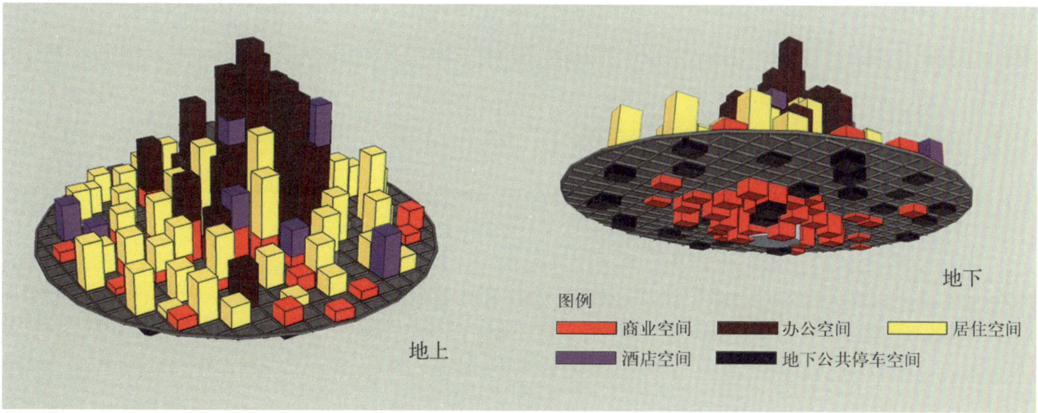

图 6-26　区域中心型轨交活力区的空间使用分布模式示意图